Bieg/Waschbusch

Buchführung

Inklusive Online-Training

Lernstoff interaktiv einüben – Lernfortschritt überprüfen.

Als Käufer dieses Buches haben Sie kostenlos Zugang zum Online-Training – der ideale Weg, um Buchführung zu üben und zu vertiefen.

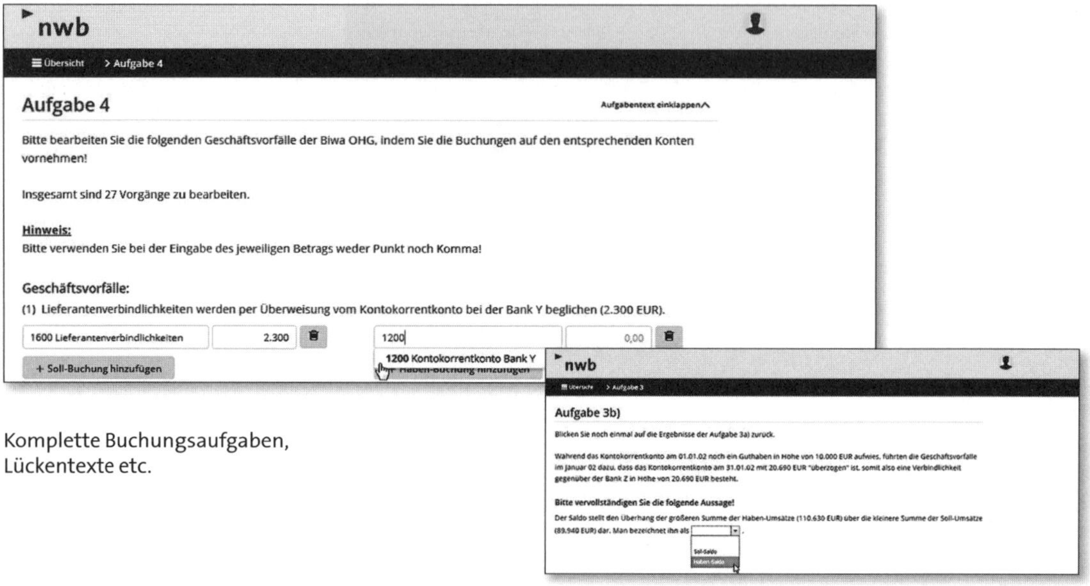

Komplette Buchungsaufgaben, Lückentexte etc.

Schalten Sie jetzt Ihr Online-Training frei!

1. Rufen Sie die Seite **www.nwb.de/go/freischalten** auf.
2. Geben Sie den eingedruckten Freischaltcode ein und folgen Sie dem Anmeldedialog.

Ihr Freischaltcode: BMHQ-GYWO-UBTC-AOFR-GALH-MG

Bieg/Waschbusch, Buchführung

3. Produkt starten. Fertig!

P.S.: Nach dem Freischalten erreichen Sie das Online-Training über **www.nwb.de** (Anmeldung mit Benutzernamen und Kennwort).

www.nwb.de

NWB Studium Betriebswirtschaft

Buchführung

Systematische Anleitung mit zahlreichen Übungsaufgaben und Online-Training

- Grundsätze ordnungsmäßiger Buchführung und Bilanzierung
- Jahresabschluss unterschiedlicher Rechtsformen
- Zahlreiche Praxisbeispiele

Von Professor Dr. Hartmut Bieg
und Professor Dr. Gerd Waschbusch

9., vollständig überarbeitete Auflage

nwb STUDIUM

Kein Produkt ist so gut, dass es nicht noch verbessert werden könnte. Ihre Meinung ist uns wichtig! Was gefällt Ihnen gut? Was können wir in Ihren Augen noch verbessern? Bitte verwenden Sie für Ihr Feedback einfach unser Online-Formular auf:

www.nwb.de/go/feedback_bwl.

Als kleines Dankeschön verlosen wir unter allen Teilnehmern einmal pro Quartal ein Buchgeschenk.

ISBN 978-3-482-**51639**-9
9., vollständig überarbeitete Auflage 2017

Satz: Griebsch & Rochol Druck GmbH, Hamm
Druck: medienHaus Plump GmbH, Rheinbreitbach

VORWORT ZUR 9. AUFLAGE

Das hier in 9. Auflage vorgelegte Lehrbuch wurde vollständig überarbeitet und an neue rechtliche Regelungen angepasst. Insbesondere wurden die durch das Bilanzrichtlinie-Umsetzungsgesetz (BilRUG) vom 17. Juli 2015 hervorgerufenen Veränderungen des Handelsgesetzbuchs berücksichtigt. Dabei wurde die bewährte Konzeption des Lehrbuchs beibehalten. Auch in der 9. Auflage wird das Lehrbuch durch ein Online-Training ergänzt. Mithilfe dieses Online-Trainings wird der Nutzer in die Lage versetzt, die Übungsaufgaben des Buchs in elektronischer Form zu lösen, um auf diese Weise kontinuierlich den erarbeiteten Wissensstand zu prüfen und zu vertiefen.

Frau **Gabriela Reinstädtler**, M. Sc., danken wir sehr herzlich für die Unterstützung bei der Überarbeitung des Buchs und die damit verbundenen kritischen Hinweise. Unser besonderer Dank gilt auch den Mitarbeitern des NWB Verlags, insbesondere Herrn Diplom-Kaufmann **Dirk Kersting** und Frau **Andrea-Alexandra Krause**, M. A., für die – wie immer – gute redaktionelle Betreuung und die stets sehr harmonische Zusammenarbeit im Vorfeld der Publikation.

Saarbrücken, im Juli 2017

Prof. Dr. Hartmut Bieg
Prof. Dr. Gerd Waschbusch

INHALTSÜBERSICHT

INHALTSVERZEICHNIS

ABBILDUNGSVERZEICHNIS

ABKÜRZUNGSVERZEICHNIS

Σ	Summe

A

A	Aktiva
AB	Anfangsbestand
Abb.	Abbildung
Abs.	Absatz
ADS	Adler, Hans/Düring, Walther/Schmaltz, Kurt
AG	Aktiengesellschaft
AktG	Aktiengesetz
Amtsbl.	Amtsblatt
AO	Abgabenordnung
Art.	Artikel
Aufl.	Auflage

B

betr.	betreffend
BetrVG	Betriebsverfassungsgesetz
BFH	Bundesfinanzhof
B.G.A.	Betriebs- und Geschäftsausstattung
BGB	Bürgerliches Gesetzbuch
BGBl.	Bundesgesetzblatt
BilMoG	Bilanzrechtsmodernisierungsgesetz
BStBl.	Bundessteuerblatt
BT	Bundestag
BWA	Betriebswirtschaftliche Auswertung
bzw.	beziehungsweise

D

Darl. Sch.	Darlehensschulden
DATEV	Datenverarbeitung und Dienstleistung für den steuerberatenden Beruf eG
dgl.	dergleichen
d. h.	das heißt
DIN	Deutsches Institut für Normung
DM	Deutsche Mark
DV	Datenverarbeitung

E

ebd.	ebenda
EDV	elektronische Datenverarbeitung
eG	eingetragene Genossenschaft
EG	Europäische Gemeinschaften
EGHGB	Einführungsgesetz zum Handelsgesetzbuch
einschl.	einschließlich
EK	Eigenkapital
EStG	Einkommensteuergesetz
EStR	Einkommensteuerrichtlinien
et al.	et alii
EU	Europäische Union
EuGH	Europäischer Gerichtshof
EUR	Euro
EÜR	Einnahmen-Überschuss-Rechnung
e.V.	eingetragener Verein

F

f./ff.	folgende
F.E.	Fertigerzeugnisse
FK	Fremdkapital

G

GuV	Gewinn und Verlust
gem.	gemäß
GenG	Gesetz betreffend die Erwerbs- und Wirtschaftsgenossenschaften
GKR	Gemeinschaftskontenrahmen der Industrie
GKV	Gesamtkostenverfahren
GmbH	Gesellschaft mit beschränkter Haftung
GmbHG	Gesetz betreffend die Gesellschaften mit beschränkter Haftung
GoB	Grundsätze ordnungsmäßiger Buchführung und Bilanzierung
GoBD	Grundsätze zur ordnungsmäßigen Führung und Aufbewahrung von Büchern, Aufzeichnungen und Unterlagen in elektronischer Form sowie zum Datenzugriff
Grpfr	Grundpfandrecht
G.u.G.	Grundstücke und Gebäude

H

H	Haben
HGB	Handelsgesetzbuch
HRefG	Handelsrechtsreformgesetz
hrsg.	herausgegeben
Hrsg.	Herausgeber

I

i. d. R.	in der Regel
i. e. S.	im engeren Sinn
IFRS	International Financial Reporting Standards
IKR	Industrie-Kontenrahmen
IKS	internes Kontrollsystem
inkl.	inklusive
i. S. d.	im Sinne der/des
i. S. v.	im Sinne von
i. V. m.	in Verbindung mit
i. w. S.	im weiteren Sinn

J

jun.	Junior

K

KapCoRiLiG	Kapitalgesellschaften- und Co-Richtlinie-Gesetz
KG	Kommanditgesellschaft
KGaA	Kommanditgesellschaft auf Aktien
KKK	Kontokorrentkonto

L

lt.	laut
L.V.	Lieferantenverbindlichkeiten

M

ME	Mengeneinheit
Mio.	Millionen
M.u.W.	Maschinen und Werkzeuge
m. w. N.	mit weiteren Nachweisen

N

Nr.	Nummer

O

OHG	Offene Handelsgesellschaft

P

P	Passiva
PersHG	Personenhandelsgesellschaften
PublG	Gesetz über die Rechnungslegung von bestimmten Unternehmen und Konzernen

R

RAP	Rechnungsabgrenzungsposten
RFH	Reichsfinanzhof
Rn.	Randnummer
R.u.u. E.	Rohstoffe und unfertige Erzeugnisse
Rz.	Randziffer

S

S	Soll
S.	Seite
SB	Schlussbestand
SBK	Schlussbilanzkonto
sen.	Senior
Skontoaufw.	Skontoaufwendungen
SKR	Spezialkontenrahmen
s. o.	siehe oben
sog.	sogenannt/e/n/r/s
StGB	Strafgesetzbuch

T

TÜV	Technischer Überwachungs-Verein

U

u. a.	unter anderem
u. Ä.	und Ähnliches
UKV	Umsatzkostenverfahren
USt	Umsatzsteuer
UStG	Umsatzsteuergesetz
u. U.	unter Umständen

V

vgl.	vergleiche

W

WEK	Wareneinkaufskonto
WP	Wirtschaftsprüfer
WVK	Warenverkaufskonto

Z

z. B.	zum Beispiel
Zw.	Zwischensumme
zw.	zwischen
zzgl.	zuzüglich

1. Die Buchführung im System des betrieblichen Rechnungswesens

1.1 Aufgaben und Einteilung des betrieblichen Rechnungswesens

Unter dem betrieblichen Rechnungswesen versteht man alle Verfahren, mit denen die im Betrieb auftretenden **Geld- und Leistungsströme** mengen- und wertmäßig erfasst und das so ermittelte Zahlenmaterial aufbereitet und weiterverarbeitet werden sollen. Die **Buchführung** ist ein **Bestandteil des Rechnungswesens von Unternehmungen**.

Die Geld- und Leistungsströme eines Fertigungsbetriebes werden in *Abb. 1* (S. 2)[1] schematisch dargestellt.

Für die Produktion der Fertigerzeugnisse benötigt man **Arbeitskräfte, Betriebsmittel** (wie Grundstücke, Gebäude, Maschinen, Fuhrpark, Betriebs- und Geschäftsausstattung), **Werkstoffe** (Rohstoffe, Hilfsstoffe und Betriebsstoffe) sowie die – in *Abb. 1* (S. 2) nicht genannten – **Vorleistungen anderer Betriebe**.

Diese sog. **Produktionsfaktoren** werden durch den Abschluss von gegenseitigen Verträgen (Kaufverträge, Arbeitsverträge, Werkverträge, Miet-, Pacht- und Leasingverträge) beschafft und im **Leistungserstellungsprozess (Produktionsprozess)** zur Herstellung von Fertigerzeugnissen eingesetzt. Der Betrieb erhält also auf der Grundlage der entsprechenden Verträge vom **Beschaffungsmarkt** einen Strom von Leistungen (Güter- und Dienstleistungen), dem zur Vertragserfüllung im gleichen Moment, eventuell aber auch nachher (Lieferung auf Ziel) oder vorher (Vorauszahlung) ein Strom von Geld entgegenfließt.

Die **erstellten Fertigerzeugnisse** werden am **Absatzmarkt** an andere Betriebe, an private oder an öffentliche Haushalte verkauft. Dem sich daraus ergebenden Leistungsstrom soll der vertraglich vereinbarte Geldstrom (gleichzeitig, nachher oder vorher) entgegenfließen.

Wegen der Produktions- und Lagerdauer, aber auch wegen unterschiedlicher Zahlungsmodalitäten beim Ein- und Verkauf, muss der Abfluss des Geldes an den Beschaffungsmarkt in den meisten Fällen vor dem Zufluss des Geldes vom Absatzmarkt erfolgen. Das ist nur möglich, wenn sich der Betrieb zur Überbrückung dieser zeitlichen Diskrepanz am **Finanzmarkt** für kurze Zeit (Geldmarkt) oder für längere Zeit (Kapitalmarkt) finanzielle Mittel beschafft.

1 Vgl. *Wöhe, Günter*: Einführung in die Allgemeine Betriebswirtschaftslehre, 21. Aufl., München 2002, S. 11.

ABB. 1: Güter- und Finanzbewegungen des Betriebes

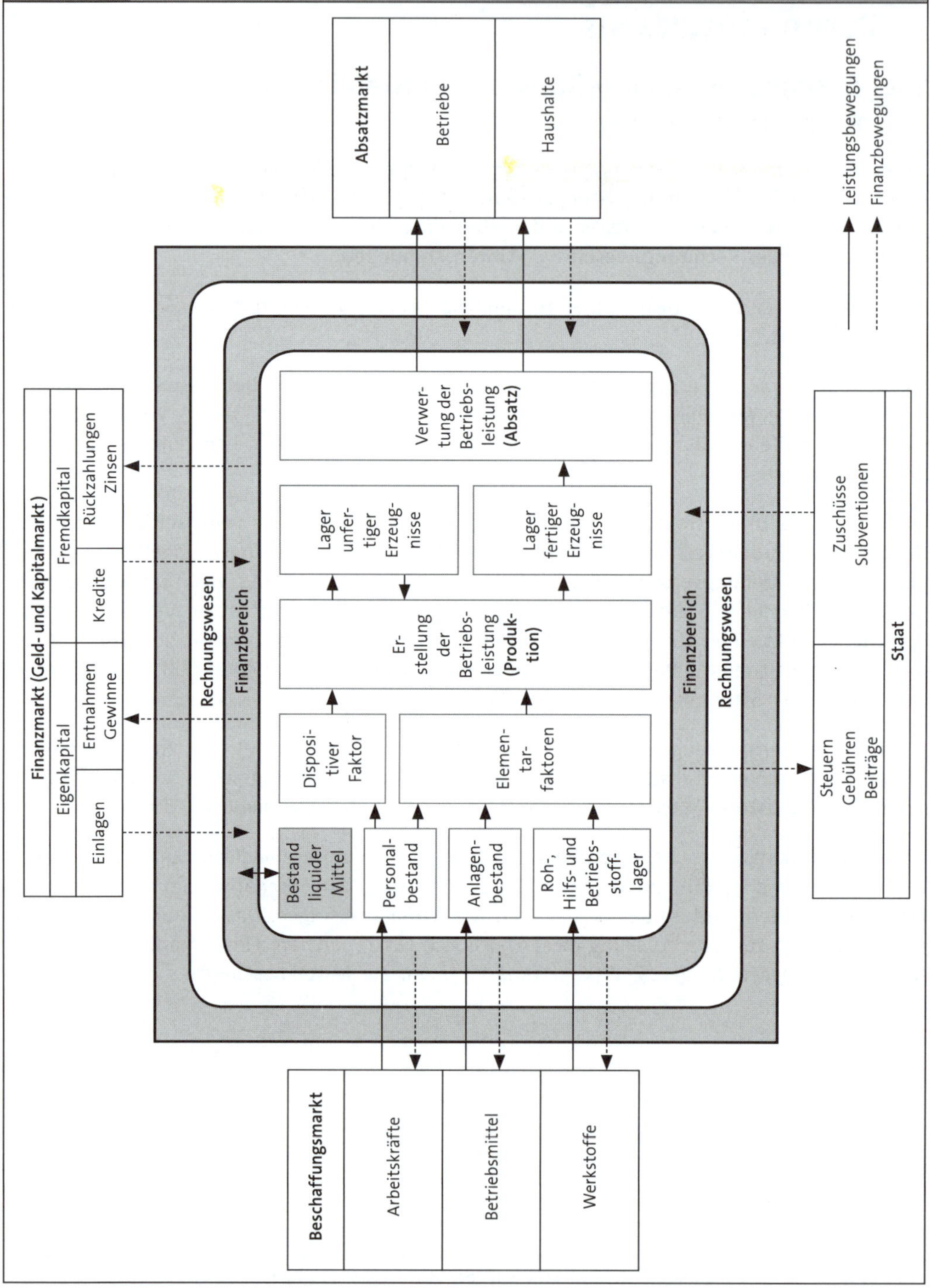

Wenn die Geldgeber dem Betrieb finanzielle Mittel auf der Basis gesellschaftsrechtlicher Verträge als Einlagen zur Verfügung stellen, nennt man die Geldgeber (es handelt sich um Einzelunternehmer, Gesellschafter von Personenhandelsgesellschaften oder Kapitalgesellschaften, aber auch Mitglieder von Genossenschaften) **Eigenkapitalgeber**. Sie erwarten für die Dauer des Eigentümerverhältnisses eine Gewinnbeteiligung.

Erfolgt dagegen die Bereitstellung der finanziellen Mittel auf der Grundlage schuldrechtlicher Verträge, so nennt man die Geldgeber **Gläubiger** bzw. **Fremdkapitalgeber**. Sie erwarten eine laufende Verzinsung des dem Betrieb überlassenen Kapitals und dessen spätere Rückzahlung.

Da vom **Staat** Steuern, Abgaben, Gebühren und Beiträge erhoben werden, kommt es zum Abfluss liquider Mittel. Aber auch ein Geldzufluss seitens des Staates über Zuschüsse und Subventionen ist möglich.

Ausgangspunkt jeder Form des Rechnungswesens ist stets die Erfassung und Niederlegung der relevanten Daten. Diese **Dokumentation** kann **zeitbezogen** sein. Ihre Aufgabe ist die Ermittlung von **Beständen** des Betriebes zu einem bestimmten Zeitpunkt (z. B. Vermögen und Schulden am Abschlussstichtag) und/oder von **Bestandsveränderungen** (z. B. Zu- und Abnahme von Forderungen und Verbindlichkeiten aus Lieferungen und Leistungen) innerhalb eines fest umrissenen Zeitraumes. Die Dokumentation kann aber auch als Ausgangsbasis für die Feststellung des **Erfolgs einer Abrechnungsperiode** dienen.

Neben dem Zeitbezug kann die Dokumentation zusätzlich einen **Stückbezug** aufweisen, wenn etwa bei gegebener Zeitdimension die **Selbst- oder Herstell(ungs-)kosten** von Erzeugnissen und selbst erstellten Anlagen zu ermitteln sind. Ausgehend von diesen Daten wird für bestimmte Zwecke der **Erfolg pro Erzeugniseinheit** (entweder als Stückgewinn oder als Stückdeckungsbeitrag) errechnet.

An diese überwiegend auf Zahlenerfassung gerichteten Aufgaben knüpfen weitere **datenauswertende Funktionen des betrieblichen Rechnungswesens** an. Einerseits sind dies **Dispositionsaufgaben**, primär **innerbetriebliche Verfahren** zur **Kontrolle der Wirtschaftlichkeit** sowie zur **Steuerung des gegenwärtigen und Planung des zukünftigen Betriebsgeschehens**. Andererseits handelt es sich dabei um **externe Aufgaben** des Rechnungswesens, d. h. um die freiwillige oder auf Gesetzesvorschriften beruhende Rechenschaftslegung und Informationsvermittlung an außenstehende an der Unternehmung interessierte Personenkreise und Institutionen **(Rechenschaftslegungs- und Informationsaufgaben)**.

Die dargestellten Zusammenhänge enthält *Abb. 2* (S. 4); zu den dort enthaltenen „externen Aufgabenbereichen" vgl. S. 11–13.

ABB. 2: Aufgabenbereiche des betrieblichen Rechnungswesens

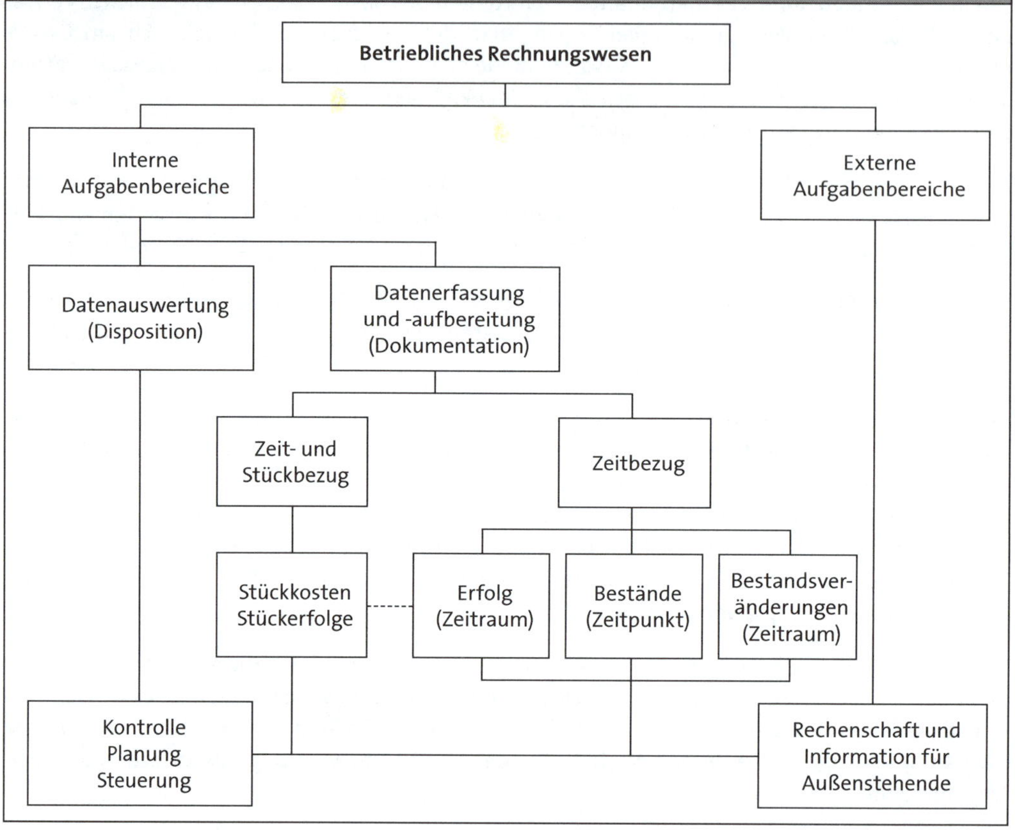

Die Verschiedenartigkeit der Aufgabenbereiche des betrieblichen Rechnungswesens und der damit jeweils verbundenen Zielsetzungen erfordert zwingend unterschiedliche am besonderen Zweck ausgerichtete Verfahren. Das betriebliche Rechnungswesen wird deswegen in die folgenden Teilbereiche mit jeweils anderen Schwerpunkten aufgeteilt[2]:

1. Finanzbuchführung und Bilanz (Buchführung, Inventar, Jahresabschluss, Sonderbilanzen, Zwischenbilanzen),
2. Kostenrechnung,
3. Betriebswirtschaftliche Statistik und Vergleichsrechnung.

In der **Finanzbuchführung** werden nahezu alle für das Rechnungswesen bedeutsamen Daten und Entwicklungen erfasst, aufbereitet und zum Teil bereits weiterverarbeitet. Die regelmäßig zu erstellenden Jahresabschlüsse dienen vornehmlich der **Information und Rechenschaftslegung gegenüber Außenstehenden** (daher auch als **externe Rechnungslegung** bezeichnet), aber auch der regelmäßigen **Selbstinformation**. Um die Interessen dieser Informationsadressaten – zu denen auch der Staat u. a. in seiner Funktion als Empfänger von Steuerzahlungen gehört – zu

2 Vgl. *Wöhe, Günter*: Bilanzierung und Bilanzpolitik, 9. Aufl., München 1997, S. 3–9.

wahren, sind sowohl bei der Buchführung als auch bei der Aufstellung des Jahresabschlusses zahlreiche gesetzliche und nicht gesetzlich kodifizierte – aber deswegen nicht minder bedeutsame – Verfahrensregeln zu beachten.

Die **Kostenrechnung** ist ein größtenteils freiwilliges, an den individuellen Erfordernissen der speziellen Unternehmung und am jeweiligen Berechnungszweck ausgerichtetes Rechenwerk ohne fest vorgeschriebene Methoden und Techniken. Sie betrachtet in erster Linie Sachverhalte und Vorgänge innerhalb der Unternehmung, speziell den Prozess der Leistungserstellung, und dient hierbei fast ausschließlich den Informationsbedürfnissen – insbesondere zur Erfüllung der **Dispositionsaufgaben** – der betrieblichen Entscheidungsträger. Man bezeichnet daher die Kostenrechnung häufig als **internes** oder **innerbetriebliches Rechnungswesen**.

Die klassischen **Teilgebiete der Kostenrechnung** sind die Kostenartenrechnung, die Kostenstellenrechnung und die Kostenträgerrechnung (Kostenträgerzeitrechnung = kurzfristige Erfolgsrechnung; Kostenträgerstückrechnung = Kalkulation).

Stark vereinfachend lässt sich die Aufgabenstellung des internen Rechnungswesens in der Beantwortung der folgenden Fragen zusammenfassen (vgl. auch *Abb. 3*):

- Welche Arten von Kosten sind
  - innerhalb einer kurzfristigen Abrechnungsperiode (z. B. Monat, Tag, Minute),
  - in den einzelnen betrieblichen Teilbereichen (Kostenstellen),
  - für bestimmte betriebliche Leistungseinheiten (Kostenträger),
  - in welcher Höhe angefallen? *oder*
- Welche Arten von Kosten werden anfallen, wenn ein bestimmtes Planvorhaben realisiert wird?

ABB. 3: Aufgaben und Teilgebiete der Kostenrechnung

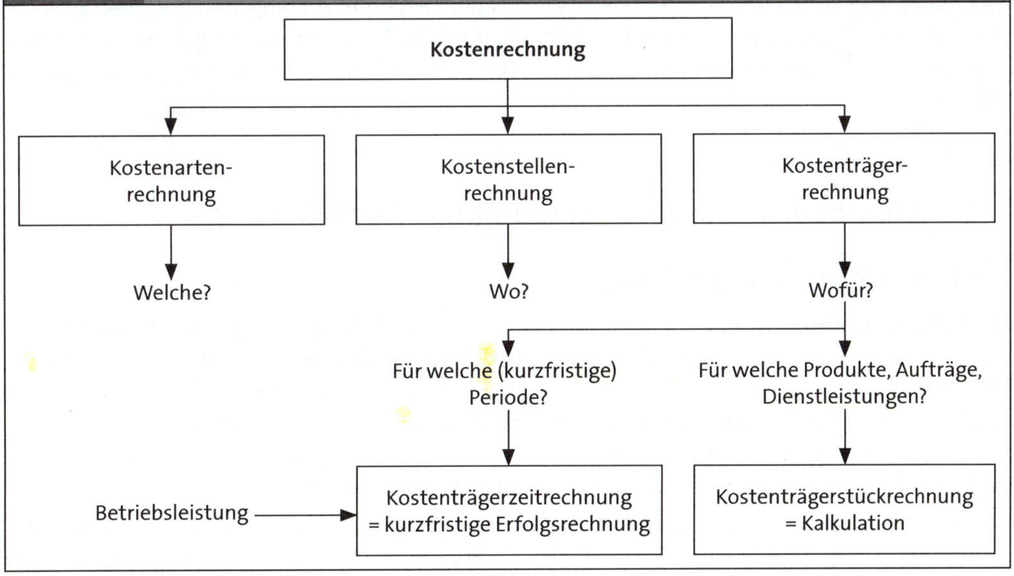

Die **Betriebswirtschaftliche Statistik und Vergleichsrechnung** baut auf den Daten und Ergebnissen von Buchführung, Bilanz und Kostenrechnung auf und versucht, zusätzliche Erkenntnisse zu erhalten durch

- **Vergleiche betrieblicher Tatbestände und Entwicklungen**: z. B. Produktionsmengen, Umsatzwerte, Lagerdauern,
- **Ermittlung von Zusammenhängen betrieblicher Größen**: Kennzahlen wie z. B.
  - Gewinn : Eigenkapital;
  - Materialeinsatz : Ausbringung;
  - Lohnkosten : Gesamtkosten.

Sie wird i. d. R. nicht als ein eigenständiges Rechenwerk geführt, sondern ist eher als eine Ergänzung (und zuweilen auch als Ersatz) anderer Methoden des externen und internen Rechnungswesens zu verstehen.

Die Betriebswirtschaftliche Statistik und Vergleichsrechnung kann als **einzelbetrieblicher Vergleich** (Zeitvergleich, Verfahrensvergleich, Soll-Ist-Vergleich) oder als **zwischenbetrieblicher Vergleich** angelegt sein. Im zweiten Fall versucht man, durch den Vergleich mit der Situation in anderen vergleichbaren Betrieben derselben Branche die eigenen Betriebsabläufe zu beurteilen. Allerdings bereitet es in einer Vielzahl von Fällen erhebliche Probleme, an die entsprechenden Daten der Konkurrenz heranzukommen und – vor allem – deren Exaktheit und Zustandekommen zu bewerten. In vielen Fällen wird deswegen ein Vergleich mit den **Branchendurchschnittszahlen** durchgeführt.

Häufig wird auch die **Planungsrechnung** als Teilbereich des betrieblichen Rechnungswesens bezeichnet. Der Grund dafür ist, dass auch sie auf dem Zahlenmaterial von externem und internem Rechnungswesen aufbaut, wobei eine besonders enge Verbindung zwischen betrieblicher Planung und Kostenrechnung besteht. Trotzdem wird die Planungsrechnung hier als eine Managementaufgabe verstanden, die nicht nur organisatorisch der Unternehmungsleitung zuzuordnen ist.

1.2 Grundbegriffe und Zielsetzung der Buchführung

1.2.1 Der Begriff „Buchführung“

Die **Aufgabe der Buchführung** besteht darin, alle in einer Unternehmung auftretenden und in Geldeinheiten quantifizierbaren Geschäftsvorfälle ihrem Inhalt und ihrem Wert nach in chronologischer Reihenfolge lückenlos und systematisch geordnet festzuhalten. Die Buchführung ist somit eine **Methode zur Datenerfassung und -sicherung**. Sie ist die Grundlage für spezielle Anwendungen im externen und teilweise auch im internen Rechnungswesen. Die Verfahrensweise und Technik der Buchführung ist dabei weitgehend festgelegt durch

- **Verhaltensnormen**, die der Unternehmung von außerhalb vorgegeben werden (Gesetzesvorschriften, dem allgemeinen Handelsbrauch entstammende Grundsätze ordnungsmäßiger Buchführung und Bilanzierung (GoB) (vgl. hierzu ausführlich Abschnitt 3)), und

- **betriebsindividuelle Anforderungen und Anweisungen**, die den größten Teil der verbleibenden Freiräume ausfüllen.

Die **Buchführung** reduziert sich damit im Prinzip auf eine **Methode zur Ermittlung und Ordnung von Zahlenmaterial**, also auf eine reine Technik des Rechnungswesens, der allerdings ein hoher Stellenwert zukommt.

Die Buchführung kann grundsätzlich sowohl Aufgaben des externen als auch des internen Rechnungswesens erfüllen. Je nach dem Schwerpunkt der Aufgabenstellung ergeben sich allerdings qualitative und quantitative Unterschiede in Bezug auf die als buchungsrelevant erkannten Sachverhalte sowie deren Wertansätze. Man unterscheidet deswegen zwischen

- der **Betriebsbuchführung**, die vornehmlich auf die Erfordernisse der Kostenrechnung ausgelegt ist, und
- der **Finanzbuchführung**, die im Wesentlichen den Zwecken der externen Rechnungslegung dient.

Wenn im Folgenden pauschal von Buchführung geredet wird, so bezieht sich dies stets auf die Finanzbuchführung. Man kann in der **Finanzbuchführung** unterscheiden zwischen **kaufmännischer Buchführung** einerseits und **kameralistischer Buchführung (Kameralistik)** öffentlicher Unternehmungen und Verwaltungen andererseits. Beide können in einer vereinfachten und in anspruchsvolleren Ausgestaltungsformen auftreten (vgl. *Abb. 4*). Im Folgenden wird allerdings nur die **kaufmännische doppelte Buchführung** dargestellt.

ABB. 4: Buchführungsformen

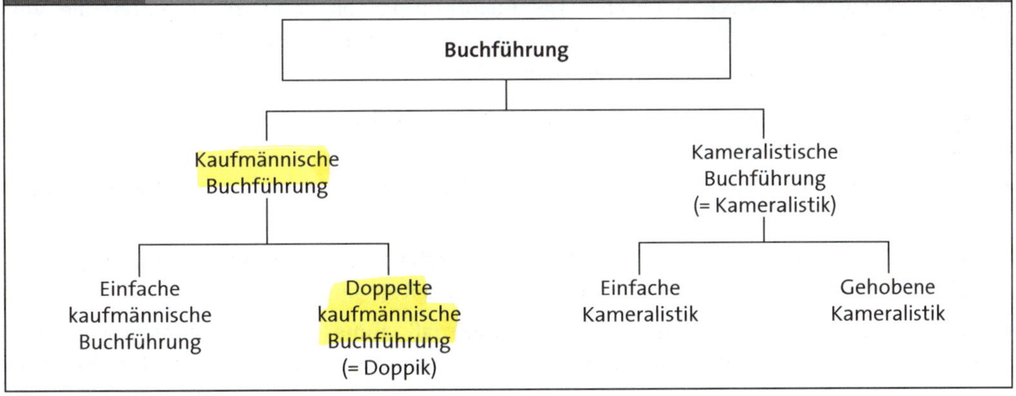

1.2.2 Die Buchführungspflichten

Vgl. zum Kreis der handels- und steuerrechtlich Buchführungspflichtigen ausführlich Abschnitt 3.1.

1.2.3 Die buchungsrelevanten Sachverhalte

Nach § 238 Abs. 1 Satz 2 und Satz 3 HGB muss die Buchführung „so beschaffen sein, dass sie einem sachverständigen Dritten innerhalb angemessener Zeit einen Überblick über die Geschäftsvorfälle und über die Lage des Unternehmens vermitteln kann. Die Geschäftsvorfälle müssen sich in ihrer Entstehung und Abwicklung verfolgen lassen". Somit sind grundsätzlich alle wirtschaftlich bedeutsamen Vorgänge **(Geschäftsvorfälle)**, die sich innerhalb der Unternehmung und in den Beziehungen der Unternehmung zu ihrer Umwelt ereignen, für die Buchführung relevant. Die **wirtschaftliche Bedeutsamkeit eines Vorgangs (Geschäftsvorfalls)** liegt vor, wenn Veränderungen in der Höhe und/oder der Zusammensetzung des betrieblichen Vermögens oder Kapitals eintreten. In der Buchführung sind derartige Geschäftsvorfälle vollständig und planmäßig aufzuzeichnen, wobei

- der **Zeitpunkt** des Geschäftsvorfalls,
- die **Bezeichnung (Inhalt)** des Geschäftsvorfalls sowie
- der **Betrag der** durch das Ereignis ausgelösten **wertmäßigen Verschiebung**

anzugeben sind.

Die Pflicht zur buchhalterischen Erfassung von Geschäftsvorfällen beginnt spätestens mit der Gründung eines Betriebes und endet frühestens bei seiner Auflösung. Sie kann sich aber auch über dieses Zeitintervall hinaus erstrecken (gründungsvorbereitende Geschäftsvorfälle im Vorfeld der Entstehung einer Unternehmung; Liquidation eines insolventen Betriebes durch den Insolvenzverwalter).

Geschäftsvorfälle betreffen stets den wertmäßigen Aspekt (Menge x Preis) von Vermögensgegenständen (bzw. Wirtschaftsgütern). Die Buchführung soll damit nicht primär die Vermögensgegenstände bzw. Wirtschaftsgüter als solche erfassen, sondern ihre in Geldeinheiten ausgedrückten Werte bzw. Veränderungen dieser Werte.

Hinsichtlich der Ermittlung und des Grads der Bestimmtheit der in die Buchführung eingehenden Geldbeträge unterscheidet man zwischen

- Wertansätzen, die sich durch einfaches **Abzählen** ergeben (z. B. Kassenbestände, Kassenumsätze),
- Wertansätzen, die ausschließlich durch **Rechtsgeschäfte** zustande kommen (z. B. die verschiedenen Arten von Forderungen und Verbindlichkeiten) und
- Wertansätzen, die das Ergebnis von **Bewertungsmaßnahmen** sind (z. B. die sog. Restbuchwerte von Gebäuden und Maschinen, aber auch der Wertansatz zweifelhafter Forderungen)[3].

Das Zustandekommen der Werte ist insbesondere für die Ergebnisse der Buchführung von großer Bedeutung; die Problematik der Wertermittlung tritt jedoch in erster Linie in anderen Bereichen des Rechnungswesens zutage – vornehmlich bei der Erstellung des Jahresabschlusses. Dabei hat sich die Bewertung an den Zielen des Rechnungswesens sowie an den Aufgaben der Auswertungsrechnungen zu orientieren und soll möglichst diesen beiden Zwecken gerecht werden. Für die Buchführung als Methode der Zahlenerfassung und -systematisierung ist es dagegen

3 Vgl. *Eisele, Wolfgang/Knobloch, Alois Paul*: Technik des betrieblichen Rechnungswesens, 8. Aufl., München 2011, S. 16.

von untergeordneter Bedeutung, auf welche Weise die betreffenden Werte zustande kommen. Wichtiger ist, dass die Werte eindeutig, vollständig und nach objektivierten Maßstäben bestimmt werden können.

Die auf eine Leistungserstellung gerichtete Unternehmungstätigkeit löst Wertbewegungen externer und interner Art im Vermögen und Kapital aus. **Interne Wertbewegungen** entstehen im Rahmen der betrieblichen Leistungserstellung z. B. dadurch, dass Produktionsfaktoren (Betriebsmittel, Werkstoffe und Arbeitsleistungen) miteinander zu neuen Gütern und Leistungen kombiniert werden. Es werden also Vermögensgegenstände verbraucht (z. B. Rohstoffe, Energie) bzw. in ihrem Wert vermindert (z. B. Verschleiß von Maschinen), wodurch neue Vermögensgegenstände mit einem eigenen Wert (Fertigerzeugnisse, unfertige Erzeugnisse, selbst erstellte Anlagen) entstehen können.

Externe Wertbewegungen resultieren aus den Beziehungen zwischen einer Unternehmung und ihrer Außenwelt. Sie werden entweder durch Aktivitäten der Unternehmung ausgelöst (z. B. Bezahlung von Roh-, Hilfs- und Betriebsstoffen, mit einer Kreditaufnahme verbundene Entstehung von Schulden und Ausbezahlung der Kreditsumme) oder sie kommen auf Veranlassung von Außenstehenden zustande (z. B. Anzahlungen durch Kunden, Begleichung einer ausstehenden Forderung durch Kunden) oder sie entstehen aufgrund bestimmter rechtlicher Regelungen (z. B. Entstehung einer Steuerschuld).

Die Ursachen externer Wertbewegungen liegen in der Mehrzahl aller Fälle im Abschluss von **Verpflichtungsgeschäften**, die zur Entstehung **schuldrechtlicher Verträge** (und damit von Schuldverhältnissen) zwischen den Kontrahenten führen, z. B. Kaufverträge, Miet- und Pachtverträge, Dienstverträge oder Darlehensverträge.

Zwar werden durch den Abschluss eines gegenseitigen (synallagmatischen) Vertrags, etwa eines Kaufvertrags, die Eigentumsverhältnisse am zugrunde liegenden Vermögensgegenstand noch nicht verändert; für den Verkäufer entsteht aber in diesem Augenblick die Pflicht, den Käufer in den Besitz der Sache zu bringen und ihm das Eigentum daran zu verschaffen (vgl. § 433 Abs. 1 BGB). Umgekehrt verpflichtet sich der Käufer, den vereinbarten Kaufpreis zu zahlen und die gekaufte Sache abzunehmen (vgl. § 433 Abs. 2 BGB).

Die von den beiden Parteien im Gegenseitigkeitsverhältnis (Synallagma) abgegebenen Versprechen zur Leistung und Gegenleistung werden nach der herrschenden **„wirtschaftlichen" Betrachtungsweise** noch nicht als buchungsrelevante Geschäftsvorfälle angesehen, was bedeutet, dass in der Buchführung solche Vereinbarungen keinen Niederschlag finden. Grundsätzlich ist eine Buchung erst dann vorzunehmen, wenn eine der Vertragsparteien die versprochene Leistung erbracht hat; somit sind also grundsätzlich jeweils nur die Erfüllungsgeschäfte buchhalterisch zu erfassen.

In der Buchführung und Bilanzierung hat sich für solche beiderseits unerfüllten gegenseitigen Verträge der Begriff des **schwebenden Geschäfts** durchgesetzt. Schwebende Geschäfte sind – nach der zuvor erwähnten wirtschaftlichen Betrachtungsweise – grundsätzlich nicht buchungspflichtig und im Prinzip auch nicht bilanzierungsfähig. Diese Feststellung gilt sowohl für den Fall, dass der Bilanzierende erwartet, dass sich Leistung und Gegenleistung ausgleichen werden, als auch dafür, dass er sich aus dem Vertrag einen Gewinn verspricht.

Die grundsätzliche Nichtbeachtung beiderseits noch nicht erfüllter gegenseitiger Verträge ist auf das **Realisationsprinzip** zurückzuführen. **Gewinne** sollen danach erst dann ausgewiesen werden, wenn sie durch den Umsatzprozess „realisiert" wurden. Ein Gewinnausweis im Stadium des Vertragsabschlusses ist unerwünscht, da nach heutiger Bilanzierungspraxis der in der Handelsbilanz ausgewiesene Jahresüberschuss ausschüttungsfähig und der in der Steuerbilanz errechnete Jahresgewinn besteuerungsfähig ist. Ein schwebender Vertrag könnte deshalb nur erfolgsneutral ausgewiesen werden. Damit ist es aber für die **Erfolgsermittlung** bedeutungslos, ob schwebende Geschäfte, aus denen ein Gewinn erwartet wird oder die zufällig in Ansprüchen und Verpflichtungen ausgeglichen sind, in der Bilanz ausgewiesen werden oder nicht. Überlegungen hinsichtlich des Ausweises des Bruttovermögens und der Schulden bleiben mithilfe der „wirtschaftlichen Betrachtungsweise" zugunsten des Nettovermögensausweises unberücksichtigt.

Anders ist es, wenn der Bilanzierende aus dem Vertrag einen **Verlust** erwartet. In diesem Fall wird die Differenz zwischen dem Wert der höheren Verpflichtung und dem Anspruch aus dem Vertrag in Form einer „Rückstellung für drohende Verluste aus schwebenden Geschäften" erfasst.

Entsprechend den geltenden Bewertungsvorschriften finden schwebende Geschäfte also dann Eingang in die Buchführung und die Bilanz, wenn sie mit hinreichender Wahrscheinlichkeit Verluste erwarten lassen. In einem solchen Fall sorgt das **Imparitätsprinzip** für die erfolgsmindernde Berücksichtigung erwarteter Verluste. Dieses Prinzip hat hier nicht nur die qualitative Funktion der Vermögensbewertung, sondern auch die quantitative (selektive) Funktion der Auswahl der in der Bilanz zu erfassenden Geschäftsvorfälle übernommen. Letztlich beruhen die vom **Vorsichtsprinzip** geprägten Gewinnermittlungsvorschriften (Realisationsprinzip, Imparitätsprinzip) auf Überlegungen hinsichtlich der Gewinnausschüttung.

Allerdings ist ein allein unter dem Gesichtspunkt der Ausschüttungsfähigkeit ermittelter Gewinnbetrag nicht dazu geeignet, unternehmungsexternen Personen den **Einblick in die wirtschaftliche Lage der Unternehmung** zu gewähren, den sie zur besseren Fundierung ihrer Entscheidungen benötigen. Zum Ergebnis der Unternehmungstätigkeit tragen nämlich ebenso Vertragsabschlüsse bei, auch wenn die Verträge noch von keiner Seite erfüllt wurden[4]. Zwar sind auch Unterlagen über derzeit noch schwebende Verpflichtungsgeschäfte in der Unternehmung zu erfassen und aufzubewahren; schon allein deswegen, weil sie aller Wahrscheinlichkeit nach irgendwann einmal buchungs- und bilanzierungspflichtige Vorgänge, nämlich die Erfüllungsgeschäfte, nach sich ziehen werden. Nur erfolgt diese Dokumentation meist nicht innerhalb der Buchführung, sondern allein durch die Sammlung der Korrespondenz und von Vertragsurkunden sowie von sonstigen beweissichernden Unterlagen.

Eine buchungspflichtige Wertbewegung im Vermögen oder Kapital der Unternehmungen ergibt sich erst, wenn einer der Vertragspartner seine Verpflichtung erfüllt **(Verfügungsgeschäft)**, z. B. wenn der bisherige Eigentümer (Verkäufer) den Vermögensgegenstand an den Käufer übergibt und sich beide darüber einig sind, dass das Eigentum übergehen soll (vgl. § 929 BGB).

4 Eine tiefergehende Darstellung dieses Problems findet sich bei *Bieg, Hartmut*: Wider den Ausschließlichkeitsanspruch der Bewertungsvorschriften bei der Bestimmung des Inhalts der Handelsbilanz!, in: Steuer und Wirtschaft 1976, S. 339–350.

Der **Begriff des Eigentums** spielt demnach für die Buchung von Sachverhalten und Vorgängen eine ganz entscheidende Rolle. Es muss jedoch darauf hingewiesen werden, dass die Buchführung aufgrund ihrer primär ökonomischen Aufgaben einen zum Teil nicht mit dem zivilrechtlichen Eigentumsbegriff identischen Eigentumsbegriff verwendet. Das externe Rechnungswesen folgt dem **Grundsatz der wirtschaftlichen Zugehörigkeit** von Vermögensgegenständen (bzw. Wirtschaftsgütern) zum Vermögen der buchführenden und bilanzierenden Unternehmung. Fallen also das rechtliche und das wirtschaftliche Eigentum auseinander, so ist für Zwecke der Bilanzierung das wirtschaftliche Eigentum maßgebend. In der Bilanz sollen nämlich nur solche Vermögensgegenstände ausgewiesen werden, die auch den Gläubigern als Schuldendeckungspotenzial dienen können. Bei Vermögensgegenständen, die dem Bilanzierenden nicht auch wirtschaftlich zurechenbar sind, ist dies nicht der Fall. Entscheidend für die Buchungspflicht ist somit die wirtschaftliche Zurechenbarkeit einer Sache (vgl. dazu § 246 Abs. 1 Satz 2 HGB und § 39 Abs. 2 Nr. 1 AO), welche z. B. in den folgenden Fällen vom rechtlichen Eigentum abweichen kann:

1. Der Vermögensgegenstand steht im Zeitpunkt seiner Buchung beim Empfänger zivilrechtlich betrachtet noch im Eigentum eines Dritten, geht aber später in das Eigentum der buchenden Unternehmung über.

   Hierbei handelt es sich vornehmlich um Geschäfte, bei denen sich die Verkäufer die Eigentumsrechte aus den übergebenen Sachen bis zu deren vollständiger Bezahlung vorbehalten **(Eigentumsvorbehalt)**. Die Vermögensgegenstände werden bereits mit der Übergabe dem Vermögen des Käufers zugerechnet und somit bei ihm gebucht, obwohl er i. S. d. §§ 929 ff. und 873 BGB noch nicht als Eigentümer gilt und u. U. diese Rechtsstellung auch nie erlangen wird (Weiterveräußerung vor vollständiger Bezahlung der Vermögensgegenstände, Rücknahme durch den Verkäufer bei Nichtzahlung).

2. Zunächst im Eigentum des Bilanzierenden stehende Vermögensgegenstände, die in seiner Buchführung erfasst sind, werden zur Absicherung von Krediten an den Gläubiger mit der Maßgabe übereignet, dass dieser nach Erlöschen der Schuld das Eigentum zurückzuübertragen habe **(Sicherungsübereignung)**. Obwohl das rechtliche Eigentum an den betreffenden Sachen – vorübergehend – verloren geht, hat dies keine Auswirkungen auf deren buchhalterische Behandlung.

3. Vermögensgegenstände werden in der Buchführung erfasst, obwohl sie im juristischen Sinne fremdes Eigentum sind und auch bleiben werden. Hierunter fallen **Gebäude auf fremden Grundstücken** und **Einbauten in Gebäude Dritter**, die nach § 946 BGB nicht zum juristischen Eigentum des Buchführenden gehören. Hierunter fallen aber auch bestimmte Formen des **Finance-Leasing**, bei dem der Leasing-Gegenstand (aufgrund steuerrechtlicher Vorschriften) in der Steuerbilanz dem Leasing-Nehmer zugerechnet wird, obwohl das zivilrechtliche Eigentum unverändert beim Leasing-Geber verbleibt.

1.2.4 Buchführungsinteressenten und Jahresabschlussadressaten

Für alle Personen und Institutionen, die ein Interesse an der wirtschaftlichen, insbesondere an der finanziellen Lage und Entwicklung sowie am Geschäftsgebaren einer Unternehmung haben, ist ein Einblick in die Buchführungsdokumente dieser Unternehmung von Vorteil. Je nach Art der Beziehung zum Betrieb bzw. der Stellung im Betrieb ergeben sich unterschiedliche Ursachen und unterschiedliche Arten dieser Interessen. Sie leiten sich zum Teil daraus ab, dass einzelne Gruppen „Ansprüche auf vertraglich festgelegte oder vom Periodenerfolg abhängige Zahlungen des Unternehmens haben und dass sie deshalb (...) Informationen gewinnen wollen, ob und wie ihre Ansprüche durch die Tätigkeit des Unternehmens positiv oder negativ beeinflusst worden sind und in Zukunft voraussichtlich beeinflusst werden“[5]. Zu diesem Kreis zählen im Wesentlichen die derzeitigen und potenziellen Gläubiger, Belegschaftsmitglieder, Eigentümer, die mit den Eigentümern identischen Mitglieder der Unternehmungsleitung und die Finanzverwaltung. Daneben besitzen auch andere gesellschaftliche Gruppen Informationsinteressen, ohne dass sie unmittelbare Zahlungsansprüche gegenüber der Unternehmung geltend machen können, beispielsweise Arbeitnehmer- und Arbeitgebervereinigungen, Gerichte, Ämter und Behörden, wissenschaftliche Einrichtungen, die Wirtschaftspresse und nicht zuletzt auch die Konkurrenz.

Die Aufzählung der an Informationen interessierten Kreise legt den Schluss nahe, dass das Rechnungswesen nicht den verschiedensten Informationsbedürfnissen gleichermaßen gerecht werden kann. Es kommt hinzu, dass die Informationsinteressen der einzelnen Gruppen sowohl positiv als auch negativ sein können. Einzelne Gruppen haben durchaus Interesse daran, dass andere Gruppen bestimmte Informationen nicht bekommen; z. B. kann die Unternehmungsleitung versuchen, den Eigentümern das Ausmaß der Bildung stiller Rücklagen, die durch eine Unterbewertung des Vermögens bzw. eine Überbewertung der Schulden zustande kommen, zu verheimlichen[6].

Ob und in welchem Umfang Einblick in die Buchführung genommen werden kann, hängt von der per Gesetz oder aufgrund ökonomischer Umstände vorhandenen Macht der betreffenden Person, Personengruppe oder Institution ab. Die übrigen Kreise sind dagegen im Wesentlichen auf freiwillige Angaben der Unternehmung und/oder auf die im Jahresabschluss verdichteten Daten angewiesen. Allerdings beziehen sich die Informationen des Jahresabschlusses erstens teilweise auf andere Aspekte als die Buchführung, zweitens vermittelt der Jahresabschluss komprimierte und von daher meist weniger aussagekräftige Daten, und drittens ist die Mehrzahl der Unternehmungen nicht dazu verpflichtet, den Jahresabschluss zu publizieren und damit der breiten Öffentlichkeit bekannt zu machen.

Als Adressaten des Jahresabschlusses werden die Personen angesehen, die hinsichtlich ihrer Zielrealisierung durch Aktionen der Unternehmung positiv oder negativ beeinflusst werden. Hauptziel jedes Jahresabschlusses ist es – neben der Aufgabe der Gewinnermittlung, also der Ermittlung der Höhe der von der Unternehmung an bestimmte Beteiligte zu leistenden Zahlungen, soweit diese vom Ergebnis einer bestimmten Periode abhängig sind –, seinen Adressaten mitzuteilen, in welchem Umfang sie das gesteckte Ziel in der vergangenen Periode erreicht haben und wie die Möglichkeiten der Zielrealisierung in den kommenden Perioden sein werden, um durch geeignete Maßnahmen das Ausmaß der Zielerreichung beeinflussen und gegebene Möglichkeiten der Zielerreichung planen zu können. Im Zusammenhang mit Fragen der Bilanztheorie sind nur die finanziellen Zielsetzungen der Beteiligten und damit auch nur ihre finanziellen Informationsinteressen von Bedeutung.

---

5 *Wöhe, Günter*: Bilanzierung und Bilanzpolitik, 9. Aufl., München 1997, S. 41.

6 Vgl. *Egner, Henning*: Bilanzen, München 1974, S. 9 ff.

Die Ausgestaltung des Jahresabschlusses als Instrument der Rechenschaftslegung der Unternehmungsleitung gegenüber Außenstehenden und Internen muss sich in erster Linie nach den Bedürfnissen der Unternehmungsexternen richten, da sich die Internen die fehlenden durch den Jahresabschluss nicht vermittelten Informationen (auch) auf anderem Wege beschaffen können. Der Grund für die durch gesetzliche Rechnungslegungs- und Publizitätsvorschriften erzwungene Information der Unternehmungsexternen nach bestimmten Normen sowie für die Prüfung der Einhaltung dieser Normen durch unabhängige Dritte ist in folgendem Zusammenhang zu sehen. Jahresabschlussinformationen dienen zur besseren Beurteilung der wirtschaftlichen Lage der Unternehmung. Damit führen sie zu fundierten Entscheidungen über das unveränderte Verbleiben in der Unternehmung, das teilweise oder völlige Ausscheiden aus der Unternehmung bzw. die völlig neue oder verstärkte Beteiligung an der Unternehmung. Informationen lassen sich also in Vermögensvorteile, teilweise zu Lasten anderer, verwandeln[7].

Die Interessen derjenigen Kreise, die sich Zugang zu den **Buchführungsunterlagen** verschaffen können, sind häufig auf Kontrollvorgänge im weitesten Sinne gerichtet.

Die **Unternehmungsleitung** kontrolliert u. a. mithilfe der Buchführung die Durchführung und die finanziellen Auswirkungen ihrer Geschäftspolitik und leitet aus den Ergebnissen neue Dispositionen ab.

Derzeitige und potenzielle **Eigentümer** – besonders solche, die nicht an der Unternehmungsführung beteiligt sind (Kommanditisten, Aktionäre) – und auch **Gläubiger** überprüfen die Ertragskraft und Unternehmungsstrategie auf Übereinstimmung mit ihren eigenen – bei Eigen- und Fremdkapitalgebern jeweils unterschiedlichen – Zielsetzungen.

Der **Fiskus** kontrolliert in seiner Funktion als Steuergläubiger die von der Unternehmung gemachten Angaben zur Festsetzung der Steuerschuld auf ihre Richtigkeit und Vollständigkeit. Und schließlich sind **Gerichte** (z. B. im Falle eines Rechtsstreits oder bei Insolvenz einer Unternehmung), **Aufsichtsbehörden** (z. B. Bundesanstalt für Finanzdienstleistungsaufsicht) und **wirtschaftspolitische Kontrollorgane** (wie etwa das Bundeskartellamt) sowie sonstige dazu berechtigte Einrichtungen (beispielsweise der von der Arbeitnehmerseite nach § 106 BetrVG zu bildende Wirtschaftsausschuss) in der Lage, sich mithilfe der Buchführung die zur Erfüllung ihrer Aufgaben benötigten Informationen zu verschaffen bzw. bei Bedarf die von der Unternehmung gemachten Angaben nachzuvollziehen.

7 Vgl. hierzu *Bieg, Hartmut*: Schwebende Geschäfte in Handels- und Steuerbilanz, Europäische Hochschulschriften, Reihe V: Volks- und Betriebswirtschaft, Band 151, Frankfurt am Main/Bern 1977, S. 75–90.

2. Die Bilanz als Grundlage und Ergebnis der doppelten Buchführung

2.1 Inventar und Inventur

Nach § 240 Abs. 1 und Abs. 2 HGB hat jeder Kaufmann zu Beginn seines Handelsgewerbes und zum Ende eines jeden Geschäftsjahres ein **Inventar** aufzustellen. In diesem Inventar hat er gemäß § 240 Abs. 1 HGB „seine Grundstücke, seine Forderungen und Schulden, den Betrag seines baren Geldes sowie seine sonstigen Vermögensgegenstände genau zu verzeichnen und dabei den Wert der einzelnen Vermögensgegenstände und Schulden anzugeben“. Die entsprechenden steuerrechtlichen Vorschriften ergeben sich aus § 140 AO i.V.m. § 240 HGB bzw. aus § 141 Abs. 1 AO (vgl. dazu Abschnitt 3.1.3).

Das Inventar ist damit ein **vollständiges und detailliertes, mengen- wie wertmäßiges Verzeichnis aller Vermögensgegenstände und aller Schulden der Unternehmung in tabellarischer Darstellung**. Wegen seiner mengenmäßigen Dimension umschließt das Inventar explizit auch solche Vermögensgegenstände, denen kein im Jahresabschluss auszuweisender Wert mehr beizumessen ist, wie etwa im Betriebsprozess eingesetzte Maschinen, die bereits völlig (bzw. auf einen symbolischen Erinnerungswert von meist 1 EUR) abgeschrieben sind.

Bei den **Schulden** unterscheidet das HGB implizit zwischen **Verbindlichkeiten** („sicheren“, d. h. hinsichtlich Gläubiger, Höhe der Schuld und Zahlungstermin feststehenden Schulden) und **Rückstellungen** („unsicheren“, d. h. hinsichtlich Gläubiger und/oder Höhe der Schuld und/oder Zahlungstermin noch nicht feststehenden Schulden; siehe § 246 Abs. 1 Satz 1 HGB i.V. m. § 253 Abs. 1 Satz 2 HGB).

Da die Vermögensgegenstände und Schulden einer Unternehmung aufgrund körperlicher Zu- und Abgänge bzw. aufgrund von Wertänderungen im Zeitablauf ständigen Mengen- und Wertbewegungen ausgesetzt sind, muss ein solches **Beständeverzeichnis**, soll es aussagekräftig sein, für einen bestimmten **Zeitpunkt** ermittelt werden. Diesen Zeitpunkt konkretisiert § 240 Abs. 1 und Abs. 2 HGB mit dem Beginn des Handelsgewerbes und dem Schluss eines jeden folgenden Geschäftsjahres. Dies besagt allerdings nur, dass die betreffenden Daten für die Situation der Unternehmung **zu** diesem Stichtag festzustellen sind, nicht dagegen, dass die Erstellung des Inventars am gleichen Tag erfolgen muss. Die Erstellung ist nach § 240 Abs. 2 Satz 3 HGB vielmehr „innerhalb der einem ordnungsmäßigen Geschäftsgang entsprechenden Zeit zu bewirken“ und erfolgt in der Praxis meist mit einiger Verzögerung auf den entsprechenden Stichtag. *Abb. 5* (S. 16) zeigt ein einfaches Beispiel eines Inventars.

ABB. 5: Beispiel eines Inventars

Möbelfabrik Schulz & Schulze OHG
Inventar zum 31.12.01 (gekürzt)

	EUR	EUR
I. Vermögensgegenstände:		
1. Grundstücke und Gebäude		
Betriebsgrundstück	112.000	
Werkshalle A	47.500	
Lagerhalle B	29.800	
Verwaltungsgebäude	97.700	287.000
2. Maschinen und Werkzeuge gemäß Anhang, Liste A		104.670
3. Betriebs- und Geschäftsausstattung gemäß Anhang, Liste B		48.420
4. Fuhrpark		
1 LKW Daimler	40.000	
1 LKW MAN	9.430	
1 PKW VW	4.000	
1 PKW BMW	30.310	83.740
5. Rohstoffe und unfertige Erzeugnisse gemäß Anhang, Liste C		27.350
6. Fertigerzeugnisse gemäß Anhang, Liste D		22.710
7. Kundenforderungen		
Meyer, Darmstadt	27.413	
Müller, Aachen	43.812	
Schmidt, Würzburg	10.275	81.500
8. Kontokorrentkonto (Sichtguthaben)		10.500
9. Kasse		3.000
		668.890
II. Schulden:		
1. Darlehensschulden		
Bank X	145.000	
Bank Y	87.000	
Sparkasse Z	27.000	259.000
2. Lieferantenverbindlichkeiten		
Kluge, Saarbrücken	15.470	
Fischer, Kiel	21.510	36.980
3. Schuldwechsel Kluge, Saarbrücken, fällig am 02.03.02		7.460
		303.440

Saarbrücken, 12. März 02 (Unterschrift) (Unterschrift)

Das Inventar wird – wie in *Abb. 5* – gewöhnlich in **Staffelform** aufgestellt, d. h., Vermögens- und Schuldpositionen stehen untereinander.

Weitgehend gleichartige Vermögensgegenstände und Schulden werden i. d. R. zur besseren Überschaubarkeit unter einer gemeinsamen Überschrift zusammengefasst (z. B. Grundstücke und Gebäude, Fuhrpark, Kundenforderungen, Darlehensschulden) und aufsummiert. Die mengen-, art- und wertmäßige Zusammensetzung des Inventars muss dabei aber erkennbar bleiben. Dies kann einerseits dadurch erreicht werden, dass die Summe zusammengefasster Vermögensgegenstände bzw. Schulden in einer Vorspalte nach Einzelpositionen aufgegliedert angegeben wird, oder andererseits – was insbesondere bei Roh-, Hilfs- und Betriebsstoffen sowie bei fertigen und unfertigen Erzeugnissen sinnvoll ist –, dass man bestimmte Gruppen von Vermögensgegenständen getrennt auflistet und diese Verzeichnisse dem Inventar als Anhang bzw. Anlage beifügt. Im Inventar selbst erscheint dann nur die Summe der zusammengefassten Vermögensgegenstände und der Verweis auf die gesonderte Aufstellung.

Das Inventar ist das tabellarische Ergebnis eines Datenerfassungsprozesses: der Inventur. Die **Inventur** bezeichnet die **Tätigkeit der Bestandsaufnahme von Vermögen und Schulden der Unternehmung zu einem bestimmten Stichtag**. Sie erfolgt je nach Art der Vermögensgegenstände und Schulden entweder als körperliche Inventur oder als Buchinventur. Bei der **körperlichen Inventur** findet eine mengenmäßige Aufnahme aller Sachvermögensgegenstände (z. B. technische Anlagen und Maschinen, Fahrzeuge, fertige und unfertige Erzeugnisse, Warenbestand) durch Zählen, Messen, Wiegen oder Abschätzen der Bestände statt. Dagegen stellt die **Buchinventur** eine buchmäßige Bestandsaufnahme aller nicht körperlichen Vermögensgegenstände (z. B. Forderungen an Kunden, Bankguthaben, gekaufte Lizenzen und Patente) und aller Schulden (z. B. Verbindlichkeiten gegen Lieferanten, Bankschulden) dar. Hier erfolgt die Bestandsaufnahme anhand der eigenen relevanten Unterlagen (z. B. Kontenstände), wobei allerdings bei Forderungen und Schulden eine Abstimmung der Bestände mit dem jeweiligen Geschäftspartner vorzunehmen ist (Saldenbestätigungen).

Die Inventur dient dazu, wenigstens einmal pro Jahr die in den Büchern der Unternehmung ermittelten rechnerischen Bestände (Soll-Größen) mit den real vorhandenen Beständen (Ist-Größen) zu vergleichen und – falls notwendig – die Buchführungsdaten an den aktuellen tatsächlichen Bestand anzupassen **(Vornahme von Korrekturbuchungen)**. Differenzen zwischen Soll- und Istbeständen ergeben sich beispielsweise durch Buchungsfehler, Verderb von Waren und Rohstoffen oder durch Diebstahl.

Da das Inventar stets zum Abschlussstichtag (i. d. R. der 31. 12. eines Jahres) aufzustellen ist, bezieht sich auch die Inventur notwendigerweise auf diesen Zeitpunkt. Wird die körperliche Bestandsaufnahme bzw. die Buchinventur an diesem Tag bzw. an einigen wenigen Tagen vor bzw. nach diesem Termin durchgeführt, so spricht man von einer **Stichtagsinventur**. Eine solche zeitnahe Bestandsaufnahme führt aber regelmäßig zu Störungen im Betriebsgeschehen, zum einen, weil viele Arbeitskräfte für Aufnahmetätigkeiten aus anderen Abteilungen abgezogen werden müssen, zum anderen, weil der Zugriff der Produktions- und Vertriebsabteilungen auf die Lagerbestände während des Inventurvorgangs oft eingeschränkt ist. Zudem ist es insbesondere in größeren Unternehmungen zum Teil einfach nicht möglich, alle Bestände an Vermögen und Schulden innerhalb eines Tages oder einiger weniger Tage zu erfassen. Aus diesen Gründen sind unter bestimmten Voraussetzungen **Inventurvereinfachungen** zulässig, auf die der Gesetzgeber im § 241 HGB verweist. Diese betreffen allerdings nur Vermögensgegenstände.

§ 241 Abs. 1 HGB ermöglicht bei der Erstellung des Inventars – abweichend vom Grundsatz der vollständigen Bestandsaufnahme aller Vermögensgegenstände und Schulden – die Ermittlung des Bestandes der Vermögensgegenstände nach Art, Menge und Wert auf der Grundlage anerkannter mathematisch-statistischer Verfahren durch Stichproben und Hochrechnungen **(Stichprobeninventur)**. Aus Zeit- und Kostengründen wird hier auf eine vollständige Erfassung jeder einzelnen Bestandsposition verzichtet und stattdessen aus dem Gesamtbestand der Positionen eine Stichprobe ausgewählt, die dann körperlich aufgenommen und bewertet wird. Ausgehend von diesem Stichprobenergebnis wird auf den Gesamtbestand hochgerechnet, d. h., der gesamte Inventurwert wird auf Grundlage der Stichprobenpositionen geschätzt. „Der Aussagewert des auf diese Weise aufgestellten Inventars muss dem Aussagewert eines aufgrund einer körperlichen Bestandsaufnahme aufgestellten Inventars gleichkommen“ (§ 241 Abs. 1 Satz 3 HGB).

§ 241 Abs. 3 HGB bringt eine weitere Erleichterung, indem Vermögensgegenstände dann nicht im Inventar zum Schluss des Geschäftsjahres verzeichnet zu werden brauchen, wenn sie nach Art, Menge und Wert in einem **besonderen Inventar** verzeichnet werden, das für einen Tag innerhalb der letzten drei Monate vor oder der ersten beiden Monate nach dem Ende des Geschäftsjahres aufgestellt wurde bzw. wird. Die Inventurtätigkeiten werden durch die Inanspruchnahme dieser Möglichkeit zeitlich verteilt und behindern somit den Betriebsablauf in erheblich geringerem Ausmaß als bei einer Stichtagsinventur. Allerdings muss auch bei dieser **vor- bzw. nachverlagerten Inventur** sichergestellt sein, dass durch Fortschreibung oder Rückrechnung der Bestand der Vermögensgegenstände für den Abschlussstichtag ordnungsgemäß ermittelt und bewertet werden kann (vgl. § 241 Abs. 3 HGB). Auf diese Weise kann durch die Zusammenfassung der fortgeschriebenen bzw. rückgerechneten besonderen Inventare für die verschiedenen Vermögensbereiche das Inventar zum Abschlussstichtag erstellt werden.

Eine körperliche Bestandsaufnahme der Vermögensgegenstände für den Schluss des Geschäftsjahres muss dann nicht vorgenommen werden, wenn „durch Anwendung eines den Grundsätzen ordnungsmäßiger Buchführung entsprechenden anderen Verfahrens gesichert ist, dass der Bestand der Vermögensgegenstände nach Art, Menge und Wert auch ohne die körperliche Bestandsaufnahme für diesen Zeitpunkt festgestellt werden kann“ (§ 241 Abs. 2 HGB). Hierbei ist an die vom Gesetzgeber nicht ausdrücklich genannte **permanente Inventur** zu denken, bei der Bestandsaufnahmen während des gesamten Geschäftsjahres an beliebigen und für die einzelnen Vermögensgegenständen verschiedenen Terminen durchgeführt werden. Allerdings muss hier wie bei der vor- bzw. nachgelagerten Inventur sichergestellt sein, dass die für den Abschlussstichtag relevanten Daten mit hinreichender Genauigkeit durch buchmäßige Vor- oder Rückrechnungen ermittelt werden können. In das Inventar gehen auch hier die buchmäßigen Bestände am Abschlussstichtag und nicht diejenigen zum Zeitpunkt der körperlichen Inventur ein.

Zu beachten ist, dass **alle Möglichkeiten der Inventurvereinfachung lediglich als eine Arbeitserleichterung** für die Unternehmung anzusehen sind und nur insoweit als zulässig angesehen werden, als ihre Ergebnisse (die Daten bzw. das darauf aufbauende Inventar) mit denen bei der Stichtagsinventur vergleichbar sind.

Das Inventar beinhaltet somit zunächst detaillierte Angaben über Art, Zusammensetzung und Wert des betrieblichen **Vermögens** und gibt sodann Auskunft darüber, inwieweit, in welcher Form und jeweils in welchem Betrag **Schulden** bei der Finanzierung des Vermögens eingegangen wurden. Dagegen fehlen explizite Angaben darüber, wie viel Eigenkapital und – vor allen

Dingen – welche Arten von Eigenkapital in der Unternehmung vorhanden sind. Der **Gesamtbetrag eigener Mittel** lässt sich jedoch aus dem Inventar ohne größere Schwierigkeiten ableiten. Das **Eigenkapital** der Unternehmung entspricht ihrem **Reinvermögen (Nettovermögen)**, d. h. der Summe aller Vermögenswerte (Bruttovermögen) abzüglich der Summe aller Schulden.

(Brutto-)Vermögen – Schulden = Eigenkapital (Rein- oder Nettovermögen)

Theoretisch könnte daher die Inventartabelle (vgl. *Abb. 5*, S. 16) erweitert werden, indem die Position „III. Eigenkapital" als Differenz der „I. Vermögensgegenstände" und „II. Schulden" angefügt wird. Die Errechnung und der Ausweis von Eigenkapital fallen jedoch nicht in den Aufgabenbereich von Inventur und Inventar, sondern bleiben der Bilanz vorbehalten.

2.2 Die Aufstellung der Bilanz

2.2.1 Der Bilanzaufbau

„Der Kaufmann hat zu Beginn seines Handelsgewerbes und für den Schluss eines jeden Geschäftsjahrs einen das Verhältnis seines Vermögens und seiner Schulden darstellenden Abschluss (Eröffnungsbilanz, Bilanz) aufzustellen" (§ 242 Abs. 1 Satz 1 HGB). Vergleicht man die in dieser Vorschrift enthaltene – allerdings unvollständige – Umschreibung der Bilanz mit derjenigen des Inventars (siehe § 240 Abs. 1 HGB), so wird deutlich, dass beide Rechenwerke übereinstimmen hinsichtlich

- **des Kreises der angesprochenen Personen bzw. Institutionen** (Kaufleute),
- **des Anlasses bzw. Termins für die Aufstellung** (der Beginn des Handelsgewerbes und das Ende eines jeden Geschäftsjahres) und
- **der auszuweisenden Bestände** (Vermögen und Schulden der Unternehmung).

Der **Unterschied** liegt darin, dass § 240 Abs. 1 HGB ein **detailliertes Verzeichnis** einzelner Vermögensgegenstände und Schulden verlangt, während § 242 Abs. 1 Satz 1 HGB einen Abschluss fordert, der das **Verhältnis** von Vermögen und Schulden darlegt. Die Bilanz ist also aus einem vorliegenden Inventar abzuleiten:

- Die einzelnen im Inventar erfassten Positionen von Vermögen und Schulden werden in der Bilanz **zu größeren Gruppen zusammengefasst**, falls das Inventar nicht bereits selbst – wie in *Abb. 5* (S. 16) – zur besseren Übersicht in solche Gruppen und Zwischensummen gegliedert wurde. In der Bilanz erscheinen nur noch aggregierte Positionen.
- Die im Inventar zwingend erforderlichen **Mengenangaben fallen in der Bilanz weg**, da ähnliche, aber dennoch nicht völlig identische Vermögensgegenstände und Schuldtitel nur wertmäßig zusammengefasst werden können. Eine zusätzliche Angabe von Stückzahlen oder anderen Mengenangaben für diese Wertsummen ist wenig sinnvoll und kann unter bestimmten Voraussetzungen sogar verwirren und zu Fehlschlüssen beim Betrachter verleiten.
- Vermögens- und Schuldpositionen werden in der Bilanz nicht mehr wie im Inventar in Staffelform, also hinter- bzw. untereinander aufgeführt, sondern stehen sich in der Form eines **Kontos** gegenüber (vgl. § 266 Abs. 1 Satz 1 HGB).
- Das **Eigenkapital** wird als **Differenz zwischen Vermögen und Schulden** explizit in die Darstellung der Bilanz aufgenommen.

Im **Normalfall** übersteigen die Vermögenswerte einer Unternehmung die Summe der Schulden. Es wurde bereits darauf hingewiesen, dass das **Eigenkapital (Reinvermögen)** nichts anderes als eine **Residualgröße** aus Vermögen und Schulden ist. In jedem Fall ist deshalb die folgende Gleichung erfüllt:

Vermögen – Schulden = Eigenkapital

Damit gilt aber auch:

Vermögen = Eigenkapital + Schulden

Ersetzt man nun den Begriff der „Schulden" durch den Begriff „Fremdkapital" und die Summe aus Eigenkapital und Fremdkapital (Schulden) durch den übergeordneten Begriff „Kapital", so folgt hieraus die **Grundgleichung der Bilanz**:

Vermögen = Kapital

Diese Grundgleichung der Bilanz lässt sich auch in **Kontoform** darstellen:

ABB. 6: Grobschema der Bilanz bei positivem Reinvermögen

Vermögensseite **Aktivseite** ⇓	Kapitalseite **Passivseite** ⇓
Vermögen	**Eigenkapital**
	Fremdkapital

Auf der **linken Seite** der Bilanz stehen die Vermögenswerte der Unternehmung. Da man diese Vermögenswerte auch **Aktiva** nennt, spricht man auch von der **Aktivseite** der Bilanz. Dem steht auf der **rechten Seite** der Bilanz das Kapital in Form von Eigenkapital und Fremdkapital gegenüber. Man nennt diese rechte Seite auch Kapitalseite; da man Eigenkapital und Fremdkapital auch als **Passiva** bezeichnet, ist auch der Ausdruck **Passivseite** gebräuchlich.

Befindet sich eine Unternehmung in wirtschaftlichen Schwierigkeiten, so kann es durchaus sein, dass der Wert des bilanziellen Vermögens durch Verluste so weit abnimmt, dass die Schulden (Fremdkapital) größer als das Vermögen der Unternehmung sind, das Reinvermögen also einen negativen Wert annimmt. Das bilanzielle Eigenkapital ist in diesem Fall kleiner als null, und zwar in Höhe der Differenz zwischen Schulden und Vermögen. Es besitzt dann den Charakter eines Korrekturpostens zur Vermögensseite und ist bei Einzelunternehmungen und Personenhandelsgesellschaften auf der Aktivseite als „negatives Eigenkapital" auszuweisen. Dagegen sind bei Kapitalgesellschaften (laufende) Verluste auf der Passivseite – zwingend mit negativem Vorzeichen – aufzuführen (vgl. § 266 Abs. 3 A. V. HGB). Ist bei Kapitalgesellschaften das Eigenkapital durch (laufende) Verluste aufgebraucht und ergibt sich ein Überschuss der Schuldposten über die Aktivposten, so ist der entsprechende Betrag am Schluss der Aktivseite der Bilanz gesondert unter der Bezeichnung „Nicht durch Eigenkapital gedeckter Fehlbetrag" auszuweisen (vgl. § 268 Abs. 3 HGB). Damit ergibt sich in diesem Fall das in *Abb. 7* dargestellte Bilanzbild:

ABB. 7: Grobschema der Bilanz bei negativem Reinvermögen

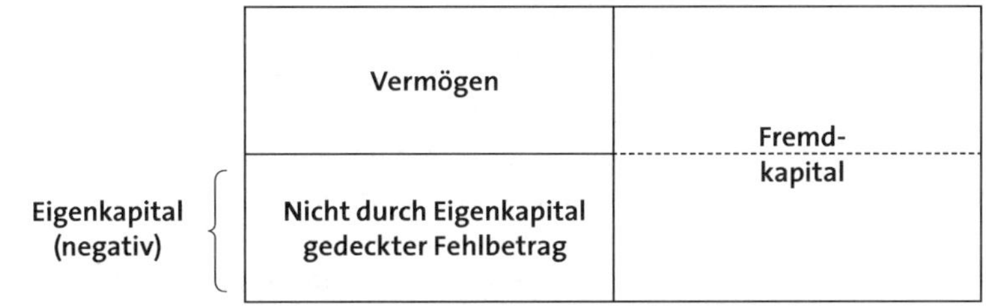

Beide Seiten der Bilanz in der *Abb. 6* (S. 20) und *Abb. 7* sind nicht zufällig gleich groß gezeichnet, wobei die Länge der jeweiligen Rechtecke die Summe der Beträge der einzelnen Positionen kennzeichnen soll. Der Begriff „Bilanz“ ist aus dem Italienischen „bilancia“ (deutsch: Waage) abgeleitet und soll zum Ausdruck bringen, dass Vermögen und Kapital in dieser Darstellungsform immer und zwangsläufig die gleiche Wertsumme repräsentieren. Man sagt, **die Bilanz ist stets ausgeglichen**. Dies resultiert notwendigerweise aus der **Grundgleichung der Bilanz**. Eine Bilanz, die nicht „aufgeht“, d. h. bei der die aufsummierten Beträge der Aktiva nicht mit der Summe der Passivwerte übereinstimmen, deutet immer auf einen Fehler bei ihrer Aufstellung bzw. in der zugrunde liegenden Buchführung hin.

Vermögen und Kapital (Aktiva und Passiva) sind unterschiedliche Darstellungsformen und Bezeichnungen der gleichen Wertsumme. Die **Passivseite** unterscheidet nach der Herkunft der finanziellen Mittel zwischen eigenem und fremdem Kapital (Unterscheidungskriterium ist demnach zunächst die Rechtsstellung der Kapitalgeber), während die **Aktivseite** die Verwendung dieser (gleichen) Mittel aufzeigt.

Vermögens- und Kapitalseite der Bilanz werden nach bestimmten **Gliederungsvorschriften** tiefer untergliedert und geordnet. Solche Gliederungsregeln können zwar je nach Rechtsform, Branche oder Größe des Betriebs voneinander abweichen. Aber auch in den Unternehmungen, die nur die wenig differenzierten Gliederungsvorschriften des § 247 Abs. 1 HGB anzuwenden haben, lehnt man sich an die für Kapitalgesellschaften geltenden Gliederungsvorschriften des § 266 Abs. 2 und Abs. 3 HGB zumindest an.

Die Vermögensgegenstände werden entsprechend dem Grad ihrer üblichen Bindungsdauer (Geldwerdungsabstand, Selbstliquidationsperiode, Liquidierbarkeit), die Passiva entsprechend ihrer Fälligkeit (Überlassungsdauer) gegliedert. Damit soll annähernd deutlich gemacht werden, in welcher zeitlichen Folge die Aktiva durch den üblichen Umsatzprozess wieder zu Geld werden und in welcher zeitlichen Folge die einzelnen Kapitalteile dem Betrieb wieder entzogen werden.

Die **Aktivpositionen** werden in der Bilanz nach dem **Prinzip der abnehmenden Bindungsdauer** geordnet. Aus diesem Grund unterscheidet das HGB bei den Aktiva im Wesentlichen zwischen Anlage- und Umlaufvermögen. Zum **Anlagevermögen** rechnet man alle Vermögensgegenstände, die dazu **bestimmt sind, dauernd dem Geschäftsbetrieb der Unternehmung zu dienen** (vgl. § 247 Abs. 2 HGB). Aufgrund der Gliederung der Aktivseite nach der üblichen Bindungsdauer steht das Anlagevermögen auf der linken Bilanzseite über den Positionen des Umlaufvermögens. Auch innerhalb von Anlage- und Umlaufvermögen wird dieses Prinzip weitgehend durchgehalten, so dass die Vermögensgegenstände mit der höchsten Liquidität am unteren Ende der Aktivseite von Bilanzen aufgeführt werden.

Das Anlagevermögen besteht aus drei Untergruppen:

- **Immaterielle Vermögensgegenstände** des Anlagevermögens stellen entweder entgeltlich erworbene Konzessionen, gewerbliche Schutzrechte und ähnliche Rechte und Werte sowie Lizenzen an solchen Rechten und Werten oder selbst geschaffene gewerbliche Schutzrechte und ähnliche Rechte und Werte dar. Während allerdings entgeltlich erworbene immaterielle Vermögensgegenstände des Anlagevermögens aktiviert werden müssen, besteht für die selbst geschaffenen immateriellen Vermögensgegenstände des Anlagevermögens ein Aktivierungswahlrecht (vgl. § 248 Abs. 2 Satz 1 HGB). Hiervon ausgenommen sind selbst geschaffene Marken, Drucktitel, Verlagsrechte, Kundenlisten oder vergleichbare immaterielle Vermögensgegenstände des Anlagevermögens; sie unterliegen einem Bilanzierungsverbot (vgl. § 248 Abs. 2 Satz 2 HGB).
- **Sachanlagen (materielles Anlagevermögen)** sind physisch greifbare Gegenstände, die entweder keiner ständigen Wertminderung ausgesetzt sind (z. B. Grundstücke) oder deren Werte – etwa durch Nutzung und Zeitablauf – kontinuierlich abnehmen (z. B. Maschinen und Gebäude). Man unterscheidet dementsprechend zwischen dem nicht abnutzbaren und dem abnutzbaren Sachanlagevermögen. Für erworbenes wie für selbst erstelltes materielles Vermögen besteht eine Aktivierungspflicht.
- **Finanzanlagen** sind Anteile, Beteiligungen und Ausleihungen, die längerfristiger Natur sind und nicht nur vorübergehend gehalten werden sollen. Dabei kann es sich um in Wertpapieren verbriefte oder um unverbriefte Finanztitel (mit Gläubiger- oder Eigentümerrechten) handeln.

Innerhalb des Anlagevermögens werden wiederum die eher schwer verkäuflichen immateriellen Vermögensgegenstände vor den Sachanlagen und diese vor den i. d. R. leichter zu verkaufenden Finanzanlagen gezeigt. So kann man annehmen, dass die Mittel in den Grundstücken und Gebäuden länger gebunden sind als in anderen Anlagevermögensgegenständen.

Im Gegensatz zum Anlagevermögen umfasst das **Umlaufvermögen** alle diejenigen Aktivpositionen, die in ihrer Höhe und ihrer Zusammensetzung einer vergleichsweise raschen Veränderung unterliegen. Man kann es auch negativ ausdrücken: Das Umlaufvermögen erfasst alle Vermögensgegenstände, die nicht dazu bestimmt sind, auf Dauer im Betrieb zu verbleiben, und für die man daher relativ häufige Veränderungen unterstellen muss. In erster Linie handelt es sich hierbei um Gegenstände, die in den betrieblichen Umsatzprozess eingehen oder die im Zusammenhang mit Umsatzvorgängen entstanden sind, wie Vorräte an Waren, an Material sowie an fertigen und unfertigen Erzeugnissen, Forderungen (insbesondere an Kunden), Kassenbestände und sonstige geldnahe Bestände (Schecks, Guthaben bei Kreditinstituten).

Das Ordnungskriterium der **Passivseite** ist – neben der Rechtsstellung der Kapitalgeber – die **Fristigkeit der Überlassung des Kapitals**. Langfristig überlassene Kapitalbestandteile erscheinen auf der Kapitalseite tendenziell über denjenigen Kapitalbestandteilen, die der Unternehmung nur für kurze Zeit zur Verfügung stehen. Dass das Eigenkapital vor dem Fremdkapital aufgeführt wird, kann man nicht nur mit der Gliederung nach der Rechtsstellung der Kapitalgeber begründen, sondern auch damit, dass das i. d. R. unbefristet zur Verfügung gestellte Eigenkapital –

so wird zumindest unterstellt – grundsätzlich einen langfristigen bzw. längerfristigen Charakter besitzt. Zu beachten sind allerdings die häufig kurzen Kündigungsfristen und die Entnahmemöglichkeiten bei Personenhandelsgesellschaften und Einzelunternehmungen.

Innerhalb des **Eigenkapitals** von Kapitalgesellschaften werden die gegen Ausschüttung gesperrten Posten (gezeichnetes Kapital, Kapitalrücklage, gesetzliche Rücklage) vor die ausschüttbaren anderen Rücklagen sowie den Gewinnvortrag und den Jahresüberschuss gestellt.

Allerdings wird das Gliederungsprinzip der Fristigkeit der Überlassung für die Fremdkapitalposten nicht sehr konsequent eingehalten. Angaben über Fristigkeiten (Rest- und teilweise auch Ursprungslaufzeiten) sind teilweise in den Anhang ausgelagert worden (vgl. z. B. § 285 Nr. 1a HGB), so dass die Überlassungsdauer nicht mehr als eindeutiger Maßstab zur Ordnung der Kapitalseite der Bilanz angesehen werden kann.

Neben den beschriebenen Postengruppen Anlage- und Umlaufvermögen sowie Eigen- und Fremdkapital beinhaltet die Bilanz auch aktive und passive Rechnungsabgrenzungsposten. Auf die Bedeutung dieser Posten wird erst an späterer Stelle eingegangen (vgl. dazu den Abschnitt 2.5.3.1).

Abb. 8 zeigt eine – aus dem in *Abb. 5* (S. 16) dargestellten Inventar abgeleitete – einfache Bilanz, wobei unterstellt wird, dass die beiden Gesellschafter zu gleichen Teilen an der OHG beteiligt sind.

ABB. 8: Beispiel einer Bilanz

Möbelfabrik Schulz & Schulze OHG
Bilanz zum 31.12.01

Aktiva	EUR	Passiva		EUR
I. Anlagevermögen		I. Eigenkapital		
Grundstücke und Gebäude	287.000	Franz Schulz	182.725	
Maschinen und Werkzeuge	104.670	Bruno Schulze	182.725	365.450
Betriebs- und Geschäftsausstattung	48.420	II. Fremdkapital		
Fuhrpark	83.740	Darlehensschulden		259.000
		Lieferantenverbindlichkeiten		36.980
		Schuldwechsel		7.460
II. Umlaufvermögen				
Rohstoffe und unfertige Erzeugnisse	27.350			
Fertigerzeugnisse	22.710			
Kundenforderungen	81.500			
Kontokorrentkonto	10.500			
Kasse	3.000			
	668.890			668.890

Durch die Addition der Vermögens- und Kapitalwerte zur Bilanzsumme sowie durch das Blockieren des verbleibenden freien Raums durch die sog. „Buchhalternase“ werden die Eintragungen in der Bilanz vor nachträglichen Manipulationen geschützt.

AUFGABE 1

Sie müssten nun in der Lage sein, aus dem auf S. 25 f. abgedruckten Inventar die Bilanz der Katal-OHG zum 30.06.01 zu erstellen. Die beiden Gesellschafter Tadeus Karst und Karl Tal sind zu 25 % bzw. 75 % an der Gesellschaft beteiligt.

Vergleichen Sie Ihre Lösung mit der auf S. 237 abgedruckten Musterlösung!

Maschinenbau KATAL OHG **Inventar zum 30.06.01** (gekürzt)		
	EUR	EUR
I. Vermögensgegenstände:		
1. Grundstücke und Gebäude		
Halle I	34.600	
Halle II	108.000	
Lagergebäude	27.460	
Geschäfts- und Verwaltungsgebäude	68.270	
Betriebsgrundstück	110.500	
Sonstiges Grundstück (unbebaut)	83.000	431.830
2. Maschinen und Werkzeuge gemäß Anhang, Liste D		114.210
3. Betriebs- und Geschäftsausstattung gemäß Anhang, Liste C		58.790
4. Fuhrpark		
1 LKW MAN	1	
2 LKW Saviem	36.000	
2 Transporter Ford	12.480	
1 PKW Opel	8.819	
1 PKW Daimler	17.370	74.670
5. Anzahlung auf Halle III (Anlagen im Bau)		206.740
6. Roh-, Hilfs- und Betriebsstoffe gemäß Anhang, Liste A		33.090
7. Unfertige Erzeugnisse gemäß Anhang, Liste B		62.740
8. Fertigerzeugnisse		
Typ Nr. 13 589, 12 Einheiten	17.400	
Typ Nr. 43 175, 100 Einheiten	15.600	
Typ Nr. 66 091, 75 Einheiten	21.120	
Sonstige	10.180	64.300
9. Kundenforderungen		
Lüttje, Hamburg	18.970	
Becker, Mainz	1.950	
Müller, Kaiserslautern	5.510	
Lehmann, Karlsruhe	20.180	46.610
10. Besitzwechsel		
Weber, Stuttgart, fällig am 20.07.01	12.500	
Hinz, Neunkirchen, fällig am 13.08.01	7.320	19.820
11. Wertpapiere 200 XY-Aktien, Kurs 110 EUR/Aktie		22.000
12. Schecks		12.710
13. Bankguthaben		
Bank U	17.020	
Bank V	9.000	
Bank W	10.410	36.430
14. Kasse		2.410
		1.186.350

II. Schulden:		
1. Darlehensschulden, durch Grundpfandrechte gesichert		378.000
2. Darlehensschulden, sonstige		
Bank V	45.000	
Bank W	83.450	
Sparkasse X	17.500	145.950
3. Lieferantenverbindlichkeiten		
X-GmbH, Düsseldorf	7.430	
Y-KG, Kaiserslautern	280	
Z-OHG, Saarlouis	14.210	21.920
4. Schuldwechsel		
Y-KG, Kaiserslautern, fällig am 04.08.01	10.000	
Bauer, Mainz, fällig am 05.08.01	27.800	37.800
		583.670

Saarbrücken, 14. Juli 01 (Unterschrift) (Unterschrift)

Zum Begriff des Besitz- bzw. Schuldwechsels vergleichen Sie bitte die Ausführungen in der Musterlösung auf S. 237!

2.2.2 Die bilanzverändernden Geschäftsvorfälle

2.2.2.1 Vorbemerkungen

Geschäftsvorfälle verändern die Gestalt von Bilanzen, sie bewirken Umschichtungen in der Zusammensetzung von Aktiva und Passiva und/oder führen zu Veränderungen der Bilanzsumme. Nur die Grundgleichung der Bilanz

Vermögen = Kapital

behält stets ihre uneingeschränkte Gültigkeit.

Es sollen zunächst vier **Grundtypen bilanzverändernder Geschäftsvorfälle** und die daraus abgeleiteten Buchungen dargestellt werden.

2.2.2.2 Aktivtausch (Vermögensumschichtung)

Verändert sich durch einen Geschäftsvorfall lediglich die **Struktur von Vermögenspositionen**, bleibt aber die Bilanzsumme unverändert, so spricht man von einem **Aktivtausch** bzw. einer **Vermögensumschichtung** (vgl. *Abb. 9*, S. 27).

ABB. 9: Aktivtausch (Schema)

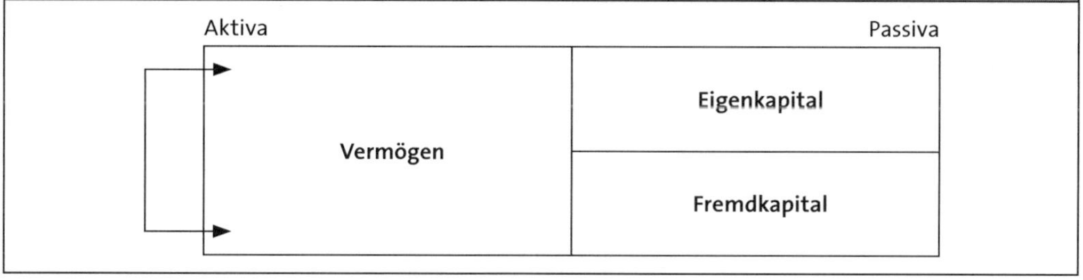

BEISPIEL: (ausgehend von *Abb. 8*, S. 23)

Hätte Kunde Müller aus Aachen seine Schulden gegenüber der bilanzierenden Unternehmung noch vor dem Abschlussstichtag (31.12.01) in bar beglichen, so hätten die Kundenforderungen um 43.812 EUR (vgl. *Abb. 5*, S. 16) abgenommen, der Kassenbestand wäre in gleicher Höhe angestiegen. Daraus hätte sich dann die folgende veränderte Bilanz ergeben, wobei die Änderungen durch Fettdruck hervorgehoben sind (*Abb. 10*):

ABB. 10: Aktivtausch (Beispiel)

Möbelfabrik Schulz & Schulze OHG
Bilanz zum 31.12.01

Aktiva	EUR	Passiva		EUR
I. Anlagevermögen		I. Eigenkapital		
Grundstücke und Gebäude	287.000	Franz Schulz	182.725	
Maschinen und Werkzeuge	104.670	Bruno Schulze	182.725	365.450
Betriebs- und Geschäftsausstattung	48.420	II. Fremdkapital		
Fuhrpark	83.740	Darlehensschulden		259.000
		Lieferantenverbindlichkeiten		36.980
		Schuldwechsel		7.460
II. Umlaufvermögen				
Rohstoffe und unfertige Erzeugnisse	27.350			
Fertigerzeugnisse	22.710			
Kundenforderungen	**37.688**			
Kontokorrentkonto	10.500			
Kasse	**46.812**			
	668.890			668.890

Gegenüber der Ausgangssituation haben sich lediglich Veränderungen in den beiden Positionen „Kundenforderungen“ (Verminderung des Betrags) und „Kasse“ (Erhöhung des Betrags) ergeben. Die Transaktion hatte wegen der Betragsgleichheit der Änderungen jedoch keine Auswirkungen auf die Bilanzsumme und die Posten der Passivseite.

2.2.2.3 Passivtausch (Kapitalumschichtung)

Führt ein Geschäftsvorfall nur zu **Strukturveränderungen auf der Kapitalseite**, ohne die Bilanzsumme zu verändern, so spricht man von einem **Passivtausch** bzw. einer **Kapitalumschichtung**. Für diese grundsätzliche Betrachtung ist es bedeutungslos, ob sich der Tausch zwischen Eigen- und Fremdkapital vollzieht oder ob er ausschließlich innerhalb der verschiedenen Eigenkapital- bzw. Fremdkapitalpositionen erfolgt (vgl. *Abb. 11*, S. 28).

ABB. 11: Passivtausch (Schema)

BEISPIEL: (ausgehend von *Abb. 8*, S. 23)

Hätte die bilanzierende Unternehmung noch vor dem 31.12.01 bei der Sparkasse Z ein zusätzliches Darlehen in Höhe von 21.510 EUR aufgenommen, um ihre Lieferantenverbindlichkeiten gegenüber der Unternehmung Fischer in Kiel zu begleichen (vgl. *Abb. 5*, S. 16), so hätte sich letztlich weder die Bilanzsumme noch die Aktivseite der Bilanz durch diesen Geschäftsvorfall verändert. Die Veränderungen auf der Passivseite zeigt die nachfolgende *Abb. 12* (Hervorhebung durch Fettdruck). Gegenüber der Ausgangssituation haben sich die Darlehensschulden um 21.510 EUR erhöht, während sich die Lieferantenverbindlichkeiten um diesen Betrag vermindert haben.

ABB. 12: Passivtausch (Beispiel)

Möbelfabrik Schulz & Schulze OHG
Bilanz zum 31.12.01

Aktiva	EUR	Passiva		EUR
I. Anlagevermögen		I. Eigenkapital		
Grundstücke und Gebäude	287.000	Franz Schulz	182.725	
Maschinen und Werkzeuge	104.670	Bruno Schulze	182.725	365.450
Betriebs- und Geschäftsausstattung	48.420	II. Fremdkapital		
Fuhrpark	83.740	**Darlehensschulden**		**280.510**
		Lieferantenverbindlichkeiten		**15.470**
		Schuldwechsel		7.460
II. Umlaufvermögen				
Rohstoffe und unfertige Erzeugnisse	27.350			
Fertigerzeugnisse	22.710			
Kundenforderungen	81.500			
Kontokorrentkonto	10.500			
Kasse	3.000			
	668.890			668.890

2.2.2.4 Bilanzsummenerhöhung („Bilanzverlängerung"; Aktiv-Passiv-Mehrung)

Geschäftsvorfälle, die sowohl zur Erhöhung der Aktiva als auch der Passiva führen, bei denen also die Bilanzsumme zunimmt, bezeichnet man als **bilanzverlängernde Geschäftsvorfälle** (vgl. *Abb. 13*, S. 29).

ABB. 13: Bilanzverlängerung (Schema)

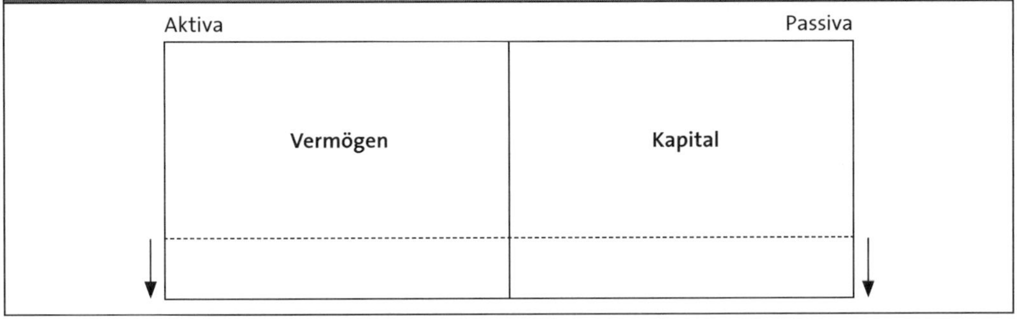

BEISPIEL: (ausgehend von *Abb. 8*, S. 23)

Hätte die bilanzierende Unternehmung noch vor dem 31.12.01 einen Posten Spanplatten zum Gesamtpreis von 13.910 EUR gekauft und hätte der Hersteller hierfür ein Zahlungsziel eingeräumt, so wäre bei der bilanzierenden Unternehmung einerseits eine Verbindlichkeit gegenüber dem Lieferanten in Höhe von 13.910 EUR auf der Passivseite hinzugekommen, andererseits wären auf der Aktivseite die Bestände an Rohstoffen und unfertigen Erzeugnissen um denselben Betrag angestiegen. Die Bilanzsumme hätte sich demnach auf 682.800 EUR erhöht (vgl. *Abb. 14*; Hervorhebung der Veränderungen durch Fettdruck).

ABB. 14: Bilanzverlängerung (Beispiel)

Möbelfabrik Schulz & Schulze OHG
Bilanz zum 31.12.01

Aktiva	EUR			Passiva EUR
I. Anlagevermögen		I. Eigenkapital		
Grundstücke und Gebäude	287.000	Franz Schulz	182.725	
Maschinen und Werkzeuge	104.670	Bruno Schulze	182.725	365.450
Betriebs- und Geschäftsausstattung	48.420	II. Fremdkapital		
Fuhrpark	83.740	Darlehensschulden		259.000
		Lieferantenverbindlichkeiten		**50.890**
		Schuldwechsel		7.460
II. Umlaufvermögen				
Rohstoffe und unfertige Erzeugnisse	**41.260**			
Fertigerzeugnisse	22.710			
Kundenforderungen	81.500			
Kontokorrentkonto	10.500			
Kasse	3.000			
	682.800			**682.800**

2.2.2.5 Bilanzsummenverminderung („Bilanzverkürzung", Aktiv-Passiv-Minderung)

Vermindern sich durch einen Geschäftsvorfall sowohl Positionen auf der Aktiv- als auch auf der Passivseite der Bilanz, so nimmt die Bilanzsumme um den entsprechenden Betrag ab; man spricht von einer **bilanzverkürzenden Transaktion** (vgl. *Abb. 15*, S. 30).

ABB. 15: Bilanzverkürzung (Schema)

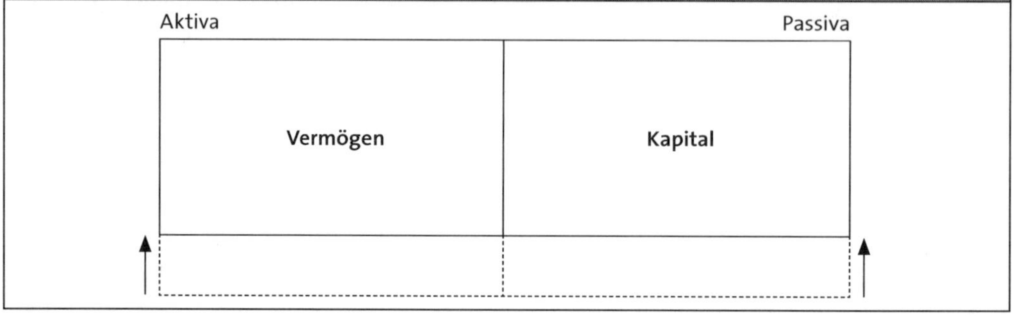

BEISPIEL: (ausgehend von *Abb. 8*, S. 23)

Hätte die bilanzierende Unternehmung ihr gesamtes Guthaben (10.500 EUR) auf dem Kontokorrentkonto (vgl. *Abb. 5*, S. 16) noch vor dem 31.12.01 dazu verwendet, einen Teil ihrer Darlehensschulden abzubauen, so hätte die Bilanz folgendes Aussehen (vgl. *Abb. 16*; Hervorhebung der Veränderungen durch Fettdruck):

ABB. 16: Bilanzverkürzung (Beispiel)

Möbelfabrik Schulz & Schulze OHG
Bilanz zum 31.12.01

Aktiva	EUR	Passiva		EUR
I. Anlagevermögen		I. Eigenkapital		
Grundstücke und Gebäude	287.000	Franz Schulz	182.725	
Maschinen und Werkzeuge	104.670	Bruno Schulze	182.725	365.450
Betriebs- und Geschäftsausstattung	48.420	II. Fremdkapital		
Fuhrpark	83.740	**Darlehensschulden**		**248.500**
		Lieferantenverbindlichkeiten		36.980
		Schuldwechsel		7.460
II. Umlaufvermögen				
Rohstoffe und unfertige Erzeugnisse	27.350			
Fertigerzeugnisse	22.710			
Kundenforderungen	81.500			
Kontokorrentkonto	**0**			
Kasse	3.000			
	658.390			**658.390**

Das Kontokorrentkonto weist nunmehr einen Betrag von 0 EUR auf. Um die Bilanz nicht zu überladen, brauchen solche „Leerposten" gemäß § 265 Abs. 8 HGB nicht aufgeführt zu werden, es sei denn, unter diesem Posten wurde im Vorjahr ein von null abweichender Wert ausgewiesen.

AUFGABE 2

Gehen Sie bei der Bearbeitung dieser Aufgabe von dem in *Abb. 5* (S. 16) aufgeführten Inventar und der in *Abb. 8* (S. 23) dargestellten Bilanz zum 31.12.01 aus! Im Laufe des Jahres 02 ereignen sich bei der Unternehmung Schulz & Schulze OHG folgende Geschäftsvorfälle:

1. 15.01. Verkauf (und Lieferung) des VW-PKWs zum Buchwert von 4.000 EUR. Der Käufer zahlt in bar.
2. 22.01. Kauf (und Lieferung) von Rohstoffen für 14.000 EUR auf Ziel.
3. 13.02. Schulz & Schulze nehmen bei der Sparkasse Z einen langfristigen Kredit i. H. v. 21.510 EUR auf; damit begleichen sie ihre Verbindlichkeiten bei dem Zulieferer Fischer (Kiel).
4. 17.02. Fertigfabrikate werden zum Buchwert von 20.500 EUR verkauft. Dem Kunden wird bei Lieferung ein Zahlungsziel von einem Monat eingeräumt.
5. 26.02. Eine ältere Hobelmaschine mit einem Restbuchwert von 4.380 EUR wird zu diesem Preis gegen bar verkauft (und geliefert).
6. 02.03. Die Wechselschuld (Kluge, Saarbrücken, fällig am 02.03.02) wird per Kontokorrentkonto beglichen.
7. 17.03. Der Kunde von Geschäftsvorfall Nr. 4 zahlt in bar.
8. 10.04. Bank X steigt als Teilhaber in die Unternehmung ein. Sie beteiligt sich in Höhe ihrer bisherigen Darlehensforderungen.
9. 11.04. Schulz kauft einen Porsche (60.000 EUR) als Repräsentationsfahrzeug der Geschäftsleitung. Der Händler nimmt den BMW für 30.310 EUR in Zahlung, der Rest wird überwiesen.
10. 12.04. Schulz verursacht mit dem Porsche schuldhaft einen Unfall; Totalschaden. Da eine Vollkasko-Versicherung bestand, entsteht der Unternehmung (zunächst) kein finanzieller Verlust. Der Versicherer überweist auf das Kontokorrentkonto.
11. 13.04. Schulze ist dennoch leicht verärgert über das Verhalten seines Kompagnons. Er beschließt, sich teilweise aus der gemeinsamen Unternehmung zurückzuziehen. Er reduziert seinen bisherigen Eigenkapitalanteil von 182.725 EUR um 120.000 EUR, lässt diesen Betrag (120.000 EUR) jedoch als Kredit im Betrieb stehen.
12. 16.05. Nach Beendigung seines Krankenhausaufenthaltes kauft Schulz eine neue Hobelmaschine für 15.890 EUR. Bei Lieferung akzeptiert er einen Wechsel auf drei Monate.
13. 09.06. Um seinen (Eigen-)Kapitalanteil zu erhöhen, überweist Teilhaber Schulz zusätzliche 40.000 EUR aus seinem Privatvermögen auf das Konto der Unternehmung.
14. 20.07. Die Kunden Müller (Aachen), Schmidt (Würzburg) und Meyer (Darmstadt) zahlen ihre Verbindlichkeiten durch Überweisung auf das Kontokorrentkonto.
15. 16.08. Der Wechsel (Geschäftsvorfall Nr. 12) ist fällig und wird in bar beglichen.
16. 31.08. Ein an das Betriebsgelände angrenzendes Ackergrundstück wird für 52.000 EUR erworben; die Bezahlung erfolgt durch Überweisung vom Kontokorrentkonto.
17. 28.09. Die Werkshalle A kann nun erweitert werden. Die Rechnung des Bauunternehmers in Höhe von 126.480 EUR wird je zur Hälfte durch Inanspruchnahme neuer langfristiger Kredite von Bank X und Bank Y beglichen.

18. 21.10. Ein fälliger Bankkredit (80.000 EUR) wird aus überschüssigem Sichtguthaben zurückgezahlt.

19. 04.11. Schulz entnimmt 15.000 EUR in bar, um privaten Verpflichtungen nachkommen zu können.

20. 28.12. Die noch bestehenden Lieferantenverbindlichkeiten werden durch Aufstocken des Darlehens bei Bank Y bezahlt.

Tragen Sie in die Tabelle der *Abb. 17* (S. 33 f.) unter Angabe des Vorzeichens (+ oder –) ein, welche Bilanzpositionen sich durch den jeweiligen Geschäftsvorfall um welchen Betrag verändern! Errechnen Sie die Bestände zum Jahresende 02 und stellen Sie die Schlussbilanz zum 31.12.02 auf!

Vergleichen Sie Ihre Lösung mit der auf S. 238 ff. abgedruckten Musterlösung!

ABB. 17: **Lösungsversuch für Aufgabe 2**

Bilanzposition	Anfangsbestand	Geschäftsvorfälle										Zwischensumme
		1	2	3	4	5	6	7	8	9	10	
A.1 Grundstücke und Gebäude	287.000											
A.2 Maschinen und Werkzeuge	104.670											
A.3 Betriebs- und Geschäftsausstattung	48.420											
A.4 Fuhrpark	83.740	–4.000										
A.5 Rohstoffe und unfertige Erzeugnisse	27.350		+14.000									
A.6 Fertigerzeugnisse	22.710											
A.7 Kundenforderungen	81.500											
A.8 Kontokorrentkonto	10.500											
A.9 Kasse	3.000	+4.000										
P.1 Eigenkapital	365.450											
P.2 Darlehensschulden	259.000											
P.3 Lieferantenverbindlichkeiten	36.980		+14.000									
P.4 Schuldwechsel	7.460											
Bei diesem Geschäftsvorfall handelt es sich um eine(n)												
Bilanzverlängerung			x									
Bilanzverkürzung												
Aktivtausch		x										
Passivtausch												

Bitte ankreuzen!

ABB. 17: Lösungsversuch für Aufgabe 2 (Fortsetzung)

Bilanzposition	Zwischensumme	Geschäftsvorfälle										Schlussbestand
		11	12	13	14	15	16	17	18	19	20	
A.1 Grundstücke und Gebäude												
A.2 Maschinen und Werkzeuge												
A.3 Betriebs- und Geschäftsausstattung												
A.4 Fuhrpark												
A.5 Rohstoffe und unfertige Erzeugnisse												
A.6 Fertigerzeugnisse												
A.7 Kundenforderungen												
A.8 Kontokorrentkonto												
A.9 Kasse												
P.1 Eigenkapital												
P.2 Darlehensschulden												
P.3 Lieferantenverbindlichkeiten												
P.4 Schuldwechsel												
Bei diesem Geschäftsvorfall handelt es sich um eine(n)												
Bilanzverlängerung												
Bilanzverkürzung												
Aktivtausch												
Passivtausch												

Bitte ankreuzen!

2.2.3 Kontenaufbau und Kontentypen

Es ist zwar denkbar, nach jedem Geschäftsvorfall eine neue Bilanz aufzustellen, um auf diese Weise die eingetretenen Wertbewegungen und Veränderungen der Bilanzpositionen festzuhalten. Zwei Gründe sprechen jedoch dagegen:

- Die Zahl von Geschäftsvorfällen ist gewöhnlich groß bis sehr groß (in Mittel- und Großbetrieben mehrere Tausend pro Tag).
- Die Buchführung hat neben ihrer Funktion für die Bilanzerstellung noch weitere Aufgaben zu erfüllen; bereits aus diesem Grund besitzt sie i. d. R. einen höheren Detaillierungsgrad als der Jahresabschluss.

Geschäftsvorfälle werden daher zunächst auf vorgeschalteten Verrechnungsstellen – den **Konten** – gebucht, aus denen die zur Bilanzerstellung notwendigen Informationen erst bei Bedarf – am Jahresende oder bei außerordentlichen Anlässen (z. B. Liquidation, Fusion, Rechtsformwechsel der Unternehmung) – abgerufen werden. (Die Bezeichnung „Konto", die wie die meisten übrigen Fachausdrücke der Buchführung und Bilanzierung aus dem Italienischen kommt, bedeutet „Rechnung").

Zur Durchführung einer gesonderten vorgelagerten Rechnung gibt es **verschiedene Aufschreibungsmöglichkeiten**.

Die älteste Darstellungsform – im Grunde der Vorläufer des Kontos – ist die **Staffelrechnung**, die oft auch als **Skontro** (= Nebenbuch) oder **Fortschreibungsverfahren** bezeichnet wird.

Stellt man etwa die Bewegungen im Kassenbestand, ausgelöst durch die in **Aufgabe 2** (S. 30–32) beschriebenen Geschäftsvorfälle, in Staffelform dar, so führt dies zu dem in *Abb. 18* (S. 36) dargestellten Bild des Kassenskontros.

Wie man sieht, ist in dem Skontro das **Datum** jedes Geschäftsvorfalls, der eine Wertänderung des Kassenbestandes ausgelöst hat, sowie der **Betrag** und die **Richtung** der Veränderung des Kassenbestandes (Zugänge/Abgänge) anzugeben. Die Eintragung des **Anfangsbestandes** zu Beginn und die Berechnung des **Schlussbestandes** zum Ende des Geschäftsjahres gelten – unabhängig davon, ob die Rechnung in Staffel- oder Kontoform durchgeführt wird – stets als **buchungsrelevante Vorgänge**.

Insbesondere wenn am gleichen Tag mehrere Wertbewegungen stattfinden, reicht das Datum i. d. R. zur eindeutigen Identifikation eines Geschäftsvorfalls nicht aus. Deshalb ist für jeden Vorgang zudem eine möglichst kurz zu haltende Umschreibung anzufügen, die eine **eindeutige Zuordnung zum jeweiligen Geschäftsvorfall** ermöglicht. In *Abb. 18* (S. 36) wurde hierfür die Bezeichnung der Bilanzposition, genauer des Kontos, gewählt, in dem außerdem zu buchen ist; man spricht von **Gegenkonto**. Aber auch andere Vorgehensweisen zur Benennung sind denkbar, z. B. Ziffernfolgen oder Belegnummern. In der Praxis wird üblicherweise die Nummer des der Buchung zugrunde liegenden Beleges, der Auskunft über den die Buchung auslösenden Geschäftsvorfall gibt, angegeben. Da entweder die Originalbelege oder aber die verfilmten Belege der Nummer nach aufbewahrt werden, ist sowohl ein Zugang von der Buchung zum Beleg als auch ein Zugang vom Beleg zur Buchung möglich. Eine eindeutige Zuordnung der Buchung zum jeweiligen Geschäftsvorfall ist bei dem in *Abb. 18* benutzten Verfahren dann nicht gegeben, wenn z. B. mehrere Schuldwechsel am gleichen Tag in bar eingelöst werden.

ABB. 18: Skontro

Kasse		
Datum	**Text**	**Betrag (EUR)**
01.01.02	Anfangsbestand	3.000
15.01.02	Fuhrpark	+ 4.000
		7.000
26.02.02	Maschinen und Werkzeuge	+ 4.380
		11.380
17.03.02	Kundenforderungen	+ 20.500
		31.880
16.08.02	Schuldwechsel	− 15.890
		15.990
04.11.02	Eigenkapital	− 15.000
31.12.02	Schlussbestand	990

Die „Betragsspalte" enthält neben dem Anfangsbestand die Zahlungsbeträge der einzelnen Geschäftsvorfälle, Zwischensummen und den Endbestand. Bei den Zahlungen muss unmissverständlich deutlich werden, ob es sich um Zu- oder Abgänge handelt. In erster Linie geschieht dies durch die Angabe der Vorzeichen. Aber auch die Bildung von Zwischensummen trägt zur Klarstellung bei. Überhaupt ist die Möglichkeit, **Zwischensummen** zu ermitteln, einer der Vorteile von Staffelrechnungen gegenüber der Kontoform. Derartige Zwischensummen erleichtern u. a. Auswertungsrechnungen, oder sie besitzen selbst Kennzahlencharakter wie etwa im Falle der Gewinn- und Verlustrechnung (vgl. § 275 Abs. 1–3 HGB).

Allerdings wird das Zustandekommen des Rechnungsergebnisses (Schlussbestand) insbesondere bei größeren Datenmengen unübersichtlich, da Positiv- und Negativkomponenten ständig in Zwischensummen verschwimmen.

Die Nachteile – aber auch die Vorteile – des Skontros werden durch das **Konto** beseitigt. Ausgangspunkt ist dabei ein Zusammenhang, der für alle in Bilanzen enthaltenen Posten gilt:

Anfangsbestand + Zunahmen – Abnahmen = Schlussbestand

Dabei steht der Begriff **„Zunahme"** sowohl für körperliche Zugänge als auch für wertmäßige Zunahmen des Bestands, der Begriff **„Abnahme"** dementsprechend für körperliche Abgänge wie für wertmäßige Abnahmen des Bestands.

Damit gilt aber auch:

Anfangsbestand + Zunahmen = Abnahmen + Schlussbestand

Diesen Zusammenhang macht sich das Konto mit seinen **zwei Betragsspalten** zunutze, einer Spalte, die den Anfangsbestand und die ihn erhöhenden Zunahmen enthält, und einer Spalte mit den Bestandsminderungen sowie dem Schlussbestand. Die für das Skontro unerlässliche Angabe von Vorzeichen wird durch diese sachliche Trennung in zwei Wertereihen überflüssig.

Wie die zweite der obigen Gleichungen, die dem Konto zugrunde liegt, zeigt, sind die Beträge beider Seiten zu addieren; die Summen der beiden Seiten sind gleich groß.

Abb. 19 zeigt die gleichen Wertbewegungen wie *Abb. 18* (S. 36), diesmal allerdings in Kontoform (AB = Anfangsbestand; SB = Schlussbestand).

ABB. 19: Aktivkonto

Kasse			
Datum	**Text**	**Betrag (EUR)**	
		AB + Zunahmen	**Abnahmen + SB**
01.01.02	Anfangsbestand	3.000	
15.01.02	Fuhrpark	4.000	
26.02.02	Maschinen und Werkzeuge	4.380	
17.03.02	Kundenforderungen	20.500	
16.08.02	Schuldwechsel		15.890
04.11.02	Eigenkapital		15.000
31.12.02	Schlussbestand		990
	Summe	31.880	31.880

Geläufiger als diese Art der Darstellung ist das sogenannte **T-Konto** (*Abb. 20*):

ABB. 20: T-Konto

S		**Kasse**			H
		EUR			EUR
01.01.02	Anfangsbestand	3.000	16.08.02	Schuldwechsel	15.890
15.01.02	Fuhrpark	4.000	04.11.02	Eigenkapital	15.000
26.02.02	Maschinen und Werkzeuge	4.380	31.12.02	Schlussbestand	990
17.03.02	Kundenforderungen	20.500			
		31.880			31.880

Die beiden Kontoformen weisen in Inhalt und Aussagegehalt keinerlei Unterschiede auf. Unabhängig von der Art des Kontos wird die linke Seite des Kontos (bzw. die erste der beiden Betragsspalten) als **Soll-Seite (S)**, die rechte als **Haben-Seite (H)** bezeichnet. (Die Bezeichnungen Aktiv- und Passivseite bzw. Vermögens- und Kapitalseite werden aufgrund ihrer besonderen Inhalte ausschließlich für die Bilanz benutzt.)

Die Bilanz kann grundsätzlich als ein großes Konto mit besonderen Aufgaben angesehen werden. Sie stellt ein Konto dar, das einerseits am Jahresende die Schlussbestände der übrigen vorgeschalteten Konten in sich aufnimmt (Schlussbilanz), andererseits aber auch zum Beginn der nächsten Periode die Ausgangsdaten (Anfangsbestände) für die Konten der Buchführung liefert (Eröffnungsbilanz). Dies soll verdeutlicht werden, indem die Bilanz „auseinandergezogen“ wird. Dazu bildet man für jede Bilanzposition ein eigenes Konto und trägt darin den ausgewiesenen Wert als Anfangsbestand ein.

Zu Beginn des Jahres 03, also **nach** den Geschäftsvorfällen der **Aufgabe 2** (S. 30–32), ergibt sich demnach für die „Möbelfabrik Schulz & Schulze OHG" das in *Abb. 21* dargestellte Bilanz- und Kontenbild, das aus der Schlussbilanz des Jahres 02 (= Eröffnungsbilanz des Jahres 03) abgeleitet wird (vgl. die Musterlösung zu **Aufgabe 2**, S. 241).

ABB. 21: Auseinanderziehen der Bilanz

Möbelfabrik Schulz & Schulze OHG
Bilanz zum 01.01.03

Kontenbild	**Aktiva**	EUR	**Passiva**	EUR	Kontenbild
G.u.G. – Soll: 465.480	Grundstücke und Gebäude	465.480	Eigenkapital	415.450	EK – Haben: 415.450
M.u.W. – Soll: 116.180	Maschinen und Werkzeuge	116.180	Darlehensschulden	331.460	Darl. Sch. – Haben: 331.460
B.G.A. – Soll: 48.420	Betriebs- und Geschäftsausstattung	48.420			
Fuhrpark – Soll: 49.430	Fuhrpark	49.430			
R.u.u.E. – Soll: 41.350	Rohstoffe und unfertige Erzeugnisse	41.350			
F.E. – Soll: 2.210	Fertigerzeugnisse	2.210			
KKK – Soll: 22.850	Kontokorrentkonto	22.850			
Kasse – Soll: 990	Kasse	990			
746.910		746.910		746.910	746.910

Sie sollten sich stets daran erinnern, dass – aufgrund einer allgemein anerkannten Konvention – in den aus **Vermögenspositionen (Aktiva)** abgeleiteten Konten, die in der Bilanz auf der linken Seite (Aktivseite) stehen, der **Anfangsbestand** ebenfalls auf der linken Seite, der Soll-Seite, steht. Diese wegen ihrer Herkunft aus den Bilanz-Aktiva als **Aktivkonten** bezeichneten Konten nehmen auf der Soll-Seite außerdem die **Bestandsmehrungen** auf, während die **Bestandsminderungen** und der **Schlussbestand** auf der rechten Seite, der Haben-Seite, verzeichnet werden.

Bei den Konten der Kapitalseite, die in der Bilanz auf der rechten Seite, der Passivseite, stehen **(Passivkonten)**, steht – entsprechend der allgemein anerkannten Konvention – der Anfangsbestand auf der rechten Seite, der Haben-Seite, des Kontos. Da auch hier gilt:

Abnahmen + Schlussbestand = Anfangsbestand + Zunahmen

sind auf der Haben-Seite der Passivkonten neben dem jeweiligen **Anfangsbestand** noch die **Zunahmen**, auf der linken Seite, der Soll-Seite, dagegen die **Abnahmen** und der **Schlussbestand** zu erfassen.

Abb. 22 zeigt ein aus **Aufgabe 2** (S. 30–32) entnommenes Beispiel eines Passivkontos.

ABB. 22: Passivkonto

Darlehensschulden			
Datum	Text	Betrag (EUR)	
		Abnahmen + SB	AB + Zunahmen
01.01.02	Anfangsbestand		259.000
13.02.02	Lieferantenverbindlichkeiten		21.510
10.04.02	Eigenkapital	145.000	
13.04.02	Eigenkapital		120.000
28.09.02	Grundstücke und Gebäude		126.480
21.10.02	Kontokorrentkonto	80.000	
28.12.02	Lieferantenverbindlichkeiten		29.470
31.12.02	Schlussbestand	331.460	
	Summe	556.460	556.460

S	Darlehensschulden				H
		EUR			EUR
10.04.02	Eigenkapital	145.000	01.01.02	Anfangsbestand	259.000
21.10.02	Kontokorrentkonto	80.000	13.02.02	Lieferantenverbindlichkeiten	21.510
31.12.02	Schlussbestand	331.460	13.04.02	Eigenkapital	120.000
			28.09.02	Grundstücke und Gebäude	126.480
			28.12.02	Lieferantenverbindlichkeiten	29.470
		556.460			556.460

Es ist festzuhalten: **Die Anfangsbestände der Konten sind stets auf derjenigen Kontenseite (Soll-Seite, Haben-Seite) einzutragen, auf der die betreffende Position in der Bilanz steht.** Ist die Summe aus Anfangsbestand und Zugängen während einer Abrechnungsperiode größer als alle aufaddierten Abgänge, so ergibt sich genau auf der gegenüberliegenden Seite ein positiver Schlussbestand. Unter diesen Umständen tritt damit der **Saldo** eines Aktivkontos auf der Haben-Seite auf. In der Buchführung spricht man dann allerdings – dies mag zunächst verwirren – von einem **Soll-Saldo**, weil durch diesen Saldo die ansonsten größere Soll-Seite betragsmäßig mit der Haben-Seite ausgeglichen wird; die vor dem Eintragen des Saldos größere Seite eines Kontos gibt somit dem Saldo seinen „Namen". Entsprechend steht umgekehrt der **Saldo eines Passivkontos auf der Soll-Seite**; er wird als **Haben-Saldo** bezeichnet.

Die Art eines Kontos (Aktiv-, Passivkonto) liegt zwar meist anhand der betreffenden Bilanzposition eindeutig fest (z. B. Kasse, Grundstücke und Gebäude; Darlehensschulden, Lieferantenverbindlichkeiten). Eine Ausnahme von dieser Regel stellt jedoch das **Kontokorrentkonto** dar. Ein

Kontokorrent entsteht in einer Geschäftsverbindung, bei der mindestens ein Partner Kaufmann ist, wenn zwischen den Partnern laufend Leistungen und Gegenleistungen ausgetauscht werden, so dass sich ein gegenseitiges und wechselndes Schuld- und Forderungsverhältnis ergibt (vgl. § 355 HGB). Ein Beispiel hierfür sind Geschäftskonten einer Unternehmung bei Kreditinstituten (Girokonten, laufende Konten), über die ein Großteil des betrieblichen Zahlungsverkehrs abgewickelt wird. Die Kreditinstitute räumen ihren Kunden meist eine Kreditlinie ein, die vom Kunden ohne weitere Formalitäten ausgeschöpft werden kann, so dass innerhalb kürzester Zeit aus einem Guthaben (einer Forderung des Bankkunden an seine Bank → Aktivkonto) eine Verbindlichkeit (→ Passivkonto) des Bankkunden werden kann oder umgekehrt.

Damit kann nur durch die Ermittlung des Saldos festgestellt werden, ob ein Kontokorrentkonto zu einem bestimmten Zeitpunkt aktivisch oder passivisch ist. Es stellt ein Aktivkonto dar, wenn zu diesem Zeitpunkt der Saldo auf der Haben-Seite steht (Soll-Saldo); dies gilt auch dann, wenn es am Jahresbeginn eine Schuld verkörperte und demnach der Anfangsbestand ebenfalls auf der Haben-Seite zu finden ist. Analog handelt es sich zu einem bestimmten Zeitpunkt um ein Passivkonto, falls das Kontokorrentkonto einen Haben-Saldo besitzt, der Saldo also auf der Soll-Seite steht. Somit muss auch am Jahresende durch die Saldoermittlung festgestellt werden, ob es sich bei einem Kontokorrentkonto zu diesem Zeitpunkt um ein Aktiv- oder um ein Passivkonto handelt (vgl. hierzu **Aufgabe 3**, S. 41).

In der Realität ist normalerweise die Anzahl der in der betrieblichen Buchführung verwendeten Konten ungleich größer als die Zahl der Bilanzpositionen. So wird z. B. in der Buchführung nicht nur ein einziges Konto „Kundenforderungen" bzw. „Lieferantenverbindlichkeiten" geführt. Vielmehr wird für jeden Kunden bzw. Lieferanten ein eigenes Aktiv- bzw. Passivkonto eingerichtet, das als Anfangsbestand den zum Ende des Vorjahres festgestellten Forderungs- bzw. Verbindlichkeitenbestand gegenüber jedem einzelnen Kunden bzw. Lieferanten aufnimmt. Für unsere Zwecke reicht es aber aus, für jede Bilanzposition nur ein Konto einzurichten.

Treten allerdings im Laufe des Geschäftsjahres Vorfälle ein, die sachlich nicht in den bereits vorhandenen Konten erfasst werden können, so sind entsprechende **neue Konten** zu eröffnen. Stellt beispielsweise ein Kunde für erhaltene Waren einen Wechsel aus, so entsteht für die liefernde Unternehmung eine Forderung, die sich jedoch qualitativ von den übrigen Kundenforderungen unterscheidet. Aufgrund der besonderen Eigenschaften des Wechsels ist es nicht zulässig, den Wechsel gemeinsam mit anderen Forderungen zu buchen. Aus diesem Grund muss in diesem Fall ein eigenes Aktivkonto „Besitzwechsel" eröffnet werden. Dies gilt auch dann, wenn – wie nach dem Bilanzgliederungsschema für Kapitalgesellschaften gemäß § 266 Abs. 2 HGB – diese Besitzwechsel in der Bilanz nicht mehr als eigene Aktivposition erscheinen. Da die Besitzwechsel jedoch – je nachdem, ob es sich um Waren- oder Finanzwechsel handelt – in den Aktivposten „Forderungen aus Lieferungen und Leistungen" oder „sonstige Wertpapiere" auszuweisen sind, müssen entsprechend **zwei Aktivkonten** (für Warenwechsel und für Finanzwechsel) als Unterkonten gebildet werden.

Ein einzelnes Konto darf stets nur materiell gleichartige Wertbewegungen, also lediglich „sachlich zusammengehörende Vorgänge"[8] aufnehmen.

8 *Engelhardt, Werner/Raffee, Hans/Wischermann, Barbara*: Grundzüge der doppelten Buchhaltung, 8. Aufl., Wiesbaden 2010, S. 20.

AUFGABE 3

Die Unternehmung XY verfügt über ein Kontokorrentkonto bei der Bank Z, das zu Anfang des Jahres 02 ein Guthaben von 10.000 EUR aufweist. Im Laufe des Monats Januar 02 ereignen sich bei der Unternehmung XY nun folgende das Kontokorrentkonto betreffende Geschäftsvorfälle:

02.01.02	Einzahlung von Kunden	43.700 EUR
08.01.02	Überweisung an Lieferanten	21.400 EUR
14.01.02	Scheckgutschrift	30.480 EUR
15.01.02	Lohnauszahlungen	45.712 EUR
19.01.02	Zinserträge (Gutschrift)	5.760 EUR
25.01.02	Gehaltsauszahlungen	20.103 EUR
26.01.02	Überweisung von Sozialversicherungsbeiträgen	23.415 EUR

a) Buchen Sie die Bewegungen auf dem Kontokorrentkonto und schließen Sie das Konto zum Monatsende ab! Was stellen Sie fest? Wie wird der errechnete Saldo genannt?

b) Versetzen Sie sich nun in die Situation der Bank Z und führen Sie die den obigen Geschäftsvorfällen entsprechenden Buchungen durch! Wie nennt die Bank den sich am Jahresende ergebenden Saldo? Wie erklären Sie sich den Unterschied zu Teilaufgabe a)?

Vergleichen Sie Ihre Lösung mit der auf S. 241 f. abgedruckten Musterlösung!

2.2.4 Buchungssätze und ihre Buchung auf Konten

Für jeden buchungsrelevanten Geschäftsvorfall ist zunächst ein **Buchungssatz** zu formulieren, der angibt, welche Konten mit welchen Beträgen und in jeweils welcher „Richtung" (Zu- oder Abnahme), also auf welcher Seite, durch den betreffenden Vorgang berührt werden. Die Verbindung zwischen der abstrakten Wertbewegung und dem schriftlich niedergelegten Buchungssatz wird dabei durch Belege hergestellt. Ein **Beleg** ist ein **beweissicherndes Dokument**, das alle bedeutsamen Daten des zugrunde liegenden Geschäftsvorfalls beinhaltet. Je nach Art des Zustandekommens unterscheidet man zwischen natürlichen und künstlichen Belegen.

Natürliche Belege (Originalbelege, Urbelege) entstehen im Rahmen des laufenden Geschäftsverkehrs (z. B. Lieferscheine, Rechnungen, Quittungen, Lohn- und Gehaltsabrechnungen, Bankauszüge, Materialentnahme- und -rückgabescheine).

Künstliche Belege (interne Belege, Eigenbelege) werden im Unterschied hierzu eigens zu Zwecken der Buchführung innerhalb des Betriebes angefertigt, beispielsweise bei den Eröffnungs- und Abschlussbuchungen, bei denen die Anfangsbestände aus der Bilanz in die zu eröffnenden Konten bzw. die Schlussbestände in das Schlussbilanzkonto übertragen werden, aber auch wenn Umbuchungen oder Stornierungen (z. B. bei Buchungsfehlern) notwendig werden. Bei Stornierungen werden die ursprünglichen Buchungen eines Buchungssatzes dadurch rückgängig gemacht, dass man auf jedem der betroffenen Konten den ursprünglichen Betrag auf der jeweiligen Gegenseite bucht, so dass beide Buchungen zusammen den jeweiligen Saldo der Konten nicht beeinflussen.

Eine Buchführung gilt in formeller und sachlicher Hinsicht nur dann als richtig, wenn sie dem **Belegprinzip** folgt (vgl. hierzu ausführlich Abschnitt 3.2.5.7). Das heißt:

- Für jede Buchung muss ein Beleg vorliegen („keine Buchung ohne Beleg!").
- Belege müssen so ausgestaltet sein, dass sich mit ihrer Hilfe die Buchführung, also der Inhalt und Ablauf der einzelnen Geschäftsvorfälle, nachvollziehen und überprüfen lässt.
- Belege sind für den gesetzlich festgelegten Zeitraum von zehn Jahren systematisch geordnet aufzubewahren (vgl. §§ 257 bis 261 HGB, § 147 AO).

Nur für belegte Geschäftsvorfälle kann ein **Buchungssatz** formuliert werden. Er gibt an, welche Buchungen vorzunehmen sind. Für eine Barabhebung von 10.000 EUR vom Kontokorrentkonto, die zu einer Erhöhung des Kassenbestandes und zu einer entsprechenden Verminderung des Bankguthabens (bzw. einer entsprechenden Erhöhung der Bankschulden) führt, lautet der Buchungssatz:

(per) Kasse	**10.000 EUR**	**an**	**Kontokorrentkonto**	**10.000 EUR**

Das Wort „per" (oder auch „von") – wobei dieses häufig auch weggelassen wird – kennzeichnet eine **Soll-Buchung**, der angegebene Betrag ist also auf der Soll-Seite (der linken Seite) des angesprochenen („aufgerufenen") Kontos, in unserem Beispiel im Konto „Kasse", zu buchen. In dem Aktivkonto „Kasse" wird damit ein Zugang, die Erhöhung des Kassenbestandes, festgehalten. Das Wort „an" kennzeichnet eine **Haben-Buchung**, der angegebene Betrag ist also auf der Haben-Seite (der rechten Seite) des angesprochenen Kontos „Kontokorrentkonto" zu buchen. Handelt es sich bei diesem „Kontokorrentkonto" um ein Aktivkonto, weist das Konto also ein Guthaben auf, so wird damit berücksichtigt, dass sich dieses Guthaben vermindert. Handelt es sich dagegen bei dem „Kontokorrentkonto" um ein Passivkonto, hat der Bilanzierende also einen Bankkredit in Anspruch genommen, so wird durch die Haben-Buchung berücksichtigt, dass sich die Kreditinanspruchnahme um den abgehobenen Betrag erhöht hat. Aus dem Buchungssatz ergeben sich somit folgende **Veränderungen** in den betroffenen Konten:

S	Kasse		H
Kontokorrent-konto	10.000		

S	Kontokorrentkonto		H
		Kasse	10.000

Um den der Buchung zugrunde liegenden Geschäftsvorfall eindeutig identifizieren zu können und um die Transparenz der Buchführung zu gewährleisten, werden die jeweiligen Beträge in den Konten zusätzlich durch Merkmale des betreffenden Buchungssatzes gekennzeichnet. Dies kann entweder – wie im Beispiel – durch die Angabe des **Gegenkontos**, also des anderen im Buchungssatz aufgerufenen Kontos, oder – insbesondere bei größeren Datenmengen und in komplizierten Buchungsfällen – durch eine eindeutige, fortlaufend vorgegebene Nummerierung des Geschäftsvorfalls (Buchungssatzes) erfolgen. In der Praxis erfolgt die eindeutige Kennzeichnung durch die Angabe der **Belegnummer**; auf diese Weise kann man den Beleg später in der Belegablage, die entsprechend den Belegnummern sortiert wird, wieder auffinden.

Ein weiteres **Beispiel**:

Eine Unternehmung hat eine Verbindlichkeit gegenüber einem Lieferanten in Höhe von 20.000 EUR aus einer noch nicht bezahlten Lieferung. Der Lieferant legt der Schuldnerunternehmung einen von ihm ausgestellten Wechsel („Tratte") vor, den diese als Bezogene unterschreibt, wodurch sie erklärt, sie werde den Wechselbetrag von 20.000 EUR am Verfalltag bezahlen. Der durch die Unterschrift der Bezogenen voll gültige Wechsel („Akzept") wird dem Lieferanten zurückgegeben. Er stellt für den Lieferanten einen **Besitzwechsel** dar, den er – oder ein Rechtsnachfolger – der Bezogenen am Verfalltag präsentieren und so die Wechselsumme einfordern kann. Für die Schuldnerunternehmung (Bezogene) ist dieser Wechsel ein **Schuldwechsel**, den sie am Verfalltag einlösen, also bezahlen muss. Die Schuldnerunternehmung bucht:

(per) Lieferantenverbindlichkeiten	**20.000 EUR**	**an**	**Schuldwechsel**	**20.000 EUR**

Beide Konten sind Passivkonten. Die Soll-Buchung auf dem Konto „Lieferantenverbindlichkeiten" bringt die Verminderung dieser Schulden zum Ausdruck, während die Haben-Buchung auf dem Konto „Schuldwechsel" der Erhöhung der Zahlungsverpflichtungen aus akzeptierten (Schuld-) Wechseln Rechnung trägt.

S Lieferantenverbindlichkeiten	H
Schuldwechsel 20.000	

S Schuldwechsel	H
	L.V. 20.000

Beide Beispiele zeigen, dass in Buchungssätzen immer zunächst (links von dem Wort „an") die Soll-Buchungen aufgeführt werden (Buchung auf der linken Kontenseite), erst danach (rechts von dem Wort „an") folgen die Haben-Buchungen (Buchung auf der rechten Kontenseite). Die Beträge, die auf beiden Seiten gebucht werden, müssen gleich groß sein. Jeder dieser Buchungen muss ein Beleg zugrunde liegen.

Angesichts der in der Realität großen bis sehr großen Anzahl von Geschäftsvorfällen hat sich eine vereinfachte, kürzere Schreibweise der Buchungssätze durchgesetzt:

- Auf das Wort „per" kann verzichtet werden.
- Die Bezeichnung „an" kann – insbesondere wenn mehrere Konten gemeinsam im Soll oder im Haben angesprochen werden – durch einen Längsstrich („|") ersetzt werden.
- Falls nur jeweils ein Konto im Soll und im Haben angesprochen wird, braucht der Betrag nur einmal genannt zu werden.

In dieser einfachen Darstellungsweise lauten die beiden Buchungssätze des Beispiels demnach:

Kasse	an	Kontokorrentkonto	10.000
Lieferantenverbindlichkeiten	an	Schuldwechsel	20.000

Die folgende noch einfachere Darstellungsweise ist bei derart einfachen Buchungssätzen relativ ungebräuchlich:

Kasse	|	Kontokorrentkonto	10.000
Lieferantenverbindlichkeiten	|	Schuldwechsel	20.000

Neben der Gefahr des Verrechnens liegen die größten Fehlerquellen der Buchführung in der Formulierung der Buchungssätze. Aus diesem Grunde ist es zweckmäßig, sich die Vorgehensweise zunächst noch einmal theoretisch, dann aber auch anhand einiger weiterer Geschäftsvorfälle zu verdeutlichen.

> Jede Buchung ist abhängig von den **Antworten auf die folgenden Fragen**:
>
> 1. Welche Bilanzpositionen ändern sich durch den Geschäftsvorfall, d. h. **auf welchen Konten ist zu buchen**?
> 2. Für jedes der angesprochenen Konten ist die Frage zu stellen, **ob es sich um ein aktives oder um ein passives Bestandskonto handelt**.
> 3. Für jedes der angesprochenen Konten ist außerdem zu fragen, **ob es sich** bei der zu buchenden Bestandsveränderung **um eine Zunahme oder um eine Abnahme handelt**.
> 4. Die Antworten auf die Fragen (2) und (3) entscheiden darüber, **auf welcher Seite des jeweiligen Kontos der Betrag der Bestandsveränderung zu buchen ist**:
>   - **Zunahmen** sind bei Aktivkonten im Soll, bei Passivkonten im Haben zu buchen.
>   - **Abnahmen** sind bei Aktivkonten im Haben, bei Passivkonten im Soll zu buchen.

Entsprechend den vier möglichen Bilanzveränderungen können die in *Abb. 23* dargestellten Buchungen vorkommen.

ABB. 23: Buchungssätze für die verschiedenen bilanzverändernden Geschäftsvorfälle

Aktivtausch

S	aktives Bestandskonto	H	S	aktives Bestandskonto	H
Zunahme					Abnahme

Passivtausch

S	passives Bestandskonto	H	S	passives Bestandskonto	H
Abnahme					Zunahme

Bilanzverlängerung

S	aktives Bestandskonto	H	S	passives Bestandskonto	H
Zunahme					Zunahme

Bilanzverkürzung

S	passives Bestandskonto	H	S	aktives Bestandskonto	H
Abnahme					Abnahme

Für die folgenden Geschäftsvorfälle sind zunächst jeweils die Buchungssätze zu bilden; sodann ist die Buchung in den jeweiligen Konten vorzunehmen.

1. Eine zum Preis von 69.000 EUR auf Ziel gekaufte EDV-Anlage wird geliefert.

Buchungssatz:

Betriebs- und Geschäftsausstattung	69.000	an	Lieferantenverbindlichkeiten	69.000

S	Betriebs- und Geschäftsausstattung		H
L.V.	69.000		

S	Lieferantenverbindlichkeiten		H
		B.G.A.	69.000

Bitte beachten Sie: In der Praxis wird für jeden Lieferanten ein eigenes Verbindlichkeitenkonto (unter seinem Namen) geführt.

2. Für 12.000 EUR gekaufte Aktien werden in bar bezahlt und gehen in unserem Depot ein.

Buchungssatz:

Wertpapiere	12.000	an	Kasse	12.000

S	Wertpapiere		H
Kasse	12.000		

S	Kasse		H
		Wertpapiere	12.000

3. Gewährung eines längerfristigen Darlehens in Höhe von 52.000 EUR an eine andere Unternehmung. Der Betrag wird vom Kontokorrentkonto überwiesen.

Buchungssatz:

Darlehensforderungen	52.000	an	Kontokorrentkonto	52.000

S	Darlehensforderungen		H
Kontokorrentkonto	52.000		

S	Kontokorrentkonto		H
		Darlehensforderungen	52.000

4. Aufstocken des Verwaltungsgebäudes (100.000 EUR). Die Rechnung der Bauunternehmung wird aus einem von der Bank gewährten Darlehen, das (gegenüber der Bank) durch eine Hypothek gesichert ist, bezahlt.

Buchungssatz:

(1) Grundstücke und Gebäude	100.000	an	Verbindlichkeiten (gegenüber der Bauunternehmung)	100.000
(2) Kontokorrentkonto	100.000	an	Darlehensschulden, durch Grundpfandrechte gesichert	100.000
(3) Verbindlichkeiten (gegenüber der Bauunternehmung)	100.000	an	Kontokorrentkonto	100.000

S	Grundstücke und Gebäude		H
(1) Verbindlichkeiten	100.000		

S	Darlehensschulden, durch Grundpfandrechte gesichert		H
		(2) Kontokorrentkonto	100.000

S	Verbindlichkeiten (gegenüber der Bauunternehmung)		H
(3) Kontokorrentkonto	100.000	(1) G.u.G.	100.000

S	Kontokorrentkonto		H
(2) Darlehensschulden (Grpfr)	100.000	(3) Verbindlichkeiten	100.000

5. Ein Schuldwechsel wird durch Belastung des Kontokorrentkontos beglichen (1.000 EUR).

Buchungssatz:

Schuldwechsel	1.000	an	Kontokorrentkonto	1.000

S	Schuldwechsel		H
Kontokorrentkonto	1.000		

S	Kontokorrentkonto		H
		Schuldwechsel	1.000

6. Wir verkaufen und liefern einem Kunden Fertigerzeugnisse, die bei uns einen Buchwert von 4.700 EUR haben, zu diesem Betrag. Der Kunde akzeptiert einige Tage später einen Wechsel.

Buchungssatz:

(1) Kundenforderungen	4.700	an	Fertigerzeugnisse	4.700
(2) Besitzwechsel	4.700	an	Kundenforderungen	4.700

S	Kundenforderungen		H
(1) F.E.	4.700	(2) Besitzwechsel	4.700

S	Fertigerzeugnisse		H
		(1) Kundenforderungen	4.700

S	Besitzwechsel		H
(2) Kundenforderungen	4.700		

Bitte beachten Sie: In der Praxis wird für jeden Kunden ein eigenes Forderungskonto (unter seinem Namen) geführt.

7. Ein Kunde begleicht seine Verbindlichkeiten in Höhe von 2.450 EUR per Scheck.

Buchungssatz:

Schecks	2.450	an	Kundenforderungen	2.450

S	Schecks		H
Kundenforderungen	2.450		

S	Kundenforderungen		H
		Schecks	2.450

8. Der Scheck (Nr. 7) wird bei der Bank gegen bar eingelöst.

Buchungssatz:

Kasse	2.450	an	Schecks	2.450

S	Kasse		H
Schecks	2.450		

S	Schecks		H
		Kasse	2.450

9. Gesellschafter A bringt eines seiner Privatgrundstücke (Wert 57.000 EUR) ins Betriebsvermögen einer Offenen Handelsgesellschaft ein.

Buchungssatz:

Grundstücke und Gebäude	57.000	an	Eigenkapital A	57.000

S	Grundstücke und Gebäude	H	S	Eigenkapital A	H
EK A	57.000			G.u.G.	57.000

10. Gesellschafter B der Offenen Handelsgesellschaft gerät in finanzielle Schwierigkeiten. Gesellschafter A übernimmt daraufhin von ihm Kapitalanteile in Höhe von 85.000 EUR und zahlt Gesellschafter B dafür aus seinem Privatvermögen einen bestimmten Geldbetrag.

Buchungssatz:

Eigenkapital B	85.000	an	Eigenkapital A	85.000

S	Eigenkapital B	H	S	Eigenkapital A	H
EK A	85.000			EK B	85.000

Der Austausch des Geldbetrags zwischen A und B findet im Privatbereich der Gesellschafter statt; er ist deswegen in der Buchführung der Offenen Handelsgesellschaft nicht zu berücksichtigen.

11. C steigt in die Offene Handelsgesellschaft als neuer Gesellschafter ein. Er war bisher alleiniger Eigentümer der Kapitalanteile einer in der Rechtsform der GmbH geführten Unternehmung. C leistet seine Einlage in die OHG, indem er seine gesamten Kapitalanteile an der GmbH im Wert von 420.000 EUR in die OHG einbringt. Dieser Betrag wird auch auf dem für ihn eingerichteten Eigenkapitalkonto festgehalten.

Buchungssatz:

Beteiligungen	420.000	an	Eigenkapital C	420.000

S	Beteiligungen	H	S	Eigenkapital C	H
EK C	420.000			Beteiligungen	420.000

12. Gesellschafter C entnimmt 40.000 EUR in bar.

Buchungssatz:

Eigenkapital C	40.000	an	Kasse	40.000

S	Eigenkapital C	H	S	Kasse	H
Kasse	40.000			EK C	40.000

13. Aktien werden zur Kredittilgung zum Kurswert von 46.500 EUR, dies entspricht dem Buchwert, an die Bank weitergereicht.

Buchungssatz:

Darlehensschulden	46.500	an	Wertpapiere	46.500

S	Darlehensschulden		H
Wertpapiere	46.500		

S	Wertpapiere		H
		Darlehensschulden	46.500

oder:

(1) Kontokorrentkonto	46.500	an	Wertpapiere	46.500
(2) Darlehensschulden	46.500	an	Kontokorrentkonto	46.500

S	Kontokorrentkonto		H
(1) Wertpapiere	46.500	(2) Darlehensschulden	46.500

S	Wertpapiere		H
		(1) Kontokorrentkonto	46.500

S	Darlehensschulden		H
(2) Kontokorrentkonto	46.500		

Entscheidend ist hier die tatsächliche Abwicklung durch die Bank.

AUFGABE 4

Bearbeiten Sie nun die folgenden Geschäftsvorfälle der Biwa OHG auf die in den vorangegangenen Beispielen dargestellte Weise.

1. Lieferantenverbindlichkeiten werden per Überweisung vom Kontokorrentkonto bei der Bank Y beglichen (2.300 EUR).
2. Ein Kunde der Biwa OHG „bezahlt" seine Schulden aus einem Zieleinkauf durch die Akzeptierung eines Wechsels über 6.350 EUR.
3. Anschaffung eines neuen PKWs. Zwei Wochen nach der Lieferung erfolgt die Bezahlung in bar (21.400 EUR).
4. Eine Lieferantenverbindlichkeit (12.000 EUR) wird in eine Darlehensschuld umgewandelt.
5. Ein Kunde der Biwa OHG kauft Waren im Wert von 6.700 EUR. Er zahlt die ihm gelieferten Waren nach einer Woche per Scheck.
6. Verkauf und Lieferung gebrauchter Schreibtische zum Restbuchwert (690 EUR). Der Käufer zahlt nach vier Tagen in bar.
7. Rückzahlung einer Darlehensschuld bei der Sparkasse Z durch Überweisung vom Kontokorrentkonto bei der Bank X (24.600 EUR).
8. Gesellschafter A der Biwa OHG entnimmt 20.000 EUR aus der Kasse und bringt zum Ausgleich dafür (gleichwertige) Wertpapiere aus seinem Privatbesitz ein.
9. Ein Kunde der Biwa OHG zahlt Wechselschulden in bar (4.700 EUR).
10. Ein Lieferant liefert der Biwa OHG Rohstoffe zum Preis von 4.310 EUR und räumt ein Zahlungsziel von vier Wochen ein.

11. Lieferung von Waren an Kunden (54.620 EUR). Die Zahlung erfolgt nach 10 Tagen in bar.

12. Eine leer stehende Lagerhalle brennt ab. Die Versicherung überweist den vollen Restbuchwert (56.000 EUR) nach drei Monaten auf das Kontokorrentkonto der OHG bei der Bank Y.

13. Einlösung eines Schuldwechsels (156.000 EUR) zu Lasten des Kontokorrentkontos bei der Bank Y.

14. Gesellschafter B entnimmt 13.000 EUR vom Kontokorrentkonto bei der Bank X.

15. Gesellschafter A entnimmt – mit Zustimmung des Teilhabers B – ein nicht betriebsnotwendiges Grundstück im Wert von 416.000 EUR.

16. Bank Y verlangt daraufhin die Rückzahlung eines Darlehens (180.000 EUR), da ihr der Fortbestand der OHG gefährdet erscheint. Die OHG verkauft dafür der Bank Y Wertpapiere im Buchwert von 180.000 EUR.

17. Die OHG bricht ihre Geschäftsbeziehungen mit der Bank Y ab. 53.462 EUR werden vom Kontokorrentkonto bei der Bank Y auf das Kontokorrentkonto bei der Bank X transferiert.

18. Kauf und Lieferung eines Drehautomaten (63.000 EUR); gezahlt wird nach drei Wochen durch Überweisung vom Kontokorrentkonto bei der Bank X.

19. Ein Darlehensgläubiger (C) wandelt das bisherige Darlehen in eine Teilhaberschaft an der OHG um (56.000 EUR).

20. Die OHG gewährt einem Kunden ein Darlehen zur Ablösung seiner gegenüber der OHG bestehenden Verpflichtungen aus Lieferungen und Leistungen (22.700 EUR).

Vergleichen Sie Ihre Lösung mit der auf S. 242 ff. abgedruckten Musterlösung!

Allen bisher dargestellten Buchungen war gemeinsam, dass jeweils **genau ein** Konto im Soll und im Haben angesprochen wurde. Nun gibt es aber auch Geschäftsvorfälle, die gleichzeitig mehr als zwei Konten berühren. Sie führen zu den sog. **zusammengesetzten Buchungen**, von denen drei Typen unterschieden werden können:

1. Soll-Buchung auf **einem** Konto; Haben-Buchungen auf **mehreren** Konten,
2. Soll-Buchungen auf **mehreren** Konten; Haben-Buchung auf **einem** Konto,
3. Soll-Buchungen auf **mehreren** Konten; Haben-Buchungen auf **mehreren** Konten.

In jedem Fall handelt es sich lediglich um eine etwas kompliziertere Variante des Grundtyps einer einfachen Buchung. Unterschiede bestehen nur insoweit, als die Beträge auf der linken und/oder der rechten Seite des Buchungssatzes auf mehrere Konten aufzuspalten und nicht mehr notwendigerweise auf exakt einem Konto zu buchen sind. Innerhalb eines Buchungssatzes muss allerdings die Summe der im Soll gebuchten Beträge mit der Summe der im Haben gebuchten Beträge übereinstimmen.

Typ 1:

Ein Darlehen in Höhe von 60.000 EUR wird von der Unternehmung je zur Hälfte aus vorhandenen Kassenbeständen und aus dem Guthaben auf dem Kontokorrentkonto getilgt.

Buchungssatz:

Darlehensschulden	60.000	Kasse	30.000
		Kontokorrentkonto	30.000

S	Darlehensschulden		H
Kasse + Kontokorrentkonto	60.000		

S	Kasse		H
		Darlehensschulden	30.000

S	Kontokorrentkonto		H
		Darlehensschulden	30.000

Typ 2:

Wertpapiere werden zum Buchwert von 16.700 EUR über die Bank verkauft. 10.000 EUR davon sind zur Ratentilgung eines Kredits bestimmt, 6.700 EUR werden dem Kontokorrentkonto gutgeschrieben.

Buchungssatz:

Darlehensschulden	10.000	Wertpapiere	16.700
Kontokorrentkonto	6.700		

S	Darlehensschulden		H
Wertpapiere	10.000		

S	Kontokorrentkonto		H
Wertpapiere	6.700		

S	Wertpapiere		H
		Darlehensschulden + Kontokorrentkonto	16.700

Typ 3:

Wir liefern einem Kunden jeweils zum Buchwert Fertigerzeugnisse (2.780 EUR) und unfertige Erzeugnisse (Ersatzteile; 1.120 EUR). Der Kunde akzeptiert einen Wechsel über 3.000 EUR und zahlt den Rest in bar.

Buchungssatz:

Kasse	900	Fertigerzeugnisse	2.780
Besitzwechsel	3.000	Unfertige Erzeugnisse	1.120

S	Kasse		H
Fertige + unfertige Erzeugnisse	900		

S	Besitzwechsel		H
Fertige + unfertige Erzeugnisse	3.000		

S	Fertigerzeugnisse		H
		Kasse + Besitzwechsel	2.780

S	Unfertige Erzeugnisse		H
		Kasse + Besitzwechsel	1.120

Vergleicht man alle Typen von Buchungen miteinander, so stellt man fest, dass

- jeder Geschäftsvorfall **mindestens zwei Konten** berührt,
- von denen **mindestens eines im Soll** und **mindestens eines im Haben** verändert wird,
- wobei die **Summe der Beträge aller** durch einen Geschäftsvorfall verursachten **Soll-Buchungen immer genauso groß wie die Summe der Beträge aller Haben-Buchungen** ist.

Die Buchführung in der hier dargestellten Form bucht somit ökonomisch bedeutsame Vorgänge bzw. die daraus entspringenden Wertbewegungen stets auf zweifache Weise, einmal im Soll von einem oder mehreren Konten und einmal im Haben von einem oder mehreren Konten. Man bezeichnet sie aus diesem Grunde auch als **doppelte Buchführung** oder mit dem Kunstwort **„Doppik“**. Streng genommen wird allerdings nicht „doppelt“ gebucht, sondern die durch einen Geschäftsvorfall ausgelösten Veränderungen werden auf (mindestens) zwei verschiedenen Konten festgehalten.

Die Bezeichnung „doppelte Buchführung“ kann allerdings auch darauf zurückgeführt werden, dass Buchführung und Jahresabschluss den Erfolg einer Abrechnungsperiode auf zwei verschiedenen Wegen ermitteln können, zum einen mithilfe der Gewinn- und Verlustrechnung und zum anderen durch Eigenkapitalvergleich (Reinvermögensvergleich) zweier aufeinanderfolgender Schlussbilanzen einer Unternehmung. Hierauf wird an anderer Stelle einzugehen sein (vgl. Abschnitt 2.3.2).

AUFGABE 5

Formulieren Sie die Buchungssätze zu den nachfolgenden Geschäftsvorfällen des Jahres 01 in einer Offenen Handelsgesellschaft und stellen Sie die Wertbewegungen in Kontoform dar!

1. Für 4.100 EUR werden am 18.01. von der OHG gekaufte Schmieröle geliefert. 1.500 EUR müssen eine Woche nach der Lieferung (25.01.) in bar bezahlt werden, auf den Rest räumt der Lieferant ein Zahlungsziel von vier Wochen ein (15.02.). (Zu buchen ist hier die Lieferung am 18.01. und die nach einer Woche am 25.01. erfolgende Barzahlung.)
2. Kundenforderungen in Höhe von 6.350 EUR werden am 04.02. beglichen; 1.600 EUR per Scheck, 4.750 EUR durch einen von einem Kunden akzeptierten Wechsel.
3. Die OHG begleicht am 15.02. die noch ausstehende Lieferantenverbindlichkeit aus Geschäftsvorfall Nr. 1 in bar.
4. Die OHG kauft am 09.03. einen LKW für 80.000 EUR. Der Händler nimmt hierbei ein älteres Fabrikat zum Restbuchwert von 9.500 EUR in Zahlung. Der Rest wird nach einer Woche (16.03.) per Überweisung vom Kontokorrentkonto bezahlt.
5. Es werden am 22. 04. Maschinen im Gesamtwert von 43.000 EUR eingekauft. Teils sind sie zum Eigengebrauch im Betrieb bestimmt (13.000 EUR), teils sollen sie als Baugruppen in die Fertigung der betrieblichen Erzeugnisse eingehen (Konto: „Unfertige Erzeugnisse“). Die Gesellschaft akzeptiert drei Tage nach der Lieferung (25.04.) einen Wechsel über 23.000 EUR und zahlt an diesem Tag den Rest in bar.
6. Zur Erfüllung einer Wechselschuld (7.600 EUR) am 15.05. „kratzt“ die OHG die letzten Liquiditätsreserven zusammen; Bankguthaben Bank X: 5.600 EUR, Bankguthaben Bank Y: 1.300 EUR, Kasse: 700 EUR.

7. Gesellschafter A entnimmt am 17.06. einen PKW (12.500 EUR Restbuchwert) und 4.000 EUR in bar.

8. Ein Lieferwagen der OHG verunglückt am 03.07. infolge von Aquaplaning auf der Autobahn. Dem (schuldlosen) Fahrer geschieht nichts, der LKW (Restbuchwert: 45.000 EUR) und die geladenen Waren (Wert: 13.700 EUR) sind jedoch nicht mehr zu gebrauchen. Die Versicherung zahlt nach sechs Wochen (14.08.) 58.700 EUR per Überweisung auf das Kontokorrentkonto bei der Bank X.

9. Teilhaber B hat 1,5 Mio. EUR im Lotto gewonnen und beschließt, sein Kapital – mit Zustimmung des Teilhabers A – aufzustocken. 400.000 EUR zahlt er am 05.10. direkt an die Bank Y zur Verringerung einer hypothekarisch abgesicherten Darlehensschuld der OHG, 600.000 EUR lässt er am gleichen Tag auf das Kontokorrentkonto der OHG bei der Bank X überweisen.

10. Es stellt sich am 11.11. heraus, dass ein großer Teil (Einkaufspreis: 3.000 EUR) der in Geschäftsvorfall Nr. 1 beschafften Schmieröle nicht für die vorgesehenen Zwecke geeignet ist. Die betroffenen Schmieröle werden am gleichen Tag an den Lieferanten zurückgeschickt. Die Ausgleichszahlung durch den Lieferanten erfolgt nach wenigen Tagen (15.11.) per Scheck.

11. Eine Rechenmaschine wird am 17.12. zum Restbuchwert von 450 EUR verkauft. Der Käufer zahlt nach zwei Tagen (19.12.) 350 EUR per Scheck und 100 EUR in bar. Am nächsten Tag (20.12.) wird der Scheck bei der Bank X zur Gutschrift auf dem Kontokorrentkonto eingereicht.

Vergleichen Sie Ihre Lösung mit der auf S. 245 f. abgedruckten Musterlösung!

2.2.5 Buchungsabläufe zwischen Eröffnungs- und Schlussbilanz

Nachdem Sie nun bereits die wesentlichsten Grundwerkzeuge der Buchführung kennengelernt haben, müssen wir uns der Frage zuwenden, nach welchem Schema die einzelnen Werkzeuge ineinandergreifen, in welcher Reihenfolge also gebucht werden muss, um den Geschäftsverlauf einer Abrechnungsperiode vollständig zu erfassen und um von einer Eröffnungsbilanz zur Schlussbilanz zu gelangen.

In der Eröffnungsbilanz wird die Situation einer Unternehmung zu Beginn eines Geschäftsjahres dargestellt. Bei neu gegründeten Unternehmungen ist die Eröffnungsbilanz identisch mit der Gründungsbilanz, die nach § 242 Abs. 1 Satz 1 HGB zu Beginn des Handelsgewerbes aufzustellen ist. Für bereits existierende Unternehmungen entspricht die Eröffnungsbilanz eines Geschäftsjahres grundsätzlich der Schlussbilanz des vorangegangenen Geschäftsjahres, da zwischen dem Ende der Vorperiode und dem Anfang der nachfolgenden Periode (z. B. 31.12.01 und 01.01.02) praktisch kein Zeitraum verbleibt, in dem sich weitere Geschäftsvorfälle ereignen könnten (vgl. § 252 Abs. 1 Nr. 1 HGB). Man spricht im Zusammenhang mit dieser Gleichheit von Schlussbilanz eines Geschäftsjahres und Eröffnungsbilanz des folgenden Geschäftsjahres vom **Prinzip der Bilanzidentität**. Eine Ausnahme von diesem Prinzip ergibt sich, wenn in der „logischen Sekunde“ des Jahreswechsels eine Umwandlung der Rechtsform vorgenommen wird.

Aus der **Eröffnungsbilanz** sind in einem ersten Schritt die dort ausgewiesenen Werte als Anfangsbestände in die entsprechenden Konten zu übertragen, d. h., für jede Bilanzposition ist (mindestens) ein Konto zu eröffnen. Im System der doppelten Buchführung werden diese **Eröffnungsbuchungen** stets als eigene Geschäftsvorfälle interpretiert; folglich sind für sie auch jeweils gesonderte Buchungssätze erforderlich. Buchungstechnische Gründe, insbesondere die Regel, dass keine Buchung ohne Gegenbuchung erfolgen darf, machen es erforderlich, ein zusätzliches Konto – das **Eröffnungsbilanzkonto** – zwischen der Eröffnungsbilanz und den Konten der einzelnen Aktiva/Passiva einzurichten. Das Eröffnungsbilanzkonto dient als Gegenkonto der Eröffnungsbuchungen auf den aktiven und passiven Bestandskonten und ist, nachdem alle Konten eröffnet sind, im Grunde nichts anderes als das Spiegelbild der Eröffnungsbilanz. Die Funktion des Eröffnungsbilanzkontos besteht darin, ein korrektes Übertragen der Anfangsbestände in die aktiven und passiven Bestandskonten mit einer entsprechenden Gegenbuchung, also mithilfe ordnungsmäßig formulierter Buchungssätze, zu ermöglichen.

BEISPIEL: Gegeben sei die folgende Bilanz eines Landmaschinenherstellers zum Jahresbeginn 01.

ABB. 24: Eröffnungsbilanz

Landmaschinenfabrik BULLDOG & Söhne OHG

Aktiva	Bilanz zum 01.01.01		Passiva
	EUR		EUR
I. Anlagevermögen		I. Eigenkapital	
Grundstücke und Gebäude	630.000	Gesellschafter A	380.900
Maschinen und Werkzeuge	350.000	Gesellschafter B	130.000
Betriebs- und Geschäftsausstattung	74.000	Gesellschafter C	173.500
Fuhrpark	96.500	II. Fremdkapital	
Beteiligungen	110.000	Darlehensschulden, durch Grundpfandrechte gesichert	280.000
		Darlehensschulden, sonstige	412.000
		Lieferantenverbindlichkeiten	46.000
		Schuldwechsel	93.600
II. Umlaufvermögen			
Roh-, Hilfs- und Betriebsstoffe	16.900		
Unfertige Erzeugnisse	76.200		
Fertigerzeugnisse	83.600		
Kontokorrentkonto	73.000		
Kasse	5.800		
	1.516.000		1.516.000

Die **Eröffnungsbuchungen** bewirken zweierlei:

- Die Bestände der Bilanzpositionen werden auf die entsprechenden Konten übertragen, und zwar so, dass sie dort auch auf der richtigen Seite des Kontos auftauchen. Die **Anfangsbestände der Aktiva** werden durch **Soll-Buchungen** auf die linke Seite der entsprechenden Aktivkonten übertragen, während die **Anfangsbestände der Passiva** durch **Haben-Buchungen** auf die rechte Seite der entsprechenden Passivkonten gelangen.
- Das **Eröffnungsbilanzkonto** nimmt sämtliche Gegenbuchungen der Anfangsbestände auf und **besitzt** deshalb, nachdem alle Konten eröffnet sind, **einen gegenüber der Bilanz seiten-**

verkehrten Aufbau. Dieses Hilfskonto ist notwendig, weil jeder Buchungssatz mindestens eine Soll- und eine Haben-Buchung umfassen muss und weil ansonsten das Gegenkonto der Eröffnungsbuchungen auf den Bestandskonten fehlen würde.

Für die in *Abb. 24* (S. 53) dargestellte Eröffnungsbilanz ergeben sich folgende Eröffnungsbuchungen:

AKTIVA

Grundstücke und Gebäude	630.000	an	Eröffnungsbilanzkonto	630.000
Maschinen und Werkzeuge	350.000	an	Eröffnungsbilanzkonto	350.000
Betriebs- und Geschäftsausstattung	74.000	an	Eröffnungsbilanzkonto	74.000
		. . .		
Kontokorrentkonto	73.000	an	Eröffnungsbilanzkonto	73.000
Kasse	5.800	an	Eröffnungsbilanzkonto	5.800

oder in allgemeiner Form:

alle Aktivkonten an Eröffnungsbilanzkonto

PASSIVA

Eröffnungsbilanzkonto	380.900	an	Eigenkapital A	380.900
Eröffnungsbilanzkonto	130.000	an	Eigenkapital B	130.000
		. . .		
Eröffnungsbilanzkonto	93.600	an	Schuldwechsel	93.600

oder in allgemeiner Form:

Eröffnungsbilanzkonto an alle Passivkonten

Als Resultat hiervon ergibt sich das folgende Kontenbild (AB = Anfangsbestand):

S	Grundstücke und Gebäude	H
AB	630.000	

S	Maschinen und Werkzeuge	H
AB	350.000	

S	Betriebs- und Geschäftsausstattung	H
AB	74.000	

S	Fuhrpark	H
AB	96.500	

S	Beteiligungen	H
AB	110.000	

S	Roh-, Hilfs- und Betriebsstoffe	H
AB	16.900	

S	Unfertige Erzeugnisse	H
AB	76.200	

S	Fertigerzeugnisse	H
AB	83.600	

S	Kontokorrentkonto	H
AB	73.000	

S	Kasse	H
AB	5.800	

S	Eigenkapital A	H
	AB	380.900

S	Eigenkapital B	H
	AB	130.000

S	Eigenkapital C	H
	AB	173.500

S	Darlehensschulden, durch Grundpfandrechte gesichert	H
	AB	280.000

S	Darlehensschulden, sonstige	H
	AB	412.000

S	Lieferantenverbindlichkeiten	H
	AB	46.000

S	Schuldwechsel	H
	AB	93.600

ABB. 25: Eröffnungsbilanzkonto

Soll		**Eröffnungsbilanzkonto**	Haben
Eigenkapital A	380.900	Grundstücke und Gebäude	630.000
Eigenkapital B	130.000	Maschinen und Werkzeuge	350.000
Eigenkapital C	173.500	Betriebs- und Geschäftsausstattung	74.000
Darlehensschulden, durch		Fuhrpark	96.500
Grundpfandrechte gesichert	280.000	Beteiligungen	110.000
Darlehensschulden, sonstige	412.000	Roh-, Hilfs- und Betriebsstoffe	16.900
Lieferantenverbindlichkeiten	46.000	Unfertige Erzeugnisse	76.200
Schuldwechsel	93.600	Fertigerzeugnisse	83.600
		Kontokorrentkonto	73.000
		Kasse	5.800
	1.516.000		1.516.000

Das relativ komplizierte und arbeitsaufwendige Hantieren mit dem Eröffnungsbilanzkonto lässt sich durch einen einfachen – allerdings theoretisch fragwürdigen – Trick umgehen: Man zieht die Eröffnungsbuchungen der Aktiva und Passiva zu einem einzigen Buchungssatz zusammen und kürzt im Soll und im Haben die Buchungen auf das Eröffnungsbilanzkonto heraus. Es verbleibt somit der folgende zusammengesetzte Buchungssatz:

Grundstücke und Gebäude	630.000	Eigenkapital A	380.900
Maschinen und Werkzeuge	350.000	Eigenkapital B	130.000
Betriebs- und Geschäftsausstattung	74.000	Eigenkapital C	173.500
Fuhrpark	96.500	Darlehensschulden, durch Grundpfandrechte gesichert	280.000
Beteiligungen	110.000	Darlehensschulden, sonstige	412.000

Roh-, Hilfs- und Betriebsstoffe	16.900	Lieferantenverbindlichkeiten	46.000
Unfertige Erzeugnisse	76.200	Schuldwechsel	93.600
Fertigerzeugnisse	83.600		
Kontokorrentkonto	73.000		
Kasse	5.800		

Man nutzt also das Bilanzgleichgewicht dergestalt aus, dass die Eröffnungsbuchungen der Aktiva ihre Gegenkonten in den Eröffnungsbuchungen der Passiva finden und umgekehrt. Obwohl diese Vorgehensweise vergleichsweise schwer einzusehen und zu begründen ist, wird im Folgenden manchmal auf diese einfachere Darstellungsform zurückgegriffen; auf das Eröffnungsbilanzkonto wird dann also – vor allem aus Platzgründen – verzichtet.

Während des Jahres 01 ereignen sich bei der Landmaschinenfabrik BULLDOG & Söhne OHG die folgenden Geschäftsvorfälle:

1. 08.01. Es ergibt sich eine günstige Gelegenheit, eine Beteiligung an einer Zulieferunternehmung zum Preis von 91.000 EUR zu erwerben. 65.000 EUR werden aus dem Sichtguthaben überwiesen, 26.000 EUR erwirbt Teilhaber A und erhöht durch die Einbringung dieses Beteiligungsanteils in die OHG sein Gesellschafterkapital.
2. 17.03. Verkauf und Lieferung von Fertigerzeugnissen zum Buchwert auf Ziel (64.700 EUR).
3. 26.04. Ein neu gewährter langfristiger Kredit (80.000 EUR) wird auf dem Kontokorrentkonto gutgeschrieben. Davon werden nach drei Tagen Lieferantenverbindlichkeiten (23.450 EUR) und Wechselschulden (34.600 EUR) bezahlt.
4. 01.06. Teilhaber C begleicht Privatschulden gegenüber Teilhaber A. Einen bestimmten Betrag zahlt er aus seinem Privatvermögen, 27.600 EUR durch die Überschreibung von Kapitalanteilen.
5. 16.08. Schuldwechsel (59.000 EUR) werden durch Belastung des Kontokorrentkontos beglichen.
6. 30.09. Gekaufte Rohbleche werden der Landmaschinenfabrik BULLDOG & Söhne OHG zum Preis von 16.590 EUR geliefert. 5.800 EUR werden wenige Tage später in bar bezahlt. Über den Rest wird zugleich ein Wechsel akzeptiert.
7. 17.12. Die Produktpalette wird reduziert. Die deshalb nicht mehr benötigten Spezialaggregate verkauft und liefert man zum Restbuchwert von 73.700 EUR und erhält für die Lieferung nach drei Tagen 53.700 EUR in bar sowie einen Wechsel über 20.000 EUR.

Für jeden Geschäftsvorfall ist nun der entsprechende **Buchungssatz** aufzustellen:

1.	Beteiligungen	91.000	Kontokorrentkonto	65.000
			Eigenkapital A	26.000
2.	Kundenforderungen	64.700	Fertigerzeugnisse	64.700
3.	a) Kontokorrentkonto	80.000	Darlehensschulden, sonstige	80.000
	b) Lieferantenverbindlichkeiten	23.450	Kontokorrentkonto	58.050
	Schuldwechsel	34.600		

4.	Eigenkapital C	27.600	Eigenkapital A	27.600
	(Die Vermögensverhältnisse der Eigentümer und ihre Veränderungen sind nur dann für die Buchführung relevant, wenn durch private Transaktionen Wertbewegungen innerhalb der Gesellschaft ausgelöst werden.)			
5.	Schuldwechsel	59.000	Kontokorrentkonto	59.000
6.	a) Roh-, Hilfs- und Betriebsstoffe	16.590	Lieferantenverbindlichkeiten	16.590
	b) Lieferantenverbindlichkeiten	16.590	Kasse Schuldwechsel	5.800 10.790
7.	a) Kundenforderungen	73.700	Maschinen und Werkzeuge	73.700
	b) Kasse Besitzwechsel	53.700 20.000	Kundenforderungen	73.700

Nun sind die einzelnen Buchungen chronologisch in die betreffenden Konten einzutragen. Wenn dabei Aktiva und Passiva angesprochen werden, für die bisher noch kein eigenes Konto eröffnet wurde (in dem vorliegenden Fall: Kundenforderungen, Besitzwechsel), so muss die Kontoeröffnung nachgeholt werden. Als Grundlage der Buchungen dienen Belege, auf denen aufgrund der bei der Formulierung der Buchungssätze angestellten Überlegungen anzugeben ist, auf welchem Konto welcher Betrag auf welcher Seite des Kontos zu buchen ist, wobei die Konten über Kontonummern angesprochen werden können (vgl. dazu Abschnitt 2.6).

Zum Ende des Geschäftsjahres – am Abschlussstichtag – sind die Konten abzuschließen. Hierzu wird zunächst für jedes Konto jeweils die wertmäßige Summe der Soll- und der Haben-Buchungen ermittelt. Als Differenz der beiden Seiten lässt sich der **rechnerische Buchbestand** (= SB wie Schlussbestand) ermitteln (man „zieht" den Saldo). Für die (aktiven und passiven) Bestandskonten ergibt sich somit, falls nicht die Summe aus Anfangsbestand und Zunahmen exakt mit der Summe der Abnahmen übereinstimmt, das folgende Kontenbild:

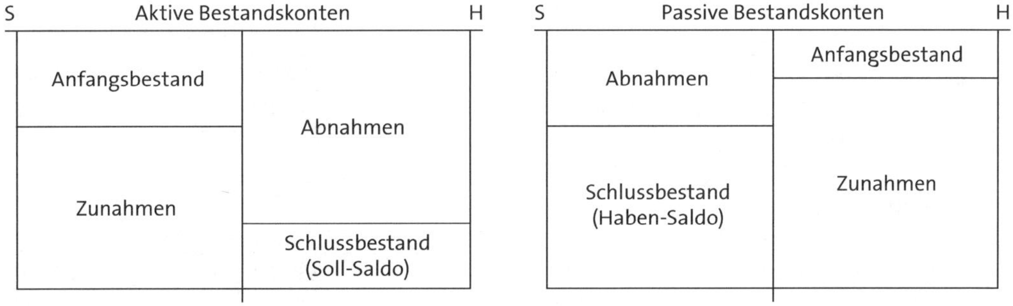

Der rechnerische Buchbestand ist mit den Ergebnissen der körperlichen Bestandsaufnahme (Inventur) zu vergleichen. Stimmen rechnerischer Buchbestand und Bestand lt. Inventur nicht überein und lässt sich der Fehler nicht finden, so muss eine Anpassung des rechnerischen Buchbestandes an den durch Inventur ermittelten Bestand (nicht umgekehrt!) erfolgen. Das bedeutet, dass eventuell festgestellte Inventurdifferenzen wie alle anderen Geschäftsvorfälle zu behandeln sind, d. h., sie sind belegmäßig zu erfassen und noch vor Abschluss des Kontos zu buchen. Letztlich ist somit der in der Bilanz ausgewiesene Schlussbestand stets gleich dem in der Inventur ermittelten Wert.

Für die Geschäftsvorfälle des Beispiels ergeben sich zum Jahresende 01 folgende Kontenbilder:

Aktivkonten:

S Grundstücke und Gebäude H

S		H	
AB	630.000	SB	630.000
	630.000		630.000

S Maschinen und Werkzeuge H

S		H	
AB	350.000	(7a)	73.700
		SB	276.300
	350.000		350.000

S Betriebs- und Geschäftsausstattung H

S		H	
AB	74.000	SB	74.000
	74.000		74.000

S Fuhrpark H

S		H	
AB	96.500	SB	96.500
	96.500		96.500

S Beteiligungen H

S		H	
AB	110.000	SB	201.000
(1)	91.000		
	201.000		201.000

S Roh-, Hilfs- und Betriebsstoffe H

S		H	
AB	16.900	SB	33.490
(6a)	16.590		
	33.490		33.490

S Unfertige Erzeugnisse H

S		H	
AB	76.200	SB	76.200
	76.200		76.200

S Fertigerzeugnisse H

S		H	
AB	83.600	(2)	64.700
		SB	18.900
	83.600		83.600

S Kontokorrentkonto H

S		H	
AB	73.000	(1)	65.000
(3a)	80.000	(3b)	58.050
SB	29.050	(5)	59.000
	182.050		182.050

S Kasse H

S		H	
AB	5.800	(6b)	5.800
(7b)	53.700	SB	53.700
	59.500		59.500

S Kundenforderungen H

S		H	
(2)	64.700	(7b)	73.700
(7a)	73.700	SB	64.700
	138.400		138.400

S Besitzwechsel H

S		H	
(7b)	20.000	SB	20.000
	20.000		20.000

Passivkonten:

S Eigenkapital A H

S		H	
SB	434.500	AB	380.900
		(1)	26.000
		(4)	27.600
	434.500		434.500

S Eigenkapital B H

S		H	
SB	130.000	AB	130.000
	130.000		130.000

S Eigenkapital C H

S		H	
(4)	27.600	AB	173.500
SB	145.900		
	173.500		173.500

S Darlehensschulden, durch Grundpfandrechte gesichert H

S		H	
SB	280.000	AB	280.000
	280.000		280.000

S	Darlehensschulden, sonstige		H
SB	492.000	AB	412.000
		(3a)	80.000
	492.000		492.000

S	Lieferantenverbindlichkeiten		H
(3b)	23.450	AB	46.000
(6b)	16.590	(6a)	16.590
SB	22.550		
	62.590		62.590

S	Schuldwechsel		H
(3b)	34.600	AB	93.600
(5)	59.000	(6b)	10.790
SB	10.790		
	104.390		104.390

Da in der doppelten Buchführung sowohl die Soll- als auch die Haben-Seite mindestens je eines Kontos angesprochen werden muss, bleibt noch der Saldo eines jeden Kontos durch eine **Abschlussbuchung** in das **Schlussbilanzkonto** umzubuchen, von wo aus er dann in die Schlussbilanz übernommen wird. Anders als beim Eröffnungsbilanzkonto ist der Aufbau von Schlussbilanz und Schlussbilanzkonto völlig identisch. Der einzige Unterschied besteht darin, dass das **Schlussbilanzkonto** ein Element der Buchführung ist; dieses Konto nimmt die Gegenbuchungen der Kontenabschlüsse auf. Die **Bilanz** selbst ist dagegen ein eigenständiger Teilbereich des externen Rechnungswesens, ein Abschluss, der zwar auf der Buchführung aufbaut, aber nicht als Arbeitskonto in sie integriert ist.

Durch die **Abschlussbuchungen** werden die **Schlussbestände**

- **der Vermögensgegenstände** auf der Haben-Seite des betreffenden Aktivkontos und auf der Soll-Seite des Schlussbilanzkontos gebucht:

Schlussbilanzkonto an Aktivkonto

- **der Schulden und des Eigenkapitals** auf der Soll-Seite des entsprechenden Passivkontos und auf der Haben-Seite des Schlussbilanzkontos gebucht:

Passivkonto an Schlussbilanzkonto

Für die „BULLDOG & Söhne OHG" lauten die Abschlussbuchungssätze daher:

Schlussbilanzkonto	630.000	an	Grundstücke und Gebäude	630.000
Schlussbilanzkonto	276.300	an	Maschinen und Werkzeuge	276.300
Schlussbilanzkonto	74.000	an	Betriebs- und Geschäftsausstattung	74.000
		.		
		.		
		.		
Schlussbilanzkonto	20.000	an	Besitzwechsel	20.000
Eigenkapital A	434.500	an	Schlussbilanzkonto	434.500
Eigenkapital B	130.000	an	Schlussbilanzkonto	130.000

.
.
.

Lieferantenverbindlichkeiten	22.550	an	Schlussbilanzkonto	22.550
Schuldwechsel	10.790	an	Schlussbilanzkonto	10.790
Kontokorrentkonto	29.050	an	Schlussbilanzkonto	29.050

Damit weist das Schlussbilanzkonto die Salden der Aktivkonten (Soll-Salden) auf der Sollseite, die Salden der Passivkonten (Haben-Salden) auf der Habenseite aus. Beim Kontokorrentkonto ist die Situation am Jahresende entscheidend für die Zuordnung zu den Aktiv- bzw. Passivkonten.

Soll		**Schlussbilanzkonto**	Haben
Grundstücke und Gebäude	630.000	Eigenkapital A	434.500
Maschinen und Werkzeuge	276.300	Eigenkapital B	130.000
Betriebs- und Geschäftsausstattung	74.000	Eigenkapital C	145.900
Fuhrpark	96.500	Darlehensschulden, durch Grundpfandrechte gesichert	280.000
Beteiligungen	201.000		
Roh-, Hilfs- und Betriebsstoffe	33.490	Darlehensschulden, sonstige	492.000
Unfertige Erzeugnisse	76.200	Lieferantenverbindlichkeiten	22.550
Fertigerzeugnisse	18.900	Schuldwechsel	10.790
Kasse	53.700	Kontokorrentkonto	29.050
Kundenforderungen	64.700		
Besitzwechsel	20.000		
	1.544.790		1.544.790

Aus dem Schlussbilanzkonto werden die Beträge **ohne weitere Buchungsvorgänge** in die – nach dem gleichen Prinzip aufgebaute – Schlussbilanz übertragen, die allerdings eine Unterteilung der Aktiva in Anlage- und Umlaufvermögen sowie der Passiva in Eigen- und Fremdkapital aufweist.

ABB. 26: Schlussbilanz (Beispiel)

Landmaschinenfabrik BULLDOG & Söhne OHG
Bilanz zum 31.12.01

Aktiva	EUR	Passiva	EUR
I. Anlagevermögen		I. Eigenkapital	
Grundstücke und Gebäude	630.000	Gesellschafter A	434.500
Maschinen und Werkzeuge	276.300	Gesellschafter B	130.000
Betriebs- und Geschäftsausstattung	74.000	Gesellschafter C	145.900
Fuhrpark	96.500	II. Fremdkapital	
Beteiligungen	201.000	Darlehensschulden, durch Grundpfandrechte gesichert	280.000
II. Umlaufvermögen			
Roh-, Hilfs- und Betriebsstoffe	33.490	Darlehensschulden, sonstige	492.000
Unfertige Erzeugnisse	76.200	Lieferantenverbindlichkeiten	22.550
Fertigerzeugnisse	18.900	Schuldwechsel	10.790
Besitzwechsel	20.000	Kontokorrentkonto	29.050
Kundenforderungen	64.700		
Kasse	53.700		
	1.544.790		1.544.790

Die **Buchungsabläufe von der Eröffnungs- bis zur Schlussbilanz** zeigt das nachfolgende Schaubild (*Abb. 27*, S. 61).

ABB. 27: Buchungsabläufe zwischen Eröffnungs- und Schlussbilanz[9]

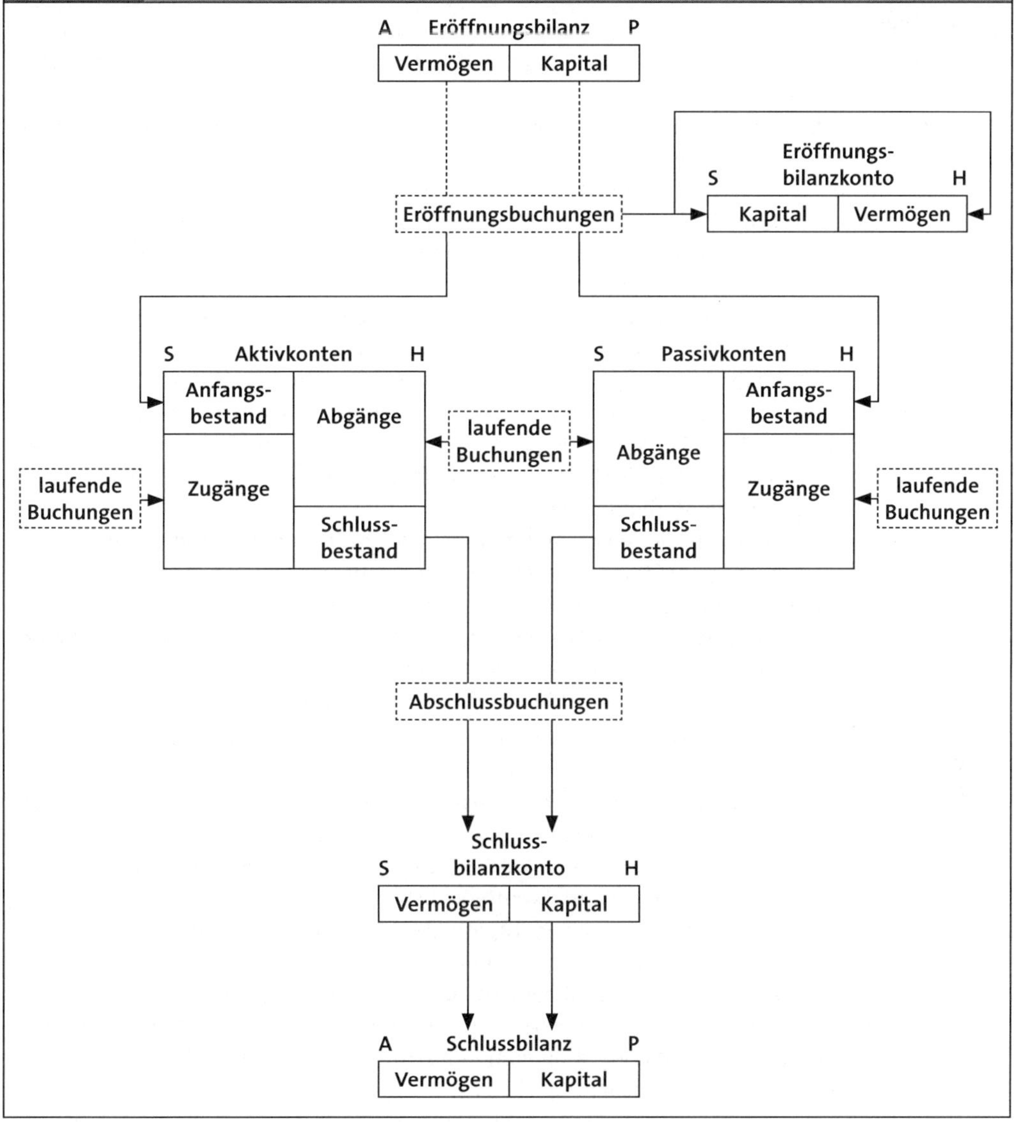

9 Modifiziert entnommen aus *Flasse, Gunther et al.*: Buchhaltung 1 – System der doppelten Buchhaltung, Wiesbaden 1977, unveränderter Nachdruck 1984, S. 68.

AUFGABE 6

Im Jahr 02 ereignen sich bei der „Landmaschinenfabrik BULLDOG & Söhne OHG“ die folgenden Geschäftsvorfälle:

1. 09.01. Ein Kunde kommt seinen Zahlungsverpflichtungen nach und überweist 44.200 EUR auf das Kontokorrentkonto.
2. 15.02. Gesellschafter A entnimmt 35.000 EUR aus der Kasse. Gleichzeitig bringt er einen älteren PKW im Wert von 4.500 EUR ein.
3. 29.03. Teile der Geschäfts- und Verwaltungsräume werden neu eingerichtet (28.460 EUR). Die nach fünf Tagen in Zahlung gegebenen alten Möbel erbringen 1.220 EUR; dies entspricht dem Restbuchwert. Am gleichen Tag werden 18.700 EUR in bar bezahlt und der Rest vom Kontokorrentkonto überwiesen.
4. 16.05. Der fällige Schuldwechsel (10.790 EUR) bringt die OHG in ernsthafte Zahlungsschwierigkeiten. Die Bank erklärt sich widerstrebend dazu bereit, ein Darlehen (Laufzeit 5 Jahre) zur Begleichung des Schuldwechsels zu gewähren.
5. 30.06. Die längst fällige Schuld gegenüber einem Lieferanten wird von diesem gerichtlich eingeklagt (22.550 EUR). Die Bank weigert sich strikt, den Darlehensbetrag nochmals zu erhöhen. Gesellschafter B beschafft sich die Summe über private Kanäle und begleicht die Verbindlichkeit.
6. 05.07. Die Bank verlangt die Rückzahlung eines nicht durch Grundpfandrechte gesicherten Darlehens (200.000 EUR) oder die Mitsprache bei der Geschäftsführung. Die Gesellschafter A, B und C schlagen daraufhin vor, die Bank möge sich in Höhe der Darlehenssumme an der OHG beteiligen; dies soll sich im Eigenkapital entsprechend niederschlagen. Die Bank ist einverstanden.
7. 17.08. Der Besitzwechsel ist fällig. 20.000 EUR werden in bar bezahlt.
8. 13.10. Die aus Rationalisierungserwägungen gekauften Maschinen werden geliefert (Kaufpreis: 175.000 EUR). Zur Finanzierung dieser Investition trennt sich die Gesellschaft von allen gehaltenen Beteiligungen in Höhe von 201.000 EUR. Der Verkaufserlös der Beteiligung geht wenige Tage nach der Lieferung der Maschinen (18.10.) auf dem Kontokorrentkonto ein. Am 19.10. wird der Kaufpreis der Maschinen durch Überweisung vom Kontokorrentkonto beglichen.
9. 04.11. Erweiterungsarbeiten an einer Lagerhalle (83.900 EUR) werden durchgeführt. 20.000 EUR werden nach zwei Wochen (18.11.) aus dem Sichtguthaben überwiesen. Die restlichen 63.900 EUR werden durch einen am 19.11. neu aufgenommenen Bankkredit gedeckt. Die Bereitstellung des Darlehensbetrags auf dem Kontokorrentkonto und die Überweisung vom Kontokorrentkonto zur Begleichung der Restschuld erfolgen am gleichen Tag (19.11.).
10. 18.12. Die Gesellschaft entschließt sich, ein größeres Ackergelände zur Demonstration ihrer Produkte zu erwerben (83.000 EUR). 25.000 EUR werden nach zehn Tagen (28.12.) durch ein Hypothekendarlehen, 40.000 EUR durch einen weiteren nicht auf diese Art gesicherten Bankkredit aufgebracht und mit 18.000 EUR trägt Teilhaber C zur Finanzierung des Grundstücks bei. Die einzelnen Finanzierungsbeträge werden jeweils am 28.12. auf das Kontokorrentkonto eingezahlt. Am 29.12. wird der Kaufpreis für das Grundstück über das Kontokorrentkonto beglichen.

Eröffnen Sie alle erforderlichen Konten, buchen Sie die Geschäftsvorfälle und erstellen Sie die Bilanz der „Landmaschinenfabrik BULLDOG & Söhne OHG" zum 31.12.02! Ausgangspunkt ist die in *Abb. 26* (S. 60) dargestellte Bilanz dieser Unternehmung zum 31.12.01.

Vergleichen Sie Ihre Lösung mit der auf S. 247 ff. abgedruckten Musterlösung!

2.3 Die Erfolgsermittlung

2.3.1 Begriffliche Abgrenzungen

Allen bisher dargestellten Beispielen war gemeinsam, dass die buchführende Unternehmung in der betrachteten Abrechnungsperiode weder einen Verlust noch einen Gewinn machte. Zwar lösten die eingetretenen Geschäftsvorfälle stets Wertbewegungen im betrieblichen Vermögen und/oder Kapital aus, doch waren diese Veränderungen allesamt **erfolgsneutral**. Wie realitätsfern diese Annahmen sind, wird deutlich, wenn man sich vor Augen hält, dass die Mehrzahl der Unternehmungen in einer marktwirtschaftlichen Wirtschaftsordnung nur gegründet wird, um Gewinne zu erzielen. Dazu ist es aber – wenigstens langfristig – unerlässlich, dass die betrieblichen Produkte zu höheren Preisen verkauft werden können, als ihre Herstellung (bzw. ihr Einkauf) kostet, dass Investitionen vorgenommen und Arbeitskräfte entlohnt werden können. Zwar stellt z. B. der Barkauf einer Maschine (buchhalterisch betrachtet) im Moment der Anschaffung nur einen – erfolgsneutralen – Aktivtausch dar, doch verliert die Anlage im Laufe ihrer Nutzung an Wert. Sie verschleißt und ist abzuschreiben. Genauso sind Löhne und Gehälter der Beschäftigten für den Betrieb stets **erfolgswirksame Geschäftsvorfälle**: Sie vermindern den Gewinn bzw. lassen einen Verlust entstehen oder erhöhen einen bereits anderweitig erwirtschafteten Verlust.

Vor der Erörterung der mit den erfolgswirksamen Buchungen und der Erfolgsberechnung verbundenen Probleme sollen zunächst einige Grundbegriffe des betrieblichen Rechnungswesens erläutert werden[10]. Deren exakte Abgrenzung erleichtert den Zugang zur Materie erheblich.

Es handelt sich im Folgenden um die Begriffspaare:

- Einzahlung – Auszahlung,
- Einnahme – Ausgabe und
- Ertrag – Aufwand.

Jeder dieser Ausdrücke charakterisiert **Strömungsgrößen**, also Wertbewegungen innerhalb einer Periode, die zu Veränderungen von fest umrissenen und je nach Begriffspaar verschiedenen **Bestandsgrößen** führen. Einzahlungen, Einnahmen und Erträge erhöhen dabei die entsprechenden Bestände, während diese Bestände durch die negativen Strömungsgrößen Auszahlungen, Ausgaben und Aufwendungen vermindert werden. Die Differenz zwischen den bestandserhöhenden und den zugehörigen bestandsmindernden Strömungsgrößen einer Periode ergibt die Veränderung (Nettoerhöhung oder Nettoverminderung) des betreffenden Bestandes in dieser Periode.

10 Vgl. zum Folgenden *Wöhe, Günter*: Bilanzierung und Bilanzpolitik, 9. Aufl., München 1997, S. 9–29.

Die den Strömungsgrößen zugehörigen **Bestandsgrößen** sind (in gleicher Reihenfolge)

- der **Zahlungsmittelbestand**,
- das **Geldvermögen** und
- das **Reinvermögen** (Nettovermögen, Eigenkapital).

Der **Zahlungsmittelbestand** (liquide Mittel) besteht aus den Kassenbeständen (Bargeld) sowie den jederzeit verfügbaren Bankguthaben (Sichtguthaben).

Zahlungsmittelbestand =	**Kassenbestände**
	+ jederzeit verfügbare Bankguthaben

Addiert man zum Zahlungsmittelbestand alle sonstigen Geldforderungen (neben den Forderungen aus Sichtguthaben) und subtrahiert davon die Summe der Geldschulden, so ergibt sich das **Geldvermögen**.

Geldvermögen =	**Zahlungsmittelbestand**
	+ sonstige Geldforderungen
	– Geldschulden

Das **Reinvermögen (Nettovermögen, Eigenkapital)** wurde bereits an anderer Stelle als Differenz von (Brutto-)Vermögen und Schulden definiert. Es unterscheidet sich somit vom Geldvermögen durch die Einbeziehung des übrigen Vermögens (Sachvermögen, immaterielles Vermögen) sowie der Sachlieferungsverpflichtungen.

Reinvermögen (Nettovermögen, Eigenkapital) =	**Geldvermögen**
	+ übriges Vermögen
	– Sachlieferungsverpflichtungen

Der Zusammenhang zwischen den Bestands- und Strömungsgrößen kann nunmehr konkretisiert werden (*Abb. 28*):

ABB. 28: Zusammenhang zwischen Bestands- und Strömungsgrößen

Bestandsgrößen	Strömungsgrößen: Zunahme (Bestandserhöhung)	Strömungsgrößen: Abnahme (Bestandsminderung)
Zahlungsmittelbestand	Einzahlung	Auszahlung
Geldvermögen	Einnahme	Ausgabe
Reinvermögen (Nettovermögen, Eigenkapital)	Ertrag (erfolgswirksam)	Aufwand (erfolgswirksam)
	Einlage (erfolgsunwirksam)	Entnahme (erfolgsunwirksam)

Einzahlungen führen demnach stets zum Ansteigen des Zahlungsmittelbestandes, während man von einer Einnahme spricht, wenn durch den Geschäftsvorfall das Geldvermögen zunimmt. Einzahlungen und Einnahmen stellen daher grundsätzlich auf verschiedene Vorgänge ab. Sie können sich allerdings auch in einem einzigen Geschäftsvorfall überschneiden (*Abb. 29*, S. 65).

ABB. 29: Einzahlungen versus Einnahmen[11]

Einzahlungen (Periode) (= Erhöhungen des Zahlungsmittelbestandes)		
Einzahlungen, keine Einnahmen Fall (1)	Einzahlungen = Einnahmen Fall (2)	
	Einnahmen = Einzahlungen Fall (2)	Einnahmen, keine Einzahlungen Fall (3)
	Einnahmen (Periode) (= Erhöhungen des Geldvermögens)	

FALL 1

Hierbei handelt es sich um einen Geschäftsvorfall, der zwar den Zahlungsmittelbestand, nicht aber das Geldvermögen erhöht. Das ist nur möglich, wenn durch diesen Geschäftsvorfall die Geldschulden im gleichen Maße zunehmen wie der Zahlungsmittelbestand ansteigt (Kreditaufnahme und Barauszahlung der Kreditsumme) oder wenn durch den Geschäftsvorfall in entsprechender Höhe Geldforderungen vermindert werden (ein Kunde bezahlt eine noch offen stehende Rechnung in bar, die Forderung der bilanzierenden Unternehmung erlischt).

FALL 2

Hier steht der Einzahlung keine entsprechende Verminderung des Saldos aus Geldforderungen und Geldschulden gegenüber, wie z. B. beim Verkauf von Waren oder sonstigen Gegenständen des Sachvermögens gegen Barzahlung.

FALL 3

Einnahmen, die nicht gleichzeitig mit Einzahlungen verbunden sind, liegen vor, wenn durch einen Geschäftsvorfall das Geldvermögen, nicht aber der Zahlungsmittelbestand des Betriebes zunimmt (z. B. der Verkauf von Fertigerzeugnissen auf Ziel).

Die Beziehungen zwischen den Begriffen „Auszahlungen" und „Ausgaben" unterscheiden sich von denen der „Einzahlungen" und „Einnahmen" lediglich durch das negative Vorzeichen. Auch hier sind drei Fälle zu unterscheiden (*Abb. 30*, S. 66):

11 Modifiziert entnommen aus *Wöhe, Günter*: Bilanzierung und Bilanzpolitik, 9. Aufl., München 1997, S. 13.

ABB. 30: Auszahlungen versus Ausgaben[12]

Auszahlungen (Periode) (= Verminderungen des Zahlungsmittelbestandes)		
Auszahlungen, keine Ausgaben Fall (1)	Auszahlungen = Ausgaben Fall (2)	
	Ausgaben = Auszahlungen Fall (2)	Ausgaben, keine Auszahlungen Fall (3)
	Ausgaben (Periode) (= Verminderungen des Geldvermögens)	

FALL 1

Kreditrückzahlung aus Kassenbeständen, Vergabe eines Darlehens an Dritte und Auszahlung der Kreditsumme in bar.

FALL 2

Kauf von Waren oder sonstigen Sachvermögensgegenständen gegen Barzahlung.

FALL 3

Kauf von Rohmaterial auf Ziel.

Erträge führen ex definitione zur Erhöhung des Reinvermögens (Nettovermögens, Eigenkapitals), jedoch nicht in jedem Fall auch zu einer Erhöhung des Geldvermögens. Entsprechend gibt es umgekehrt auch solche Vorgänge, die zwar das Geldvermögen, nicht aber das Reinvermögen anwachsen lassen (*Abb. 31*).

ABB. 31: Einnahmen versus Erträge[13]

Einnahmen (Periode) (= Erhöhungen des Geldvermögens)		
Einnahmen, keine Erträge Fall (1)	Einnahmen = Erträge Fall (2)	
	Erträge = Einnahmen Fall (2)	Erträge, keine Einnahmen Fall (3)
	Erträge (Periode) (= Erhöhungen des Reinvermögens (Eigenkapitals))	

12 Modifiziert entnommen aus *Wöhe, Günter*: Bilanzierung und Bilanzpolitik, 9. Aufl., München 1997, S. 15.

13 Modifiziert entnommen aus *Wöhe, Günter*: Bilanzierung und Bilanzpolitik, 9. Aufl., München 1997, S. 17.

FALL 1

Hierunter fallen Wertbewegungen, die zwar das Geldvermögen erhöhen (Einnahmen), bei denen sich aber andererseits eine betragsgleiche Verminderung des übrigen Vermögens oder eine betragsgleiche Erhöhung der Sachlieferungsverpflichtungen ergibt, so dass das Reinvermögen (Nettovermögen, Eigenkapital) in seiner Summe unverändert bleibt (z. B. Verkauf einer Maschine zum Buchwert, wodurch sich die Zahlungsmittelbestände oder das sonstige Geldvermögen und damit das Geldvermögen erhöht, während sich in gleicher Höhe der Sachvermögensbestand im Rahmen des übrigen Vermögens vermindert).

FALL 2

Das Geldvermögen sowie das Reinvermögen (Nettovermögen, Eigenkapital) erhöhen sich infolge des Geschäftsvorfalls, das übrige Vermögen oder die Sachlieferungsverpflichtungen bleiben unverändert bzw. sie vermindern/erhöhen sich nicht im gleichen Umfang wie das Geldvermögen sich erhöht (z. B. Entstehen von Zinsansprüchen aufgrund eines an Dritte vergebenen Darlehens; Verkauf von Sachvermögensgegenständen zu einem Preis, der über dem Wertansatz in der Finanzbuchführung liegt).

FALL 3

Diese Geschäftsvorfälle führen zu einer Zunahme des Sachvermögens im Rahmen des übrigen Vermögens, berühren dagegen den Geldvermögensbestand in seiner Höhe nicht (z. B. Wertzuwachs an Gegenständen des Anlagevermögens, wobei allerdings zu beachten ist, dass der im externen Rechnungswesen ausgewiesene Wert gemäß § 253 Abs. 1 Satz 1 HGB die Anschaffungskosten nicht übersteigen darf.

Aufwendungen vermindern definitionsgemäß das Reinvermögen (Nettovermögen, Eigenkapital), führen jedoch nicht in jedem Fall auch zu einer Verminderung des Geldvermögens. Umgekehrt gibt es auch Vorgänge, die zwar das Geldvermögen der Unternehmung, nicht jedoch ihr Reinvermögen vermindern. Die Abgrenzung der Aufwendungen gegen die Ausgaben zeigt die folgende *Abb. 32* (S. 68).

ABB. 32: Ausgaben versus Aufwendungen[14]

Ausgaben (Periode) (= Verminderungen des Geldvermögens)		
Ausgaben, keine Aufwendungen Fall (1)	Ausgaben = Aufwendungen Fall (2)	
	Aufwendungen = Ausgaben Fall (2)	Aufwendungen, keine Ausgaben Fall (3)
	Aufwendungen (Periode) (= Verminderungen des Reinvermögens (Eigenkapitals))	

FALL 1

Kauf und Lieferung von Vermögensgegenständen und Ansatz zu Anschaffungskosten in der Finanzbuchführung unabhängig vom Zeitpunkt und von der Art der Zahlung. Ein Aufwand in Form von Abschreibungen entsteht erst im Moment der Wertminderung und gewöhnlich nicht bereits beim Erwerb des Gegenstandes.

FALL 2

Sofortiger Verbrauch nicht lagerfähiger Produktionsfaktoren (elektrische Energie, Arbeits- und Dienstleistungen Dritter); Entstehen einer Zinszahlungsverpflichtung.

FALL 3

Abschreibungen früher angeschaffter maschineller Anlagen und Gebäude; Sachspenden.

Aufgrund der gewählten wechselseitigen Definitionen (für Strömungs- und Bestandsgrößen) führt ein Ertrag stets zu einer Erhöhung, ein Aufwand zu einer Verminderung des Reinvermögens (Nettovermögen, Eigenkapital). Völlig bedeutungslos hierfür ist es, ob gleichzeitig die Zahlungsmittelbestände und/oder das Geldvermögen anwachsen. Allerdings ist nicht jede Zunahme des Eigenkapitals automatisch als Ertrag anzusehen. Bringen nämlich die Eigentümer einer Unternehmung zusätzliches Eigenkapital ein, so handelt es sich nicht um einen Erfolg der Unternehmungstätigkeit (Ertrag), sondern um eine erfolgsneutral zu verrechnende **Einlage**. Analog spricht man von einer erfolgsneutralen **Entnahme**, wenn die Verminderung des Eigenkapitals nicht durch Aufwendungen aus dem Betriebsprozess bzw. durch die sich hieraus ergebenden Verluste zustande kommt, sondern auf eine Entnahme von Vermögensgegenständen aus dem Betriebsvermögen durch den bzw. die Eigentümer (Gesellschafter, Aktionäre etc.) erfolgt. Den in Einzelunternehmungen und Personenhandelsgesellschaften verwendeten Begriffen „Einlage“ und „Entnahme“ entsprechen die in Kapitalgesellschaften verwendeten Begriffe „Kapitalerhöhung“ bzw. „Kapitalherabsetzung“.

14 Modifiziert entnommen aus *Wöhe, Günter*: Bilanzierung und Bilanzpolitik, 9. Aufl., München 1997, S. 19.

Der Saldo zwischen den Erträgen und Aufwendungen einer Abrechnungsperiode, also die nicht aus Einlagen (Kapitalerhöhungen) und Entnahmen (Kapitalherabsetzungen) resultierende Reinvermögensänderung, stellt den quantifizierten **Erfolg** dieses Zeitraums dar. Bei einem positiven Saldo spricht man von einem „Gewinn"; im handelsrechtlichen Jahresabschluss von Kapitalgesellschaften wird der Gewinn nach Steuern (nachdem also die Steuern als Aufwand berücksichtigt wurden) „Jahresüberschuss" genannt. Einen negativen Periodenerfolg bezeichnet man als „Verlust"; im handelsrechtlichen Jahresabschluss von Kapitalgesellschaften nennt man den unter Berücksichtigung des Steueraufwands (bzw. Steuerertrags, z. B. aufgrund von Verlustrückträgen) berechneten Verlust „Jahresfehlbetrag".

Die bisher behandelten Begriffspaare charakterisieren die Zahlen der **Finanzbuchhaltung**. Die Begriffe **Erlöse (oder Betriebsleistung)** und **Kosten**, die nun den Begriffen Ertrag und Aufwand gegenübergestellt werden, dienen zur Bezeichnung von Vorgängen, die ihren zahlenmäßigen Niederschlag in der **Betriebsbuchführung** finden.

Der **Ertrag** stellt einen in Geld bewerteten Wertzugang dar, der zu einer Erhöhung des Reinvermögens der Unternehmung führt, ohne aus einer Einlage (Kapitalerhöhung) zu stammen. Entsteht der Ertrag aus dem Prozess der Erstellung und Verwertung der eigentlichen Betriebsleistungen, so bezeichnet man ihn als **Zweckertrag**.

Erlöse (Betriebsleistung) stellen einen in Geld bewerteten Wertzuwachs dar, der sich in einer Abrechnungsperiode aus der Erstellung und Verwertung der eigentlichen betrieblichen Leistungen ergibt; man kann von einem **sachzielbezogenen wertmäßigen Güterzuwachs** sprechen. Die negative Komponente zu den positiven Erlösen sind die Kosten einer Periode; den sich aus Erlösen und Kosten einer Periode ergebenden Saldo nennt man **Betriebsergebnis**.

Die **Erlöse (Betriebsleistung)** einer Periode setzen sich aus den folgenden in § 275 Abs. 2 HGB genannten Komponenten zusammen:

- aus den **Umsatzerlösen (Umsatzerträgen)**, die aus dem Verkauf von fertigen Erzeugnissen und Waren resultieren;
- aus den **Lagerbestandserhöhungen**, bewertet zu Herstellungskosten, also der Erhöhung der Bestände an fertigen und unfertigen Erzeugnissen; deren Verminderung führt zu einer Reduzierung der Betriebsleistung;
- aus den **anderen aktivierten Eigenleistungen**; dabei handelt es sich um die zu Herstellungskosten bewerteten, in der Periode selbst erstellten Produkte, die im eigenen Betrieb eingesetzt werden.

Erträge und Erlöse (Betriebsleistung) einer Abrechnungsperiode stimmen nicht in vollem Umfang überein. Einerseits gibt es den in der Finanzbuchführung erfassten Ertrag, der nicht mit der Erstellung und Verwertung der Betriebsleistung der betrachteten Periode zu tun hat und ihr deswegen auch nicht zugerechnet wird **(neutraler Ertrag)**. Andererseits gibt es Erlöse (Betriebsleistungen), denen kein Ertrag entspricht **(kalkulatorische Erlöse)**. Soweit sich Erträge und Erlöse entsprechen, spricht man von **Zweckerträgen** (oder Betriebserträgen) bzw. **Grunderlösen** (*Abb. 33*, S. 70).

ABB. 33: Erträge versus Erlöse (Betriebsleistung)[15]

<table>
<tr><td colspan="5">**Erträge** (Periode)
(= Erhöhungen des Netto- bzw. Reinvermögens)</td><td></td><td></td></tr>
<tr><td colspan="4">Neutrale Erträge
(Erträge, denen keine Erlöse oder Erlöse in anderer Höhe gegenüberstehen)</td><td rowspan="2">Zweckerträge
(Erträge, denen Erlöse in gleicher Höhe gegenüberstehen)

(Fall 5)</td><td rowspan="2"></td><td rowspan="2"></td></tr>
<tr><td>Sachzielfremde Erträge

(Fall 1)</td><td>Periodenfremde Erträge

(Fall 2)</td><td>Außerordentliche Erträge

(Fall 3)</td><td>Bewertungsbedingte neutrale Erträge
(Fall 4)</td></tr>
<tr><td colspan="4" rowspan="2"></td><td rowspan="2">Grunderlöse
(Erlöse, denen Erträge in gleicher Höhe gegenüberstehen)
(Fall 5)</td><td>Zusatzerlöse
(Fall 6)</td><td>Anderserlöse
(Fall 7)</td></tr>
<tr><td colspan="2">kalkulatorische Erlöse[6]</td></tr>
<tr><td colspan="4"></td><td colspan="3">**Erlöse** (Periode)
(= Erhöhungen des betrieblichen Netto- bzw. Reinvermögens)</td></tr>
</table>

Folgt man der betriebswirtschaftlichen Terminologie, so können neutrale Erträge in folgenden Formen auftreten:

FALL 1

Sachzielfremder Ertrag liegt vor, wenn keinerlei Beziehung zum eigentlichen Aufgabenbereich des Betriebes gegeben ist (z. B. Erträge aus der Verpachtung eines nicht betriebsnotwendigen Grundstücks, Erträge aus der Veräußerung von Wertpapieren, die entweder aus Spekulationsüberlegungen oder zur verübergehenden Anlage liquider Mittel erworben wurden).

FALL 2

Periodenfremder Ertrag wird zwar durch die Leistungserstellung bzw. Leistungsverwertung der Unternehmung, nicht aber in der laufenden Periode verursacht (z. B. Rückerstattung von im letzten Geschäftsjahr über Vorauszahlungen zu viel gezahlte Gewerbesteuer).

FALL 3

Außerordentlicher Ertrag entsteht zwar als Ergebnis der normalen betrieblichen Leistungserstellung bzw. Leistungsverwertung, ist aber seiner Natur oder seiner Höhe nach so ungewöhnlich, dass er von den üblichen betrieblichen Erträgen getrennt werden sollte (z. B. Verkauf gebrauchter Maschinen und Anlagen über dem Restbuchwert, Eingänge aus bereits abgeschriebenen Forderungen).

15 Kalkulatorische Erlöse = Erlöse, denen keine Erträge oder Erträge in anderer Höhe gegenüberstehen.

FALL 4

Bei den **bewertungsbedingten neutralen Erträgen** unterscheiden sich die in einer Periode in der Finanzbuchführung ausgewiesenen Erträge von den im internen Rechnungswesen berücksichtigten Erlösen, weil sich die im externen und internen Rechnungswesen verfolgten Zielsetzungen unterscheiden (z. B. übersteigt der Wertansatz selbst erstellter Vorräte oder Anlagen in der Finanzbuchführung aufgrund der Berücksichtigung der an Zahlungsvorgängen orientierten (pagatorischen) handelsrechtlichen Bewertungsvorschriften den im internen Rechnungswesen unter kalkulatorischen Überlegungen zustande gekommenen Wertansatz).

FALL 5

Typisches Beispiel für **Zweckerträge bzw. Grunderlöse** sind die aus dem Verkauf von Waren bzw. Fertigerzeugnissen stammenden Umsatzerlöse.

FALL 6

Zusatzerlöse ergeben sich, wenn im internen Rechnungswesen z. B. selbst entwickelte, in der Unternehmung genutzte Patente berücksichtigt werden, die in der Finanzbuchführung nicht berücksichtigt werden, obwohl sie auch dort angesetzt („aktiviert“) werden dürfen.

FALL 7

Anderserlöse stellen das Gegenstück zu den bewertungsbedingten neutralen Erträgen (Fall 4) dar; bei den Anderserlösen übersteigt der im internen Rechnungswesen gewählte Wertansatz den Ansatz in der Finanzbuchführung.

Wie die positiven Komponenten Erträge und Erlöse werden auch die negativen Komponenten, die **Aufwendungen** und die **Kosten**, einander gegenübergestellt.

Der **Aufwand**, also der in der Finanzbuchführung erfasste Wertverzehr (Wertverbrauch) an Gütern (Sachgütern und Dienstleistungen) einer Abrechnungsperiode, der zu einer Verminderung des Reinvermögens der Unternehmung führt, kann erfolgen

- aufgrund einer **Umformung von Werten**, z. B. aufgrund eines Verbrauchs von Rohstoffen zur Erstellung von fertigen und unfertigen Erzeugnissen oder eines Verkaufs von Waren oder Fertigerzeugnissen; diesem Güterverzehr steht ein Gegenwert in Form von erzielten Erträgen gegenüber;

  oder

- **ohne einen sich aus dem Wertverzehr ergebenden Gegenwert**, z. B. bei Zahlung einer Spende oder von Steuern.

Die **Kosten** stellen den Teil des in einer Periode eingetretenen Wertverzehrs an Gütern (Sachgütern und Dienstleistungen) dar, der bei der Erstellung der Betriebsleistung angefallen ist; man kann von einem **sachzielbezogenen wertmäßigen Güterverbrauch** sprechen.

Aufwendungen und Kosten einer Abrechnungsperiode stimmen nicht in vollem Umfang überein. Einerseits gibt es Aufwand, der nichts mit der Erstellung der Betriebsleistung zu tun hat oder ihr nicht oder nicht in vollem Umfang zugerechnet wird **(neutraler Aufwand)**. Andererseits gibt es in der Kostenrechnung erfasste Kosten, denen entweder kein Aufwand entspricht **(Zusatzkosten)** oder denen Aufwand in geringerer Höhe gegenübersteht **(Anderskosten)**. Zusatz- und Anderskosten fasst man unter dem Oberbegriff **kalkulatorische Kosten** zusammen. Soweit sich Aufwendungen und Kosten entsprechen, spricht man von **Zweckaufwendungen** und **Grundkosten** (*Abb. 34*).

ABB. 34: Aufwendungen versus Kosten[16][17]

<table>
<tr><td colspan="5">Aufwendungen (Periode)
(= Verminderung des Netto- bzw. Reinvermögens)</td><td colspan="2"></td></tr>
<tr><td colspan="4">Neutrale Aufwendungen
(Aufwendungen, denen keine Kosten oder Kosten in anderer Höhe gegenüberstehen)</td><td rowspan="2">Zweckaufwendungen
(Aufwendungen, denen Kosten in gleicher Höhe gegenüberstehen)
(Fall 5)</td><td colspan="2" rowspan="2"></td></tr>
<tr><td>Sachzielfremde Aufwendungen
(Fall 1)</td><td>Periodenfremde Aufwendungen
(Fall 2)</td><td>Außerordentliche Aufwendungen
(Fall 3)</td><td>Bewertungsbedingte neutrale Aufwendungen
(Fall 4)</td></tr>
<tr><td colspan="4" rowspan="3"></td><td rowspan="2">Grundkosten
(Kosten, denen Aufwendungen in gleicher Höhe gegenüberstehen)
(Fall 5)</td><td>Zusatzkosten
(Fall 6)</td><td>Anderskosten
(Fall 7)</td></tr>
<tr><td colspan="2">kalkulatorische Kosten[8]</td></tr>
<tr><td colspan="3">Kosten (Periode)
(= Verminderungen des betrieblichen Netto- bzw. Reinvermögens)</td></tr>
</table>

Neutrale Aufwendungen treten – analog den neutralen Erträgen – in mehreren Varianten (Fälle 1–4) auf.

FALL 1

Sachzielfremde Aufwendungen liegen vor, wenn ein Wertverzehr überhaupt keine Beziehung zur betrieblichen Leistungserstellung aufweist (z. B. eine Spende an eine karitative Einrichtung).

FALL 2

Periodenfremde Aufwendungen haben ihre Ursache in einer früheren Abrechnungsperiode (z. B. Gewerbesteuernachzahlungen, unvorhergesehene Regressansprüche von Kunden wegen mangelhafter Produktqualität).

16 Modifiziert entnommen aus *Wöhe, Günter*: Bilanzierung und Bilanzpolitik, 9. Aufl., München 1997, S. 22.

17 Kalkulatorische Kosten = Kosten, denen keine Aufwendungen oder Aufwendungen in geringerer Höhe gegenüberstehen.

FALL 3

Außerordentliche Aufwendungen haben ihre Ursachen zwar im Betriebsprozess, allerdings ist ihr Entstehen so unvorhersehbar (z. B. Brand-, Wasser-, Unwetter- und Diebstahlschäden, extreme Kursverluste bei im Bestand gehaltenen Wertpapieren) oder so ungewöhnlich (z. B. größere Gebäudereparaturen), dass sie aus dem Zweckaufwand (und den Grundkosten) ausgegliedert werden. Bei einer Einbeziehung dieses zufallsbedingten bzw. ungewöhnlich hohen Wertverzehrs in die Selbstkosten einer Periode könnten die auf diese Weise überhöhten Selbstkosten weder als Grundlage für die Produktionsplanung noch für die Preiskalkulation oder die Ermittlung der Preisuntergrenze dienen.

FALL 4

Bewertungsbedingter neutraler Aufwand einer Periode wird zwar durch die Leistungserstellung hervorgerufen, aufgrund handelsrechtlicher (oder steuerrechtlicher) Vorschriften allerdings betragsmäßig höher angesetzt als die entsprechenden Kosten der Periode. Das ist z. B. dann der Fall, wenn die in einer Periode in der Finanzbuchführung verrechneten Abschreibungsbeträge bei abnutzbaren Vermögensgegenständen des Anlagevermögens höher sind als in der Kostenrechnung, weil in der Finanzbuchführung von einer kürzeren Nutzungsdauer ausgegangen wird (vgl. zu den Abschreibungen auf abnutzbares Sachanlagevermögen Abschnitt 2.5.2).

Die einzelnen Arten neutraler Aufwendungen und Erträge sollten getrennt vom Zweckaufwand und den Zweckerträgen erfasst und verrechnet werden, damit die Struktur des Periodenerfolgs auch nachträglich noch erkennbar bleibt. Interne wie externe Jahresabschlussleser sollen dadurch in die Lage versetzt werden, das Zustandekommen des handelsrechtlichen Periodenergebnisses in sachlicher und zeitlicher Hinsicht – wenigstens annähernd exakt – nachvollziehen und beurteilen zu können.

FALL 5

Zweckaufwendungen bzw. Grundkosten werden allein durch die gewöhnliche Leistungserstellung und Leistungsverwertung der Unternehmung hervorgerufen und werden zudem in einer Periode in gleicher Höhe verrechnet (z. B. Aufwendungen für in der Periode verbrauchtes Rohmaterial, Miete für eine Produktionshalle).

FALL 6

Bei **Zusatzkosten** handelt es sich um einen Wertverzehr, dem kein Aufwand entspricht, der also in der Finanzbuchführung unberücksichtigt bleibt.

Werden in einer **personenbezogenen Unternehmung** (Einzelunternehmung, Personenhandelsgesellschaft) dem Betrieb von einem Unternehmer Produktionsfaktoren zur Verfügung gestellt, so dürfen dafür nach den handels- und steuerrechtlichen Vorschriften in der Finanzbuchführung der Unternehmung keine erfolgsmindernden Aufwendungen verrechnet werden. Entgelte für die Mitarbeit des Unternehmers oder für das von ihm zur Verfügung gestellte Eigenkapital führen nicht zu Personalaufwand bzw. Zinsaufwand. Damit sind diese Entgelte Bestandteile des Gewinns; entsprechende Zahlungen an den Unternehmer stellen Gewinnverwendungen dar.

Bei **Kapitalgesellschaften und Genossenschaften** erhalten die Mitglieder der Unternehmungsleitung Gehälter von der Unternehmung, auch wenn sie – wie häufig bei einer GmbH – zugleich Gesellschafter sind. Diese Gehälter sind Personalaufwand wie die übrigen Gehälter und Löhne, da Kapitalgesellschaften und Genossenschaften als juristische Personen auch mit den geschäftsführenden Gesellschaftern schuldrechtliche Verträge abschließen können. Somit stellen in diesem Fall die Gehälter Zweckaufwendungen bzw. Grundkosten dar.

In der Kostenrechnung personenbezogener Unternehmungen müssen dagegen für die Mitarbeit des Unternehmers **Unternehmerlöhne** und für den Einsatz des Eigenkapitals **Eigenkapitalzinsen** in die Kosten einbezogen werden, da diese sonst zu niedrig angesetzt wären. Würde man in diesem Fall die Betriebsleistung genau zu den kalkulierten Selbstkosten veräußern, so würde dem Unternehmer seine Arbeitsleistung bzw. seine Kapitalbereitstellung nicht vom Markt „vergütet" werden. Er hätte somit einen Nutzenentgang in Höhe der Beträge erlitten, die er hätte erzielen können, wenn er seine Arbeitskraft und sein Vermögen einem anderen Betrieb zur Verfügung gestellt hätte. Die deswegen verrechneten Zusatzkosten sind Kosten im Sinne eines entgangenen Nutzens **(Opportunitätskosten)**.

Bei der Erstellung der Betriebsleistungen können **aperiodische Wagnisverluste**, z. B. Forderungsausfälle, auftreten, die in der Eintrittsperiode in der Finanzbuchführung einen außerordentlichen Aufwand darstellen, der in der Kostenrechnung allerdings nicht in der tatsächlich angefallenen Höhe berücksichtigt wird. Hier erfolgt vielmehr durch Ansatz geschätzter kalkulatorischer Wagniszuschläge eine Periodisierung von Kosten, die aperiodisch anfallen. In einer Periode, in der tatsächlich keine Wagnisverluste eingetreten sind, somit kein Aufwand angefallen ist, sind die verrechneten kalkulatorischen Wagniszuschläge in voller Höhe Zusatzkosten.

FALL 7

Anderskosten stellen das Gegenstück zu den bewertungsbedingten neutralen Aufwendungen (Fall 4) dar; dabei übersteigen die im internen Rechnungswesen verrechneten Kosten die aus dem gleichen Grund in der Finanzbuchführung verrechneten Aufwendungen (z. B. werden die Abschreibungsbeträge bei abnutzbaren Vermögensgegenständen des Anlagevermögens in der Kostenrechnung bei der Ermittlung der Selbstkosten – und damit der Preisuntergrenze – sinnvollerweise von den später wahrscheinlich anfallenden höheren Wiederbeschaffungskosten berechnet, während sie in der Finanzbuchführung entsprechend den handelsrechtlichen Vorschriften (vgl. § 253 Abs. 3 Satz 1 und Satz 2 HGB) von den (niedrigeren) Anschaffungs- oder Herstellungskosten berechnet werden).

AUFGABE 7

1. **Zahlungsmittelbestand – Geldvermögen – Reinvermögen**

   Sie heben 1.000 EUR von Ihrem Sichtguthaben in Höhe von 9.000 EUR bei der Bank in bar ab.

a) Wie verändert sich durch diese Transaktion die Höhe Ihres Zahlungsmittelbestandes, Ihres Geldvermögens, Ihres Reinvermögens?

b) Welche Veränderung der obigen Bestände wäre eingetreten, wenn Sie den Betrag von 1.000 EUR von Ihrem Sparguthaben abgehoben hätten?

c) Welche der folgenden Aussagen sind richtig? Bitte kreuzen Sie an!

- ☐ Der Zahlungsmittelbestand setzt sich ausschließlich aus derzeit gültigen Münzen und Banknoten zusammen.
- ☐ Das Geldvermögen wird nicht in jedem Falle durch Auszahlungen vermindert.
- ☐ Das Geldvermögen wird nicht in jedem Falle durch Einnahmen erhöht.
- ☐ Geldvermögen und Nettovermögen sind identisch.
- ☐ Reinvermögen und Nettovermögen sind identisch.
- ☐ Das Reinvermögen wird durch Abschreibungen vom Buchwert eines PKW vermindert.

2. **Einzahlung – Einnahme – Ertrag**

Ein Kunde begleicht eine offene Rechnung durch Überweisung auf unser Girokonto, das ein Guthaben aufweist. Für unseren Betrieb handelt es sich um

- ☐ eine Einzahlung;
- ☐ eine Einnahme;
- ☐ einen Ertrag;
- ☐ eine Erhöhung des Zahlungsmittelbestandes;
- ☐ eine Erhöhung des Geldvermögens;
- ☐ eine Erhöhung der Verbindlichkeiten.

Bitte kreuzen Sie die **richtige(n) Lösung(en)** an!

3. **Auszahlung – Ausgabe – Aufwand**

Beim Einkauf von Rohstoffen auf Ziel handelt es sich um

- ☐ einen Aufwand, dem keine Auszahlung gegenübersteht;
- ☐ eine Auszahlung, der kein Aufwand entspricht;
- ☐ eine Erhöhung des Sachvermögens im Rahmen des übrigen Vermögens ohne Änderung des Geldvermögens;
- ☐ eine Erhöhung des Sachvermögens im Rahmen des übrigen Vermögens ohne Änderung des Zahlungsmittelbestandes;
- ☐ eine Auszahlung, der ein Aufwand entspricht.

Bitte kreuzen Sie die **richtige(n) Lösung(en)** an!

4. **Ausgabe – Aufwand**

Einem Aufwand stehen keine Ausgaben gegenüber, wenn sich folgender Geschäftsvorfall ereignet hat:

- ☐ Verbrauch von Rohstoffen, die in der laufenden Periode beschafft wurden, zur Produktion von Fertigfabrikaten;

- ☐ eine Kundenforderung wird uneinbringlich;
- ☐ Totalabschreibung eines verunglückten LKWs, der in der Vorperiode angeschafft wurde.

Bitte kreuzen Sie die **richtige(n) Lösung(en)** an!

Vergleichen Sie Ihre Lösung mit der auf S. 251 ff. abgedruckten Musterlösung!

2.3.2 Die Methoden der Erfolgsermittlung

2.3.2.1 Der Reinvermögensvergleich

Der Erfolg eines Abrechnungszeitraums kann grundsätzlich auch außerhalb der Buchführung, allein anhand zweier aufeinander folgender Bilanzen ermittelt werden. Man berechnet dazu die Veränderung des Reinvermögens innerhalb der Periode und korrigiert die so erhaltene Größe um die nicht erfolgswirksamen Eigenkapitalbewegungen, die Einlagen und Entnahmen der Eigentümer.

Zur Erfolgsbestimmung reichen damit die folgenden Angaben aus:

- Summe der Vermögenswerte zum Periodenanfang t = 0 (entspricht der Wertsumme zum Ende der Vorperiode),
- Summe der Vermögenswerte zum Periodenende t = 1,
- Summe der Schulden zum Periodenanfang t = 0 (entspricht der Wertsumme zum Ende der Vorperiode),
- Summe der Schulden zum Periodenende t = 1,
- Summe der Entnahmen von Eigentümern während des Abrechnungszeitraums und
- Summe der Einlagen von Eigentümern im Abrechnungszeitraum.

Das Reinvermögen (Eigenkapital) in t = 0 ergibt sich nach folgender Rechnung:

	Vermögen (0)	–	Schulden (0)	=	Eigenkapital (0)
z. B.	20.000 EUR	–	16.000 EUR	=	4.000 EUR

Entsprechend gilt für t = 1:

	Vermögen (1)	–	Schulden (1)	=	Eigenkapital (1)
z. B.	35.000 EUR	–	26.000 EUR	=	9.000 EUR

Insgesamt hat sich damit das Eigenkapital während der Abrechnungsperiode um

	Eigenkapital (1)	–	Eigenkapital (0)		
z. B.	9.000 EUR	–	4.000 EUR	=	5.000 EUR

erhöht.

Nicht in jedem Fall stellt allerdings die Eigenkapitaldifferenz, im Beispiel eine Eigenkapitalerhöhung von 5.000 EUR, den effektiv von der Unternehmung erwirtschafteten Periodenerfolg dar. Veränderungen des Eigenkapitals können auch eine Folge der erfolgsunwirksamen Transaktionen „Einlagen/Kapitalerhöhungen" und „Entnahmen/Kapitalherabsetzungen" sein (vgl. *Abb. 28*, S. 64). Es gilt:

	Eigenkapital (0)	
+	**Erträge der Periode**	erfolgswirksame Transaktionen der Periode
–	**Aufwendungen der Periode**	
+	**Einlagen/Kapitalerhöhungen**	erfolgsunwirksame Transaktionen der Periode
–	**Entnahmen/Kapitalherabsetzungen**	
=	**Eigenkapital (1)**	

Die Erhöhung des Eigenkapitals in dem obigen Beispiel stellt somit nur dann einen Gewinn der Periode in Höhe von 5.000 EUR dar, wenn in der Periode die Höhe der gesamten Einlagen/Kapitalerhöhungen genau der Höhe der gesamten Entnahmen/Kapitalherabsetzungen entspricht, wobei im Extremfall die Höhe der Einlagen/Kapitalerhöhungen wie die der Entnahmen/Kapitalherabsetzungen 0 EUR betragen können.

Der Erfolg ist größer als die errechnete Eigenkapitaldifferenz, wenn die Eigentümer während der laufenden Periode bereits Teile des Erfolgs entnommen haben; er ist entsprechend kleiner, wenn zusätzliches Eigenkapital eingebracht – also nicht von der Unternehmung erwirtschaftet – wurde. Um den Erfolg zu bestimmen, ist somit die Eigenkapitaldifferenz um Entnahmen zu erhöhen und um Einlagen zu vermindern.

Erfolg des Abrechnungszeitraums	=	**Eigenkapital (1)**
	–	**Eigenkapital (0)**
	–	**Einlagen/Kapitalerhöhungen**
	+	**Entnahmen/Kapitalherabsetzungen**

Wenn in dem obigen Beispiel mit einer Eigenkapitalerhöhung um 5.000 EUR in der betrachteten Periode Einlagen/Kapitalerhöhungen in Höhe von 8.000 EUR und Entnahmen/Kapitalherabsetzungen in Höhe von 2.000 EUR getätigt wurden, so beträgt der Verlust der Periode 1.000 EUR.

Man bezeichnet diese äußerst einfache, Zeit und Kosten sparende und auch steuerrechtlich verankerte (vgl. § 4 Abs. 1 EStG) Vorgehensweise als **Reinvermögensvergleich, Differenzmethode oder Distanzrechnung**. Diese Berechnungsweise hat allerdings den entscheidenden Nachteil, dass lediglich die Erfolgshöhe, nicht dagegen die Erfolgskomponenten erkennbar sind, da sämtliche erfolgswirksamen Geschäftsvorfälle in der undifferenziert ermittelten Globalgröße „Erfolg des Abrechnungszeitraums" („Gewinn" oder „Verlust") verschwimmen. Dieser Nachteil gilt sowohl während als auch nach Ablauf des betreffenden Zeitraums. Deswegen eignet sich diese Methode lediglich für sehr kleine Betriebe mit einer relativ geringen und überschaubaren Anzahl von Geschäftsvorfällen. In allen anderen Fällen ist dagegen eine explizite Erfassung und Verrechnung von Aufwendungen und Erträgen im Rahmen der Buchführung unverzichtbar. Deswegen schreibt der Gesetzgeber den Kaufleuten die Erstellung einer handelsrechtlichen Gewinn- und Verlustrechnung vor.

2.3.2.2 Die Gewinn- und Verlustrechnung

Die Gewinn- und Verlustrechnung (GuV-Rechnung oder auch VuG-Rechnung) bildet zusammen mit der Bilanz den handelsrechtlichen Jahresabschluss eines Kaufmanns (vgl. § 242 Abs. 3 HGB). Sie ist eine **„Gegenüberstellung der Aufwendungen und Erträge des Geschäftsjahrs"** (§ 242 Abs. 2 HGB) mit der Aufgabe, die **Quellen des** in der betreffenden Abrechnungsperiode verursachten **Unternehmungserfolges aufzuzeigen**.

Für die Buchführung sind dabei weniger die verschiedenen theoretischen wie praktischen Anforderungen an eine solche Erfolgsrechnung von Interesse, wie etwa die verschiedenen Zielsetzungen in Handels- und Steuerrecht, Gliederungs- und Vereinfachungsbestimmungen, Publizitätsvorschriften und die unterschiedlichen betriebswirtschaftlichen Konzeptionen und Varianten der GuV-Rechnung[18]. Im Folgenden geht es vielmehr ausschließlich um die allgemeine **Buchungstechnik für Aufwendungen und Erträge**. Wie schon bei der Bilanz steht auch bei der GuV-Rechnung nicht der Abschluss im Mittelpunkt der Betrachtung, sondern die buchhalterische Behandlung der ihn beeinflussenden Wertbewegungen. Alle Aufwendungen und Erträge verändern das Eigenkapital (Reinvermögen). Sie könnten demnach auch unmittelbar im Passivkonto „Eigenkapital" buchhalterisch erfasst werden. Soll aber das Zustandekommen des Erfolges ersichtlich bleiben, so ist eine solche Vorgehensweise wenig hilfreich, da die einzelnen Aufwendungen und Erträge im Saldo des Eigenkapitalkontos aufgingen. Um das Zustandekommen des Periodenerfolges ersichtlich machen zu können, richtet man daher zunächst für jede einzelne Aufwands- und Ertragsart ein eigenes Konto ein, das ausschließlich erfolgswirksame Buchungen dieses einen Typs aufnimmt. Wie differenziert das **System der Erfolgskonten** (Konten der Aufwands- und Ertragsarten) ist, hängt dabei vom gewünschten Informationsgehalt und Detaillierungsgrad der (späteren) Gewinn- und Verlustrechnung ab. Grundsätzlich gilt, dass für jede in der GuV-Rechnung auftretende Erfolgsposition (wenigstens) ein Konto zu eröffnen ist.

Bei den **Ertragsarten** kann es sich dabei z. B. handeln um:

- Umsatzerlöse,
- Bestandserhöhungen an fertigen und unfertigen Erzeugnissen,
- Zinserträge,
- Mieterträge,
- Pachterträge,
- Beteiligungserträge,
- sonstige betriebliche Erträge.

Ihnen können beispielsweise folgende **Aufwandsarten** gegenübergestellt werden:

- Materialaufwand,
- Personalaufwand (Löhne, Gehälter, Sozialabgaben etc.),
- Abschreibungen,
- Zinsaufwand,
- Steuern,
- sonstige betriebliche Aufwendungen.

18 Vgl. hierzu z. B. *Wöhe, Günter*: Bilanzierung und Bilanzpolitik, 9. Aufl., München 1997, S. 259–290.

Die Aufzählung ist notwendigerweise unvollständig, da die genaue Gliederung der GuV-Rechnung zum Teil **rechtsformabhängig** (vgl. z. B. die Regelungen des § 275 Abs. 2 und Abs. 3 HGB für Kapitalgesellschaften), **branchenspezifisch** (vgl. verschiedene Formblätter für den Jahresabschluss der Kreditinstitute) oder **größenabhängig** (vgl. z. B. § 275 HGB i.V. m. § 276 HGB) sein kann. Darüber hinaus ist die genaue Ausgestaltung insbesondere bei Einzelunternehmungen und Personenhandelsgesellschaften mehr oder weniger in das Ermessen der bilanzierenden Unternehmung gestellt.

Erfolgskonten gleichen in ihrem Aufbau dem passiven Bestandskonto „Eigenkapital". Erfolgswirksame Vorgänge, die zur Erhöhung des Reinvermögens führen, also **Erträge,** wären demnach bei ihrer Buchung im Eigenkapitalkonto im Haben zu buchen und werden deswegen auch auf der **Haben-Seite** des jeweiligen Ertragskontos gebucht. Entsprechend schlagen sich die reinvermögensmindernden **Aufwendungen**, die bei ihrer Buchung im Eigenkapitalkonto im Soll zu buchen wären, auf der **Soll-Seite** des jeweiligen Aufwandskontos nieder.

BEISPIEL:

1. Gutschrift von 6.000 EUR Zinserträgen auf dem Kontokorrentkonto der Unternehmung.

Buchungssatz:

Kontokorrentkonto	6.000	an	Zinserträge	6.000

Kontenbild:

S	Kontokorrentkonto	H	S	Zinserträge	H
(1)	6.000			(1)	6.000

2. Die Unternehmung überweist von ihrem Kontokorrentkonto 5.800 EUR für die Miete von Büroräumen.

Buchungssatz:

Mietaufwendungen	5.800	an	Kontokorrentkonto	5.800

Kontenbild:

S	Mietaufwendungen	H	S	Kontokorrentkonto	H
(2)	5.800			(2)	5.800

Die Erfolgsbuchungen lauten demnach stets wie folgt:

Bestandskonto	**an**	**Ertragskonto**

Aufwandskonto	**an**	**Bestandskonto**

Ertragskonten weisen somit (normalerweise) immer einen **Haben-Saldo** (links einzutragen), **Aufwandskonten** (normalerweise) immer einen **Soll-Saldo** (rechts einzutragen) auf.

Am Ende des Geschäftsjahres werden die Salden der einzelnen Aufwands- und Ertragskonten nicht direkt auf das Eigenkapitalkonto übertragen, sondern zunächst auf einem vorgeschalteten **Gewinn- und Verlustkonto** (GuV-Konto) gesammelt. Von hier aus gelangt dann nur noch der Saldo aller Aufwendungen und Erträge einer Periode – der Erfolg, also der Gewinn oder der Verlust – in das Konto „Eigenkapital".

Die für diese beiden Transaktionen notwendigen Umbuchungen bezeichnet man als **vorbereitende Abschlussbuchungen**, weil sie zwar am Periodenende, allerdings noch vor den eigentlichen Abschlussbuchungen – die zur Erstellung des Schlussbilanzkontos führen – vorzunehmen sind. (Solche vorbereitenden Abschlussbuchungen sind noch bei einigen anderen Anlässen notwendig; sie werden später besprochen.)

Die entsprechenden Buchungssätze für den Abschluss der Aufwands- und Ertragskonten lauten:

- für unser **Beispiel**:

Zinserträge	6.000	an	GuV-Konto	6.000
GuV-Konto	5.800	an	Mietaufwendungen	5.800

- oder in **allgemeiner Form**:

Ertragskonto	**an**	**GuV-Konto**

GuV-Konto	**an**	**Aufwandskonto**

Für das **Beispiel** ergibt sich hieraus das folgende Gewinn- und Verlustkonto:

S	**Gewinn- und Verlustkonto**		H
Mietaufwendungen	5.800	Zinserträge	6.000

Der Saldo dieses Kontos ist auf der linken Seite einzutragen (Haben-Saldo) und bezeichnet einen Gewinn in Höhe von 6.000 EUR – 5.800 EUR = 200 EUR. Dagegen stellt ein Soll-Saldo (rechts einzutragen) einen Überschuss der Aufwendungen über die Erträge – und damit einen Verlust – dar.

Der Abschluss des Gewinn- und Verlustkontos und der Übertrag des Erfolgs in das Eigenkapitalkonto vollzieht sich in dem vorliegenden Beispiel mit dem Buchungssatz:

GuV-Konto	200	an	Eigenkapitalkonto	200

Durch den positiven Erfolg steigt der Bestand im Passivkonto „Eigenkapital“:

S	**Eigenkapitalkonto**		H
		AB	...
		GuV-Konto	200

Allgemein ist damit im Falle von Gewinnen bzw. Verlusten zu buchen:

bei Gewinn:	**GuV-Konto**	**an**	**Eigenkapitalkonto**

bei Verlust:	**Eigenkapitalkonto**	**an**	**GuV-Konto**

In Personenhandelsgesellschaften, etwa einer OHG, ist der Gewinn bzw. der Verlust vom GuV-Konto anteilmäßig entsprechend den gesetzlichen oder gesellschaftsvertraglichen Bestimmungen auf die verschiedenen Eigenkapitalkonten der Gesellschafter zu übertragen.

Die dargestellte Vorgehensweise rechtfertigt es, dass die **Erfolgskonten** in der Literatur auch als **Unterkonten** (oder auch als Vor- oder Hilfskonten) **des Eigenkapitalkontos** bezeichnet werden.

Die folgende *Abb. 35* zeigt das Grundschema der Buchungsabläufe von Aufwendungen und Erträgen.

ABB. 35: Grundschema der Buchung erfolgswirksamer Geschäftsvorfälle

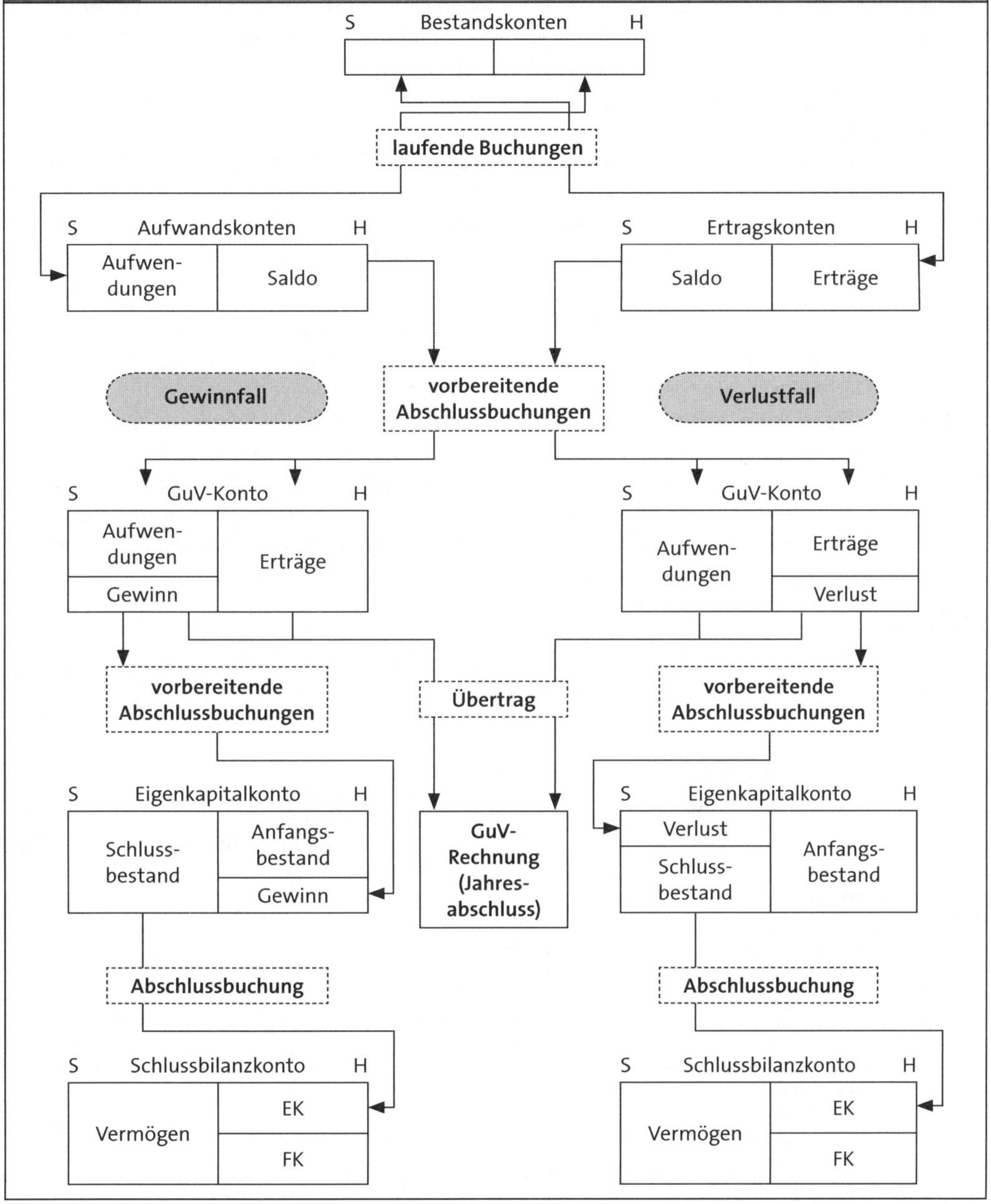

Abb. 35 (S. 81) lässt erkennen, dass ein Unterschied zwischen dem GuV-Konto und der Gewinn- und Verlustrechnung als Teil des Jahresabschlusses besteht, der grundsätzlich dem Unterschied zwischen dem Schlussbilanzkonto und der Schlussbilanz gleicht.

Das GuV-Konto ist – wie das Schlussbilanzkonto – ein **Element des betrieblichen Buchführungssystems**. Es fungiert als Gegenkonto der vorbereitenden Abschlussbuchungen, sammelt die Salden aller Aufwands- und Ertragskonten und ermittelt hieraus den Unterschiedsbetrag (Erfolg) der Abrechnungsperiode. Ohne die Existenz von Erfolgskonten würde das Eigenkapitalkonto mit erfolgswirksamen Buchungen überladen; ohne die Existenz des GuV-Kontos müssten die Salden sämtlicher Erfolgskonten auf das Eigenkapitalkonto abgeschlossen werden. Die praktizierte Abfolge führt dazu, dass im Eigenkapitalkonto nur ein einziger Betrag, der Gewinn bzw. der Verlust des Eigentümers bzw. Gesellschafters, gebucht wird. Da die betrieblich bedingten Steuern als Aufwand gebucht werden, handelt es sich im Gewinnfall um einen Gewinn nach betrieblich bedingten Steuern.

Die **Gewinn- und Verlustrechnung als Teil des Jahresabschlusses** steht dagegen – wie die Schlussbilanz – außerhalb der Buchführung. Zwar wird sie anhand des GuV-Kontos erstellt, doch kann sie im Erscheinungsbild davon abweichen. Beispielsweise ist sie nach § 275 Abs. 1 HGB nicht in Kontoform, sondern stets in **Staffelform** zu veröffentlichen, wobei entweder das Gesamtkostenverfahren (vgl. § 275 Abs. 2 HGB) oder das Umsatzkostenverfahren (vgl. § 275 Abs. 3 HGB) anzuwenden ist. Unter gewissen Umständen (vgl. § 276 HGB) bzw. bei Einzelunternehmungen oder Personenhandelsgesellschaften braucht die Gewinn- und Verlustrechnung nicht so detailliert zu sein, wie es vielleicht für betriebsinterne Zwecke erforderlich ist und in der Buchführung gehandhabt wird.

BEISPIEL:

Textilgroßhandel Jakob Pelz
Bilanz zum 31.12.01

Aktiva	EUR		Passiva EUR
I. Anlagevermögen		I. Eigenkapital	826.400
Grundstücke und Gebäude	872.000	II. Fremdkapital	
Betriebs- und Geschäftsausstattung	73.500	Darlehensschulden	312.260
Fuhrpark	51.760	Lieferantenverbindlichkeiten	57.630
Beteiligungen	20.000		
II. Umlaufvermögen			
Waren	124.600		
Kundenforderungen	17.350		
Kontokorrentkonto	37.080		
	1.196.290		1.196.290

Geschäftsvorfälle 02

1. Ein Lieferant zahlt in bar 7.900 EUR Provision für die Vermittlung eines größeren Geschäftes.
2. Zu zahlende Darlehenszinsen (14.956 EUR) werden über das Kontokorrentkonto abgerechnet.
3. Die Rechnung einer Anzeigenkampagne in einer führenden Modezeitschrift wird beglichen: 4.653 EUR über das Kontokorrentkonto.

4. Ein mit 3.500 EUR ausgewiesener Lieferwagen wird für 5.200 EUR verkauft und geliefert. Der Kaufpreis geht nach einigen Tagen in bar ein.

5. Für das 1. Halbjahr 02 geht die Miete für eine vermietete Lagerhalle auf dem Kontokorrentkonto ein (12.000 EUR).

6. 760 EUR Beiträge zu einer betrieblichen Feuerversicherung werden aus der Kasse bezahlt.

7. Der Kassenbestand lt. Inventur beträgt 12.540 EUR.

Formulieren Sie die Buchungssätze und leiten Sie aus der kontenmäßigen Darstellung die Bilanz zum 31.12.02 ab! (Auf den Abdruck des bei den Eröffnungsbuchungen als Gegenkonto dienenden Eröffnungsbilanzkontos wird bei diesem und den folgenden Beispielen aus Platzgründen verzichtet; somit ist jeweils nur die Soll- bzw. Haben-Buchung in den aktiven und passiven Bestandskonten (unter „AB") abgebildet.)

Buchungssätze (ohne Eröffnungsbuchungen):

1.	Kasse	7.900	an	Provisionserträge	7.900
2.	Zinsaufwendungen	14.956	an	Kontokorrentkonto	14.956
3.	Werbeaufwendungen	4.653	an	Kontokorrentkonto	4.653
4.	a) Sonstige Vermögensgegenstände	5.200		Fuhrpark	3.500
				Sonstige betriebliche Erträge	1.700
	b) Kasse	5.200	an	Sonstige Vermögensgegenstände	5.200
5.	Kontokorrentkonto	12.000	an	Mieterträge	12.000
6.	Versicherungsaufwendungen	760	an	Kasse	760
7.	Kasse	200	an	Erträge aus Inventurdifferenzen	200

Bestandskonten:

S	Grundstücke und Gebäude		H
AB	872.000	SB	872.000
	872.000		872.000

S	Betriebs- und Geschäftsausstattung		H
AB	73.500	SB	73.500
	73.500		73.500

S	Fuhrpark		H
AB	51.760	(4a)	3.500
		SB	48.260
	51.760		51.760

S	Beteiligungen		H
AB	20.000	SB	20.000
	20.000		20.000

S	Waren		H
AB	124.600	SB	124.600
	124.600		124.600

S	Kundenforderungen		H
AB	17.350	SB	17.350
	17.350		17.350

S	Kontokorrentkonto		H
AB	37.080	(2)	14.956
(5)	12.000	(3)	4.653
		SB	29.471
	49.080		49.080

S	Kasse		H
(1)	7.900	(6)	760
(4b)	5.200	SB	12.540
(7)	200		
	13.300		13.300

S	Sonstige Vermögensgegenstände		H
(4a)	5.200	(4b)	5.200
	5.200		5.200

S	Darlehensschulden		H
SB	312.260	AB	312.260
	312.260		312.260

S	Lieferantenverbindlichkeiten		H
SB	57.630	AB	57.630
	57.630		57.630

S	Eigenkapital		H
		AB	826.400

(Vgl. dazu S. 85!)

Erfolgskonten:

S	Zinsaufwendungen		H
(2)	14.956	GuV	14.956
	14.956		14.956

S	Werbeaufwendungen		H
(3)	4.653	GuV	4.653
	4.653		4.653

S	Versicherungsaufwendungen		H
(6)	760	GuV	760
	760		760

S	Provisionserträge		H
GuV	7.900	(1)	7.900
	7.900		7.900

S	Sonstige betriebliche Erträge		H
GuV	1.700	(4a)	1.700
	1.700		1.700

S	Mieterträge		H
GuV	12.000	(5)	12.000
	12.000		12.000

S	Erträge aus Inventurdifferenzen		H
GuV	200	(7)	200
	200		200

Vorbereitende Abschlussbuchungen:

GuV-Konto	14.956	an	Zinsaufwendungen	14.956
GuV-Konto	4.653	an	Werbeaufwendungen	4.653
GuV-Konto	760	an	Versicherungsaufwendungen	760
Provisionserträge	7.900	an	GuV-Konto	7.900

Sonstige betriebliche Erträge	1.700	an	GuV-Konto	1.700
Mieterträge	12.000	an	GuV-Konto	12.000
Erträge aus Inventurdifferenzen	200	an	GuV-Konto	200

Soll	Gewinn- und Verlustkonto		Haben
Zinsaufwendungen	14.956	Provisionserträge	7.900
Werbeaufwendungen	4.653	Sonstige betriebliche Erträge	1.700
Versicherungsaufwendungen	760	Mieterträge	12.000
Gewinn (Eigenkapital)	1.431	Erträge aus Inventurdifferenzen	200
	21.800		21.800

GuV-Konto	1.431	an	Eigenkapital	1.431

Soll	Eigenkapital		Haben
SB	827.831	AB	826.400
		Gewinn (GuV-Konto)	1.431
	827.831		827.831

Die Buchungssätze für die **Abschlussbuchungen** lauten:

Schlussbilanzkonto	872.000	an	Grundstücke und Gebäude	872.000
Schlussbilanzkonto	73.500	an	Betriebs- und Geschäftsausstattung	73.500
		.		
		.		
		.		
Schlussbilanzkonto	29.471	an	Kontokorrentkonto	29.471
Schlussbilanzkonto	12.540	an	Kasse	12.540
Eigenkapital	827.831	an	Schlussbilanzkonto	827.831
Darlehensschulden	312.260	an	Schlussbilanzkonto	312.260
Lieferantenverbindlichkeiten	57.630	an	Schlussbilanzkonto	57.630

Schlussbilanzkonto aufgrund der **Abschlussbuchungen**:

Soll	Schlussbilanzkonto		Haben
Grundstücke und Gebäude	872.000	Eigenkapital	827.831
Betriebs- und Geschäftsausstattung	73.500	Darlehensschulden	312.260
Fuhrpark	48.260	Lieferantenverbindlichkeiten	57.630
Beteiligungen	20.000		
Waren	124.600		
Kundenforderungen	17.350		
Kontokorrentkonto	29.471		
Kasse	12.540		
	1.197.721		1.197.721

Textilgroßhandel Jakob Pelz
Bilanz zum 31.12.02

Aktiva	EUR	Passiva	EUR
I. Anlagevermögen		I. Eigenkapital	827.831
Grundstücke und Gebäude	872.000	II. Fremdkapital	
Betriebs- und Geschäftsausstattung	73.500	Darlehensschulden	312.260
Fuhrpark	48.260	Lieferantenverbindlichkeiten	57.630
Beteiligungen	20.000		
II. Umlaufvermögen			
Waren	124.600		
Kundenforderungen	17.350		
Kontokorrentkonto	29.471		
Kasse	12.540		
	1.197.721		1.197.721

AUFGABE 8

Behandeln Sie nun für den Textilgroßhandel Jakob Pelz in gleicher Weise die Geschäftsvorfälle des Jahres 03. Erstellen Sie die Schlussbilanz zum 31.12.03.

1. 7.960 EUR Gewerbesteuerschuld für das laufende Geschäftsjahr werden aus dem Sichtguthaben beglichen.
2. Gehaltene Aktien (Beteiligungen) im Buchwert von 5.000 EUR werden für 7.200 EUR verkauft. Der Erlös wird von der Bank auf dem Kontokorrentkonto gutgeschrieben.
3. Die Kasse weist aus unerfindlichen Gründen einen Fehlbetrag von 650 EUR auf. (Es wird ein Konto „Aufwendungen aus Kassenfehlbeständen" geführt.)
4. Die Bank belastet das Kontokorrentkonto mit 130 EUR Kontoführungsgebühren.
5. Die zuvor (Geschäftsvorfall Nr. 3) verschwundenen 650 EUR tauchen auf geheimnisvolle Weise wieder im Kassenbestand auf.
6. 1.920 EUR Kfz-Versicherungsprämien für die Fahrzeuge des Fuhrparks werden in bar auf das Bankkonto des Versicherers eingezahlt.
7. Zahlung von 900 EUR Verkäuferprovision aus der Kasse.
8. 740 EUR Gewinnanteile aus Beteiligungen gehen auf dem Kontokorrentkonto ein.
9. Die Versicherungsgesellschaft überweist von Jakob Pelz irrtümlich zu viel gezahlte Beiträge zur Kfz-Versicherung (Geschäftsvorfall Nr. 6) in Höhe von 45 EUR auf das Kontokorrentkonto.
10. Erstattung von Reisekosten und Spesen an die Einkäufer: 3.620 EUR (Überweisung vom Kontokorrentkonto).
11. Einbruch in die Lagerräume des Textilgroßhandels Jakob Pelz: 15.000 EUR Sachschaden an Einrichtungsgegenständen und Alarmanlagen; Waren im Einkaufswert von 3.900 EUR und die Kaffeekasse werden gestohlen. Die Versicherungsgesellschaft weigert sich, den Schaden

zu übernehmen, da ihrer Ansicht nach die Sicherungsvorkehrungen nicht ausreichend waren.

12. 960 EUR Aufwand für das Leasing eines LKWs für einen Tag. Die Bezahlung erfolgt durch Überweisung vom Kontokorrentkonto.

13. Die Bank schreibt dem Kontokorrentkonto 65 EUR Zinsen gut.

14. Die Versicherung erklärt sich bereit, den Warenverlust durch den Einbruch (Geschäftsvorfall Nr. 11) zu ersetzen, wenn die gerichtliche Klage zurückgezogen wird. Jakob Pelz ist einverstanden. 3.900 EUR gehen zwei Tage später auf dem Kontokorrentkonto ein.

15. 12.000 EUR Jahreszahlung (für das Geschäftsjahr 03) für eine vermietete Lagerhalle gehen auf dem Kontokorrentkonto ein.

Vergleichen Sie Ihre Lösung mit der auf S. 253 ff. abgedruckten Musterlösung!

2.4 Die Buchung ausgewählter Geschäftsvorfälle

2.4.1 Die betrieblichen Umsatzprozesse

2.4.1.1 Der Warenverkehr ohne Umsatzsteuer

2.4.1.1.1 Die Warenkonten

2.4.1.1.1.1 Das gemischte Warenkonto

Ein Großteil der Unternehmungserfolge entsteht durch den Verkauf der betrieblichen Produkte. Werden diese vor ihrem Absatz im Betrieb – wenigstens teilweise – selbst hergestellt oder physisch bearbeitet, so bezeichnet man sie als **(Fertig-)Erzeugnisse**. Im Vergleich dazu spricht man von **Waren**, wenn die Gegenstände gehandelt, d. h. angeschafft und physisch unverändert (möglichst zu höheren Preisen) wieder weiterveräußert werden.

In der Buchführung müssen die von Handelsunternehmungen beim Ein- und Verkauf vereinbarten unterschiedlichen Preise berücksichtigt werden, d. h., Verkäufe sind zu Absatzpreisen, Einkäufe dagegen zu Einstandspreisen zu erfassen. Bucht man beide Arten von Bestandsveränderungen auf einem **gemeinsamen („gemischten") Warenkonto**, so wird dieses Warenkonto zum **reinen Erfolgskonto**, wenn am Ende der Periode alle Waren verkauft sind.

BEISPIEL:

Anfangsbestand:	20 ME à 10 EUR	= 200 EUR (ME = Mengeneinheiten)
Zukäufe:	40 ME à 10 EUR	= 400 EUR
Verkaufserlöse:		750 EUR

Ist der Lagerbestand am Abschlussstichtag = 0 ME, so bedeutet dies, dass 60 ME während der Abrechnungsperiode verkauft worden sind (falls nicht ein Teil auf andere Weise, z. B. durch Diebstahl oder Verderb, verschwunden ist). Die Unternehmung hat daher einen Erfolg aus dem Warenhandel in Höhe von

750 EUR – 200 EUR – 400 EUR = 150 EUR

erwirtschaftet. Da eine Unternehmung i. d. R. aber noch weitere Erträge (z. B. Zins-, Miet-, sonstige betriebliche Erträge) und Aufwendungen (Löhne und Gehälter, Steuern etc.) zu verzeichnen hat, kann es sich hierbei nur um einen Teil des Gesamterfolges handeln. Man bezeichnet den aus dem Warenverkehr resultierenden Teil des Jahreserfolgs als **Rohgewinn (-ergebnis, -erfolg)**.

Das **Warenkonto** hätte in diesem Fall folgendes Aussehen:

S	**Warenkonto**		H
AB	200	Verkäufe	750
Zukäufe	400		
Rohgewinn	150		
	750		750

Im anderen Extremfall besitzt das **Warenkonto ausschließlich Eigenschaften eines Bestandskontos**, nämlich dann, wenn während des Abrechnungszeitraums entweder keine Verkäufe erfolgt sind oder sämtliche Verkäufe zum Einstandspreis durchgeführt wurden. In diesen beiden Fällen sind ausschließlich **erfolgsneutrale Bestandsveränderungen** eingetreten. Ein Rohgewinn liegt nicht vor. Das Lager zeigt entweder einen Schlussbestand oder ist vollständig geräumt. Das Warenkonto unterscheidet sich in nichts von jedem anderen aktiven Bestandskonto.

BEISPIEL:

Anfangsbestand:	20 ME à 10 EUR	= 200 EUR
Zukäufe:	40 ME à 10 EUR	= 400 EUR
Verkäufe:	35 ME à 10 EUR	= 350 EUR
Schlussbestand:	25 ME à 10 EUR	= 250 EUR

S	**Warenkonto**		H
AB	200	Verkäufe	350
Zukäufe	400	SB	250
	600		600

In der **Realität** wird aber meistens sowohl ein Periodenroherfolg als auch ein positiver Lagerendbestand vorliegen. In diesem Fall nimmt das Warenkonto **gleichzeitig erfolgswirksame und erfolgsneutrale Wertbewegungen** auf. Man bezeichnet ein solches Konto daher als **Bestands-, Erfolgs-** oder (geläufiger) als **gemischtes Konto**.

Für ein derartiges gemischtes Konto ergibt sich allerdings ein Nachteil, weil die Buchführung nur mit Wertgrößen arbeitet und keine Angaben über die zugrunde liegenden Mengenbewegungen macht. Während beim Abschluss von Bestands- oder Erfolgskonten jeweils nur ein Saldo zu ermitteln ist, nämlich der auf das Schlussbilanzkonto abzuschließende Schlussbestand oder ein auf das GuV-Konto abzuschließender Aufwands- bzw. Ertragssaldo, setzt sich die Restgröße eines gemischten Kontos häufig aus beiden Saldentypen zusammen.

Angenommen, ein gemischtes Warenkonto habe vor dem Abschluss folgendes Aussehen:

S	**Warenkonto**		H
AB	200	Verkäufe	750
Zukäufe	400		

Aus einem derartigen Konto geht nicht hervor, welche Mengenveränderungen mit den Soll- und Haben-Buchungen im Warenkonto einhergehen. Somit kann ohne zusätzliche Angaben auch keine Aussage über die Höhe des Rohgewinns getroffen werden. Der Rohgewinn betrüge nur dann 150 EUR, wenn – wie oben angenommen – kein Schlussbestand vorläge, was jedoch anhand der Buchungen nicht nachvollzogen werden kann. Bei einem positiven Schlussbestand (z. B. 10 ME à 10 EUR = 100 EUR) fiele der Rohgewinn entsprechend höher aus (250 EUR).

Das Problem der Rohgewinnermittlung ist nur mithilfe der Inventur zu lösen. Im Rahmen der körperlichen Bestandsaufnahme werden die mengenmäßigen Lagerendbestände ermittelt und mit ihren Einstandspreisen bewertet an die Buchführung weitergereicht. Daraufhin erst kann das Warenkonto abgeschlossen, d. h. der Warenendbestand in das Schlussbilanzkonto und der Rohgewinn in das GuV-Konto gebucht werden.

BEISPIEL:

Anfangsbestand:	20 ME à 10 EUR	= 200 EUR
Zukäufe:	40 ME à 10 EUR	= 400 EUR
Verkaufserlöse:		750 EUR
Warenbestand lt. Inventur:	10 ME à 10 EUR	= 100 EUR

Buchungssätze:

Schlussbilanzkonto	an	Waren	100
Waren	an	GuV-Konto	250

S	Warenkonto		H
AB	200	Verkäufe	750
Zukäufe	400	SB	100
GuV („Rohgewinn“)	250		
	850		850

2.4.1.1.1.2 Die Auflösung des gemischten Warenkontos in ein Wareneinkaufs- und ein Warenverkaufskonto

Die Buchung des Warenverkehrs ist übersichtlicher, wenn man das gemischte Warenkonto in zwei verschiedene Konten trennt:

- das **Wareneinkaufskonto (WEK), Wareneinsatzkonto oder Warenbestandskonto**,
- das **Warenverkaufskonto (WVK), Warenerfolgskonto**.

Das **Wareneinkaufskonto** nimmt neben dem Anfangsbestand alle Bestandsveränderungen erfolgsneutral auf. Anfangs- und Schlussbestand, Zugänge wie Abgänge werden ausnahmslos zu **Einkaufspreisen** (Einstandspreisen), genauer: zu Anschaffungskosten (vgl. dazu Abschnitt 2.4.1.1.2) gebucht. Das Wareneinkaufskonto ist damit ein **reines aktives Bestandskonto**. Auf der Soll-Seite des Kontos wird der Anfangsbestand sowie alle Warenzugänge während des Geschäftsjahres gebucht, die Haben-Seite erfasst alle Warenabgänge des Geschäftsjahres und den Schlussbestand.

Dagegen übernimmt das **Warenverkaufskonto** sämtliche erfolgswirksamen Geschäftsvorfälle und besitzt daher den Charakter eines **Erfolgskontos** (Ertragskontos). Auf seiner Haben-Seite sind die Verkäufe aufgeführt, bewertet zu den jeweiligen mit den Kunden vertraglich vereinbarten **Absatzpreisen**. Auf seiner Soll-Seite werden beispielsweise Rücksendungen von Kunden gebucht. Als Saldo verbleibt der reine Verkaufserlös der veräußerten Waren.

BEISPIEL: Textilgroßhandel Jakob Pelz, Geschäftsjahr 04

1. Die Textilgroßhandlung Jakob Pelz kauft 5 Perserteppiche, die ihr zu 1.660 [EUR/Stück] auf Ziel geliefert werden.
2. Die Teppiche bleiben nicht lange auf Lager. Ein Kunde erwirbt sie für 1.980 [EUR/Stück]. Bei der Lieferung wird ein Zahlungsziel von vier Wochen vereinbart.

Buchungssätze:

1. Wareneinkaufskonto	8.300	an	Lieferantenverbindlichkeiten	8.300
2. Kundenforderungen	9.900	an	Warenverkaufskonto	9.900

S	Kundenforderungen		H
AB	17.350		
(2)	9.900		

S	Lieferantenverbindlichkeiten		H
		AB	57.630
		(1)	8.300

(Im Folgenden wird auf den Abschluss dieser beiden Konten verzichtet.)

S	Wareneinkaufskonto		H
AB	120.700		
(1)	8.300		

S	Warenverkaufskonto		H
		(2)	9.900

2.4.1.1.1.3 Der Abschluss der getrennten Warenkonten

Für das **Wareneinkaufskonto** gibt es einerseits unterschiedliche Wege der Ermittlung des am Abschlussstichtag noch vorhandenen Warenbestands und der zu diesem Zeitpunkt nicht mehr vorhandenen Waren; man unterscheidet das inventurabhängige und das nicht inventurabhängige Buchungsverfahren. Andererseits gibt es verschiedene Möglichkeiten der Weiterverrechnung des Betrags der am Abschlussstichtag nicht mehr vorhandenen Waren; man unterscheidet dabei die Brutto- und die Nettomethode.

Wird – wie im obigen Beispiel – der **Warenabgang nicht im Haben des Wareneinkaufskontos gebucht**, so stellt der am Abschlussstichtag ermittelte Saldo des Wareneinkaufskontos die Summe der noch vorhandenen Waren sowie der nicht mehr vorhandenen Waren, jeweils bewertet mit ihren Einstandspreisen (= Anschaffungskosten), dar. Da ohne die buchhalterische Erfassung des Warenabgangs im Wareneinkaufskonto die Aufteilung dieser Summe eine körperliche Ermittlung des Warenbestandes und seine Bewertung mit den Einstandspreisen erfordert, spricht man von einem **inventurabhängigen Buchungsverfahren**. Der Schlussbestand gemäß dem Inventar ist auf der Haben-Seite des Wareneinkaufskontos zu buchen; die Gegenbuchung erfolgt auf der Soll-Seite des Schlussbilanzkontos. Danach kann der Wareneinsatz, also die Summe der zu Einstandspreisen (= Anschaffungskosten) bewerteten Warenausgänge der Periode, als Soll-Saldo des Wareneinkaufskontos berechnet werden. Indem man den Wareneinsatz auf der Haben-Seite des Wareneinkaufskontos bucht, wird dieses Konto zum Ausgleich gebracht. In der Gegenbuchung zu dieser Haben-Buchung unterscheiden sich die Brutto- und die Nettomethode.

Bei der **Bruttomethode** wird der Wareneinsatz unmittelbar auf die Soll-Seite (Aufwandsseite) des GuV-Kontos gebucht. Auf der Haben-Seite (Ertragsseite) des GuV-Kontos erscheint der Saldo des Warenverkaufskontos (Verkäufe zu Verkaufspreisen), also die Umsatzerlöse der Periode. Solange andere Erträge und Aufwendungen unberücksichtigt bleiben, wird der sich im GuV-Konto ergebende Saldo als **Rohergebnis** (Rohgewinn bzw. Rohverlust) bezeichnet. Im Beispiel handelt es sich um einen Rohgewinn.

BEISPIEL: Buchung nach der Bruttomethode

Buchungssätze:

Schlussbilanzkonto	120.700	an	Wareneinkaufskonto	120.700
GuV-Konto	8.300	an	Wareneinkaufskonto	8.300
Warenverkaufskonto	9.900	an	GuV-Konto	9.900

Kontenbild:

S	Wareneinkaufskonto		H
AB	120.700	SB	120.700
(1)	8.300	GuV	8.300
	129.000		129.000

S	Warenverkaufskonto		H
GuV	9.900	(2)	9.900
	9.900		9.900

S	GuV-Konto		H
WEK	8.300	WVK	9.900
Rohgewinn	1.600		
	9.900		9.900

S	Schlussbilanzkonto		H
WEK	120.700		.
	.		.
	.		.

Bei der **Nettomethode** wird der Saldo des Wareneinkaufskontos auf die Soll-Seite des Warenverkaufskontos übertragen. Der Unterschiedsbetrag zwischen Wareneinsatz und Verkaufserlösen (Umsatzerlöse) – das Rohergebnis, im Beispiel der Rohgewinn – wird damit bereits im Warenverkaufskonto errechnet und braucht nur noch ins GuV-Konto umgebucht zu werden.

BEISPIEL: Buchung nach der Nettomethode

Buchungssätze:

Schlussbilanzkonto	120.700	an	Wareneinkaufskonto	120.700
Warenverkaufskonto	8.300	an	Wareneinkaufskonto	8.300
Warenverkaufskonto	1.600	an	GuV-Konto	1.600

Kontenbild:

S	Wareneinkaufskonto		H
AB	120.700	SB	120.700
(1)	8.300	WVK	8.300
	129.000		129.000

S	Warenverkaufskonto		H
WEK	8.300	(2)	9.900
GuV	1.600		
	9.900		9.900

S	GuV-Konto		H
Rohgewinn	1.600	WVK	1.600
	1.600		1.600

S	Schlussbilanzkonto		H
WEK	120.700		.
	.		.
	.		.

Beide in der Praxis angewendeten Methoden (Brutto- und Nettomethode) führen zum **gleichen Periodenerfolg**. Sie unterscheiden sich allerdings in ihrem **Informationsgehalt**. Während bei der Nettomethode nur der Rohgewinn bzw. der Rohverlust in das GuV-Konto übertragen wird, werden bei der Bruttomethode die beiden Komponenten des Rohergebnisses, nämlich die Umsatzerlöse und der Wareneinsatz, im GuV-Konto ausgewiesen. Die Bruttomethode bietet somit im GuV-Konto einen besseren Einblick in das Zustandekommen des Rohgewinns bzw. Rohverlusts.

Allerdings unterscheidet sich die praktische Vorgehensweise meist von der hier dargestellten dadurch, dass in der Buchführung zahlreiche verschiedene Wareneinkaufs- und Warenverkaufskonten eingerichtet werden. Damit wird es dem Betrieb ermöglicht, den Warenumsatz nach Produktgruppen, Kundenbereichen, Absatzgebieten, Bezugsquellen oder Ähnlichem aufzuspalten und somit den Informationswert der Buchführung für Dispositionszwecke erheblich zu steigern. Um aber die grundsätzliche Verfahrenstechnik darzustellen, reicht es völlig aus, wenn auch im Folgenden jeweils nur ein Wareneinkaufs- und Warenverkaufskonto verwendet wird.

Das zweite Verfahren der Ermittlung des am Abschlussstichtag noch vorhandenen Warenbestands, das **inventurunabhängige Buchungsverfahren**, muss noch dargestellt werden.

Wird bei jedem Warenverkauf der Abgang aus dem Warenlager, bewertet zu den Einstandspreisen der verkauften Waren, im Haben des aktivischen **Wareneinkaufskontos** gebucht und der Betrag in das Soll des Aufwandskontos **„Wareneinsatz"** übertragen, so lautet der **Buchungssatz**:

Wareneinsatzkonto an Wareneinkaufskonto

Damit stellt der Soll-Saldo des Wareneinkaufskontos am Abschlussstichtag den rechnerischen Warenendbestand (zu Einstandspreisen) dar. Er lässt sich ohne Inventur ermitteln. Nach Abstimmung mit dem bei der Inventur ermittelten Warenbestand zum Abschlussstichtag überträgt man diesen Saldo wie bei jedem aktiven Bestandskonto in das Soll des Schlussbilanzkontos.

Für den Abschluss des **Wareneinsatzkontos**, einem Aufwandskonto, gibt es auch in diesem Fall die bereits bekannten Möglichkeiten. Man schließt das Konto durch die Übertragung des Saldos entweder in das GuV-Konto **(Bruttomethode)** oder in das Warenverkaufskonto **(Nettomethode)** ab. Der Saldo des Warenverkaufskontos wird in jedem Fall auf die Haben-Seite des GuV-Kontos übertragen.

Wendet man das inventurunabhängige Buchungsverfahren im obigen Beispiel an, so ergeben sich im Falle der **Bruttomethode** die folgenden Buchungen.

BEISPIEL: Inventurunabhängiges Buchungsverfahren (Buchung nach der Bruttomethode)

Buchungssätze (Wareneinkauf, Warenverkauf):

(1) Wareneinkaufskonto	8.300	an	Lieferantenverbindlichkeiten	8.300
(2) Wareneinsatzkonto	8.300	an	Wareneinkaufskonto	8.300
(3) Kundenforderungen	9.900	an	Warenverkaufskonto	9.900

Buchungssätze (Abschluss nach der Bruttomethode):

Schlussbilanzkonto	120.700	an	Wareneinkaufskonto	120.700
GuV-Konto	8.300	an	Wareneinsatzkonto	8.300
Warenverkaufskonto	9.900	an	GuV-Konto	9.900

Kontenbild:

S	Kundenforderungen		H
AB	17.350		
(3)	9.900		

S	Lieferantenverbindlichkeiten		H
		AB	57.630
		(1)	8.300

(Auf den Abschluss der beiden Konten wird hier, wie auf S. 90, verzichtet.)

S	Wareneinkaufskonto		H
AB	120.700	(2)	8.300
(1)	8.300	SB	120.700
	129.000		129.000

S	Warenverkaufskonto		H
GuV	9.900	(3)	9.900
	9.900		9.900

S	Wareneinsatzkonto		H
(2)	8.300	GuV	8.300
	8.300		8.300

S	GuV-Konto		H
Wareneinsatz	8.300	(2) WVK	9.900
Rohgewinn	1.600		
	9.900		9.900

S	Schlussbilanzkonto		H
WEK	120.700		.
	.		.
	.		.

Auf die kontenmäßige Darstellung der **Nettomethode** wird hier verzichtet. In diesem Fall ist der Saldo des Wareneinsatzkontos auf die Soll-Seite des Warenverkaufskontos zu übertragen. Der Haben-Saldo des Warenverkaufskontos (Rohgewinn) in Höhe von 1.600 EUR wird anschließend auf die Haben-Seite des GuV-Kontos übertragen.

Das inventurunabhängige Buchungsverfahren hat den Vorteil, dass man bei seiner Anwendung während des Geschäftsjahres laufend über die Höhe des Warenbestands **(Lagerdisposition)** und über den Erfolg des Warenverkehrs **(Erfolgskontrolle)** informiert ist. Im Übrigen kann man nur mit diesem Verfahren die Verminderung des Warenbestandes durch Verderb oder Diebstahl feststellen.

2.4.1.1.2 Bezugsaufwendungen

Mit der Anschaffung von Vermögensgegenständen ist häufig eine Reihe zusätzlicher Ausgaben verbunden, die die Einstandspreise der Unternehmung erhöhen, z. B. Frachten, Zölle, Transportversicherungen, Verpackungsspesen, Provisionen oder auch Montagekosten (beispielsweise bei Maschinen). Trägt der Lieferant vertragsgemäß diese zusätzlichen Ausgaben, so sind sie mit der Bezahlung der jeweils ausgehandelten Kaufpreise abgegolten. Sind solche zusätzlichen Ausgaben dagegen vom Käufer zu übernehmen, so entstehen diesem über die Einkaufspreise hinaus weitere Belastungen, die man als **Bezugsaufwand (Beschaffungsaufwand, Anschaffungsnebenkosten)** bezeichnet.

Anschaffungsnebenkosten sind grundsätzlich **aktivierungspflichtig** (vgl. § 255 Abs. 1 Satz 2 HGB). Daraus folgt, dass auch in der Buchführung Wareneinkäufe stets zum gesamten Einstandspreis (= mit dem Verkäufer vereinbarter Kaufpreis zzgl. der Bezugsaufwendungen des

Käufers) zu erfassen und weiterzuverrechnen sind. (§ 255 Abs. 1 HGB: „Anschaffungskosten sind die Aufwendungen, die geleistet werden, um einen Vermögensgegenstand zu erwerben und ihn in einen betriebsbereiten Zustand zu versetzen, soweit sie dem Vermögensgegenstand einzeln zugeordnet werden können. Zu den Anschaffungskosten gehören auch die Nebenkosten sowie die nachträglichen Anschaffungskosten. Anschaffungspreisminderungen, die dem Vermögensgegenstand einzeln zugeordnet werden können, sind abzusetzen.")

BEISPIEL: Die Textilgroßhandlung Jakob Pelz beschafft sich in Übersee eine Reihe von Modellkleidern für die kommende Sommersaison. Zum reinen Einkaufspreis (umgerechnet 58.000 EUR) kommen Ausgaben für den Überlandtransport (980 EUR), für Luftfrachtgebühren (1.920 EUR) und für die Transportversicherung (400 EUR) hinzu. Der Lieferant tritt für diese Kosten in Vorlage. Es wird ein Zahlungsziel von 30 Tagen vereinbart. Nach 30 Tagen wird der ausstehende Gesamtbetrag vom Kontokorrentkonto an den Lieferanten überwiesen.

Buchungssatz: bei Lieferung und anschließender Zahlung

Wareneinkaufskonto	61.300	an	Lieferantenverbindlichkeiten	61.300
Lieferantenverbindlichkeiten	61.300	an	Kontokorrentkonto	61.300

Die Bezugsaufwendungen wirken sich bei dieser Vorgehensweise entsprechend § 255 Abs. 1 Satz 1 und Satz 2 HGB unmittelbar auf den Wertansatz der gekauften Waren aus.

Ist man allerdings an Informationen über die Höhe und die Zusammensetzung der Anschaffungsnebenkosten interessiert, so empfiehlt es sich, diese Beträge in Vorkonten (Unterkonten) des Wareneinkaufskontos gesondert zu erfassen („Bezugsaufwendungen") und die Salden dieser Vorkonten erst im Rahmen der vorbereitenden Abschlussbuchungen auf das Wareneinkaufskonto zu überwälzen[19].

Buchungssatz: bei Lieferung und anschließender Zahlung

Wareneinkaufskonto	58.000	|	Lieferantenverbindlichkeiten	61.300
Bezugsaufwendungen	3.300			
Lieferantenverbindlichkeiten	61.300	an	Kontokorrentkonto	61.300

Buchungssatz: im Rahmen der vorbereitenden Abschlussbuchungen

Wareneinkaufskonto	3.300	an	Bezugsaufwendungen	3.300

2.4.1.1.3 Preisnachlässe und Preisabzüge

(1) Rabatte

Während sich der Wertansatz gekaufter Vermögensgegenstände durch Bezugsaufwendungen erhöht, vermindert er sich durch Rabatte (ital.: Abschläge). Unter dem Begriff „Rabatt" subsumiert man gewöhnlich eine ganze Reihe von Preisnachlässen unterschiedlichster Art. Im Folgenden sollen hierunter allerdings nur solche Einstandspreisminderungen verstanden werden, die dem Käufer **unmittelbar** beim Erwerb der Ware gewährt werden. Auch im Falle dieser ein-

19 Vgl. hierzu *Eisele, Wolfgang/Knobloch, Alois Paul:* Technik des betrieblichen Rechnungswesens, 8. Aufl., München 2011, S. 136.

schränkenden Definition verbleiben noch zahlreiche verschiedene Möglichkeiten zur Berechnung und – vor allem – zur Begründung von Rabatten. Meist werden sie als Mengen- oder als Treuerabatte gewährt, aber auch Personalrabatte und Wiederverkäuferrabatte werden eingeräumt.

Rabatte können entweder in absoluten Beträgen oder in Prozentsätzen vom mengenmäßigen Absatz oder wertmäßigen Umsatz, gestaffelt oder ungestaffelt, ausgedrückt werden.

Bei der Buchung des Warenumsatzes bereiten Preisnachlässe keine Probleme, da hier stets die Einstandspreise (Anschaffungskosten) relevant sind (vgl. auch § 255 Abs. 1 Satz 3 HGB).

BEISPIEL: Die Kleiderfabrik „Filou" gewährt auf die Artikel ihrer Kollektion modischer Herren-Haushaltsschürzen mit einem Grundpreis von 20 [EUR/ME] folgende Mengenrabatte pro Bestellung:

Stückzahl [ME]	0–50	51–70	71–90	91–100	101 u. mehr
Rabattsatz [% des Grundpreises]	0	5	10	15	20

Die Textilgroßhandlung Jakob Pelz kauft 110 Einheiten. Es wird ein Zahlungsziel von 30 Tagen vereinbart. Die Rechnung hat folgendes Aussehen:

	Menge x Einkaufspreis	110 [ME]	× 20 [EUR/ME]	=	2.200 EUR
./.	20 % Rabatt	2.200 [EUR]	× 0,2	=	440 EUR
					1.760 EUR

Buchungssatz: bei Lieferung und anschließender Zahlung

Wareneinkaufskonto	1.760	an	Lieferantenverbindlichkeiten	1.760
Lieferantenverbindlichkeiten	1.760	an	Kontokorrentkonto	1.760

Man sieht: Bei der Textilgroßhandlung Jakob Pelz wird der Rechnungsbetrag nach Abzug des Rabatts gebucht. Der Rabatt selbst wird nicht gesondert gebucht. Aus der Sicht des Verkäufers (also der Kleiderfabrik „Filou") werden ebenfalls nur die 1.760 EUR im Haben des Warenverkaufskontos gebucht. Bei ihm ist der gewährte Rabatt also als Minderung des Umsatzerlöses zu berücksichtigen und wird ebenfalls nicht gesondert gebucht.

(2) Boni

Nachträglich gewährte bzw. erhaltene Abschläge auf Kaufpreise bezeichnet man als **Gutschriften** oder **Boni.** Sie werden i. d. R. erst am Ende eines Geschäftsjahres (oder z. B. alle sechs Monate) berechnet und gebucht. Grundlage der Ermittlung ist dabei meist ein (erreichter bzw. überschrittener) Gesamtumsatz mit dem einzelnen Kunden (bzw. Lieferanten) im betreffenden Zeitraum (Umsatzbonus) und/oder die Bedeutung der bestehenden Geschäftsverbindung (Treuebonus).

Wie Rabatte sind auch Boni als **Minderungen der Wareneinstandspreise** anzusehen. Ein Unterschied besteht jedoch darin, dass bei ihnen im Moment der Buchung von Warenein- und Warenausgängen noch nicht feststeht, ob und vor allem in welcher Höhe im Nachhinein (z. B. am Periodenende) ein Bonus gewährt wird (bzw. zu gewähren ist). Denn erstens können die relevanten Umsatzdaten, da die dem Bonus zugrunde liegende Periode noch nicht abgelaufen ist, noch nicht ermittelt werden, und zweitens ist es üblicherweise in das Ermessen des Verkäufers gestellt, über die Gewährung und über die Beträge der Boni zu befinden.

Preisabschläge dieser Art können daher zwangsläufig erst nachträglich – mittels gesonderter Buchungssätze – erfasst und als Korrekturen auf die entsprechenden Warenkonten gebucht werden.

BEISPIEL:

► Vom Lieferanten gewährte Boni **(Lieferantenboni)**

Die Kleiderfabrik „Filou" gewährt Jakob Pelz am Ende ihres Geschäftsjahres einen Bonus von 2 % auf den Umsatz (58.000 EUR). Den Betrag (2 % von 58.000 EUR = 1.160 EUR) verrechnet sie mit ihren ausstehenden Forderungen gegenüber dem Textilgroßhändler.

Buchungssatz (aus der Sicht von Jakob Pelz):

Lieferantenverbindlichkeiten	1.160	an	Wareneinkaufskonto	1.160

► An Kunden gewährte Boni **(Kundenboni)**

Auch die Handelsunternehmung Jakob Pelz vergibt ihrerseits an die langjährige Stammkundschaft einen Treuebonus in Höhe von 3 % auf die Umsatzsumme des betroffenen Abnehmerkreises (362.000 EUR; 3 % von 362.000 EUR = 10.860 EUR). 4.860 EUR verrechnet man mit noch offenen Kundenforderungen, der Rest wird den Kunden vom Kontokorrentkonto überwiesen.

Buchungssatz (aus der Sicht von Jakob Pelz):

Warenverkaufskonto	10.860	Kundenforderungen	4.860
		Kontokorrentkonto	6.000

In der Praxis werden zuweilen Lieferantenboni als „Bonusertrag" und Kundenboni als „Bonusaufwand" gebucht. Dieses Verfahren ist unter theoretischen Gesichtspunkten abzulehnen, da es sich bei solchen Gutschriften grundsätzlich nicht um besondere Aufwands- und Ertragsarten, sondern um Richtigstellungen früherer Wertbewegungen auf den Warenkonten handelt.

Anders ist es dagegen, wenn Boni ganz oder teilweise auf Umsätze vorangegangener Geschäftsjahre gewährt werden. Im Interesse einer **periodenrichtigen Erfolgsabgrenzung** müssten in diesen Fällen die Wertansätze in den Warenkonten aller Abrechnungsjahre korrigiert werden, in denen Umsätze erfolgt sind, die der Bonusberechnung zugrunde liegen. Gewährt beispielsweise ein Lieferant einen Treuebonus ausschließlich auf den Vorjahresumsatz, so wäre es falsch, wenn der begünstigte Betrieb daraufhin eine Haben-Buchung im Wareneinkaufskonto der laufenden Periode vornehmen würde. In der Regel kann er aber auch nicht mehr das Wareneinkaufskonto des letzten Jahres „entlasten", da der Jahresabschluss bereits erstellt und somit auch dieses Konto schon abgeschlossen ist. Unter diesen Gegebenheiten sind Lieferantenboni in der laufenden Buchführung als periodenfremde oder als sonstige betriebliche Erträge, Kundenboni entsprechend als periodenfremde oder als sonstige betriebliche Aufwendungen zu buchen. Damit zeigt man an, dass die Ursache ihrer Entstehung in einem anderen, also nicht im laufenden Abrechnungszeitraum liegt.

BEISPIEL: Werden die oben dargestellten Geschäftsvorfälle so aufgefasst, dass die Boni jeweils auf Vorjahresumsätze berechnet sind, dann lauten die Buchungssätze für

► **Lieferantenboni**

Lieferantenverbindlichkeiten	1.160	an	Periodenfremde Erträge (oder: Sonstige betriebliche Erträge)	1.160

► **Kundenboni**

Periodenfremde Aufwendungen (oder: Sonstige betriebliche Aufwendungen)	10.860	Kundenforderungen	4.860
		Kontokorrentkonto	6.000

(3) Skonti

Im Gegensatz zu den Boni stellen Preisnachlässe in Form von Skonti regelmäßig eine eigene Erfolgskategorie dar. Ein **Skonto** (ital.: Abzug) ist eine prozentuale Minderung des Rechnungsbetrags, die der belieferte Kunde allerdings nur dann abziehen darf, wenn er den Restbetrag innerhalb einer bestimmten Frist ab Rechnungsstellung bezahlt. Für den Käufer ist insofern ein Anreiz gegeben, die Rechnung relativ schnell zu begleichen und damit das vom Verkäufer eingeräumte Zahlungsziel – wenn überhaupt – nur für eine vergleichsweise kurze Zeitspanne in Anspruch zu nehmen. Das Skonto kann als Entgelt für die Gewährung von Lieferantenkrediten interpretiert werden.

Auch bei der Einräumung von Skonti werden Warenaus- und -eingänge zunächst mit dem vollen Rechnungsbetrag gebucht, da zum Lieferzeitpunkt noch nicht feststeht, ob und in welchem Umfang von der Möglichkeit des Skontoabzugs Gebrauch gemacht wird. Erfolgt wegen nicht rechtzeitiger Bezahlung kein Skontoabzug, so sind keine weiteren skontobedingten Buchungen notwendig.

Zahlt dagegen der Käufer innerhalb der vereinbarten Frist an den Lieferanten, nimmt er also das mögliche Zahlungsziel nicht in Anspruch, so entsteht beim **Käufer** eine Minderung des zu zahlenden Betrags um das **Lieferantenskonto**.

Beim Verkäufer ist der bereits im Warenverkaufskonto erfasste Bruttobetrag zu hoch, da die Kreditgewährung durch Einräumung des Zahlungsziels nicht in Anspruch genommen wurde. Bei ihm ergibt sich somit eine Minderung des zufließenden Betrags um das **Kundenskonto**.

BEISPIEL: Skontobuchungen

► **Lieferantenskonti (Sicht des Käufers)**

Jakob Pelz kauft bei „Filou" T-Shirts zum Gesamtpreis von 15.000 EUR. Es wird ein Zahlungsziel von 30 Tagen vereinbart. Bei einer Zahlung binnen 10 Tagen kann Jakob Pelz 2 % Skonto abziehen.

Buchungssätze:

– **bei Lieferung:**

Wareneinkaufskonto	15.000	an	Lieferantenverbindlichkeiten	15.000

– **bei Zahlung:**

1. Jakob Pelz zahlt 30 Tage später durch Überweisung vom Kontokorrentkonto.

Lieferantenverbindlichkeiten	15.000	an	Kontokorrentkonto	15.000

2. Jakob Pelz nutzt die Möglichkeit zum Skontoabzug und zahlt innerhalb von 10 Tagen durch Überweisung vom Kontokorrentkonto.

Lieferantenverbindlichkeiten	15.000	Kontokorrentkonto	14.700
		Wareneinkaufskonto	300

Die Buchung von 300 EUR im Haben des Wareneinkaufskontos trägt der Forderung des § 255 Abs. 1 Satz 3 HGB Rechnung, wonach Anschaffungspreisminderungen bei der Ermittlung der Anschaffungskosten abzusetzen sind.

Um einen Überblick über die gesamten während eines Geschäftsjahres aufgrund rechtzeitiger Bezahlung der Eingangsrechnungen „ersparten" Zahlungsausgänge zu erhalten, erfasst man in der Praxis den Skontobetrag im Falle des Lieferantenskontos zunächst in einem eigenen Konto „Skontoerträge".

Buchungssatz:

Lieferantenverbindlichkeiten	15.000	Kontokorrentkonto	14.700
		Skontoerträge	300

Dabei ist allerdings zu beachten, dass das Konto „Skontoerträge" nur ein zur Erfassung der Skontoersparnisse eingerichtetes Sammelkonto, in keinem Fall jedoch ein am Jahresende im Rahmen der vorbereitenden Abschlussbuchungen auf das GuV-Konto abzuschließendes Ertragskonto darstellt; ein Ausweis als Ertragsbestandteil widerspräche der Vorschrift des § 255 Abs. 1 Satz 3 HGB, wonach Anschaffungspreisminderungen bei der Ermittlung der Anschaffungskosten abzusetzen sind. Deswegen ist das ausschließlich zur Information des Kaufmanns geführte Konto „Skontoerträge" am Ende des Geschäftsjahres (eventuell auch eines jeden Monats) auf das Wareneinkaufskonto abzuschließen, wodurch der Periodengewinn bei gegebenen Umsatzerlösen eines Geschäftsjahres wegen des dann entsprechend niedrigeren Wareneinsatzes ebenfalls um den Skontoertrag erhöht wird.

Buchungssatz:

Skontoerträge	300	an	Wareneinkaufskonto	300

Exkurs:

Beim Kauf von langfristig genutzten Vermögensgegenständen (Vermögensgegenständen des Anlagevermögens) ist die Vorschrift des § 255 Abs. 1 Satz 3 HGB ebenfalls zu berücksichtigen, so dass für unser Beispiel zu buchen ist

- **bei Lieferung:**

Anlagevermögenskonto	15.000	an	Lieferantenverbindlichkeiten	15.000

- **bei Bezahlung unter Skontoabzug:**

Lieferantenverbindlichkeiten	15.000	Kontokorrentkonto	14.700
		Anlagevermögenskonto	300

► **Kundenskonti (Sicht des Verkäufers)**

Ein Kunde von Jakob Pelz kauft verschiedene Textilien für sein Angebotssortiment im kommenden Sommer. Jakob Pelz gewährt auf den Kaufpreis von insgesamt 4.500 EUR 30 Tage Zahlungsfrist bzw. 2 % Skontoabzug, wenn die Rechnung vor Ablauf von 10 Tagen beglichen wird.

Buchungssätze

► **bei Lieferung:**

Kundenforderungen	4.500	an	Warenverkaufskonto	4.500

► **bei Zahlung:**

1. Der Kunde befindet sich momentan in einem Liquiditätsengpass und überweist den Betrag erst nach 30 Tagen.

Kontokorrentkonto	4.500	an	Kundenforderungen	4.500

2. Der Kunde zahlt bereits nach einer Woche.

Kontokorrentkonto	4.410	Kundenforderungen	4.500
Warenverkaufskonto	90		

Da den Kaufmann aber interessiert, welche Beträge er nicht erhalten hat, weil Kunden von der ihnen eingeräumten Möglichkeit des Skontoabzugs Gebrauch gemacht haben, werden in der Praxis üblicherweise die nicht zugegangenen Skontobeträge im Falle des Kundenskontos in dem Sammelkonto „Skontoaufwendungen" erfasst.

Kontokorrentkonto	4.410	Kundenforderungen	4.500
Skontoaufwendungen	90		

Auch der Verkäufer darf allerdings das Konto „Skontoaufwendungen" am Jahresende nicht im Rahmen der vorbereitenden Abschlussbuchungen auf das GuV-Konto abschließen und auf diese Weise den Erfolg des Geschäftsjahres um den Skontoaufwand vermindern. Zumindest Kapitalgesellschaften haben entsprechend § 277 Abs. 1 HGB bei der Ermittlung der Umsatzerlöse die Erlösschmälerungen abzuziehen. Dies geschieht durch den Abschluss des Kontos „Skontoaufwendungen" am Jahresende (eventuell auch am Ende eines jeden Monats) auf das Warenverkaufskonto, wodurch der Periodengewinn bei gegebenem Wareneinsatz eines Geschäftsjahres wegen des dann entsprechend niedrigeren Saldos des Warenverkaufskontos ebenfalls um die Skontoaufwendungen vermindert wird.

Buchungssatz:

Warenverkaufskonto	90	an	Skontoaufwendungen	90

2.4.1.1.4 Warenretouren

Werden Waren – aus welchen Gründen auch immer – an den Verkäufer zurückgegeben, so wird ein Teil des zeitlich zurückliegenden Verkaufsvorgangs rückgängig gemacht. Entsprechend sind auch die Daten der Buchführung zu aktualisieren.

Sendet ein Kunde bereits erhaltene Waren zurück **(Kundenretoure)**, so ist das für den Verkäufer kein Einkauf. Demzufolge darf vom Verkäufer auch keine Buchung auf der Soll-Seite des Wareneinkaufskontos zu Einstandspreisen vorgenommen werden. Vielmehr handelt es sich bei diesem Warenzugang um eine Korrektur seiner Warenverkäufe, die bei der Auslieferung auf der Haben-Seite des Warenverkaufskontos – zu Verkaufspreisen – erfasst wurden. Die Korrektur erfolgt also durch die Buchung der zurückgekommenen Waren auf der Soll-Seite des Warenverkaufskontos, bewertet zu Verkaufspreisen.

Analog hat der soeben genannte Verkäufer bei einer sich anschließenden Rückgabe der Waren an seinen Lieferanten **(Lieferantenretoure)** zu verfahren. Hierdurch wird aus seiner Sicht ein vorangegangener und bereits auf dem Wareneinkaufskonto auf der Soll-Seite zu Einstandspreisen gebuchter Warenerwerb revidiert. Dementsprechend erfolgt bei ihm die Buchung des Warenausgangs an seinen Lieferanten zu Einstandspreisen auf der Haben-Seite des Wareneinkaufskontos.

BEISPIEL:

► **Kundenretoure**

Wenige Tage nach Erhalt der Ware und noch vor Bezahlung des Kaufpreises fällt einem Kunden der Textilgroßhandlung Jakob Pelz auf, dass es sich bei einem der gekauften Orientteppiche um ein billiges Industriefabrikat handelt. Er bringt den Teppich zurück. Der Teppich (Verkaufspreis 1.980 EUR) wird anstandslos zurückgenommen.

Buchungssatz:

Warenverkaufskonto	1.980	an	Kundenforderungen	1.980

Hätte der Kunde bei der Bezahlung von der Möglichkeit eines Skontoabzugs in Höhe von 2 % (1.980 EUR x 0,02 = 39,60 EUR) Gebrauch gemacht und wäre dies unmittelbar im Soll des Warenverkaufskontos gebucht worden, so ergäben sich bei der Rückerstattung des erhaltenen Betrags in bar die folgenden **Buchungssätze**, vorausgesetzt Verkauf und Retoure erfolgen in der gleichen Abrechnungsperiode:

Warenverkaufskonto	1.940,40	an	Sonstige Verbindlichkeiten	1.940,40
Sonstige Verbindlichkeiten	1.940,40	an	Kasse	1.940,40

Wurde dagegen der nicht eingegangene Skontobetrag bei Bezahlung der Rechnung durch den Kunden im Konto „Skontoaufwendungen" gebucht, so muss dieses Konto berichtigt werden. Es kommt dann zu folgenden **Buchungssätzen**:

Warenverkaufskonto	1.980		Sonstige Verbindlichkeiten	1.940,40
			Skontoaufwendungen	39,60
Sonstige Verbindlichkeiten	1.940,40	an	Kasse	1.940,40

Die Erfassung der Rückzahlungsverpflichtung wie das Erlöschen der Verpflichtung durch Rückerstattung des erhaltenen Betrags könnte auch im Konto „Kundenforderungen" erfolgen. Dieses Konto hätte dann den Charakter eines Kontokorrentkontos.

Sollte allerdings nach der Rückgabe mit der Rückzahlung bis zum folgenden Geschäftsjahr gewartet werden, so erfolgt der Bilanzausweis der Rückzahlungsverpflichtung in jedem Fall in der Passivposition „Sonstige Verbindlichkeiten", auch wenn sie im Konto „Kundenforderungen" erfasst wurde.

► **Lieferantenretoure**

Die Unternehmung Jakob Pelz reklamiert ihrerseits den Orientteppich sofort beim Lieferanten und schickt den Teppich (Einstandspreis 1.660 EUR) an ihn zurück; der Kaufpreis wurde bereits bezahlt.

Buchungssatz:

Sonstige Forderungen (Sonstige Vermögensgegenstände)	1.660	an	Wareneinkaufskonto	1.660

Auch hier könnte der Rückerstattungsanspruch im Konto „Lieferantenverbindlichkeiten" erfasst werden, das dann den Charakter eines Kontokorrentkontos hätte.

Steht der Rückzahlungsanspruch am Jahresende noch aus, so erfolgt der Bilanzausweis in der Aktivposition „Sonstige Forderungen" bzw. „Sonstige Vermögensgegenstände", auch wenn er im Konto „Lieferantenverbindlichkeiten" erfasst wurde.

Hätte Jakob Pelz seinerseits von der Möglichkeit der Skontoinanspruchnahme (2 %) Gebrauch gemacht und wäre der Skontobetrag von 33,20 EUR bei Bezahlung direkt im Konto „Wareneinkauf" gebucht worden, so ergäbe sich folgender **Buchungssatz**:

Sonstige Forderungen (Sonstige Vermögensgegenstände)	1.626,80	an	Wareneinkaufskonto	1.626,80

Hätte Jakob Pelz dagegen den nicht eingegangenen Skontobetrag beim Zahlungseingang im Konto „Skontoerträge" erfasst, so lautete der Buchungssatz nun:

Sonstige Forderungen (Sonstige Vermögensgegenstände)	1.626,80	Wareneinkaufskonto	1.660
Skontoerträge	33,20		

2.4.1.1.5 Privatentnahmen durch Eigentümer

Eine **besondere Variante von Verkäufen** liegt vor, wenn die Eigentümer personenbezogener Unternehmungen (Einzelunternehmungen, Personenhandelsgesellschaften) Vermögensgegenstände ihrer Unternehmung zum **privaten Konsum** entnehmen. Man spricht in diesen Fällen von **Privatentnahmen**, wenn der Eigenkapitalgeber zum Ausgleich der Aktivminderung nicht andere gleichwertige Vermögensgegenstände (z. B. Zahlungsmittel) einbringt. Privatentnahmen führen stets zu einer Bilanzverkürzung, da nicht nur der Bestand eines Aktivkontos, sondern auch das Eigenkapital (also ein Passivkonto) verringert wird.

In der Buchführung wird eine private Entnahme von Waren als Verkauf interpretiert und dementsprechend als Ertrag grundsätzlich auf der Haben-Seite des **Warenverkaufskontos** gebucht; dies entspricht im Übrigen auch der umsatzsteuerlichen Behandlung. Da die privat entnommenen Waren hierbei jedoch zu **Einstandspreisen** bewertet werden, handelt es sich um einen **erfolgsneutralen „Verkaufsakt"**. Um diese erfolgsneutralen Warenentnahmen nicht mit den erfolgswirksamen Verkäufen im Warenverkaufskonto zu vermischen, wird in der Praxis für die Privatentnahmen von Waren ein **besonderes Ertragskonto** („Entnahmen durch den Unternehmer" oder „Eigenverbrauch") eingerichtet, in dem der entsprechende Ertrag zu Einstandspreisen (Anschaffungskosten) auf der Haben-Seite gebucht wird. Auch dieses Ertragskonto wird am Jahresende auf das GuV-Konto abgeschlossen.

Eigentlich müsste die Gegenbuchung zur Haben-Buchung im Konto „Entnahmen durch den Unternehmer" oder „Eigenverbrauch" im Soll des Eigenkapitalkontos erfolgen. Um das Eigenkapitalkonto jedoch nicht durch laufende Entnahmen und Einlagen (in Form von Zahlungsmitteln oder von anderen Vermögensgegenständen) zu überlasten, schaltet man ihm – zusätzlich zu den Erfolgskonten – ein weiteres Unterkonto vor: **das Privatkonto**. Bei Unternehmungen mit mehreren Eigentümern sind getrennte Privatkonten einzurichten. Neben diesen „Entnahmen durch den Unternehmer" (gemäß § 3 Abs. 1b Nr. 1 UStG) und den Einlagen gehen über diese Konten alle sonstigen privat bedingten Wertbewegungen, die über die Buchführung der Unternehmung abgerechnet werden (z. B. die Einkommensteuer), und nicht zuletzt auch die Anteile des im GuV-Konto errechneten Jahreserfolges. Letztere können jedoch auch unmittelbar dem Eigenkapitalkonto gutgeschrieben werden, da sie nur einmal pro Jahr errechnet werden und damit die Überschaubarkeit nicht wesentlich beeinträchtigen. Den Saldo des Privatkontos bucht man zum Abschlussstichtag auf das Eigenkapitalkonto um.

ABB. 36: Privatkonto

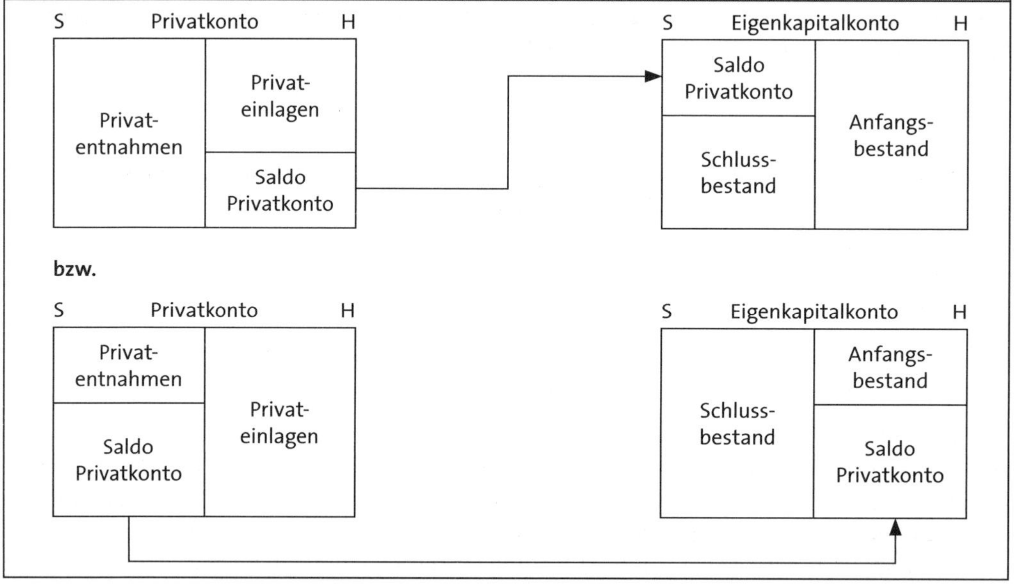

Privatentnahmen werden daher stets nach dem Schema gebucht:

Privatkonto	an	Bestandskonto

bzw. bei privaten Warenentnahmen:

Privatkonto	an	Entnahmen durch den Unternehmer
zu Einstandspreisen (Buchwerten) bewertet		

BEISPIEL: Jakob Pelz erlaubt seiner Tochter, zu ihrem 18. Geburtstag im Warenlager des Betriebes „einzukaufen". Sie sucht sich verschiedene Kleidungsstücke im Verkaufswert von 1.280 EUR (Summe der Einstandspreise: 920 EUR) aus. Die Buchhaltung wurde angewiesen, den Betrag als Entnahme dem Privatkonto des Herrn Jakob Pelz anzulasten.

Buchungssatz:

Privatkonto	920	an	Entnahmen durch den Unternehmer	920

2.4.1.1.6 Zusammenfassung

Vernachlässigt man alle nicht dem Warenumsatz entspringenden Erfolge, so kann die Buchung des Warenverkehrs in *Abb. 37* wie folgt zusammengefasst werden:

ABB. 37: Warenverkehr ohne Mehrwertsteuer

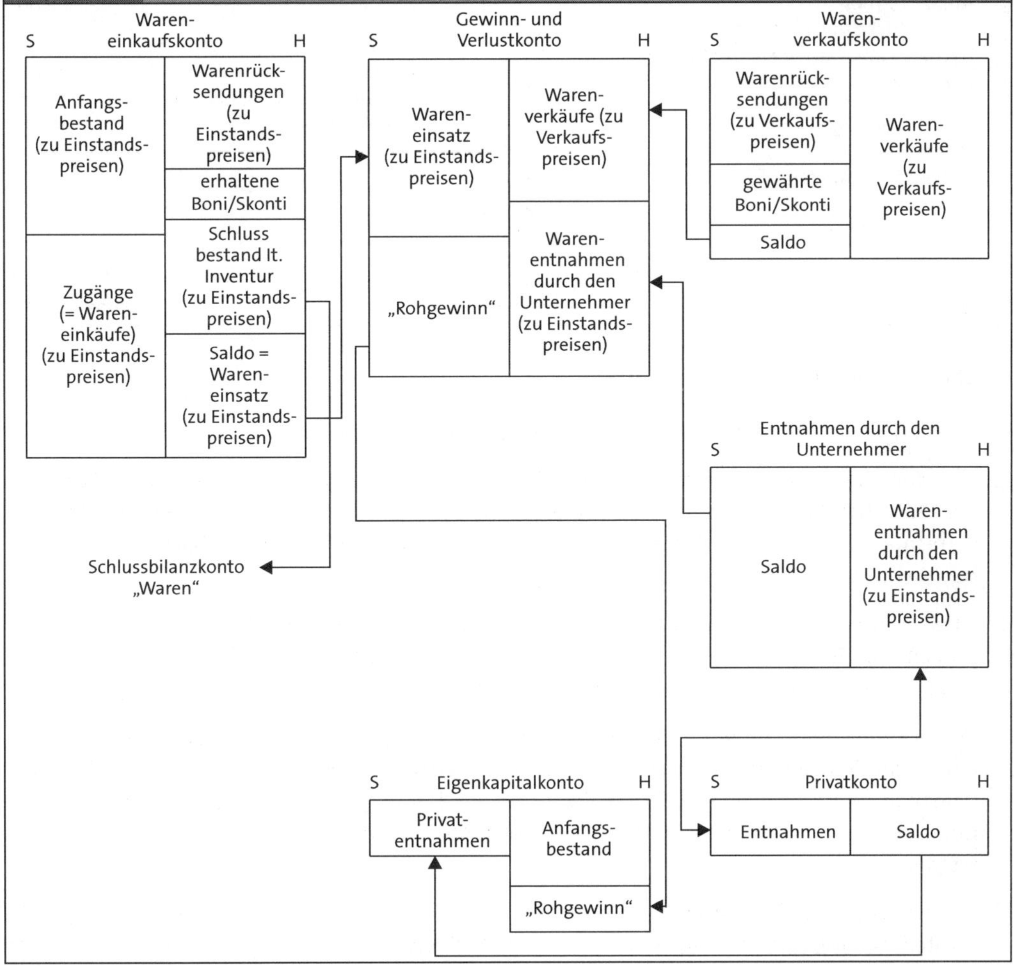

BEISPIEL:

Aktiva	Otto Wurm – Möbelhandlung Bilanz zum 31.12.01		Passiva
	EUR		EUR
I. Anlagevermögen		I. Eigenkapital	690.000
Grundstücke und Gebäude	760.000		
Betriebs- und Geschäftsausstattung	73.650	II. Fremdkapital	
Fuhrpark	44.900	Darlehensschulden	286.000
		Lieferantenverbindlichkeiten	44.230
II. Umlaufvermögen		Schuldwechsel	16.000
Waren	119.970		
Kundenforderungen	372		
Wertpapiere	10.000		
Kontokorrentkonto	24.911		
Kasse	2.427		
	1.036.230		1.036.230

Geschäftsvorfälle im Jahre 02:

Verwenden Sie im Folgenden das inventurabhängige Buchungsverfahren.

1. Ein Möbelhersteller gewährt 1,5 % Treuebonus auf den Vorjahresumsatz (98.000 EUR) mit der Möbelhandlung Wurm. Der Betrag wird mit der noch offenen Lieferantenverbindlichkeit verrechnet. (Der periodenfremde Ertrag soll im Konto „Sonstige betriebliche Erträge" gebucht werden.)

2. Otto Wurm entnimmt einen Ohrensessel (Verkaufspreis: 1.920 EUR) zum persönlichen Gebrauch. Der Sessel wurde zum Preis von 1.400 EUR gekauft; anteilige Kosten für Fracht und Transportversicherung sind in diesem Preis enthalten (32 EUR).

3. Verkauf und Lieferung von Büroeinrichtungsgegenständen an das Finanzamt. Der Buchwert entspricht den Einstandspreisen: 24.060 EUR; der Verkaufspreis beträgt 39.900 EUR. Die Möbelhandlung Wurm gewährt 10 % Rabatt und ein Zahlungsziel von 30 Tagen. Wird der Rechnungsbetrag innerhalb von 10 Tagen beglichen, so können zusätzlich 2 % Skonto abgezogen werden.

4. Beschaffung von Küchenmöbeln für 27.000 EUR. Die mit dem Transport beauftragte Spedition stellt der Möbelhandlung Wurm 1.700 EUR Rollgelder in Rechnung. Die Bezahlung erfolgt ein paar Tage später über das Kontokorrentkonto.

5. Das Finanzamt begleicht seine Verbindlichkeiten aus Geschäftsvorfall Nr. 3 nach zwei Wochen über das Kontokorrentkonto.

6. Schlafzimmereinrichtungen zum Preis von 30.000 EUR werden gekauft und geliefert. Der Hersteller räumt 30 Tage Zahlungsziel und 2 % Skontoabzug ein, falls der Betrag innerhalb der nächsten 10 Tage überwiesen wird. Zusätzlich werden 4 % Rabatt ausgehandelt.

7. Otto Wurm zahlt den Rechnungsbetrag aus Geschäftsvorfall Nr. 6 bereits vier Tage später über das Kontokorrentkonto.

Erstellen Sie die Bilanz zum 31.12.02. Der Wert des Warenbestands zu diesem Zeitpunkt beträgt gemäß Inventur 150.540 EUR. Beim Abschluss der Warenkonten ist die Bruttomethode anzuwenden. Skontoerträge und -aufwendungen sind über eigene Konten zu buchen.

Buchungssätze (ohne Eröffnungsbuchungen):

1.	Lieferantenverbindlichkeiten	1.470	an	Sonstige betriebliche Erträge	1.470
2.	Privatkonto	1.400	an	Entnahmen durch den Unternehmer	1.400
3.	Kundenforderungen	35.910	an	WVK	35.910
4.	a) WEK	28.700	an	Lieferantenverbindlichkeiten	28.700
	b) Lieferantenverbindlichkeiten	28.700	an	Kontokorrentkonto	28.700
5.	Kontokorrentkonto	35.910	an	Kundenforderungen	35.910
6.	WEK	28.800	an	Lieferantenverbindlichkeiten	28.800
7.	Lieferantenverbindlichkeiten	28.800		Kontokorrentkonto	28.224
				Skontoerträge	576

Bestandskonten:

S	Grundstücke und Gebäude		H
AB	760.000	SB	760.000
	760.000		760.000

S	Betriebs- und Geschäftsausstattung		H
AB	73.650	SB	73.650
	73.650		73.650

S	Fuhrpark		H
AB	44.900	SB	44.900
	44.900		44.900

S	Wareneinkaufskonto		H
AB	119.970	Skontoerträge	576
(4a)	28.700	SB	150.540
(6)	28.800	GuV	26.354
	177.470		177.470

S	Skontoerträge		H
WEK	576	(7)	576
	576		576

S	Kundenforderungen		H
AB	372	(5)	35.910
(3)	35.910	SB	372
	36.282		36.282

S	Wertpapiere		H
AB	10.000	SB	10.000
	10.000		10.000

S	Kontokorrentkonto		H
AB	24.911	(4b)	28.700
(5)	35.910	(7)	28.224
		SB	3.897
	60.821		60.821

S	Kasse		H
AB	2.427	SB	2.427
	2.427		2.427

S	Eigenkapitel		H
Privatkonto	1.400	AB	690.000
SB	701.026	Gewinn	12.426
	702.426		702.426

S	Privatkonto		H
(2)	1.400	EK	1.400
	1.400		1.400

S	Darlehensschulden		H
SB	286.000	AB	286.000
	286.000		286.000

S	Lieferantenverbindlichkeiten		H
(1)	1.470	AB	44.230
(4b)	28.700	(4a)	28.700
(7)	28.800	(6)	28.800
SB	42.760		
	101.730		101.730

S	Schuldwechsel		H
SB	16.000	AB	16.000
	16.000		16.000

Erfolgskonten:

S	Warenverkaufskonto		H
GuV	35.910	(3)	35.910
	35.910		35.910

S	Entnahmen durch den Unternehmer		H
GuV	1.400	(2)	1.400
	1.400		1.400

S	Sonstige betriebliche Erträge		H
GuV	1.470	(1)	1.470
	1.470		1.470

Vorbereitende Abschlussbuchungen:

Skontoerträge	576	an	Wareneinkaufskonto	576
Schlussbilanzkonto	150.540	an	Wareneinkaufskonto	150.540
GuV-Konto	26.354	an	Wareneinkaufskonto	26.354
Warenverkaufskonto	35.910	an	GuV-Konto	35.910
Entnahmen durch den Unternehmer	1.400	an	GuV-Konto	1.400
Sonstige betriebliche Erträge	1.470	an	GuV-Konto	1.470

Soll	Gewinn- und Verlustkonto		Haben
Wareneinkaufskonto	26.354	Warenverkaufskonto	35.910
Gewinn	12.426	Entnahmen durch den Unternehmer	1.400
		Sonstige betriebliche Erträge	1.470
	38.780		38.780

GuV-Konto	12.426	an	Eigenkapital	12.426
Eigenkapital	1.400	an	Privatkonto	1.400

Damit ergibt sich folgendes Schlussbilanzkonto:

Soll	**Schlussbilanzkonto**		Haben
Grundstücke und Gebäude	760.000	Eigenkapital	701.026
Betriebs- und Geschäftsausstattung	73.650	Darlehensschulden	286.000
Fuhrpark	44.900	Lieferantenverbindlichkeiten	42.760
Wareneinkaufskonto	150.540	Schuldwechsel	16.000
Kundenforderungen	372		
Wertpapiere	10.000		
Kontokorrentkonto	3.897		
Kasse	2.427		
	1.045.786		1.045.786

Otto Wurm – Möbelhandlung
Bilanz zum 31.12.02

Aktiva	EUR	Passiva	EUR
I. Anlagevermögen		I. Eigenkapital	701.026
Grundstücke und Gebäude	760.000	II. Fremdkapital	
Betriebs- und Geschäftsausstattung	73.650	Darlehensschulden	286.000
Fuhrpark	44.900	Lieferantenverbindlichkeiten	42.760
II. Umlaufvermögen		Schuldwechsel	16.000
Waren	150.540		
Kundenforderungen	372		
Wertpapiere	10.000		
Kontokorrentkonto	3.897		
Kasse	2.427		
	1.045.786		1.045.786

AUFGABE 9

Für die Otto Wurm – Möbelhandlung, die das inventurabhängige Buchungsverfahren anwendet, verläuft das Geschäftsjahr 03 wie folgt:

1. Verkauf und Lieferung von Waren: 31.900 EUR. Der Kunde zahlt 10 Tage später in bar.
2. Die noch ausstehende Kundenforderung aus dem Vorjahr in Höhe von 372 EUR wird in bar beglichen.
3. Der Kunde aus Geschäftsvorfall Nr. 1 reklamiert erhebliche Verarbeitungs- und Materialmängel an einem gelieferten Wohnzimmerschrank. Der Schrank wird wieder zurückgenommen; der bereits gezahlte Kaufpreis (9.960 EUR) wird dem Kunden einige Tage später in bar erstattet.
4. Darlehenszinsen in Höhe von 24.500 EUR sind zu entrichten. Die Bank übernimmt den gesamten Wertpapierbestand der Otto Wurm – Möbelhandlung zum derzeitigen Kurswert (14.000 EUR). Die Restschuld wird aus der Kasse bezahlt.
5. Warenverkauf: 52.300 EUR auf Ziel (30 Tage). Es werden 2 % Skonto bei Zahlung innerhalb der nächsten 10 Tage gewährt. Der Kunde übernimmt den Transport der Waren in eigener Regie. Dadurch entstehen ihm zusätzliche Aufwendungen für Fracht und Transportversicherung in Höhe von 1.630 EUR.

6. Der Kunde aus Geschäftsvorfall Nr. 5 überweist den Rechnungsbetrag schon am darauffolgenden Tag unter Abzug von Skonto auf das Bankkonto der Otto Wurm – Möbelhandlung.
7. Die Otto Wurm – Möbelhandlung kauft Waren zum Preis von 65.600 EUR. Man einigt sich auf 5 % Nachlass auf den Verkaufspreis. Der Hersteller räumt Otto Wurm ein Zahlungsziel von 30 Tagen ein, Skontoabzug ist möglich (2 %) bei Zahlung binnen 10 Tagen.
8. Aus dem Warenbestand entnimmt man einen neuen Beistelltisch der Marke „Snob" (Einkaufspreis: 340 EUR; Verkaufspreis: 480 EUR) für das Büro der Chefsekretärin.
9. Wohn- und Esszimmereinrichtungen im Buchwert von 43.600 EUR werden für 59.900 EUR an einen Kunden verkauft. Wenige Tage später erfolgt die Barzahlung.
10. Die Lieferantenverbindlichkeit aus Geschäftsvorfall Nr. 7 kann erst 30 Tage nach dem Kauf beglichen werden. Otto Wurm zahlt durch Überweisung vom Kontokorrentkonto.
11. Man reduziert die Kassenbestände, indem man den Schuldwechsel (16.000 EUR) einlöst, Lieferantenverbindlichkeiten (22.760 EUR) begleicht und 25.000 EUR auf das Kontokorrentkonto einzahlt.
12. Ein Großkunde, der im laufenden Geschäftsjahr bislang nur 1/10 des durchschnittlichen Umsatzes vorangegangener Jahre erbracht hat, kauft Büroeinrichtungsgegenstände für 13.000 EUR. Ihm werden überaus großzügige Zahlungsbedingungen gewährt: 10 % Rabatt, 60 Tage Zahlungsziel und 3 % Skonto bei Begleichung der Rechnung innerhalb von 15 Tagen.
13. Der Kunde aus Geschäftsvorfall Nr. 12 überweist nach zwei Wochen unter Abzug von Skonto auf das Kontokorrentkonto der Otto Wurm – Möbelhandlung.
14. Dem gleichen Kunden gewährt die Otto Wurm – Möbelhandlung am Ende des Jahres 3 % „Treuebonus" auf den Jahresumsatz (24.500 EUR) in Form einer Gutschrift auf zukünftige Käufe.

Die Inventur am Jahresende ergibt einen Warenbestand im Wert von 111.551 EUR. Erstellen Sie die Schlussbilanz zum 31.12.03! Beim Abschluss der Warenkonten ist die Bruttomethode anzuwenden. Skontoerträge und -aufwendungen sind über eigene Konten zu buchen. Für Bonuserträge und -aufwendungen sind hingegen keine eigenen Konten vorzusehen.

Vergleichen Sie Ihre Lösung mit der auf S. 257 ff. abgedruckten Musterlösung!

2.4.1.2 Die buchhalterische Behandlung der Umsatzsteuer

2.4.1.2.1 Das Umsatzsteuersystem

Der Umsatzsteuer unterliegen

- Lieferungen und sonstige Leistungen, die ein Unternehmer im Inland gegen Entgelt im Rahmen seiner Unternehmung ausführt (vgl. § 1 Abs. 1 Nr. 1 UStG),
- der „Eigenverbrauch" der Unternehmer, also die Entnahme eines Gegenstandes durch einen Unternehmer aus seiner Unternehmung für Zwecke, die außerhalb der Unternehmung liegen (vgl. § 3 Abs. 1b Nr. 1 UStG, siehe dort auch Nr. 2 und Nr. 3, sowie § 3 Nr. 9a UStG),
- die Einfuhr von Gegenständen im Inland oder in den österreichischen Gebieten Jungholz und Mittelberg (Einfuhrumsatzsteuer) (§ 1 Abs. 1 Nr. 4 UStG),

- der innergemeinschaftliche Erwerb im Inland gegen Entgelt (§ 1 Abs. 1 Nr. 5 UStG).

Seit Beginn des Jahres 1968 wird die Umsatzsteuer in der Bundesrepublik Deutschland in Form der **Mehrwertsteuer** berechnet und erhoben. Die exaktere Bezeichnung Allphasen-Nettoumsatzsteuer bringt zum Ausdruck, dass einerseits grundsätzlich alle Unternehmungen jeder Stufe der Produktions- und Handelskette bis hin zum Endverbraucher von dieser Steuer betroffen sind und dass andererseits die Steuerschuld letztlich nicht nach dem Gesamtbetrag des Umsatzes, sondern anhand der **Wertschöpfung** (des „Mehrwertes") der einzelnen Unternehmung bemessen wird. Im Handel ist der Mehrwert demnach die Differenz zwischen Nettoverkaufspreis und Nettoeinstandspreis der Ware (Nettowarenwert).

Technisch wird die Mehrwertsteuer nach folgendem Prinzip ermittelt: Der Umsatz einer Unternehmung vor Steuern (Nettosumme aller Verkäufe) ist mit dem Steuersatz zu multiplizieren. Das Ergebnis bezeichnet man als **Traglast** (Soll-Steuer, Ausgangssteuer). Davon ist die von Lieferanten in Rechnung gestellte **Vorsteuer** abzuziehen. Die Differenz beider Größen bezeichnet man als **Zahllast** der Unternehmung; sie stellt die an das Finanzamt abzuführende Umsatzsteuerschuld dar.

Umsatzsteuerschuld (Zahllast der Unternehmung) = Traglast – Vorsteuer

Da: Nettoverkaufspreis – Nettoeinstandspreis = Wertschöpfung („Mehrwert"), gilt grundsätzlich – d. h. bei einem einheitlichen Steuersatz auf allen Stufen – auch:

Umsatzsteuerschuld (Zahllast der Unternehmung) = Mehrwert x Steuersatz

Das Umsatzsteuergesetz kennt neben dem **allgemeinen Umsatzsteuersatz** des § 12 Abs. 1 UStG in Höhe von 19 % auch einen **ermäßigten Umsatzsteuersatz** (vgl. § 12 Abs. 2 UStG), z. B. für Grundnahrungsmittel, Bücher und Zeitschriften, in Höhe von 7 %. Außerdem sind bestimmte Umsätze (vgl. §§ 4, 4b, 5 UStG) von der Umsatzsteuer **befreit**.

In den folgenden Beispielen sollen die beim Wareneinkauf und beim Warenverkauf notwendigen Umsatzsteuerbuchungen dargestellt werden. Dabei geht es ausschließlich um die Technik der Buchführung in diesem Geschäftsbereich. Diese Technik ist aber völlig unabhängig vom jeweils gültigen allgemeinen und ermäßigten Umsatzsteuersatz. Deswegen wird im Folgenden stets ein **fiktiver Umsatzsteuersatz von 20 %** verwendet.

2.4.1.2.2 Die Buchung auf Umsatzsteuerkonten

Nach § 22 Abs. 1 Satz 1 UStG ist der Unternehmer „verpflichtet, zur Feststellung der Steuer und der Grundlagen ihrer Berechnung Aufzeichnungen zu machen". Diese **Aufzeichnungen** erfolgen **in zwei gesonderten Bestandskonten**, die inhaltlich mit dem Wareneinkaufs- bzw. dem Warenverkaufskonto zusammenhängen (ein aktives und ein passives Bestandskonto).

In der Regel wird die Umsatzsteuer nach **vereinbarten Entgelten** (vgl. § 16 UStG) berechnet; auf Antrag ist in bestimmten Fällen auch die Berechnung nach vereinnahmten Entgelten möglich (vgl. § 20 UStG).

Das **aktive Bestandskonto „Vorsteuer"** nimmt im Soll die dem Unternehmer beim Einkauf von den Lieferanten in Rechnung gestellte Vorsteuer auf. Da die Vorsteuer bei der Ermittlung der Umsatzsteuerschuld abzugsfähig ist, stellt sie eine Forderung an das Finanzamt dar, ist also als ein eigener von der betreffenden Lieferung oder Leistung losgelöster Vermögensgegenstand anzusehen. Sie ist demnach auch nicht als Nebenkosten „zu den Anschaffungs- oder Herstellungskosten des Wirtschaftsguts, auf dessen Anschaffung oder Herstellung (sie) entfällt“, hinzuzuzählen (§ 9b Abs. 1 Satz 1 EStG). Dagegen ist die nach § 15 Abs. 2 und Abs. 3 UStG vom Vorsteuerabzug ausgeschlossene Vorsteuer Teil der Anschaffungskosten.

Die den Kunden des Unternehmers in den Ausgangsrechnungen berechnete Umsatzsteuer ist an das Finanzamt abzuführen und stellt somit eine Verbindlichkeit gegenüber dem Fiskus dar. Sie ist auf dem **passiven Bestandskonto „Umsatzsteuer“** im Haben zu buchen.

Zum Ende des Voranmeldezeitraums ist eine **Verrechnung der beiden Konten „Vorsteuer“ und „Umsatzsteuer“** vorzunehmen; der sich ergebende Saldo stellt gegenüber dem Finanzamt entweder eine Zahllast oder einen Erstattungsanspruch dar. Es sei darauf hingewiesen, dass diese Saldierung dazu führt, dass über das endgültige Umsatzsteueraufkommen des Fiskus aus einer Kette von Lieferungen und Leistungen immer der dem Letztverbraucher in Rechnung gestellte Umsatzsteuersatz entscheidet.

BEISPIEL:

1. Die Otto Wurm – Möbelhandlung bezieht von einem Hersteller im Schwarzwald preiswerte Wohnzimmermöbel aus Fichtenholz. Zum reinen Einkaufspreis von 20.000 EUR kommen 20 % Umsatzsteuer hinzu.

Einkaufspreis	20.000 EUR	
+ 20 % Umsatzsteuer	4.000 EUR	„Vorsteuer“ ↓ Konto: Vorsteuer
= Rechnungsbetrag	24.000 EUR	

Buchungssatz:

Wareneinkaufskonto	20.000	Lieferantenverbindlichkeiten	24.000
Vorsteuer	4.000		

2. Die oben genannte Warenlieferung ist innerhalb eines Tages restlos verkauft. Der Zahlungseingang steht noch aus. In den Rechnungsbeträgen (Gesamtsumme 36.000 EUR) sind jeweils 20 % Umsatzsteuer enthalten.

Verkaufspreis	30.000 EUR	
+ 20 % Umsatzsteuer	6.000 EUR	„Traglast“ ↓ Konto: Umsatzsteuer
= Rechnungsbetrag	36.000 EUR	

Buchungssatz:

Kundenforderungen	36.000	Warenverkaufskonto	30.000
		Umsatzsteuer	6.000

3. Am Ende des Voranmeldezeitraums wird der Soll-Saldo des Vorsteuerkontos in das Konto Umsatzsteuer umgebucht.

Umsatzsteuer	4.000	an	Vorsteuer	4.000

S	Kundenforderungen		H
(2)	36.000		

S	Lieferantenverbindlichkeiten		H
		(1)	24.000

S	Wareneinkaufskonto		H
(1)	20.000		

S	Warenverkaufskonto		H
		(2)	30.000

S	Vorsteuer		H
(1)	4.000	USt	4.000
	4.000		4.000

S	Umsatzsteuer		H
Vorsteuer	4.000	(2)	6.000
Zahllast*	2.000		
	6.000		6.000

* Umsatzsteuer	2.000	an	Kontokorrentkonto bzw. Sonstige Verbindlichkeiten	2.000

Die **„Zahllast“** ergibt sich demnach als Haben-Saldo des Umsatzsteuerkontos (2.000 EUR). Diese Differenz zwischen Traglast und (geringerer) Vorsteuer wird auf das Konto „Sonstige Verbindlichkeiten“ übertragen. Wird die Zahllast aber sofort per Überweisung beglichen, so ist das Gegenkonto das Kontokorrentkonto. Ist allerdings die Vorsteuer größer als die **„Traglast“** (Soll-Saldo des Umsatzsteuerkontos), so entsteht ein Anspruch gegen das Finanzamt, den man auf das Konto „Sonstige Forderungen“ bzw. „Sonstige Vermögensgegenstände“ überträgt. Dieses Konto ist auch das Gegenkonto für die vom Finanzamt zu leistende Zahlung.

Allgemein lassen sich diese Zusammenhänge folgendermaßen darstellen:

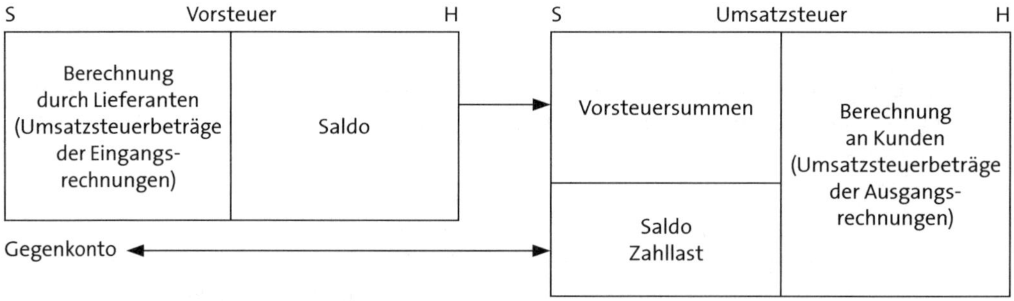

- bei Bezahlung: z. B. Kontokorrentkonto
- am Abschlussstichtag noch ausstehende Zahlung an das Finanzamt: „Sonstige Verbindlichkeiten“

  oder:

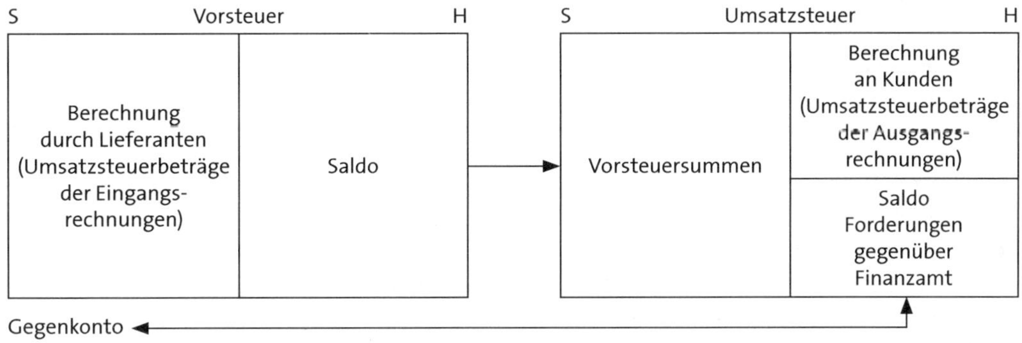

- bei Eingang der Überweisung: z. B. Kontokorrentkonto
- am Abschlussstichtag noch ausstehende Zahlung des Finanzamtes: „Sonstige Forderungen" bzw. „Sonstige Vermögensgegenstände"

2.4.1.2.3 Einzelprobleme der Umsatzsteuerbuchungen

Bezugsaufwendungen und Rabatte werfen bezüglich der Umsatzsteuerbuchung keine besonderen Probleme auf, da die Umsatzsteuerberechnung am Einstandspreis angreift und dementsprechend hier bereits die sofort gewährten Preisnachlässe abgezogen bzw. Bezugsaufwendungen – soweit sie selbst zu tragen sind und umsatzsteuerpflichtige Leistungen darstellen – eingeschlossen sind.

Bei **Lieferanten- und Kundenboni** ist allerdings eine Korrektur der ursprünglich berechneten Vorsteuer bzw. Traglast erforderlich, da sie sich durch den nachträglichen Preisnachlass als zu hoch angesetzt herausstellen.

BEISPIEL:

- **Lieferantenboni**

  Schreinermeister Oswald Hobel gewährt Otto Wurm 5 % Bonus auf Warenkäufe im Nettowert von 100.000 EUR. Den Betrag verrechnet man mit der noch offen stehenden Lieferantenverbindlichkeit.

Buchungssatz:

Lieferantenverbindlichkeiten	6.000		Wareneinkaufskonto	5.000
			Vorsteuer	1.000

- **Kundenboni**

  Otto Wurm vergibt 5 % Bonus auf 150.000 EUR (Netto-)Umsätze mit der Firmenkundschaft. Die Bonuszahlungen erfolgen einige Tage später über das Kontokorrentkonto.

Buchungssatz:

Warenverkaufskonto	7.500		Sonstige Verbindlichkeiten	9.000
Umsatzsteuer	1.500			
Sonstige Verbindlichkeiten	9.000	an	Kontokorrentkonto	9.000

In ähnlicher Weise sind Lieferanten- und Kundenretouren unter Berücksichtigung der Umsatzsteuer zu buchen.

BEISPIEL:

► **Kundenretouren**

Ein Stammkunde sendet noch nicht bezahlte Möbel mit Fabrikationsfehlern an Otto Wurm zurück: 40.000 EUR (netto).

Buchungssatz:

Warenverkaufskonto	40.000	Kundenforderungen	48.000
Umsatzsteuer	8.000		

► **Lieferantenretouren**

Die mangelhafte Ware wird von Otto Wurm sofort an den Hersteller weitergeleitet (Netto-Einstandspreis: 30.000 EUR). Die Waren sind bereits bezahlt.

Buchungssatz:

Sonstige Vermögensgegenstände	36.000	Wareneinkaufskonto	30.000
		Vorsteuer	6.000

Durch die Ausnutzung von **Skontomöglichkeiten** verringert sich der vom Käufer zu tragende Rechnungsbetrag. Entsprechend sinkt auch die daran anknüpfende Umsatzsteuer.

BEISPIEL:

► **Kundenskonti**

Ein Kunde von Otto Wurm begleicht eine offene Rechnung (6.000 EUR inkl. 20 % Umsatzsteuer) unter Abzug von 2 % Skonto in bar.

Buchungssätze:

– **bei Lieferung der Ware:**

Kundenforderungen	6.000	Warenverkaufskonto	5.000
		Umsatzsteuer	1.000

– **bei Bezahlung der Rechnung:**

Kasse	5.880	Kundenforderungen	6.000
Skontoaufwendungen	100		
Umsatzsteuer	20		

(Beachten Sie bitte die später notwendige Verrechnung der „Skontoaufwendungen" mit dem „Warenverkaufskonto"; vgl. Abschnitt 2.4.1.1.3).

Der Kunde zahlt nur 98 % (100 % – 2 % Skonto) der ursprünglichen Forderung:

$$6.000\text{ EUR} \times 0{,}98 = 5.880\text{ EUR.}$$

Die Differenz zwischen Forderungsbetrag und Zahlungseingang ist damit

$$6.000\text{ EUR} - 5.880\text{ EUR} = 120\text{ EUR.}$$

Diese Differenz setzt sich aus zwei Teilbeträgen zusammen:

Warennettowert	5.000 EUR	×	2 %	=	100 EUR
Umsatzsteuer	1.000 EUR	×	2 %	=	20 EUR
					120 EUR

► **Lieferantenskonti**

Otto Wurm kauft Waren für 40.000 EUR (netto). Er zahlt zwei Tage nach Lieferung in bar und nutzt damit die Möglichkeit zum Abzug von 3 % Skonto.

Buchungssätze:

– **bei Lieferung der Ware:**

Wareneinkaufskonto	40.000	Lieferantenverbindlichkeiten	48.000
Vorsteuer	8.000		

– **bei Bezahlung der Rechnung:**

Lieferantenverbindlichkeiten	48.000	Kasse	46.560
		Skontoerträge	1.200
		Vorsteuer	240

(Beachten Sie bitte die später notwendige Verrechnung der „Skontoerträge" mit dem „Wareneinkaufskonto"; vgl. Abschnitt 2.4.1.1.3.)

Privatentnahmen von Waren durch die Eigentümer einer Unternehmung sind nach § 3 Abs. 1b Nr. 1 UStG umsatzsteuerpflichtig. Von Verkäufen an Dritte unterscheiden sie sich allein durch den Wertansatz zu Einstandspreisen. Man könnte auch diese Privatentnahmen im Warenverkaufskonto buchen. Damit würden allerdings die Warenverkäufe an Dritte zu Verkaufspreisen und die Warenentnahmen durch die Eigentümer zu Einstandspreisen in einem Konto vermischt. Deswegen richtet man in der Praxis üblicherweise das Ertragskonto „Entnahmen durch den Unternehmer" ein, auf dem die Privatentnahmen im Haben gebucht werden. Die Gegenbuchung ist im „Privatkonto" vorzunehmen.

BEISPIEL: Otto Wurm entnimmt drei Barhocker (Einkaufswert 150 EUR netto) für den ausschließlich privat genutzten Partyraum seiner Wohnung.

Buchungssatz:

Privatkonto	180	Entnahmen durch den Unternehmer	150
		Umsatzsteuer	30

AUFGABE 10

Elektroeinzelhandel Karl Watt
Bilanz zum 31.12.01

Aktiva	EUR	Passiva	EUR
I. Anlagevermögen		I. Eigenkapital	480.600
Grundstücke und Gebäude	410.000	II. Fremdkapital	
Betriebs- und Geschäftsausstattung	62.141	Darlehensschulden	120.141
II. Umlaufvermögen		Lieferantenverbindlichkeiten	32.650
Waren	109.600		
Kontokorrentkonto	43.450		
Kasse	8.200		
	633.391		633.391

Geschäftsvorfälle:

Der Umsatzsteuersatz beträgt 20 %. Karl Watt verwendet das inventurabhängige Buchungsverfahren.

1. Verkauf von Waren zum Preis von 42.000 EUR (einschließlich 20 % USt). Die Kunden zahlen einige Tage später in bar.
2. Karl Watt entnimmt eine Waschmaschine zum privaten Gebrauch aus dem Warenbestand. Der Einkaufspreis (ohne USt) betrug 650 EUR, der Verkaufspreis (ebenfalls ohne USt) 900 EUR.
3. Lieferantenverbindlichkeiten in Höhe von 17.650 EUR werden aus der Kasse beglichen.
4. Karl Watt kauft zehn Fernsehgeräte à 1.100 EUR (ohne USt). Man gewährt ihm einen Rabatt von 5 % auf den reinen Warenwert. Die Bezahlung erfolgt zwei Wochen nach der Lieferung über das Kontokorrentkonto.
5. Ein Kunde kauft ein Fernsehgerät zum Preis von 2.040 EUR (inkl. USt). Er zahlt einen Tag später 500 EUR in bar an, der Restbetrag soll in mehreren Halbjahresraten bezahlt werden.
6. Eine im Geschäftsvorfall Nr. 1 verkaufte Küchenmaschine (Endverkaufspreis: 540 EUR) ist aufgrund eines Materialfehlers nicht mehr zu gebrauchen. Der Kunde gibt das Gerät zurück und erhält nach einer Überprüfung am nächsten Tag sein Geld wieder.
7. Die Umsatzsteuerschuld (bzw. -forderung) wird vom Kontokorrentkonto an das Finanzamt überwiesen bzw. geht auf dem Kontokorrentkonto ein.

Erstellen Sie die Bilanz zum 31.12.02. Der Wert des Warenlagerbestandes beträgt zu diesem Zeitpunkt 99.150 EUR. Beim Abschluss der Warenkonten ist die Bruttomethode anzuwenden.

Vergleichen Sie Ihre Lösung mit der auf S. 260 ff. abgedruckten Musterlösung!

2.4.2 Die Industriebuchführung

2.4.2.1 Die Besonderheiten bei der Buchführung in Industrieunternehmungen

Industrieunternehmungen weisen hinsichtlich ihrer wirtschaftlichen Tätigkeit Besonderheiten gegenüber Handelsunternehmungen auf. Während Handelsunternehmungen Waren einkaufen und ohne physische Veränderungen wieder verkaufen, sind Industrieunternehmungen in der Produktion, also der Erzeugung von Waren und Gütern durch den Einsatz und die Kombination von Produktionsfaktoren, tätig.

Die bisherigen Ausführungen gelten grundsätzlich auch für Industrieunternehmungen; dies gilt auch für die Behandlung der Bezugsaufwendungen, Preisnachlässe und Preisabzüge, Retouren, Privatentnahmen durch Eigentümer sowie für die Behandlung der Umsatzsteuer (vgl. Abschnitt 2.4.1). Hierauf wird deswegen im Folgenden nicht näher eingegangen. Allerdings müssen aufgrund des Produktionsprozesses von Industrieunternehmungen zwei **Besonderheiten bei der Industriebuchführung** betrachtet werden:

- der Werkstoff- bzw. Materialverbrauch zur Herstellung von fertigen und unfertigen Erzeugnissen (vgl. Abschnitt 2.4.2.2) sowie
- die Bestandsveränderungen bei unfertigen und fertigen Erzeugnissen (vgl. Abschnitt 2.4.2.3).

2.4.2.2 Der Materialverbrauch zur Herstellung von fertigen und unfertigen Erzeugnissen

2.4.2.2.1 Roh-, Hilfs- und Betriebsstoffe

Die Produktion in Industrieunternehmungen ist durch die **Umwandlung der jeweils benötigten Werkstoffe in fertige und unfertige Erzeugnisse** gekennzeichnet. Erst nach der Umwandlung der Werkstoffe in fertige Erzeugnisse erfolgt deren Veräußerung.

Bei den Werkstoffen wird zwischen Roh-, Hilfs- und Betriebsstoffen unterschieden. Während **Rohstoffe** Hauptbestandteile des fertigen Produkts (z. B. Aluminium einer PKW-Karosserie) und **Hilfsstoffe** Nebenbestandteile des fertigen Produkts sind (z. B. Lackierung eines PKWs), die jedoch entweder keine entscheidende Bedeutung für dessen Funktionsfähigkeit haben oder in Bezug auf die gesamten Werkstoffkosten von eher geringer Bedeutung sind, gehen **Betriebsstoffe** nicht als Bestandteil in das Endprodukt ein; sie dienen zur Durchführung der Produktion (z. B. Dieselkraftstoff für ein Antriebsaggregat). Für jede dieser Werkstoffarten wird ein gesondertes aktives Bestandskonto („Rohstoffe“, „Hilfsstoffe“, „Betriebsstoffe“) geführt; die Verbuchung der Zugänge erfolgt im Soll, die der Abgänge im Haben.

2.4.2.2.2 Die Ermittlung des Materialverbrauchs

Die Feststellung des Werkstoff- bzw. Materialverbrauchs kann direkt oder indirekt erfolgen. Bei der **indirekten Methode** (inventurabhängige Methode) werden in den Bestandskonten der betroffenen Werkstoffarten der Anfangsbestand sowie die Zugänge erfasst.

Beim **Zugang** auf Ziel wird gebucht:

	Rohstoffe	Lieferantenverbindlichkeiten
oder	Hilfsstoffe	
oder	Betriebsstoffe	
	Vorsteuer	

Dabei werden üblicherweise für unterschiedliche Rohstoffe auch unterschiedliche Bestandskonten verwendet. Dies gilt auch für unterschiedliche Hilfs- und Betriebsstoffe.

Am Geschäftsjahresende wird der Endbestand durch Inventur (vgl. Abschnitt 2.1) ermittelt. Die Differenz zwischen Anfangsbestand zuzüglich Zugängen einerseits und Endbestand (lt. Inventur) andererseits stellt den Verbrauch in der jeweiligen Werkstoffart dar; er wird jeweils in einem eigenen Aufwandskonto („Rohstoffaufwendungen“, „Hilfsstoffaufwendungen“, „Betriebsstoffaufwendungen“) gebucht. Die Buchung des Materialverbrauchs erfolgt somit nur einmal summarisch am Ende des Geschäftsjahres.

ABB. 38: Abschluss von Werkstoffkonten bei der inventurabhängigen Methode am Beispiel eines Rohstoffkontos

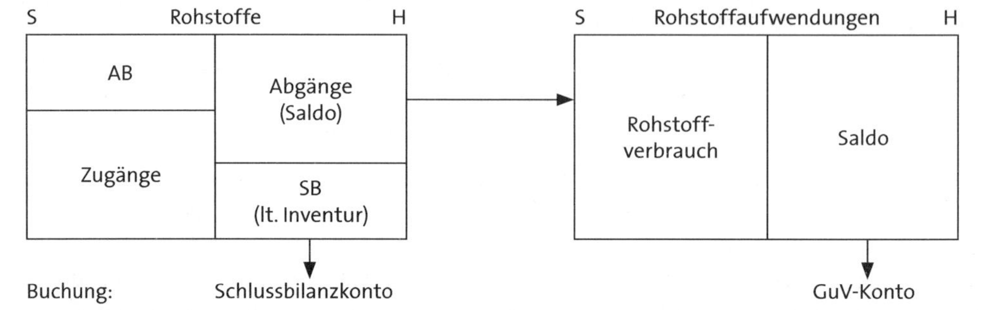

ABB. 39: Indirekte Methode der Ermittlung des Materialverbrauchs

	Anfangsbestand an Werkstoffen (Material)
+	Zugänge an Werkstoffen (Material)
–	Schlussbestand an Werkstoffen (Material)
=	Werkstoff- bzw. Materialverbrauch

Bei der vor allem von größeren Unternehmungen verwendeten **direkten Methode** der Ermittlung des Materialverbrauchs **(inventurunabhängige Methode)** erfolgt direkt bei jeder Entnahme von Material aus dem Materiallager eine Minderung des betroffenen Bestandskontos; der Aufwand wird unter Verwendung von Materialentnahmescheinen als Belege unmittelbar in den dazugehörigen Aufwandskonten gebucht.

Die Buchungen des Materialverbrauchs auf der Grundlage von Materialentnahmescheinen:

Rohstoffaufwendungen	an	Rohstoffe
Hilfsstoffaufwendungen	an	Hilfsstoffe
Betriebsstoffaufwendungen	an	Betriebsstoffe

Auch hier werden für unterschiedliche Roh-, Hilfs- und Betriebsstoffe unterschiedliche Roh-, Hilfs- und Betriebsstoffkonten verwendet.

Der sich innerhalb der Bestandskonten ergebende Saldo aus Anfangsbestand zuzüglich Zugängen und abzüglich Abgängen ist in das Schlussbilanzkonto zu übernehmen. Eventuell auftretende Abweichungen zwischen dem rechnerischen Endbestand und dem maßgeblichen Inventurbestand sind auf den Wert des Inventurbestands zu korrigieren.

ABB. 40: Direkte Methode der Ermittlung des Materialverbrauchs

	Anfangsbestand an Werkstoffen (Material)
+	Zugänge an Werkstoffen (Material)
–	Werkstoff- bzw. Materialverbrauch
=	Schlussbestand an Werkstoffen (Material)

Auch eine Kombination der beiden Verfahren, z. B. die Nutzung des inventurunabhängigen Verfahrens für Roh- und Hilfsstoffe und die Nutzung des inventurabhängigen Verfahrens für Betriebsstoffe, ist möglich.

BEISPIEL: Der Automobil-Zulieferer Ludwig Luxus weist folgende Schlussbilanz zum 31.12.01 auf:

Aktiva	Ludwig Luxus Bilanz zum 31.12.01		Passiva
	EUR		EUR
I. Anlagevermögen	460.000	I. Eigenkapital	505.000
II. Umlaufvermögen		II. Fremdkapital	
Rohstoffe	170.000	Lieferantenverbindlichkeiten	400.000
Hilfsstoffe	95.000		
Betriebsstoffe	40.000		
Kundenforderungen	60.000		
Kontokorrentkonto	80.000		
	905.000		905.000

Geschäftsvorfälle im Jahre 02:

1. Kauf von Rohstoffen im Wert von 50.000 EUR auf Ziel.
2. Kauf von Hilfsstoffen im Wert von 20.000 EUR auf Ziel.
3. Verbrauch von Rohstoffen im Wert von 70.000 EUR.
4. Verbrauch von Hilfsstoffen im Wert von 110.000 EUR.
5. Der Endbestand an Betriebsstoffen beträgt laut Inventur 25.000 EUR.
6. Verkauf aller hergestellten Erzeugnisse für 240.000 EUR auf Ziel.

   Von der Berücksichtigung der Umsatzsteuer ist abzusehen.

   Da es hier nur um die buchtechnische Behandlung der im Produktionsprozess eingesetzten Werkstoffe geht, werden die **übrigen Produktionsaufwendungen** (z. B. Personalaufwendungen, Abschreibungen der Produktionsanlagen) **nicht berücksichtigt**.

Erstellen Sie die Bilanz des Automobil-Zulieferers Ludwig Luxus zum 31.12.02.

Die Verbrauchsermittlung der Roh- und Hilfsstoffe erfolgt nach der inventurunabhängigen Methode, die Verbrauchsermittlung der Betriebsstoffe nach der inventurabhängigen Methode.

Buchungssätze (ohne Eröffnungsbuchungen):

1.	Rohstoffe	50.000	an	Lieferantenverbindlichkeiten	50.000
2.	Hilfsstoffe	20.000	an	Lieferantenverbindlichkeiten	20.000
3.	Rohstoffaufwendungen	70.000	an	Rohstoffe	70.000
4.	Hilfsstoffaufwendungen	110.000	an	Hilfsstoffe	110.000
5.	a) Schlussbilanzkonto	25.000	an	Betriebsstoffe	25.000
	b) Betriebsstoffaufwendungen	15.000	an	Betriebsstoffe	15.000
6.	Kundenforderungen	240.000	an	Umsatzerlöse	240.000

Bestandskonten:

S	Anlagevermögen		H
AB	460.000	SB	460.000
	460.000		460.000

S	Rohstoffe		H
AB	170.000	(3)	70.000
(1)	50.000	SB	150.000
	220.000		220.000

S	Hilfsstoffe		H
AB	95.000	(4)	110.000
(2)	20.000	SB	5.000
	115.000		115.000

S	Betriebsstoffe		H
AB	40.000	(5a) SB	25.000
		(5b)	15.000
	40.000		40.000

S	Kundenforderungen		H
AB	60.000	SB	300.000
(6)	240.000		
	300.000		300.000

S	Kontokorrentkonto		H
AB	80.000	SB	80.000
	80.000		80.000

S	Eigenkapital		H
SB	550.000	AB	505.000
		GuV	45.000
	550.000		550.000

S	Lieferantenverbindlichkeiten		H
SB	470.000	AB	400.000
		(1)	50.000
		(2)	20.000
	470.000		470.000

Erfolgskonten:

S	Rohstoffaufwendungen		H
(3)	70.000	GuV	70.000
	70.000		70.000

S	Hilfsstoffaufwendungen		H
(4)	110.000	GuV	110.000
	110.000		110.000

S	Betriebsstoffaufwendungen		H
(5b)	15.000	GuV	15.000
	15.000		15.000

S	Umsatzerlöse		H
GuV	240.000	(6)	240.000
	240.000		240.000

Vorbereitende Abschlussbuchungen:

GuV-Konto	70.000	an	Rohstoffaufwendungen	70.000
GuV-Konto	110.000	an	Hilfsstoffaufwendungen	110.000
GuV-Konto	15.000	an	Betriebsstoffaufwendungen	15.000
Umsatzerlöse	240.000	an	GuV-Konto	240.000

Soll	Gewinn- und Verlustkonto		Haben
Rohstoffaufwendungen	70.000	Umsatzerlöse	240.000
Hilfsstoffaufwendungen	110.000		
Betriebsstoffaufwendungen	15.000		
Rohgewinn*	45.000		
	240.000		240.000

* Wie bei den Geschäftsvorfällen angegeben, fehlen z. B. die Personalaufwendungen und die Abschreibungen der Produktionsanlagen.

GuV-Konto	45.000	an	Eigenkapital	45.000

Damit ergibt sich folgendes Schlussbilanzkonto:

Soll	Schlussbilanzkonto		Haben
Anlagevermögen	460.000	Eigenkapital	550.000
Rohstoffe	150.000	Lieferantenverbindlichkeiten	470.000
Hilfsstoffe	5.000		
Betriebsstoffe	25.000		
Kundenforderungen	300.000		
Kontokorrentkonto	80.000		
	1.020.000		1.020.000

Daraus ergibt sich für den Automobil-Zulieferer Ludwig Luxus folgende Bilanz zum 31.12.02:

Aktiva	Ludwig Luxus Bilanz zum 31.12.02		Passiva
	EUR		EUR
I. Anlagevermögen	460.000	I. Eigenkapital	550.000
II. Umlaufvermögen		II. Fremdkapital	
Rohstoffe	150.000	Lieferantenverbindlichkeiten	470.000
Hilfsstoffe	5.000		
Betriebsstoffe	25.000		
Kundenforderungen	300.000		
Kontokorrentkonto	80.000		
	1.020.000		1.020.000

Bei einem Vergleich der Verbuchung des Materialverbrauchs in Industrieunternehmungen mit der Verbuchung des Warenverkehrs bei Handelsunternehmungen stellt man fest, dass der Materialverbrauch dem Wareneinsatz und die Umsatzerlöse dem Warenverkauf entsprechen.

2.4.2.3 Die Bestandsveränderungen bei fertigen und unfertigen Erzeugnissen

2.4.2.3.1 Die Diskrepanz zwischen Produktion und Absatz

Wird in einer Industrieunternehmung das Endprodukt, auch **fertiges Erzeugnis, Fertigerzeugnis** oder **Fertigfabrikat**, in einem einzigen Arbeitsgang aus dem Ausgangsstoff bzw. den Ausgangsstoffen erzeugt, so liegt ein einstufiger Produktionsprozess vor. Wird das Endprodukt dagegen in mehreren Fertigungsstufen hergestellt, so spricht man von einem mehrstufigen Produktionsprozess. Noch nicht fertig gestellte, also sich noch in Arbeit befindliche Erzeugnisse werden als **unfertige Erzeugnisse, Halberzeugnisse** oder **Halbfabrikate** bezeichnet. Für jede Erzeugnisart werden gesonderte Bestandskonten geführt.

Während bei Handelsunternehmungen die Leistung erst bei der Lieferung von Waren erbracht wird, ist bei Industrieunternehmungen zwischen Produktions- und Absatzleistung zu unterscheiden. Die vor der Absatzleistung erbrachte **Produktionsleistung** bezeichnet die Erstellung, die der Produktionsleistung nachfolgende **Absatzleistung** die Veräußerung der Erzeugnisse.

Aufgrund der normalerweise bei Industrieunternehmungen auftretenden **mengenmäßigen Diskrepanz zwischen Produktion und Absatz** ergeben sich Bestandsveränderungen bei Halb- und Fertigerzeugnissen jeder Erzeugnisart. Am Abschlussstichtag einer Industrieunternehmung sind im Regelfall weder alle Erzeugnisse fertig gestellt noch alle fertigen Erzeugnisse abgesetzt. Insgesamt sind **drei Fälle** zu unterscheiden:

- **Produktion = Absatz**
- **Produktion > Absatz (Bestandserhöhung)**
- **Produktion < Absatz (Bestandsminderung)**

Entspricht die produzierte Menge der abgesetzten Menge, so kommt es zu keiner Bestandsveränderung. Entspricht die produzierte Menge nicht der abgesetzten Menge, so ergibt sich eine Veränderung des Lagerbestands: Wird mehr produziert als abgesetzt, so kommt es zu einer Bestandserhöhung; im umgekehrten Fall, es wird mehr abgesetzt als produziert, was nur bei bereits vorhandenem Lagerbestand möglich ist, kommt es zu einer Bestandsminderung.

Die Bewertung der Bestände und der Zugänge an selbst erstellten (fertigen und unfertigen) Erzeugnissen erfolgt zu Herstellungskosten (vgl. Abschnitt 2.4.3.2).

2.4.2.3.2 Das Gesamtkostenverfahren und das Umsatzkostenverfahren

2.4.2.3.2.1 Zwei alternative Verfahren zur Aufstellung der Gewinn- und Verlustrechnung

Der wirtschaftliche Erfolg einer Periode wird mittels der GuV-Rechnung (vgl. Abschnitt 2.3.2.2) ermittelt, indem Aufwendungen und Erträge der Periode – auf das gleiche Mengengerüst bezogen – gegenübergestellt werden. Nach § 275 HGB existieren zwei Verfahren zur Ermittlung des Periodenergebnisses von Produktionsunternehmungen, die sich in der Berücksichtigung der in der Praxis häufig auftretenden Diskrepanz zwischen produzierter und abgesetzter Menge – sprich den Bestandsveränderungen – unterscheiden und sich daher auf unterschiedliche Mengengerüste beziehen: das Gesamtkostenverfahren (vgl. Abschnitt 2.4.2.3.2.2) und das Umsatzkostenverfahren (vgl. Abschnitt 2.4.2.3.2.3). Während das **Gesamtkostenverfahren** als **Produktionserfolgsrechnung** die in der Periode erzielten Erträge auf das gesamte Mengengerüst der in einem Geschäftsjahr angefallenen Aufwendungen abstimmt, gleicht das **Umsatzkostenverfahren** als **Absatzerfolgsrechnung** die Aufwendungen einer Periode an das Mengengerüst der Periodenumsätze an. Beide Verfahren führen zum gleichen Periodenergebnis und können nach § 275 Abs. 1 Satz 1 HGB wahlweise angewendet werden.

2.4.2.3.2.2 Das Gesamtkostenverfahren

Bei dem in Deutschland gebräuchlichen produktionsbezogenen Gesamtkostenverfahren nach § 275 Abs. 2 HGB werden allen angefallenen Aufwendungen einer Periode (Produktionsaufwand) alle angefallenen Erträge der Periode gegenübergestellt. Bei den Erträgen handelt es sich um

- die Umsatzerlöse, die aus den Ausgangsrechnungen resultieren und mit den vereinbarten Verkaufspreisen zu berücksichtigen sind;
- die Bestandsveränderungen der unfertigen und fertigen Erzeugnisse, die mit ihren Herstellungskosten (vgl. § 255 Abs. 2 HGB; Abschnitt 2.4.3.2) anzusetzen sind; sie sind im Falle von Bestandserhöhungen erfolgserhöhend (+), im Falle von Bestandsminderungen erfolgsmindernd (–) zu berücksichtigen; der jeweilige Bestand zum Abschlussstichtag ist in der Bilanzposition „unfertige Erzeugnisse" oder „fertige Erzeugnisse" auszuweisen;
- die anderen aktivierten Eigenleistungen, die als selbst erstellte Produkte im Betrieb eingesetzt werden; sie finden sich – bewertet zu ihren Herstellungskosten (vgl. § 255 Abs. 2 HGB; Abschnitt 2.4.3.2) – in den entsprechenden Aktivpositionen, z. B. in den maschinellen Anlagen.

Beim Gesamtkostenverfahren sind Ertrag und Aufwand unabhängig vom Zeitpunkt der Veräußerung der Erzeugnisse.

ABB. 41: Aufwendungen und Erträge beim Gesamtkostenverfahren

	Erträge	=	Gesamtleistung der Periode (Umsatzerlöse – Bestandsminderungen der unfertigen und fertigen Erzeugnisse + Bestandserhöhungen der unfertigen und fertigen Erzeugnisse + andere aktivierte Eigenleistungen)
–	Aufwendungen	=	Produktionsaufwendungen der Periode
=	Erfolg		

Am Ende der Periode werden die Endbestände für die Bestandskonten „fertige Erzeugnisse" und „unfertige Erzeugnisse" per Inventur festgestellt und auf den Bestandskonten gebucht. Da während der Periode keine Buchungen auf diesen Konten erfolgen, ist der Differenzbetrag gegenüber dem Anfangsbestand der Periode auf dem Erfolgskonto „Bestandsveränderungen" zu buchen. Der sich in diesem Konto ergebende Saldo ist im Falle einer Bestandserhöhung als Ertrag in das GuV-Konto zu übertragen, während eine Bestandsminderung als Aufwand im GuV-Konto auszuweisen ist. Es sei aber bereits an dieser Stelle darauf hingewiesen, dass die Formulierung der GuV-Position (vgl. § 275 Abs. 2 Nr. 2 HGB) in der GuV-Rechnung den saldierten Ausweis der Erträge aus Bestandserhöhungen und der Aufwendungen für Bestandsminderungen, und zwar aus allen fertigen und unfertigen Erzeugnissen, vorsieht. Neben der Führung eines einzigen Kontos „Bestandsveränderungen" ist es auch möglich, sowohl für fertige Erzeugnisse als auch für unfertige Erzeugnisse getrennte Konten zu führen.

BEISPIEL: Der zu Ludwig Luxus in Konkurrenz stehende Automobil-Zulieferer Primus Premium weist folgende Schlussbilanz zum 31.12.01 auf:

Aktiva	Primus Premium Bilanz zum 31.12.01		Passiva
	EUR		EUR
I. Anlagevermögen	275.000	I. Eigenkapital	450.000
II. Umlaufvermögen		II. Fremdkapital	
Rohstoffe	80.000	Lieferantenverbindlichkeiten	350.000
Hilfsstoffe	55.000		
Betriebsstoffe	30.000		
Unfertige Erzeugnisse	110.000		
Fertige Erzeugnisse	170.000		
Kontokorrentkonto	80.000		
	800.000		800.000

Geschäftsvorfälle im Jahre 02:

1. Kauf von Rohstoffen im Wert von 20.000 EUR auf Ziel.
2. Kauf von Hilfsstoffen im Wert von 15.000 EUR auf Ziel.
3. Verbrauch von Rohstoffen zur Herstellung der Halb- und Fertigfabrikate im Wert von 40.000 EUR.
4. Verkauf von fertigen Erzeugnissen im Wert von 80.000 EUR auf Ziel; die Zahlung erfolgt zwei Wochen später per Überweisung.
5. Der Endbestand an Hilfsstoffen beträgt laut Inventur 60.000 EUR.
6. Der Endbestand an Betriebsstoffen beträgt laut Inventur 25.000 EUR.
7. Der Endbestand an unfertigen Erzeugnissen beträgt laut Inventur 120.000 EUR.
8. Der Endbestand an fertigen Erzeugnissen beträgt laut Inventur 140.000 EUR.

   Von der Berücksichtigung der Umsatzsteuer ist abzusehen. Wie bereits in Abschnitt 2.4.2.2.2 werden auch hier die übrigen Produktionsaufwendungen (z. B. Personalaufwendungen, Abschreibungen der Produktionsanlagen) nicht berücksichtigt.

Erstellen Sie die Bilanz des Automobil-Zulieferers Primus Premium zum 31.12.02 unter Verwendung des Gesamtkostenverfahrens.

Die Verbrauchsermittlung der Rohstoffe erfolgt nach der inventurunabhängigen Methode, die Verbrauchsermittlung der Hilfs- und Betriebsstoffe nach der inventurabhängigen Methode.

Buchungssätze (ohne Eröffnungsbuchungen):

1.	Rohstoffe	20.000	an	Lieferantenverbindlichkeiten	20.000
2.	Hilfsstoffe	15.000	an	Lieferantenverbindlichkeiten	15.000
3.	Rohstoffaufwendungen	40.000	an	Rohstoffe	40.000
4.	a) Kundenforderungen	80.000	an	Umsatzerlöse	80.000
	b) Kontokorrentkonto	80.000	an	Kundenforderungen	80.000

5.	a) Schlussbilanzkonto	60.000	an	Hilfsstoffe	60.000
	b) Hilfsstoffaufwendungen	10.000	an	Hilfsstoffe	10.000
6.	a) Schlussbilanzkonto	25.000	an	Betriebsstoffe	25.000
	b) Betriebsstoffaufwendungen	5.000	an	Betriebsstoffe	5.000
7.	a) Schlussbilanzkonto	120.000	an	Unfertige Erzeugnisse	120.000
	b) Unfertige Erzeugnisse	10.000	an	Bestandsveränderungen an unfertigen Erzeugnissen	10.000
8.	a) Schlussbilanzkonto	140.000	an	Fertige Erzeugnisse	140.000
	b) Bestandsveränderungen an fertigen Erzeugnissen	30.000	an	Fertige Erzeugnisse	30.000

Bestandskonten:

S	Anlagevermögen		H
AB	275.000	SB	275.000
	275.000		275.000

S	Rohstoffe		H
AB	80.000	(3)	40.000
(1)	20.000	SB	60.000
	100.000		100.000

S	Hilfsstoffe		H
AB	55.000	(5a) SB	60.000
(2)	15.000	(5b)	10.000
	70.000		70.000

S	Betriebsstoffe		H
AB	30.000	(6a) SB	25.000
		(6b)	5.000
	30.000		30.000

S	Unfertige Erzeugnisse		H
AB	110.000	(7a) SB	120.000
(7b)	10.000		
	120.000		120.000

S	Fertige Erzeugnisse		H
AB	170.000	(8a) SB	140.000
		(8b)	30.000
	170.000		170.000

S	Kontokorrentkonto		H
AB	80.000	SB	160.000
(4b)	80.000		
	160.000		160.000

S	Kundenforderungen		H
(4a)	80.000	(4b)	80.000
	80.000		80.000

S	Eigenkapital		H
SB	455.000	AB	450.000
		GuV	5.000
	455.000		455.000

S	Lieferantenverbindlichkeiten		H
SB	385.000	AB	350.000
		(1)	20.000
		(2)	15.000
	385.000		385.000

Erfolgskonten:

S	Rohstoffaufwendungen		H
(3)	40.000	GuV	40.000
	40.000		40.000

S	Hilfsstoffaufwendungen		H
(5b)	10.000	GuV	10.000
	10.000		10.000

S	Betriebsstoffaufwendungen		H
(6b)	5.000	GuV	5.000
	5.000		5.000

S	Umsatzerlöse		H
GuV	80.000	(4a)	80.000
	80.000		80.000

S	Bestandsveränderungen an unfertigen Erzeugnissen		H
GuV	10.000	(7b)	10.000
	10.000		10.000

S	Bestandsveränderungen an fertigen Erzeugnissen		H
(8b)	30.000	GuV	30.000
	30.000		30.000

Vorbereitende Abschlussbuchungen:

GuV-Konto	40.000	an	Rohstoffaufwendungen	40.000
GuV-Konto	10.000	an	Hilfsstoffaufwendungen	10.000
GuV-Konto	5.000	an	Betriebsstoffaufwendungen	5.000
Bestandsveränderungen an unfertigen Erzeugnissen	10.000	an	GuV-Konto	10.000
GuV-Konto	30.000	an	Bestandsveränderungen an fertigen Erzeugnissen	30.000
Umsatzerlöse	80.000	an	GuV-Konto	80.000

Soll		**Gewinn- und Verlustkonto**	Haben
Rohstoffaufwendungen	40.000	Umsatzerlöse	80.000
Hilfsstoffaufwendungen	10.000	Bestandsveränderungen an unfertigen Erzeugnissen*	10.000
Betriebsstoffaufwendungen	5.000		
Bestandsveränderungen an fertigen Erzeugnissen*	30.000		
Rohgewinn**	5.000		
	90.000		90.000

* In der zu veröffentlichenden GuV-Rechnung werden die beiden Beträge saldiert; es erfolgt ein erfolgsmindernder Ausweis „Verminderung des Bestands an unfertigen und fertigen Erzeugnissen" in Höhe von 20.000 EUR (Aufwand).

** Wie bei den Geschäftsvorfällen angegeben, fehlen z. B. die Personalaufwendungen und die Abschreibungen der Produktionsanlagen.

GuV-Konto	5.000	an	Eigenkapital	5.000

Damit ergibt sich folgendes Schlussbilanzkonto:

Soll		**Schlussbilanzkonto**	Haben
Anlagevermögen	275.000	Eigenkapital	455.000
Rohstoffe	60.000	Lieferantenverbindlichkeiten	385.000
Hilfsstoffe	60.000		
Betriebsstoffe	25.000		
Unfertige Erzeugnisse	120.000		
Fertige Erzeugnisse	140.000		
Kontokorrentkonto	160.000		
	840.000		840.000

Daraus ergibt sich für den Automobil-Zulieferer Primus Premium folgende Bilanz zum 31.12.02:

Aktiva	Primus Premium Bilanz zum 31.12.02		Passiva
	EUR		EUR
I. Anlagevermögen	275.000	I. Eigenkapital	455.000
II. Umlaufvermögen		II. Fremdkapital	
Rohstoffe	60.000	Lieferantenverbindlichkeiten	385.000
Hilfsstoffe	60.000		
Betriebsstoffe	25.000		
Unfertige Erzeugnisse	120.000		
Fertige Erzeugnisse	140.000		
Kontokorrentkonto	160.000		
	840.000		840.000

2.4.2.3.2.3 Das Umsatzkostenverfahren

Bei dem international gebräuchlichen absatzbezogenen Umsatzkostenverfahren werden nach § 275 Abs. 3 HGB den Umsatzerlösen nur die zu ihrer Erzielung angefallenen Aufwendungen gegenübergestellt. Diese Aufwendungen ergeben sich aus den Produktionsaufwendungen der Periode, die um die Bestandsminderungen der unfertigen und fertigen Erzeugnisse zu erhöhen und um die Bestandserhöhungen der unfertigen und fertigen Erzeugnisse sowie um die anderen in der Periode aktivierten Eigenleistungen zu vermindern sind. Dabei spielt es keine Rolle, ob die Aufwendungen in der gleichen oder in einer früheren Periode entstanden sind. Die Behandlung der hergestellten, aber noch nicht abgesetzten Erzeugnisse erfolgt grundsätzlich erfolgsneutral; sie werden in der Schlussbilanz zu ihren Herstellungskosten angesetzt (vgl. dazu Abschnitt 2.4.3.2).

ABB. 42:	Aufwendungen und Erträge beim Umsatzkostenverfahren		
	Erträge	=	Umsatzerlöse der Periode
–	Aufwendungen	=	Umsatzaufwendungen der Periode (Produktionsaufwendungen + Bestandsminderungen der unfertigen und fertigen Erzeugnisse – Bestandserhöhungen der unfertigen und fertigen Erzeugnisse – andere aktivierte Eigenleistungen)
=	Erfolg		

Im Rahmen des Umsatzkostenverfahrens werden die Bestandsveränderungen der unfertigen und fertigen Erzeugnisse laufend erfasst und unmittelbar gebucht. Dabei erfolgt die Gegenbuchung der zur Erstellung der fertigen und unfertigen Erzeugnisse verursachten Aufwendungen (beispielsweise Materialaufwendungen, Personalaufwendungen und Abschreibungen der Produktionsanlagen) als Zugang auf den Bestandskonten der fertigen und unfertigen Erzeugnisse. Die Differenz zwischen dem Anfangsbestand zuzüglich der Zugänge einerseits und dem Schlussbestand dieser Bestandskonten andererseits stellt Herstellungskosten dar und ist über das GuV-Konto, in dem die Umsatzerlöse als Erträge ausgewiesen werden, abzuschließen.

BEISPIEL: Erstellen Sie nun die Bilanz des Automobil-Zulieferers Primus Premium zum 31.12.02 nach dem Umsatzkostenverfahren (Beispiel aus Abschnitt 2.4.2.3.2.2; S. 123 ff.).

Bei der Bilanzerstellung ist zu berücksichtigen, dass zur Herstellung der fertigen Erzeugnisse Rohstoffe im Wert von 25.000 EUR, Hilfsstoffe im Wert von 4.000 EUR und Betriebsstoffe im Wert von 3.000 EUR aufgewendet wurden. Der restliche Verbrauch diente der Fertigung der unfertigen Erzeugnisse.

Buchungssätze (ohne Eröffnungsbuchungen):

1.		Rohstoffe	20.000	an	Lieferantenverbindlichkeiten	20.000
2.		Hilfsstoffe	15.000	an	Lieferantenverbindlichkeiten	15.000
3.	a)	Rohstoffaufwendungen	40.000	an	Rohstoffe	40.000
	b)	Unfertige Erzeugnisse	15.000		Rohstoffaufwendungen	40.000
		Fertige Erzeugnisse	25.000			
4.	a)	Kundenforderungen	80.000	an	Umsatzerlöse	80.000
	b)	Kontokorrentkonto	80.000	an	Kundenforderungen	80.000
5.	a)	Schlussbilanzkonto	60.000	an	Hilfsstoffe	60.000
	b)	Hilfsstoffaufwendungen	10.000	an	Hilfsstoffe	10.000
	c)	Unfertige Erzeugnisse	6.000		Hilfsstoffaufwendungen	10.000
		Fertige Erzeugnisse	4.000			
6.	a)	Schlussbilanzkonto	25.000	an	Betriebsstoffe	25.000
	b)	Betriebsstoffaufwendungen	5.000	an	Betriebsstoffe	5.000
	c)	Unfertige Erzeugnisse	2.000		Betriebsstoffaufwendungen	5.000
		Fertige Erzeugnisse	3.000			
7.	a)	Schlussbilanzkonto	120.000	an	Unfertige Erzeugnisse	120.000
	b)	Herstellungskosten	13.000	an	Unfertige Erzeugnisse	13.000
8.	a)	Schlussbilanzkonto	140.000	an	Fertige Erzeugnisse	140.000
	b)	Herstellungskosten	62.000	an	Fertige Erzeugnisse	62.000

Bestandskonten:

S	Anlagevermögen		H
AB	275.000	SB	275.000
	275.000		275.000

S	Rohstoffe		H
AB	80.000	(3a)	40.000
(1)	20.000	SB	60.000
	100.000		100.000

S	Hilfsstoffe		H
AB	55.000	(5a) SB	60.000
(2)	15.000	(5b)	10.000
	70.000		70.000

S	Betriebsstoffe		H
AB	30.000	(6a) SB	25.000
		(6b)	5.000
	30.000		30.000

S	Unfertige Erzeugnisse		H
AB	110.000	(7a) SB	120.000
(3b)	15.000	(7b)	13.000
(5c)	6.000		
(6c)	2.000		
	133.000		133.000

S	Fertige Erzeugnisse		H
AB	170.000	(8a) SB	140.000
(3b)	25.000	(8b)	62.000
(5c)	4.000		
(6c)	3.000		
	202.000		202.000

S	Kontokorrentkonto		H
AB	80.000	SB	160.000
(4b)	80.000		
	160.000		160.000

S	Kundenforderungen		H
(4a)	80.000	(4b)	80.000
	80.000		80.000

S	Eigenkapital		H
AB	455.000	AB	450.000
		GuV	5.000
	455.000		455.000

S	Lieferantenverbindlichkeiten		H
SB	385.000	AB	350.000
		(1)	20.000
		(2)	15.000
	385.000		385.000

Erfolgskonten:

S	Rohstoffaufwendungen		H
(3a)	40.000	(3b)	40.000
	40.000		40.000

S	Hilfsstoffaufwendungen		H
(5b)	10.000	(5c)	10.000
	10.000		10.000

S	Betriebsstoffaufwendungen		H
(6b)	5.000	(6c)	5.000
	5.000		5.000

S	Herstellungskosten		H
(7b)	13.000	GuV	75.000
(8b)	62.000		
	75.000		75.000

S	Umsatzerlöse		H
GuV	80.000	(4a)	80.000
	80.000		80.000

Vorbereitende Abschlussbuchungen:

GuV-Konto	75.000	an	Herstellungskosten	75.000
Umsatzerlöse	80.000	an	GuV-Konto	80.000

Soll	Gewinn- und Verlustkonto		Haben
Herstellungskosten	75.000	Umsatzerlöse	80.000
Rohgewinn*	5.000		
	80.000		80.000

* Wie bei den Geschäftsvorfällen angegeben, fehlen z. B. die Personalaufwendungen und die Abschreibungen der Produktionsanlagen.

GuV-Konto	5.000	an	Eigenkapital	5.000

Damit ergibt sich folgendes Schlussbilanzkonto:

Soll	Schlussbilanzkonto		Haben
Anlagevermögen	275.000	Eigenkapital	455.000
Rohstoffe	60.000	Lieferantenverbindlichkeiten	385.000
Hilfsstoffe	60.000		
Betriebsstoffe	25.000		
Unfertige Erzeugnisse	120.000		
Fertige Erzeugnisse	140.000		
Kontokorrentkonto	160.000		
	840.000		840.000

Daraus ergibt sich für den Automobil-Zulieferer Primus Premium folgende Bilanz zum 31.12.02:

Aktiva	Primus Premium Bilanz zum 31.12.02		Passiva
	EUR		EUR
I. Anlagevermögen	275.000	I. Eigenkapital	455.000
II. Umlaufvermögen		II. Fremdkapital	
Rohstoffe	60.000	Lieferantenverbindlichkeiten	385.000
Hilfsstoffe	60.000		
Betriebsstoffe	25.000		
Unfertige Erzeugnisse	120.000		
Fertige Erzeugnisse	140.000		
Kontokorrentkonto	160.000		
	840.000		840.000

2.4.2.3.2.4 Das Gesamtkostenverfahren und das Umsatzkostenverfahren im Vergleich

Beide Verfahren, also sowohl das Gesamtkostenverfahren als auch das Umsatzkostenverfahren, führen unter der Prämisse gleicher Bewertung – wie in den Beispielen gesehen – zu einem **gleichen Schlussbilanzkonto** sowie zu einem **Erfolg in gleicher Höhe**.

Zwischen den Verfahren existieren aber auch **Unterschiede**. Während in der **GuV-Rechnung nach dem Umsatzkostenverfahren** den Umsatzerlösen für die abgesetzten Erzeugnisse nur die dafür entstandenen Aufwendungen gegenübergestellt werden, werden in der **GuV-Rechnung**

nach dem Gesamtkostenverfahren alle Herstellungskosten als Aufwendungen erfasst; um ein gleich hohes Betriebsergebnis zu erhalten, ist – mit Ausnahme der Konstellation, dass sich produzierte und abgesetzte Menge entsprechen – ein Korrekturposten in Form der Bestandsveränderungen und anderen aktivierten Eigenleistungen notwendig. Beim Umsatzkostenverfahren erfolgt die Berücksichtigung der Bestandsveränderungen durch die Anpassung der Aufwendungen an das Niveau der Absatzmengen, während beim Gesamtkostenverfahren die Anpassung der Erträge an das Niveau der Produktionsmengen erfolgt.

Aufgrund dieser unterschiedlichen Vorgehensweisen sind auch die Kontensummen bzw. die Erträge und Aufwendungen der GuV-Rechnung, trotz eines identischen Gewinns bzw. Verlusts, beim Gesamtkostenverfahren und beim Umsatzkostenverfahren nur dann gleich, wenn die produzierte Menge der abgesetzten Menge entspricht. Wird mehr produziert als abgesetzt, so dass es zu einer Bestandserhöhung kommt, so sind aus diesem Grund die Kontensumme und damit die Erträge und Aufwendungen der GuV-Rechnung beim Gesamtkostenverfahren größer; im umgekehrten Fall, es wird mehr abgesetzt als produziert, was zu einer Bestandsminderung führt, sind die Kontensumme und damit wiederum die Erträge und Aufwendungen der GuV-Rechnung nach dem Umsatzkostenverfahren größer.

Bei beiden Verfahren erfolgt ein **Bruttoausweis** in der GuV-Rechnung. Beim Umsatzkostenverfahren wird jedoch im Gegensatz zum Gesamtkostenverfahren die tatsächliche Gesamtleistung der Periode, bestehend aus Umsatzerlösen und Bestandsveränderungen, nicht ersichtlich.

Ein weiterer Unterschied ergibt sich bei der **Berücksichtigung der Veränderung der Bestände von fertigen und unfertigen Erzeugnissen**. Während beim Umsatzkostenverfahren bei jeder Veränderung des Bestands eine Buchung erfolgt, wird beim Gesamtkostenverfahren am Anfang der Periode nur der Anfangsbestand und am Ende der Periode der Schlussbestand sowie der Differenzbetrag zwischen Anfangsbestand und Schlussbestand erfasst.

Beim **Gesamtkostenverfahren** erfolgt eine Gliederung der Aufwendungen in der GuV-Rechnung nach dem **Primärprinzip**, d. h., die bei der Produktion angefallenen Aufwendungen werden nach **Aufwandsarten** (z. B. Materialaufwendungen, Personalaufwendungen und Abschreibungen) gegliedert. In dieser kostenartenorientierten GuV-Rechnung werden also die einzelnen Kostenarten und nicht nur die Summe der gesamten Herstellungskosten ausgewiesen.

Beim **Umsatzkostenverfahren** erfolgt die Gliederung der GuV-Rechnung hingegen nach dem **Sekundärprinzip**, d. h., die Aufwendungen werden nach den **Funktionsbereichen** Herstellung, Vertrieb und allgemeine Verwaltung gegliedert. Die Herstellungskosten werden beim kostenträgerorientierten Umsatzkostenverfahren in der GuV-Rechnung also summiert ausgewiesen.

Abb. 43 (S. 133) zeigt die vorgesehene Gliederung der GuV-Rechnung nach dem Gesamtkostenverfahren (vgl. § 275 Abs. 2 HGB) und nach dem Umsatzkostenverfahren (vgl. § 275 Abs. 3 HGB) einschließlich der im HGB vorgesehenen Nummerierung der Posten. Aus Gründen der Erfolgsquellentrennung wurden weitere im Gesetz nicht vorgesehene Zwischenposten (A. Betriebsergebnis; B. Finanzergebnis) eingefügt; dabei wird insbesondere die unterschiedliche Ermittlung des Betriebsergebnisses deutlich.

ABB. 43: Gliederung der Gewinn- und Verlustrechnung nach § 275 HGB[20]

Gliederung der Gewinn- und Verlustrechnung nach dem Gesamtkostenverfahren und dem Umsatzkostenverfahren

Posten		**Gesamtkostenverfahren** (GKV; § 275 Abs. 2 HGB)		**Umsatzkostenverfahren** (UKV; § 275 Abs. 3 HGB)	Posten
1.		Umsatzerlöse		Umsatzerlöse	1.
2.	+/–	Erhöhung oder Verminderung des Bestands an fertigen und unfertigen Erzeugnissen			
3.	+	andere aktivierte Eigenleistungen			
4.	+	sonstige betriebliche Erträge			
5.	–	Materialaufwand: a) Aufwendungen für Roh-, Hilfs- und Betriebsstoffe und für bezogene Waren b) Aufwendungen für bezogene Leistungen	–	Herstellungskosten der zur Erzielung der Umsatzerlöse erbrachten Leistungen	2.
6.	–	Personalaufwand: a) Löhne und Gehälter b) soziale Abgaben und Aufwendungen für Altersversorgung und für Unterstützung, davon für Altersversorgung	=	Bruttoergebnis vom Umsatz	3.
			–	Vertriebskosten	4.
7.	–	Abschreibungen: a) auf immaterielle Vermögensgegenstände des Anlagevermögens und Sachanlagen b) auf Vermögensgegenstände des Umlaufvermögens, soweit diese die in der Kapitalgesellschaft üblichen Abschreibungen überschreiten			
			–	allgemeine Verwaltungskosten	5.
			+	sonstige betriebliche Erträge	6.
8.	–	sonstige betriebliche Aufwendungen			7.
A.	=	Betriebsergebnis (GKV: Posten 1–8; UKV: Posten 1–7)			A.
9.	+	Erträge aus Beteiligungen, davon aus verbundenen Unternehmen			8.
10.	+	Erträge aus anderen Wertpapieren und Ausleihungen des Finanzanlagevermögens, davon aus verbundenen Unternehmen			9.
11.	+	sonstige Zinsen und ähnliche Erträge, davon aus verbundenen Unternehmen			10.
12.	–	Abschreibungen auf Finanzanlagen und auf Wertpapiere des Umlaufvermögens			11.
13.	–	Zinsen und ähnliche Aufwendungen, davon an verbundene Unternehmen			12.
B.	=	Finanzergebnis (GKV: Posten 9–13; UKV: Posten 8–12)			B.
14.	–	Steuern vom Einkommen und vom Ertrag			13.
15.	=	Ergebnis nach Steuern			14.
16.	–	sonstige Steuern			15.
17.	=	Jahresüberschuss/Jahresfehlbetrag			16.

20 Modifiziert entnommen aus *Bieg, Hartmut/Kußmaul, Heinz/Waschbusch, Gerd*: Externes Rechnungswesen, 6. Aufl., München 2012, S. 206. (Die Posten A. Betriebsergebnis und B. Finanzergebnis finden sich nicht in dem Gliederungsschemata des § 275 Abs. 2 und Abs. 3 HGB.)

2.4.3 Die Anschaffung oder Herstellung von Sachvermögen

2.4.3.1 Die Anschaffung von Sachvermögen

Grundlage für die Bewertung der Vermögensgegenstände des Anlage- und Umlaufvermögens sind die **Anschaffungs- oder Herstellungskosten**. Dabei bilden die **Anschaffungskosten** den Wertmaßstab für alle Vermögensgegenstände des Anlage- und Umlaufvermögens, die entgeltlich von außerhalb der Unternehmung bezogen werden. Sie umfassen gemäß § 255 Abs. 1 HGB „die Aufwendungen, die geleistet werden, um einen Vermögensgegenstand zu erwerben und ihn in einen betriebsbereiten Zustand zu versetzen, soweit sie dem Vermögensgegenstand einzeln zugeordnet werden können. Zu den Anschaffungskosten gehören auch die Nebenkosten sowie die nachträglichen Anschaffungskosten. Anschaffungspreisminderungen, die dem Vermögensgegenstand einzeln zugeordnet werden können, sind abzusetzen."

Die Anschaffungskosten setzen sich damit zusammen aus:

	Anschaffungspreis
+	Anschaffungsnebenkosten, sofern einzeln zurechenbar
+	nachträgliche Anschaffungskosten
./.	Anschaffungspreisminderungen, sofern einzeln zurechenbar (jeweils **netto**, d. h. ohne Umsatzsteuer)
=	Anschaffungskosten

Der **Anschaffungspreis** umfasst alle Aufwendungen zum Erwerb des Vermögensgegenstandes. Als **Anschaffungsnebenkosten** sind z. B. bei **Grundstücken** die Grunderwerbsteuer, Notargebühren, Grundbuchgebühren, Maklerprovision und Vermessungsgebühren, bei **anderen Vermögensgegenständen** Eingangsfrachten, Anfuhr- und Abladekosten, Transportversicherungen und Montagekosten zu berücksichtigen. Die wesentlichsten **Anschaffungspreisminderungen** stellen die bereits im Zusammenhang mit den betrieblichen Umsatzprozessen erörterten Skonti, Rabatte und Boni sowie Subventionen und Zuschüsse dar. Grundsätzlich **nicht** zu den Anschaffungskosten gehören Geldbeschaffungskosten, insbesondere Zinsen und das Disagio (Damnum), die zur Finanzierung einer Anschaffung aufgewendet werden[21].

BEISPIEL: Eine Maschinenbauunternehmung kauft eine Drehbank zum Nettopreis von 200.000 EUR (20 % USt). Ein Spediteur stellt für den Transport 4.800 EUR (inkl. 20 % USt) in Rechnung. An Montagekosten fallen weiterhin 3.000 EUR (netto; 20 % USt) an. Da die Unternehmung den Kaufpreis innerhalb von 10 Tagen begleicht, gewährt der Lieferant der Maschine 3 % Skonto auf den Kaufpreis. Alle Zahlungen werden über das Kontokorrentkonto abgewickelt.

21 Vgl. *Bieg, Hartmut/Kußmaul, Heinz/Waschbusch, Gerd:* Externes Rechnungswesen, 6. Aufl., München 2012, S. 134–137.

Buchungssätze:

Maschinen und maschinelle Anlagen	207.000	Verbindlichkeiten aus Lieferungen und Leistungen	248.400
Vorsteuer	41.400		
Verbindlichkeiten aus Lieferungen und Leistungen	248.400	Kontokorrentkonto	241.200
		Maschinen und maschinelle Anlagen	6.000
		Vorsteuer	1.200

Der Anschaffungspreis der Drehbank in Höhe von 200.000 EUR vermindert sich um die 3 % Skonto (= 6.000 EUR), die in diesem Fall allerdings nicht als Skontoertrag zu buchen sind, sondern als eine Minderung der Anschaffungskosten. Die anrechenbare Umsatzsteuer ist entsprechend um 1.200 EUR (20 % von 6.000 EUR) zu korrigieren (vgl. Abschnitt 2.4.1.2.3).

Kontenbild:

S	Maschinen und maschinelle Anlagen		H
(1)	207.000	(2)	6.000

S	Verbindlichkeiten aus Lieferungen und Leistungen		H
(2)	248.400	(1)	248.400

S	Kontokorrentkonto		H
		(2)	241.200

S	Vorsteuer		H
(1)	41.400	(2)	1.200

2.4.3.2 Die Eigenerstellung von Sachvermögen

Die von einer Unternehmung ganz oder teilweise selbst erstellten Güter des Anlage- und Umlaufvermögens (eigenbetrieblich genutzte selbst erstellte Anlagen, unfertige und fertige Erzeugnisse), die am Abschlussstichtag noch vorhanden sind, sind mit den Herstellungskosten zu bewerten. Eine für Unternehmungen aller Rechtsformen geltende Definition der Herstellungskosten gibt § 255 Abs. 2 Satz 1 HGB. Herstellungskosten sind danach „die Aufwendungen, die durch den Verbrauch von Gütern und die Inanspruchnahme von Diensten für die Herstellung eines Vermögensgegenstands, seine Erweiterung oder für eine über seinen ursprünglichen Zustand hinausgehende wesentliche Verbesserung entstehen".

Es sind jedoch nicht alle Kostenbestandteile aktivierungspflichtig, die bei der Erstellung der Betriebsleistung anfallen. Vielmehr besteht für bestimmte Kostenarten ein Aktivierungswahlrecht bzw. sogar ein Aktivierungsverbot, wobei für den handelsrechtlichen Jahresabschluss (vgl. § 255 Abs. 2 HGB) und die Steuerbilanz (vgl. § 6 Abs. 1 Nr. 1b EStG, R 6.3 EStR 2012) gleichlautende Regelungen gelten. Einen Überblick über die Wertunter- bzw. Wertobergrenze der Herstellungskosten, die in Handels- und Steuerbilanz übereinstimmen, gibt *Abb. 44* (siehe folgende Seite). Hierbei ist zu beachten, dass die Möglichkeit eines eigenständigen steuerlichen Wahlrechts hinsichtlich des Ansatzes von Kostenbestandteilen, für die ein Aktivierungswahlrecht besteht, eingeschränkt ist, da der Umfang der steuerlichen Herstellungskosten in Übereinstimmung mit der Handelsbilanz festzulegen ist.

ABB. 44: Ermittlung der Herstellungskosten nach Handels- und Steuerrecht

Kostenarten / Bewertungsgrundlage	Handelsrecht (§ 255 Abs. 2 HGB)	Steuerrecht (§ 6 Abs. 1 Nr. 1b EStG, R 6.3 EStR 2012)
1. Materialeinzelkosten 2. Fertigungseinzelkosten 3. Sondereinzelkosten der Fertigung 4. Materialgemeinkosten 5. Fertigungsgemeinkosten 6. Wertverzehr des Anlagevermögen, soweit durch die Fertigung veranlasst	Aktivierungspflicht (Satz 2)	Aktivierungspflicht (Satz 2)
Handels- und steuerrechtliche Wertuntergrenze	= Gesamte Einzelkosten + bestimmte Gemeinkosten	
7. Kosten der allgemeinen Verwaltung 8. Aufwendungen für soziale Einrichtungen 9. Aufwendungen für freiwillige Sozialleistungen 10. Aufwendungen für betriebliche Altersversorgung	Aktivierungswahlrecht (Satz 3)	Aktivierungswahlrecht (Satz 3)
11. Fremdkapitalzinsen	Aktivierungswahlrecht (unter der Voraussetzung des Abs. 3 Satz 2)	Aktivierungswahlrecht (unter der Voraussetzung des Abs. 7)
Handels- und steuerrechtliche Wertobergrenze	= Gesamte Einzel- und Gemeinkosten (außer Vertriebs- und Forschungskosten)	
12. Vertriebskosten 13. Forschungskosten	Aktivierungsverbot (Satz 4)	Aktivierungsverbot (Satz 4)

BEISPIEL: Bei der Produktion einer Maschine, die zur **Eigennutzung** vorgesehen ist, fielen folgende Kosten an:

▶ Materialeinzelkosten	40.000 EUR
▶ Fertigungslöhne (Akkordlöhne)	3.000 EUR
▶ Sondereinzelkosten der Fertigung	2.000 EUR
▶ Zuschlagsätze für	
– Materialgemeinkosten: 20 % der Materialeinzelkosten	
– Fertigungsgemeinkosten: 300 % der Fertigungslöhne	
▶ Wertverzehr (Abschreibungen) der Produktionsanlagen	8.000 EUR
▶ Kosten der allgemeinen Verwaltung	6.000 EUR
▶ Vertriebskosten	3.000 EUR

Die Herstellungskosten werden wie folgt ermittelt:

	Materialeinzelkosten	40.000 EUR
+	Fertigungseinzelkosten	3.000 EUR
+	Sondereinzelkosten der Fertigung	2.000 EUR
+	Materialgemeinkosten (20 % von 40.000 EUR)	8.000 EUR
+	Fertigungsgemeinkosten (300 % von 3.000 EUR)	9.000 EUR
+	Wertverzehr (Abschreibungen) der Produktionsanlagen	8.000 EUR
=	**Handelsrechtliche und steuerrechtliche Wertuntergrenze**	**70.000 EUR**

+	Kosten der allgemeinen Verwaltung	6.000 EUR
=	**Handelsrechtliche und steuerrechtliche Wertobergrenze**	**76.000 EUR**

Die Vertriebskosten in Höhe von 3.000 EUR dürfen weder in der Handels- noch in der Steuerbilanz aktiviert werden. Sie stellen damit Aufwendungen der Periode dar.

Es wird angenommen, dass die Unternehmung die Maschine zu Vollkosten (76.000 EUR) in der Handels- und Steuerbilanz aktiviert. Die aktivierten Herstellungskosten der selbst erstellten Anlagegüter sind auf den entsprechenden **Anlagekonten** – im Beispielfall unter „Maschinen und maschinelle Anlagen" – zu buchen. Die **Gegenbuchung** erfolgt auf einem **eigenen Ertragskonto** mit der Bezeichnung **„Andere aktivierte Eigenleistungen"**, das über die GuV-Rechnung abgeschlossen wird.

Buchungssätze:

1.	Maschinen und maschinelle Anlagen	76.000	an	Andere aktivierte Eigenleistungen	76.000
2.	Andere aktivierte Eigenleistungen	76.000	an	GuV-Konto	76.000
3.	Schlussbilanzkonto	76.000	an	Maschinen und maschinelle Anlagen	76.000

Die Buchung des Gegenwertes der selbst erstellten Sachanlagen auf dem Ertragskonto „Andere aktivierte Eigenleistungen" stellt somit erfolgsrechnerisch eine Kompensation zu den bei der Erstellung des Vermögensgegenstandes angefallenen Aufwendungen (Personal-, Material-, sonstige Sachaufwendungen) dar, die über die entsprechenden Aufwandskonten verrechnet werden. Im vorliegenden Fall wird allerdings keine vollständige Kompensation erreicht, weil den Gesamtaufwendungen in Höhe von 79.000 EUR aufgrund des Aktivierungsverbots der Vertriebskosten lediglich Erträge in Höhe von 76.000 EUR gegenüberstehen. Es verbleibt damit letztlich eine Erfolgsminderung aus der Eigenproduktion in Höhe von 3.000 EUR. Fallen dagegen keine Vertriebskosten an, entsprechen sich also die Gesamtaufwendungen und die in der Position „Andere aktivierte Eigenleistungen" gebuchten Erträge betragsmäßig, so schlägt sich die Eigenproduktion buchmäßig erfolgsneutral nieder.

Werden dagegen nur die Einzelkosten und bestimmte Gemeinkosten (steuerliche und handelsrechtliche Wertuntergrenze von 70.000 EUR) aktiviert, so stehen in der Periode der Erstellung des Vermögensgegenstandes den angefallenen Gesamtaufwendungen in Höhe von 79.000 EUR lediglich Erträge in Höhe von 70.000 EUR gegenüber. Da in diesem Fall Aufwendungen in Höhe von 9.000 EUR nicht aktiviert werden, vermindert sich der Erfolg der Periode entsprechend.

2.4.4 Die Personalaufwendungen

Die durch den Einsatz des Produktionsfaktors Arbeit im Betriebsprozess entstehenden Personalaufwendungen setzen sich aus den tarifvertraglich oder frei vereinbarten Bruttolöhnen und Bruttogehältern sowie den darüber hinaus von der Unternehmung zu tragenden gesetzlichen und freiwilligen Sozialleistungen (z. B. Arbeitgeberanteil zur Sozialversicherung, Unfallversicherung, freiwillige Altersvorsorge, Deputate) zusammen. Die buchhalterische Behandlung der Personalaufwendungen ist besonders arbeitsintensiv, da für jeden Arbeitnehmer ein eigenes Lohn- oder Gehaltskonto zu führen und der Gesamtbetrag der Personalaufwendungen für jeden Arbeitnehmer und für jeden Monat in einzelne Teilbeträge aufzuspalten ist, die von der Unternehmung – oft zu unterschiedlichen Stichtagen – an die verschiedenen Zahlungsempfänger abzuführen sind. An die Beschäftigten selbst wird nur der nach Abzug von Lohn- und Kirchensteuer sowie des Solidaritätszuschlags und des Arbeitnehmeranteils zur Sozialversicherung verbleibende Rest (Nettolohn oder -gehalt) ausbezahlt, wobei die einzelnen Bestandteile dieser Abzüge zu einem nicht unwesentlichen Teil von den persönlichen Verhältnissen der Mitarbeiter abhängen.

Die Unternehmung ist im Rahmen des **Quellenabzugsverfahrens** dazu verpflichtet, die auf den Bruttolohn bzw. das Bruttogehalt entfallende **Lohnsteuer**, den **Solidaritätszuschlag** sowie die **Kirchensteuer** zu berechnen, einzubehalten und an die Finanzbehörden weiterzuleiten. Zum Bruttoarbeitsentgelt gehören alle Einnahmen, die dem Arbeitnehmer aus seinem Dienstverhältnis zufließen, z. B. Löhne, Gehälter, Gratifikationen, Tantiemen und andere Bezüge und Vorteile. Da es sich bei der Lohnsteuer um eine besondere Erhebungsform der Einkommensteuer, und zwar für Einkünfte aus nicht selbstständiger Arbeit (vgl. § 38 Abs. 1 EStG), handelt, sind neben dem Bruttoarbeitsentgelt auch die persönlichen Verhältnisse des Arbeitnehmers zu berücksichtigen. Diese Daten finden sich auf der von der zuständigen Gemeinde erstellten **„Lohnsteuerkarte"**, die dem Arbeitgeber in elektronischer Form zur Verfügung steht, so dass er die Steuerklasse, Kinderfreibeträge und andere Freibeträge berücksichtigen kann. Die üblicherweise unter Heranziehung der Monatslohnsteuertabelle errechnete, einbehaltene und an das Finanzamt abgeführte Lohnsteuer entspricht i. d. R. wegen des progressiven Einkommen- und damit auch Lohnsteuertarifs nicht der aus dem Jahresentgelt errechneten endgültigen Jahreslohnsteuer, so dass Erstattungen im Wege der Einkommensteuerklärungen bzw. der Einkommensteuerbescheide erfolgen.

Die **Beiträge zur Sozialversicherung** setzen sich im Wesentlichen aus Kranken-, Arbeitslosen-, Renten- und Pflegeversicherungsabgaben zusammen. Sie sind grundsätzlich jeweils zur Hälfte vom Arbeitnehmer und Arbeitgeber zu übernehmen und werden ebenfalls unmittelbar von der Unternehmung an die entsprechenden Stellen abgeführt. Ab dem 1. 1. 2009 schreibt der Gesetzgeber im Zuge der Gesundheitsreform einen einheitlichen Beitragssatz der Krankenkassen vor. Dieser Satz ist hälftig von den Arbeitgebern sowie den Arbeitnehmern zu tragen. Eine eventuell veranschlagte Zusatzprämie der Krankenkasse ist allein vom Versicherten zu tragen. Die an die Berufsgenossenschaft zu zahlenden **Beiträge zur Unfallversicherung** trägt dagegen allein der Arbeitgeber; da diese Beiträge jedoch nicht vom Arbeitsentgelt abhängig sind und auch unabhängig von den anderen Personalaufwendungen bezahlt werden, wird ihre Verbuchung hier nicht dargestellt.

Werden darüber hinaus noch **freiwillige Sozialleistungen** gewährt, so errechnet man den gesamten Personalaufwand wie folgt[22]:

	Netto-Arbeitsentgelt
+	Lohnsteuer
+	Solidaritätszuschlag
+	Kirchensteuer
+	Arbeitnehmeranteil zur Sozialversicherung
=	Brutto-Arbeitsentgelt

22 Modifiziert entnommen aus *Wöhe, Günter*: Bilanzierung und Bilanzpolitik, 9. Aufl., München 1997, S. 111.

+	Arbeitgeberanteil zur Sozialversicherung
+	Beiträge zur gesetzlichen Unfallversicherung (Berufsgenossenschaft)
=	vertraglicher und gesetzlicher Personalaufwand
+	freiwillige Sozialleistungen
=	gesamter Personalaufwand

Das Aufwandskonto **„Lohn- und Gehaltsaufwand"** nimmt auf seiner Soll-Seite die Brutto-Arbeitsentgelte auf. Die vom Arbeitgeber über das Bruttogehalt hinaus zu tragenden Sozialleistungen werden nicht im Konto „Lohn- und Gehaltsaufwand" erfasst, sondern in den gesonderten Aufwandskonten „freiwilliger Sozialaufwand" („freiwillige Sozialleistungen") oder „gesetzlicher Sozialaufwand". Die Gegenbuchungen erfolgen – je nach Zahlungsweise – z. B. auf dem Kontokorrentkonto. Allerdings werden in der Praxis die Netto-Löhne und Netto-Gehälter, die Steuern und die Sozialabgaben i. d. R. nicht zum gleichen Zeitpunkt bezahlt. Die Sozialabgaben werden am drittletzten Arbeitstag des jeweiligen Monats bezahlt, da sie am Monatsende bei den Krankenkassen eingegangen sein müssen; diese übernehmen die Verrechnung mit den anderen Sozialversicherungsträgern. Das Netto-Arbeitsentgelt wird üblicherweise zum Monatsende gezahlt, während die verschiedenen Steuerbeträge spätestens bis zum 10. des Folgemonats an das Finanzamt abgeführt sein müssen. Wegen der unterschiedlichen Zahlungstermine erfolgt die Gegenbuchung des „Lohn- und Gehaltsaufwands" nicht unmittelbar komplett im Kontokorrentkonto, sondern zum Teil zunächst in den Passivkonten „Verbindlichkeiten gegenüber Finanzbehörden" und „Verbindlichkeiten gegenüber Sozialversicherungsträgern".

BEISPIEL: Die Gehaltsabrechnung eines verheirateten Angestellten zum Monatsende hat folgendes Aussehen (Beträge sind gerundet):

Bruttogehalt		3.000 EUR
Lohnsteuer	./.	391 EUR
Solidaritätszuschlag (5,5 % der Lohnsteuer)	./.	22 EUR
Kirchensteuer (9 % der Lohnsteuer)	./.	35 EUR
Arbeitnehmeranteil zur Sozialversicherung	./.	552 EUR
Nettogehalt	=	2.000 EUR

Ferner entstehen dem Betrieb weitere Personalaufwendungen für:

- die gesetzliche Sozialversicherung (Arbeitgeberanteil): 552 EUR;
- freiwillige Sozialleistungen in Form von Prämienzahlungen für eine zugunsten des Mitarbeiters abgeschlossene Lebensversicherung: 248 EUR.

Die gesetzlichen Sozialabgaben werden am 28. des Monats, das Nettogehalt wird am 30. des Monats vom Kontokorrentkonto an den Arbeitnehmer überwiesen. Die Auszahlungen für Steuern und freiwillige Sozialleistungen erfolgen jeweils am 10. des darauffolgenden Monats vom Kontokorrentkonto.

Buchungssätze:

(1) am 28. des Monats:

Verbindlichkeiten gegenüber Sozialversicherungsträgern	1.104	an	Kontokorrentkonto	1.104

(2) am Monatsende:

Lohn- und Gehaltsaufwand	3.000	Kontokorrentkonto	2.000
Gesetzlicher Sozialaufwand	552	Verbindlichkeiten gegenüber Finanzbehörden	448
Freiwillige Sozialleistungen	248	Verbindlichkeiten gegenüber Sozialversicherungsträgern	1.104
		Verbindlichkeiten gegenüber Lebensversicherungsgesellschaft X	248

(3) am 10. des Folgemonats:

Verbindlichkeiten gegenüber Finanzbehörden	448	Kontokorrentkonto	696
Verbindlichkeiten gegenüber Lebensversicherungsgesellschaft X	248		

Kontenbild:

S — Verbindlichkeiten gegenüber Finanzbehörden — H

(3)	448	(2)	448

S — Verbindlichkeiten gegenüber Sozialversicherungsträgern — H

(1)	1.104	(2)	1.104

S — Verbindlichkeiten gegenüber Lebensversicherungsgesellschaft X — H

(3)	248	(2)	248

S — Lohn- und Gehaltsaufwand — H

(2)	3.000		

S — Gesetzlicher Sozialaufwand — H

(2)	552		

S — Freiwillige Sozialleistungen — H

(2)	248		

S — Kontokorrentkonto — H

		(1)	1.104
		(2)	2.000
		(3)	696

Die Konten „Lohn- und Gehaltsaufwand“, „Gesetzlicher Sozialaufwand“ und „Freiwillige Sozialleistungen“ werden zum Abschlussstichtag über das GuV-Konto abgeschlossen.

Werden den Arbeitnehmern Teile ihrer Nettolöhne und -gehälter aufgrund vertraglicher Abmachungen schon vor dem Zeitpunkt der monatlichen Abrechnung ausbezahlt, so spricht man von **Abschlagszahlungen**. Solche Vorschüsse werden im Moment ihrer Auszahlung auf einem die Forderungen an Mitarbeiter aufnehmenden aktiven Bestandskonto „Abschlagszahlungen“ gegengebucht und im späteren Abrechnungszeitpunkt mit den Nettolöhnen bzw. -gehältern verrechnet.

BEISPIEL: Der oben erwähnte Angestellte vereinbart mit seinem Arbeitgeber, dass ihm jeweils 800 EUR seines Nettogehalts bereits in der Monatsmitte ausbezahlt werden. Sein Bruttogehalt bleibt unverändert.

Buchungssätze:

(1) am 15. des Monats:

Abschlagszahlungen	800	an	Kontokorrentkonto	800

(2) am 28. des Monats:

Verbindlichkeiten gegenüber Sozialversicherungsträgern	1.104	an	Kontokorrentkonto	1.104

(3) am 30. des Monats:

Lohn- und Gehaltsaufwand	3.000		Kontokorrentkonto	1.200
Gesetzlicher Sozialaufwand	552		Abschlagszahlungen	800
Freiwillige Sozialleistungen	248		Verbindlichkeiten gegenüber Finanzbehörden	448
			Verbindlichkeiten gegenüber Sozialversicherungsträgern	1.104
			Verbindlichkeiten gegenüber Lebensversicherungsgesellschaft X	248

(4) am 10. des Folgemonats:

Verbindlichkeiten gegenüber Finanzbehörden	448		Kontokorrentkonto	696
Verbindlichkeiten gegenüber Lebensversicherungsgesellschaft X	248			

In der Praxis ist für jeden Beschäftigten ein eigenes Konto „Lohn- und Gehaltsaufwendungen" und – soweit per Vertrag geregelt – ein Konto „Abschlagszahlungen" einzurichten, auf dem neben den Gesamtbeträgen der Bruttobezüge die Nettolöhne bzw. -gehälter sowie die einzelnen Arten von Abzügen getrennt erkennbar sein müssen. Zudem werden die gesetzlichen und freiwilligen Sozialleistungen zweckmäßigerweise auf mehreren Unterkonten – differenziert nach Verwendungsarten und Empfängern – erfasst.

Zur Darstellung des Verfahrens und zu Übungszwecken reicht allerdings die beschriebene vereinfachte Vorgehensweise aus.[23]

2.5 Die Aufstellung des Jahresabschlusses

2.5.1 Die Bewertung von Forderungen

2.5.1.1 Allgemeine Bewertungsregelungen

Forderungen aus Lieferungen und Leistungen einer Unternehmung sind dem Umlaufvermögen zuzurechnen und unterliegen somit den Bewertungsregelungen nach § 253 Abs. 4 HGB. Danach sind auf Vermögensgegenstände des Umlaufvermögens Abschreibungen vorzunehmen, um sie „mit einem niedrigeren Wert anzusetzen, der sich aus einem Börsen- oder Marktpreis am Abschlussstichtag ergibt" (§ 253 Abs. 4 Satz 1 HGB). Da für Forderungen normalerweise keine Börsen- oder Marktpreise existieren, gilt für ihre Wertbemessung am Abschlussstichtag § 253 Abs. 4 Satz 2 HGB, wonach solche Vermögenswerte auf den ihnen am Abschlussstichtag **beizulegenden Wert** abzuschreiben sind, sofern die Anschaffungs- oder Herstellungskosten diesen Wert übersteigen.

23 Als vertiefende Literatur sei empfohlen: *Eisele, Wolfgang/Knobloch, Alois Paul*: Technik des betrieblichen Rechnungswesens, 8. Aufl., München 2011, S. 317–349.

Forderungen unterliegen keinem regelmäßigen Verschleiß und dürfen auch nicht planmäßig abgeschrieben werden. Dennoch kann der beizulegende Wert einer Forderung aufgrund wirtschaftlicher Umstände unter die Anschaffungskosten sinken und damit einen außerordentlichen Abschreibungsbedarf auslösen. Der Wert einer Forderung kann beispielsweise aufgrund einer **Unverzinslichkeit** bzw. einer im Verhältnis zum Marktzinsniveau **niedrigeren Verzinsung** unter die Anschaffungskosten sinken und damit eine Abschreibung auf den Barwert bedingen, wobei eine solche Abschreibung auf den beizulegenden Wert bei den meist kurzfristigen Forderungen aus Lieferungen und Leistungen jedoch nicht üblich ist[24]. Ein weiterer Grund für einen Abschreibungsbedarf auf eine Forderung ergibt sich bei Fremdwährungsforderungen, wenn sich der Wechselkurs derart geändert hat, dass die auf eine ausländische Währung lautende Forderung nach ihrer Umrechnung in die heimische Währung an Wert verloren hat.

Der Hauptgrund für die Wertminderung einer Forderung resultiert jedoch aus dem **Ausfallrisiko.** Die buchführende Unternehmung muss deshalb spätestens zum Ende eines jeden Geschäftsjahres bei der Aufstellung des Inventars und der Bilanz prüfen, inwieweit mit Zahlungseingängen aus offenen Debitorenpositionen noch zu rechnen ist und welche Wertansätze den Forderungen tatsächlich noch beigemessen werden können. Die Bonitätsbeurteilung und die hieraus abgeleitete Bewertung der Forderungen führt zunächst zu einer **Klassifizierung nach zwei Gruppen**, und zwar in solche Forderungen, an deren Einbringlichkeit zumindest zum Betrachtungszeitpunkt keine Zweifel bestehen **(„sichere" Forderungen)**, und in solche Forderungen, bei denen begründete Anhaltspunkte vorliegen, dass sie voraussichtlich nicht zu ihrem Nominalbetrag bzw. ihrem noch ausstehenden Betrag realisiert werden können **(ausfallgefährdete Forderungen)**. Diejenigen Forderungen, die eine Gefährdung erkennen lassen, sind entsprechend ihrer Ausfallwahrscheinlichkeit einzeln wertzuberichtigen.

2.5.1.2 Einzelabschreibungen auf Forderungen

Innerhalb der Gruppe der Forderungen, die ausfallgefährdet sind, ist eine **Differenzierung zwischen uneinbringlichen und zweifelhaften Forderungen** vorzunehmen.

Als **uneinbringlich** sind Forderungen einzustufen, wenn am Abschlussstichtag feststeht, dass Zahlungsleistungen (auch aus der Verwertung von Sicherheiten) nicht mehr erreicht werden können, sie also vollständig ausfallen. Solche uneinbringlichen Forderungen müssen ausgebucht, also **in voller Höhe abgeschrieben** werden. Als uneinbringlich ist eine Forderung anzusehen, wenn einer der folgenden Sachverhalte vorliegt[25]:

- festgestellte Illiquidität des Schuldners,
- fruchtloser Verlauf der Zwangsvollstreckung,
- vom Schuldner geleistete eidesstattliche Versicherung, mit einer Verbesserung seiner wirtschaftlichen Lage sei in absehbarer Zeit nicht zu rechnen,
- eigener Forderungsverzicht.

24 Vgl. *Falterbaum, Hermann/Bolk, Wolfgang/Reiss, Wolfram/Kirchner, Thomas:* Buchführung und Bilanz, Grüne Reihe, Band 10, 22. Aufl., Achim 2015, S. 770 f.

25 Vgl. auch *Eisele, Wolfgang/Knobloch, Alois Paul*: Technik des betrieblichen Rechnungswesens, 8. Aufl., München 2011, S. 466 f.

Als **zweifelhaft** sind Forderungen anzusehen, wenn lediglich mit ihrer teilweisen Realisierung (auch aus der Verwertung von Sicherheiten) zu rechnen ist. Der tatsächliche Zahlungseingang bzw. der voraussichtliche Forderungsausfall ist auf der Grundlage von Schätzungen zu beurteilen, die allerdings auf objektivierbaren Kriterien basieren müssen. Anhaltspunkte für das Vorliegen einer zweifelhaften Forderung ergeben sich u. a. aus folgenden Sachverhalten[26]:

- fruchtlos erfolgte Mahnungen bzw. Zahlungsverzug des Schuldners,
- negative Auskünfte über die Finanz- und Liquiditätsverhältnisse des Schuldners,
- Nichteinlösung von Schecks oder Wechseln,
- Erlass von Mahnbescheiden,
- Einleitung des Insolvenzverfahrens.

Die **zweifelhaften Forderungen (dubiose Forderungen)** sind aus Gründen der Klarheit der Buchführung aus dem sonstigen Forderungsbestand auszusondern und auf einem eigens hierfür anzulegenden Konto **„Zweifelhafte Kundenforderungen"** oder **„Dubiose Forderungen"** unter Ansetzung ihres **wahrscheinlichen Wertes** zu erfassen. Die Umbuchung bewirkt zunächst lediglich eine buchmäßige Trennung dieses Forderungsbestandes, ein erfolgsmindernder Abschreibungsbedarf bleibt hierbei noch unberücksichtigt. Die Bewertung der Forderungen erfolgt erst im Anschluss an die Umbuchung in einem zweiten Schritt; entsprechend dem als uneinbringlich einzustufenden Teil der Forderung ist eine **Abschreibung in Höhe des voraussichtlichen Ausfalls** vorzunehmen.

Bemessungsgrundlage für die erfolgswirksame Abschreibung sind nicht die Bruttobeträge (einschließlich der in den Forderungen enthaltenen Umsatzsteuer), sondern die Nettobeträge (Nettoforderungen ohne Umsatzsteuer). Soweit aus einem Forderungsausfall eine Wertminderung begründet wird, trägt der Unternehmer lediglich eine Belastung in Höhe des Nettobetrags, da er gegenüber dem Finanzamt einen Kürzungsanspruch um die in dem Forderungsverlust enthaltene Umsatzsteuer hat, der die Bemessungsgrundlage der Umsatzsteuer mindert. Die beim ursprünglichen Verkaufsvorgang in Rechnung gestellte Umsatzsteuer muss korrigiert werden. Diese Korrektur der Umsatzsteuerschuld erfolgt jedoch grundsätzlich erst zu dem Zeitpunkt, an dem der tatsächliche Forderungsausfall feststeht. Allerdings legt § 223 Abs. 5 Satz 5 UStR fest: „Wird über das Vermögen eines Unternehmers das Insolvenzverfahren eröffnet, werden die gegen ihn gerichteten Forderungen spätestens in diesem Zeitpunkt unbeschadet einer möglichen Insolvenzquote in voller Höhe uneinbringlich im Sinne des § 17 Abs. 2 Nr. 1 Satz 1 UStG." Bis dahin wird der auf den als uneinbringlich angesehenen Teil der Forderung entfallende Umsatzsteuerbetrag unverändert in der ursprünglichen Höhe weitergeführt.

Buchungs- und bilanztechnisch kann die Wertminderung einer Forderung nach zwei Verfahren berücksichtigt werden. Bei der **direkten Abschreibung** werden die voraussichtlich uneinbringlichen Forderungen von dem Gesamtforderungsbestand unmittelbar abgesetzt, die Bilanz zeigt somit den um die Abschreibungen verminderten Forderungsbestand. Die **indirekte Abschreibungsmethode** verrechnet dagegen die Wertminderung nicht innerhalb der Forderungspositionen der Aktivseite, sondern berücksichtigt den Abschreibungsbedarf durch einen Korrekturposten auf der Passivseite der Bilanz als **„Wertberichtigungen auf Forderungen"** oder **„Delkredere"**.

26 Vgl. *Eisele, Wolfgang/Knobloch, Alois Paul*: Technik des betrieblichen Rechnungswesens, 8. Aufl., München 2011, S. 466 f.

Da das Gliederungsschema der Bilanz für Kapitalgesellschaften nach § 266 Abs. 3 HGB allerdings keine passivische Wertberichtigung vorsieht, ist die indirekte Abschreibungsmethode nur für Nichtkapitalgesellschaften zulässig. Auch bei ihnen wird jedoch meist die direkte Abschreibungsmethode angewendet.

BEISPIEL: Der Gesamtbestand an Kundenforderungen einer Unternehmung beläuft sich auf 24.000 EUR (einschließlich 20 % Umsatzsteuer). Bei einem ihrer Kunden bezweifelt die Unternehmung, dass die Restschuld in Höhe von 4.800 EUR (einschließlich 20 % USt) vollständig beglichen werden kann. Die Unternehmung rechnet damit, auf jeden Fall ein Viertel der Nettoforderung zu verlieren.

Buchungssätze: Direkte Buchung der Abschreibung

1.	**bei Forderungsabschreibung:**				
	Dubiose Forderungen	4.800	an	Kundenforderungen	4.800
	Abschreibungen auf Kundenforderungen	1.000	an	Dubiose Forderungen	1.000
2.	**Abschlussbuchungen (Auszug):**				
	GuV-Konto	1.000	an	Abschreibungen auf Kundenforderungen	1.000
	Schlussbilanzkonto	19.200	an	Kundenforderungen	19.200
	Schlussbilanzkonto	3.800	an	Dubiose Forderungen	3.800

In der Schlussbilanz werden die beiden Beträge zusammengefasst (23.000 EUR) und unter den „Forderungen aus Lieferungen und Leistungen" ausgewiesen.

Buchungssätze: Indirekte Buchung der Abschreibung

1.	**bei Forderungsabschreibung:**				
	Dubiose Forderungen	4.800	an	Kundenforderungen	4.800
	Abschreibungen auf Kundenforderungen	1.000	an	Wertberichtigungen auf Forderungen (Delkredere)	1.000
2.	**Abschlussbuchungen (Auszug):**				
	GuV-Konto	1.000	an	Abschreibungen auf Kundenforderungen	1.000
	Schlussbilanzkonto	19.200	an	Kundenforderungen	19.200
	Schlussbilanzkonto	4.800	an	Dubiose Forderungen	4.800
	Wertberichtigungen auf Forderungen (Delkredere)	1.000	an	Schlussbilanzkonto	1.000

Auch hier werden in der Schlussbilanz die Salden der Konten „Kundenforderungen" und „Dubiose Forderungen" zusammengefasst und in der Position „Forderungen aus Lieferungen und Leistungen" in Höhe von 24.000 EUR ausgewiesen. Diesem Betrag stehen auf der Passivseite allerdings die „Wertberichtigungen auf Forderungen" (Delkredere) i. H. v. 1.000 EUR gegenüber.

Wenn die Zahlungen aus dieser dubiosen Forderung in einem späteren Geschäftsjahr eingehen, sind drei Fälle denkbar:

a) Endgültiger Forderungsverlust entspricht dem geschätzten Betrag
3.600 EUR gehen ein; der endgültige Forderungsverlust beträgt 1.200 EUR.

Buchungssatz: Direkte Buchung der Abschreibung

Kontokorrentkonto	3.600	Dubiose Forderungen	3.800
Umsatzsteuer	200		

Buchungssatz: Indirekte Buchung der Abschreibung

Kontokorrentkonto	3.600	Dubiose Forderungen	4.800
Wertberichtigungen auf Forderungen (Delkredere)	1.000		
Umsatzsteuer	200		

b) Endgültiger Forderungsverlust ist niedriger als erwartet
Der Kunde zahlt 4.560 EUR (inkl. 760 EUR Umsatzsteuer); dies entspricht einem Nettobetrag von 3.800 EUR.

Die **verrechneten Abschreibungen** waren also **zu hoch** angesetzt, wodurch nunmehr die Buchung eines „sonstigen betrieblichen Ertrags“ notwendig wird.

Die Umsatzsteuerminderung ist stets erst anhand des effektiven Ausfallbetrags zu berechnen:

$$\frac{\text{ursprünglicher Betrag der Kundenforderung} - \text{tatsächlicher Zahlungseingang}}{1 + 0{,}2} \times 0{,}2$$

Buchungssatz: Direkte Buchung der Abschreibung

Kontokorrentkonto	4.560	Dubiose Forderungen	3.800
Umsatzsteuer	40	Sonstige betriebliche Erträge	800

Buchungssatz: Indirekte Buchung der Abschreibung

Kontokorrentkonto	4.560	Dubiose Forderungen	4.800
Wertberichtigungen auf Forderungen (Delkredere)	1.000	Sonstige betriebliche Erträge	800
Umsatzsteuer	40		

c) Endgültiger Forderungsverlust ist höher als erwartet
Lediglich 3.000 EUR werden überwiesen; dies entspricht einem Nettobetrag von 2.500 EUR.

Die **verrechneten Abschreibungen** waren also **zu niedrig** angesetzt. Im Moment des Zahlungseingangs bucht der Empfänger einen „sonstigen betrieblichen Aufwand“ in Höhe des Netto-Ausfalls.

Buchungssatz: Direkte Buchung der Abschreibung

Kontokorrentkonto	3.000	Dubiose Forderungen	3.800
Umsatzsteuer	300		
Sonstige betriebliche Aufwendungen	500		

Buchungssatz: Indirekte Buchung der Abschreibung

Kontokorrentkonto	3.000	Dubiose Forderungen	4.800
Wertberichtigungen auf Forderungen (Delkredere)	1.000		
Umsatzsteuer	300		
Sonstige betriebliche Aufwendungen	500		

2.5.1.3 Pauschal- oder Sammelabschreibungen (-wertberichtigungen)

Wertminderungen im Debitorenbestand können auch mittels Pauschal- oder Sammelabschreibungen (Pauschal- oder Sammelwertberichtigungen) in der Buchführung erfasst und verrechnet werden. Diese Vorgehensweise empfiehlt sich insbesondere, wenn die Unternehmung **zahlreiche betragsmäßig kleine Einzelpositionen im Forderungsbestand** hält (z. B. Versandhäuser).

Mit an Sicherheit grenzender Wahrscheinlichkeit **uneinbringliche Beträge** sind in jedem Fall **einzeln abzuschreiben**. Die Erfahrung zeigt aber, dass sich auch von dem am Abschlussstichtag verbleibenden Rest der – als problemlos erscheinenden – Forderungen ein gewisser Teil im Laufe des folgenden Geschäftsjahres als uneinbringlich oder zweifelhaft herausstellen wird. Entsprechend dem Prinzip der kaufmännischen Vorsicht versucht man, diese Verluste bereits in der laufenden Periode als Abschreibungen zu verrechnen, um so den Forderungsbestand nicht über seinem eigentlichen Wert anzusetzen und auszuweisen.

Die deswegen zu verrechnenden Pauschalwertberichtigungen werden berechnet, indem man den gesamten nicht einzelwertberichtigten Forderungsbestand mit einem bestimmten Prozentsatz multipliziert. Dieser Faktor basiert auf Erfahrungswerten der Unternehmung, die unter Beachtung besonderer Einflüsse (z. B. Veränderungen der Kundenstruktur, Branchen- oder Konjunkturlage) aktualisiert werden sollten.

Auch die Pauschalwertberichtigungen können nach der direkten Abschreibungsmethode unmittelbar von dem Forderungsbestand abgesetzt oder durch die Bildung eines passiven Wertberichtigungspostens berücksichtigt werden, wobei die indirekte Ausweistechnik wiederum nur für Nichtkapitalgesellschaften zulässig ist.

BEISPIEL: Am Ende des Geschäftsjahres 01 belaufen sich die offenen Forderungen (ohne die bereits einzelwertberichtigten Forderungen) der Z-OHG auf 144.000 EUR (24.000 EUR Umsatzsteueranteil). Erfahrungsgemäß erweist sich ein Teil (im Durchschnitt der vergangenen Jahre 3 %) dieser Forderungen als uneinbringlich und wird abgeschrieben.

Buchungssätze: Direkte Buchung der Abschreibung

Abschreibungen auf Kundenforderungen	3.600	an	Kundenforderungen	3.600
GuV-Konto	3.600	an	Abschreibungen auf Kundenforderungen	3.600
Schlussbilanzkonto	140.400	an	Kundenforderungen	140.400

Buchungssätze: Indirekte Buchung der Abschreibung

Abschreibungen auf Kundenforderungen	3.600	an	Wertberichtigungen auf Forderungen	3.600
GuV-Konto	3.600	an	Abschreibungen auf Kundenforderungen	3.600
Schlussbilanzkonto	144.000	an	Kundenforderungen	144.000
Wertberichtigungen auf Forderungen	3.600	an	Schlussbilanzkonto	3.600

Entsprechen die späteren Zahlungseingänge nicht den vorab verrechneten Pauschalabschreibungen, so sind – ähnlich wie bei den Einzelabschreibungen – Korrekturbuchungen auf den Konten „Sonstige betriebliche Aufwendungen" und „Sonstige betriebliche Erträge" vorzunehmen. Allerdings bestehen hierbei zum Teil erhebliche Quantifizierungsprobleme, da die Abschreibungen als Durchschnittswerte aller Forderungspositionen ermittelt werden und somit nicht unmittelbar mit einzelnen Einzahlungen verrechnet werden können.

2.5.2 Abschreibungen auf Sachanlagevermögen

Im Zeitpunkt der Anschaffung von Vermögensgegenständen entsteht für den erwerbenden Betrieb (normalerweise) kein Aufwand. So ist beispielsweise der Kauf einer Maschine ein erfolgsneutraler Vorgang, der lediglich einen Aktivtausch (bei vorhandener eigener Liquidität) bzw. eine Bilanzverlängerung (z. B. bei einer Finanzierung über die Aufnahme eines Darlehens) nach sich zieht.

Im Laufe ihrer Einsatzdauer ergibt sich jedoch ein Verschleiß dieser Maschine, sie verliert dadurch ständig an Wert. Deswegen sind Gegenstände des Anlagevermögens, deren Nutzung zeitlich begrenzt ist, **planmäßig** abzuschreiben (vgl. § 253 Abs. 3 Satz 1 HGB). Der genaue zeitliche Verlauf solcher Wertminderungen kann aber in den seltensten Fällen – mit vertretbarem Arbeitsaufwand – exakt gemessen werden, da zu viele Faktoren hierbei eine Rolle spielen (Alter, technischer Zustand der Maschine, neue Produktionsverfahren, Konjunktur etc.). Aus diesem Grunde verlangt § 253 Abs. 3 Satz 2 HGB lediglich, dass ein Plan aufzustellen ist, nach dem die Anschaffungs- oder Herstellungskosten auf die Geschäftsjahre verteilt werden, in denen der Vermögensgegenstand voraussichtlich genutzt werden kann. Es wird jedoch vom Gesetzgeber nicht vorgeschrieben, nach welchen Regeln dieser Plan aufzustellen ist. Wichtig ist vielmehr, dass sich die Unternehmung für ein – objektiv nachvollziehbares und den Grundsätzen ordnungsmäßiger Buchführung und Bilanzierung entsprechendes – Verfahren entscheidet, nach dem die Wertansätze solcher Güter im externen Rechnungswesen von Periode zu Periode zu vermindern sind. Es wäre allerdings reiner Zufall, wenn der bei einem vorzeitigen Verkauf der Anlage erzielbare Preis genau ihrem Restbuchwert entspräche.

Für die **Handelsbilanz** können **planmäßige Abschreibungen** nach mehreren Methoden berechnet werden[27]:

- **lineare Abschreibung;**
- **degressive Abschreibung;**
  - geometrisch-degressive Abschreibung;
  - arithmetisch-degressive Abschreibung;
  - Abschreibung mit unregelmäßig fallenden Jahresbeträgen;
- **progressive Abschreibung;**
- **Abschreibung nach Leistung und Inanspruchnahme.**

Hier sollen lediglich die beiden wichtigsten Verfahren dargestellt werden.

Bei der **linearen Abschreibung** (= Abschreibung in gleich bleibenden Jahresbeträgen) werden die Anschaffungs- bzw. Herstellungskosten (eventuell unter Berücksichtigung eines Liquidations-

27 Vgl. hierzu *Bieg, Hartmut/Kußmaul, Heinz/Waschbusch, Gerd*: Externes Rechnungswesen, 6. Aufl., München 2012, S. 167–178.

erlöses) gleichmäßig auf die Nutzungsdauer verteilt, so dass der zu verrechnende Abschreibungsbetrag in jedem Nutzungsjahr gleich groß ist.

$$\textbf{Jahresabschreibung} = \frac{\textbf{Anschaffungskosten bzw. Herstellungskosten}}{\textbf{Nutzungsdauer}}$$

BEISPIEL: Eine Unternehmung lässt im Januar des Jahres 01 eine Lagerhalle zum Preis von 500.000 EUR zzgl. 20 % Umsatzsteuer errichten. Die Nutzungsdauer des Gebäudes wird auf 25 Jahre geschätzt. Die Abschreibung erfolge linear über den Nutzungszeitraum. Finanziert wurde der Bau je zur Hälfte durch ein Bankdarlehen und durch bereits vorhandene eigene Guthaben auf dem Kontokorrentkonto.

Buchungssätze:

- **bei der Aufnahme des Darlehens**

Kontokorrentkonto	300.000		Darlehensschulden	300.000

- **bei der Bezahlung der Rechnung:**

Grundstücke und Gebäude	500.000		Kontokorrentkonto	600.000
Vorsteuer	100.000			

$$\textbf{Jahresabschreibung} = \frac{\textbf{Anschaffungskosten}}{\textbf{Nutzungsdauer}} = \frac{\textbf{500.000 [EUR]}}{\textbf{25 [Jahre]}} = \textbf{20.000 [EUR/Jahr]}$$

- **bei der Buchung der Abschreibungen am Ende des Geschäftsjahres 01:**

Abschreibungen auf Gebäude	20.000	an	Grundstücke und Gebäude	20.000

Abschreibungen repräsentieren einen Wertverzehr am betrieblichen Vermögen und sind daher – wie die anderen Aufwandspositionen – auf das GuV-Konto zu übertragen. Der Saldo des Bestandskontos wird auf das Schlussbilanzkonto übertragen.

GuV-Konto	20.000	an	Abschreibungen auf Gebäude	20.000
Schlussbilanzkonto	480.000	an	Grundstücke und Gebäude	480.000

In den Folgejahren ist analog vorzugehen.

Bei der **geometrisch-degressiven Abschreibung** wird der jährliche Wertverzehr als fester Prozentsatz vom Buchwert des Vermögensgegenstandes ermittelt. Der Buchwert (Restbuchwert, fortgeführte Anschaffungs- oder Herstellungskosten) entspricht im Jahr der Anschaffung bzw. Herstellung den Anschaffungs- bzw. Herstellungskosten, in den Folgejahren dem Wertansatz des betreffenden Vermögensgegenstandes in der Eröffnungsbilanz dieses Jahres, der sich bei einer direkten Verrechnung der Abschreibung ergibt.

$$\textbf{Jahresabschreibung} = \textbf{Restbuchwert} \times \textbf{Abschreibungsprozentsatz}$$

Da sich der Restbuchwert durch die Abschreibungen stetig vermindert, sinken auch die Jahresabschreibungsbeträge mit fortschreitender Nutzungsdauer des Vermögensgegenstandes.

Die ertragsteuerliche Möglichkeit der geometrisch-degressiven Abschreibung lief mit dem 31. 12. 2010 aus. Steuerlich hat sie somit nur noch Bedeutung für bewegliche abnutzbare Anlagegüter, die vor dem 01. 01. 2011 in Betrieb genommen und geometrisch-degressiv abgeschrieben wurden. Die handelsrechtliche Zulässigkeit der geometrisch-degressiven Abschreibungen ist dagegen weiterhin gegeben.

BEISPIEL: Eine Unternehmung kauft eine Maschine (150.000 EUR ohne Umsatzsteuer), die – zumindest in den ersten Jahren – mit 25 % geometrisch-degressiv abgeschrieben wird. Die voraussichtliche Nutzungsdauer wird auf acht Jahre geschätzt. Die Bezahlung erfolgt durch Überweisung vom Kontokorrentkonto.

Buchungssätze:

► **bei Lieferung und Bezahlung der Rechnung:**

Maschinen und Werkzeuge	150.000		Lieferantenverbindlichkeiten	180.000
Vorsteuer (20 %)	30.000			
Lieferantenverbindlichkeiten	180.000	an	Kontokorrentkonto	180.000

► **bei Buchung der Abschreibung im 1. Nutzungsjahr:**

Abschreibungsbetrag im 1. Nutzungsjahr = Anschaffungskosten × Abschreibungsprozentsatz
= 150.000 EUR x 0,25 = 37.500 EUR

Abschreibungen auf Maschinen und Werkzeuge	37.500	an	Maschinen und Werkzeuge	37.500
GuV-Konto	37.500	an	Abschreibungen auf Maschinen und Werkzeuge	37.500
Schlussbilanzkonto	112.500	an	Maschinen und Werkzeuge	112.500

► **bei Buchung der Abschreibung im 2. Nutzungsjahr:**

Restbuchwert = 150.000 EUR – 37.500 EUR = 112.500 EUR

Abschreibungsbetrag im 2. Nutzungsjahr = 112.500 EUR x 0,25 = 28.125 EUR

Abschreibungen auf Maschinen und Werkzeuge	28.125	an	Maschinen und Werkzeuge	28.125
GuV-Konto	28.125	an	Abschreibungen auf Maschinen und Werkzeuge	28.125
Schlussbilanzkonto	84.375	an	Maschinen und Werkzeuge	84.375

► **bei Buchung der Abschreibung im 3. Nutzungsjahr:**

Restbuchwert = 112.500 EUR – 28.125 EUR = 84.375 EUR

Abschreibungsbetrag im 3. Nutzungsjahr = 84.375 EUR × 0,25 = 21.093,75 EUR

Abschreibungen auf Maschinen und Werkzeuge	21.093,75	an	Maschinen und Werkzeuge	21.093,75
GuV-Konto	21.093,75	an	Abschreibungen auf Maschinen und Werkzeuge	21.093,75
Schlussbilanzkonto	63.281,25	an	Maschinen und Werkzeuge	63.281,25

Ein **Nachteil** der geometrisch-degressiven Methode liegt darin, dass – solange der Abschreibungsprozentsatz kleiner als 100 % ist – nie ein Restbuchwert von 0 EUR am Ende der geplanten Nutzungsdauer erreicht werden kann. Es empfiehlt sich daher, nach einigen Jahren auf ein anderes Verfahren (z. B. die lineare Methode) „umzusteigen". Ein solcher Verfahrenswechsel ist

handelsrechtlich – soweit er sachlich begründet werden kann – auf jede andere Methode zulässig. **Steuerrechtlich** ist – soweit überhaupt noch eine geometrisch-degressive Abschreibung erfolgt (Übergangsregelung) – lediglich ein Wechsel zur linearen Abschreibungsmethode möglich. Dabei muss aber beachtet werden, dass die linearen Abschreibungsbeträge nunmehr aufgrund des **Restbuchwertes** unter Berücksichtigung der **Restnutzungsdauer** (nicht aufgrund der ursprünglichen Daten bei Anschaffung oder Herstellung) zu errechnen sind.

Für Anlagegegenstände mit zeitlich unbegrenzter Nutzungsmöglichkeit (z. B. Grundstücke oder Beteiligungen) und für Güter des Umlaufvermögens kommen planmäßige Abschreibungen nicht in Betracht, da sie entweder keiner regelmäßigen Wertminderung ausgesetzt sind oder nur für eine kurze Zeit im Betrieb verbleiben sollen, bevor sie verkauft bzw. weiterverarbeitet werden.

Dagegen müssen oder können **außerplanmäßige Abschreibungen** auf alle Vermögensgegenstände des Umlaufvermögens und des Anlagevermögens verrechnet werden, wobei es bei den Anlagevermögensgegenständen ausdrücklich nicht darauf ankommt, ob ihre Nutzung zeitlich begrenzt ist oder nicht (vgl. § 253 Abs. 3 Satz 5 und Abs. 4 Satz 1 und Satz 2 HGB). § 253 Abs. 4 HGB fordert für **Vermögensgegenstände des Umlaufvermögens** zwingend eine Abschreibung von den zunächst aktivierten Anschaffungs- oder Herstellungskosten auf den niedrigeren Wert, der sich aus einem Börsen- oder Marktpreis am Abschlussstichtag ergibt (Satz 1). Ist ein Börsen- oder Marktpreis nicht festzustellen, so ist auf den niedrigeren Wert abzuschreiben, der dem Gegenstand am Abschlussstichtag beizulegen ist („niedrigerer beizulegender Wert"; Satz 2).

§ 253 Abs. 3 Satz 5 HGB enthält die Verpflichtung, bei **Vermögensgegenständen des Anlagevermögens** bei voraussichtlich dauernder Wertminderung eine Abschreibung auf den niedrigeren Wert, der dem Anlagevermögensgegenstand am Abschlussstichtag beizulegen ist, vorzunehmen. Für Finanzanlagen besteht ein Abschreibungswahlrecht, wenn am Abschlussstichtag eine voraussichtlich nicht dauernde Wertminderung vorliegt (vgl. § 253 Abs. 3 Satz 6 HGB).

Außerplanmäßige Abschreibungen dienen also zur Erfassung von Wertminderungen, die plötzlich und unerwartet aus technischen oder wirtschaftlichen Gründen eintreten. Sie sind beispielsweise vorzunehmen, wenn die Marktwerte von Erzeugnissen oder Waren unter die Anschaffungs- oder Herstellungskosten sinken, wenn ein unversicherter Totalschaden an einem noch nicht völlig abgeschriebenen LKW eintritt, wenn der Kurswert der von einer Unternehmung gehaltenen Wertpapiere aufgrund eines drastischen Kursverfalles absinkt, wenn eine Forderung aufgrund der Insolvenz eines Schuldners zweifelhaft wird (vgl. dazu Abschnitt 2.5.1.2).

Außerplanmäßige Abschreibungen sind buchtechnisch wie die planmäßigen Abschreibungen zu behandeln, d. h., das betroffene Aktivkonto ist im Haben zu belasten, die zugehörige Soll-Buchung erfolgt auf einem Aufwandskonto „Abschreibungen auf ... (Bezeichnung des Vermögensgegenstandes)". Unterschiede gegenüber den planmäßigen Abschreibungen bestehen demnach nur hinsichtlich der Vorgehensweise der Berechnung und der Regelmäßigkeit ihrer Verrechnung.

Wenn die **Gründe für eine außerplanmäßige Abschreibung weggefallen** sind, darf der niedrigere Wertansatz, also der durch die in einer früheren Periode im Wege der Verrechnung einer außerplanmäßigen Abschreibung entstandene Buchwert, nicht beibehalten werden (Wertaufholungsgebot des § 253 Abs. 5 Satz 1 HGB); ein niedrigerer Wertansatz eines entgeltlich erworbenen Geschäfts- oder Firmenwerts muss dagegen beibehalten werden (vgl. § 253 Abs. 5 Satz 2 HGB).

Die in § 253 Abs. 5 Satz 1 HGB geforderte **Zuschreibung** erfolgt durch eine Sollbuchung bei dem zuzuschreibenden Vermögensgegenstand. Die zugehörige Habenbuchung erfolgt in einem Ertragskonto („Sonstige betriebliche Erträge"). Somit ist der nun wieder erhöhte Vermögensausweis mit einem positiven Erfolgsbeitrag verbunden.

Die Summe der während der Nutzungszeit abnutzbarer Vermögensgegenstände verrechneten Abschreibungen darf in keinem Fall über den Betrag der (historischen) Anschaffungs- oder Herstellungskosten hinausgehen. Wurden die Abschreibungsbeträge einzelner Perioden zu hoch angesetzt bzw. hat man die Nutzungsdauer zu kurz veranschlagt, so hat dies zur Folge, dass später entsprechend niedrigere Periodenabschreibungen oder überhaupt keine Periodenabschreibungen mehr verrechnet werden dürfen. Der Wertansatz von 0 EUR (bzw. 1 EUR) bleibt erhalten, bis der Gegenstand endgültig aus der Unternehmung ausscheidet. Der Grundsatz, nicht über den Restbuchwert von 0 EUR (oder einen Erinnerungswert von 1 EUR) hinausgehend abzuschreiben, gilt allerdings nur für das externe Rechnungswesen, nicht dagegen für die Kostenrechnung.

Wird ein Vermögensgegenstand zu einem höheren Preis als dem Restbuchwert verkauft, so zeigt dies, dass die Abschreibungen in den vorangegangenen Perioden zu hoch bemessen waren. Im Interesse einer periodenrichtigen Erfolgsermittlung müssten sie daher nachträglich korrigiert werden, was allerdings für zurückliegende und bereits abgeschlossene Geschäftsjahre nicht mehr möglich ist. Deshalb verrechnet man diese Differenzbeträge im laufenden Geschäftsjahr als sonstige betriebliche (betriebswirtschaftlich exakter: periodenfremde) Erträge.

BEISPIEL: Ein bis auf 1 EUR abgeschriebener Bagger kann für 5.000 EUR (zuzüglich 20 % Umsatzsteuer) auf Ziel verkauft werden.

Buchungssatz:

Sonstige Vermögensgegenstände	6.000	Maschinen und Werkzeuge	1
		Sonstige betriebliche Erträge	4.999
		Umsatzsteuer	1.000

Auch der umgekehrte Fall, dass die Abschreibungen zu niedrig bemessen waren, ist durchaus realistisch. Beim Ausscheiden des betreffenden Vermögensgegenstandes sind die in der Vergangenheit nicht verrechneten Wertminderungen als **sonstige betriebliche** (periodenfremde) **Aufwendungen** zu buchen.

BEISPIEL: Ein Transporter mit einem Restbuchwert von 3.000 EUR ist völlig durchgerostet und wird vom TÜV „aus dem Verkehr gezogen". Die Reparatur lohnt nicht mehr. Ein Schrotthändler übernimmt das Fahrzeug, zahlt allerdings nichts.

Buchungssatz:

Sonstige betriebliche Aufwendungen	3.000	an	Fuhrpark	3.000

2.5.3 Die periodenrichtige Erfolgsabgrenzung

2.5.3.1 Die Rechnungsabgrenzungsposten

Eine der wichtigsten Aufgaben des betrieblichen Rechnungswesen ist die Ermittlung des Periodenerfolgs, also des in einem fest umrissenen Zeitabschnitt von der Unternehmung erwirtschafteten Gewinns oder Verlusts. Für die Finanzbuchführung und Bilanz entspricht der relevante Zeitraum i. d. R. dem Geschäftsjahr oder – bei zu besonderen Anlässen aufzustellenden Bilanzen (Liquidationsbilanz, Fusionsbilanz, Umwandlungsbilanz) – einem Teil des Geschäftsjahres.

Aufwendungen und Erträge sind grundsätzlich jeweils nur insoweit zu berücksichtigen, als sie auch tatsächlich in der betrachteten Abrechnungsperiode verursacht wurden bzw. entstanden sind. Man versucht also, das betreffende Geschäftsjahr im Hinblick auf erfolgswirksame Vorgänge gegenüber allen anderen – früheren und späteren – Perioden abzugrenzen. Dass dieser Versuch teils aus pragmatischen (z. B. Abweichungen zwischen den nach schematisierten Methoden verrechneten Abschreibungen und den tatsächlichen Wertminderungen von Anlagen), teils aus theoretischen Erwägungen (z. B. Bewertung nach dem Prinzip der kaufmännischen Vorsicht) nicht in allen Fällen völlig gelingt bzw. gelingen kann, ändert nichts an der Gültigkeit des Grundgedankens.

Ein Großteil der Aufwendungen und Erträge entsteht für **Leistungen aus Dauerschuldverhältnissen (z. B. aus Arbeitsverträgen, Miet-, Pacht- oder Leasingverträgen, Darlehensverträgen, Versicherungsverträgen)**, die sich über einen mehr oder weniger langen Zeitraum erstrecken. So werden z. B. Lohn- und Gehaltsaufwendungen durch die Inanspruchnahme des Produktionsfaktors Arbeit innerhalb eines Monats verursacht; Zinsen, Leasing-Raten, Mieten oder Versicherungsaufwendungen beziehen sich auf die Nutzung anderer Potenzialfaktoren und werden oft jährlich, halb- oder vierteljährlich oder ebenfalls pro Monat abgerechnet. Die auf vertraglicher Grundlage beruhenden Zahlungen werden entweder vorschüssig oder nachschüssig geleistet, betreffen also entweder ganz den zukünftigen oder den vergangenen Nutzungszeitraum bzw. sowohl den vergangenen als auch den zukünftigen Nutzungszeitraum.

Solange die aus solchen Aufwendungen und Erträgen resultierenden Auszahlungen und Einzahlungen ausschließlich für Leistungen innerhalb der betrachteten Abrechnungsperiode anfallen, können sie problemlos als Aufwendungen bzw. Erträge dieses Geschäftsjahres gebucht werden. Werden dagegen z. B. vorschüssig zu zahlende Mieten für eine über die Grenze des Geschäftsjahres hinausreichende Zeitspanne berechnet, so ist die damit verbundene Auszahlung beim Mieter bzw. die Einzahlung beim Vermieter nur zu dem Teil als Aufwand bzw. Ertrag der Zahlungsperiode zu buchen, zu dem sie für Leistungen in der entsprechenden Periode angefallen ist. Der Rest des Zahlungsbetrags wird erst im kommenden Jahr erfolgswirksam verrechnet.

Bei den Rechnungsabgrenzungen geht es also darum, die aufgrund von Dauerschuldverhältnissen zu einem bestimmten Zeitpunkt vertragsgemäß anfallenden Ein- und Auszahlungen anteilsmäßig denjenigen Perioden als Ertrag bzw. Aufwand zuzurechnen, in denen sie aufgrund der erbrachten bzw. der in Anspruch genommenen Leistungen verursacht wurden. Auf diese Weise wird die Erfolgsermittlung nicht durch den vereinbarten Zahlungstermin bestimmt. Vielmehr will man durch die verursachungsgemäße Zuordnung der Erträge und Aufwendungen den Erfolg periodenrichtig ermitteln.

Dabei sind **zwei verschiedene Typen abgrenzungsbedürftiger Geschäftsvorfälle** zu unterscheiden:

- Handelt es sich um in der Abrechnungsperiode erfolgte Einzahlungen oder Auszahlungen, die erst im folgenden Geschäftsjahr bzw. in den folgenden Geschäftsjahren zu Erträgen oder Aufwendungen werden, so spricht man von **transitorischen Rechnungsabgrenzungen**, weil deren Erfolgswirksamkeit in zukünftige Perioden hinüberreicht. Beispiel: im Voraus, also im „alten" Geschäftsjahr für das „neue" Geschäftsjahr zu zahlende Versicherungsprämien. Nach

§ 250 HGB sind grundsätzlich nur die transitorischen Rechnungsabgrenzungen im „Aktiven Rechnungsabgrenzungsposten" bzw. im „Passiven Rechnungsabgrenzungsposten" auszuweisen. Der die folgende(n) Periode(n) betreffende Anteil der Ein- bzw. Auszahlungen wird also in die Bilanzposition „Passiver Rechnungsabgrenzungsposten" bzw. „Aktiver Rechnungsabgrenzungsposten" eingestellt, aus der er zukünftig in das entsprechende Ertrags- bzw. Aufwandskonto übertragen werden kann.

- Handelt es sich dagegen um Aufwendungen und Erträge, deren wirtschaftliche Ursachen in der betrachteten und abzuschließenden Periode liegen, die jedoch erst in späteren Geschäftsjahren zu Auszahlungen bzw. Einzahlungen führen, so spricht man von **antizipativen Rechnungsabgrenzungen**, weil in ihrem Ansatz die späteren Zahlungsvorgänge erfolgswirksam vorweggenommen werden. Beispiel: nachträglich, also im „neuen" für das „alte" Geschäftsjahr zu zahlende Zinsen. Antizipative Rechnungsabgrenzungen sind grundsätzlich als „Sonstige Verbindlichkeiten" bzw. – im Sinne sonstiger Forderungen – als „Sonstige Vermögensgegenstände" auszuweisen. Mit dieser unterschiedlichen buchmäßigen Zuordnung der transitorischen und antizipativen Rechnungsabgrenzungen soll verhindert werden, dass materiell verschiedene Arten von Rechnungsabgrenzungen in einer Bilanzposition ausgewiesen werden. Bei der antizipativen Rechnungsabgrenzung wird der in der abzuschließenden Periode verursachte Ertrag bzw. Aufwand erfolgsrechnerisch berücksichtigt. Die dabei in gleicher Höhe ausgewiesenen „Sonstigen Vermögensgegenstände" bzw. „Sonstigen Verbindlichkeiten" werden zukünftig mit der vertragsgemäß erfolgenden Ein- bzw. Auszahlung verrechnet, so dass zukünftig nur der Differenzbetrag als Ertrag bzw. Aufwand erfolgsrechnerisch berücksichtigt wird.

ABB. 45: Rechnungsabgrenzungen

	Aktive Abgrenzung (Erfolg ohne Abgrenzung zu niedrig)	**Passive Abgrenzung** (Erfolg ohne Abgrenzung zu hoch)
Transitorische Abgrenzung	Auszahlung jetzt – Aufwand später **Beispiel:** vorausbezahlte Versicherungsprämie **Konto:** Aktive RAP	Einzahlung jetzt – Ertrag später **Beispiel:** im Voraus erhaltene Miete **Konto:** Passive RAP
Antizipative Abgrenzung	Ertrag jetzt – Einzahlung später **Beispiel:** bereits aufgelaufene, vom Vertragspartner (Schuldner) noch zu zahlende Zinsen **Konto:** Sonstige Forderungen (Sonstige Vermögensgegenstände)	Aufwand jetzt – Auszahlung später **Beispiel:** vom Betrieb noch zu zahlende Löhne **Konto:** Sonstige Verbindlichkeiten

Transitorische Rechnungsabgrenzungsposten werden im Jahr der Auszahlung bzw. Einzahlung gebucht und in der/den folgenden Periode(n) bei Eintreten des Aufwands bzw. Ertrags erfolgswirksam wieder aufgelöst. **Aktive Rechnungsabgrenzungsposten** werden gebildet, wenn in einem Geschäftsjahr im Rahmen eines Dauerschuldverhältnisses eine Auszahlung geleistet wird, die erfolgsrechnerisch ganz oder teilweise das folgende Geschäftsjahr betrifft.

BEISPIEL: Eine Unternehmung überweist am 01.11.01 die Miete für eine Lagerhalle in Höhe von 12.000 EUR vom Kontokorrentkonto **im Voraus** für sechs Monate.

Buchungssatz:

- **im Zahlungszeitpunkt:**

Mietaufwendungen	12.000	an	Kontokorrentkonto	12.000

Ohne Rechnungsabgrenzung würde diese als Aufwand verrechnete Vorauszahlung den Erfolg der Periode 01 um 12.000 EUR mindern. Da der durch die Nutzung der Lagerhalle verursachte Aufwand aber nur in Höhe von zwei Monatsmieten (4.000 EUR) die Periode 01, dagegen in Höhe von vier Monatsmieten (8.000 EUR) die Periode 02 betrifft, würde bei einer vollständigen Verrechnung der gezahlten Miete als Aufwand des Jahres 01 der Erfolg dieses Jahres zu niedrig ausgewiesen.

Indem der erfolgsrechnerisch das folgende Geschäftsjahr betreffende Anteil der Auszahlung (8.000 EUR) in den Aktiven Rechnungsabgrenzungsposten eingestellt und somit erfolgsrechnerisch „neutralisiert" wird und nur der das Zahlungsjahr 01 betreffende Anteil der Auszahlung (4.000 EUR) als Aufwand dieser Periode verrechnet wird, ergibt sich ein um 8.000 EUR höherer Erfolg der Zahlungsperiode.

Buchungssätze:

- **am Abschlussstichtag des Geschäftsjahres 01:**

Aktive RAP	8.000	an	Mietaufwendungen	8.000
GuV-Konto	4.000	an	Mietaufwendungen	4.000
Schlussbilanzkonto	8.000	an	Aktive RAP	8.000

Der in der Schlussbilanz auszuweisende Aktive Rechnungsabgrenzungsposten besitzt zwar den Charakter eines Anspruchs auf Leistungserbringung, ist aber keine (Geld-)Forderung im üblichen Sinne. Nach herrschender Meinung sind daher Aktive Rechnungsabgrenzungsposten keine Vermögensgegenstände, sondern bilanzierungspflichtige Korrekturtatbestände zum Zwecke der zeitraumrichtigen Periodenabgrenzung.

Der in der Schlussbilanz des Zahlungsjahres 01 ausgewiesene Aktive Rechnungsabgrenzungsposten wird in der Folgeperiode 02 in voller Höhe auf das Mietaufwandskonto übertragen. Da dieses Konto am Ende des Jahres 02 auf das GuV-Konto abgeschlossen wird, wird der Erfolg des Jahres 02 um den Aufwand vermindert, der durch die Nutzung der Mieträume in den Monaten Januar bis April des Jahres 02 verursacht wurde.

Buchungssätze:

- **am Anfang des Geschäftsjahres 02:**

Aktive RAP	8.000	an	Eröffnungsbilanzkonto	8.000
Mietaufwendungen	8.000	an	Aktive RAP	8.000

- **am Ende des Geschäftsjahres 02:**

GuV-Konto	8.000	an	Mietaufwendungen	8.000

Passive Rechnungsabgrenzungsposten werden gebildet, wenn in einem Geschäftsjahr im Rahmen eines Dauerschuldverhältnisses eine Einzahlung erfolgt, die erfolgsrechnerisch ganz oder teilweise das folgende Geschäftsjahr betrifft.

BEISPIEL: ▶ Der Vermieter einer Lagerhalle erhält am 01.11.01 die Miete in Höhe von 12.000 EUR für sechs Monate **im Voraus** durch Überweisung auf sein Kontokorrentkonto.

Buchungssatz:

▶ **im Zahlungszeitpunkt:**

Kontokorrentkonto	12.000	an	Mieterträge	12.000

Diese als Ertrag gebuchte Vorauszahlung würde ohne Rechnungsabgrenzung den Erfolg der Periode 01 um 12.000 EUR erhöhen. Allerdings werden nur 4.000 EUR im Jahre 01 durch die Nutzungsüberlassung in den Monaten November und Dezember erwirtschaftet, 8.000 EUR Ertrag ergeben sich aus der Nutzungsüberlassung in den Monaten Januar bis April des Jahres 02. Bei einer vollständigen Verrechnung der erhaltenen Miete als Ertrag des Jahres 01 würde der Erfolg dieses Jahres zu hoch ausgewiesen.

Der Erfolg wird den einzelnen Jahren verursachungsgemäß zugerechnet, indem der erfolgsrechnerisch das Geschäftsjahr 02 betreffende Anteil der Einzahlung (8.000 EUR) in den Passiven Rechnungsabgrenzungsposten eingestellt und somit erfolgsrechnerisch „neutralisiert" wird und nur der das Zahlungsjahr 01 betreffende Anteil der Einzahlung (4.000 EUR) als Ertrag der Periode verrechnet wird.

Buchungssätze:

▶ **am Abschlussstichtag des Geschäftsjahres 01:**

Mieterträge	8.000	an	Passive RAP	8.000
Mieterträge	4.000	an	GuV-Konto	4.000
Passive RAP	8.000	an	Schlussbilanzkonto	8.000

Durch die folgenden Buchungen wird der Erfolg des Jahres 02 um den Ertrag erhöht, der durch die Überlassung der Nutzung an den Mieter in den Monaten Januar bis April des Jahres 02 verursacht wurde:

Buchungssätze:

▶ **am Anfang des Geschäftsjahres 02:**

Eröffnungsbilanzkonto	8.000	an	Passive RAP	8.000
Passive RAP	8.000	an	Mieterträge	8.000

▶ **am Ende des Geschäftsjahres 02:**

Mieterträge	8.000	an	GuV-Konto	8.000

Es sei noch darauf hingewiesen, dass es auch denkbar ist, dass der in den Aktiven bzw. Passiven Rechnungsabgrenzungsposten eingestellte Betrag mehrere zukünftige Geschäftsjahre betrifft. In diesem Fall dürfen die Rechnungsabgrenzungsposten jeweils nur in dem Umfang aufgelöst werden, in dem im Laufe des betreffenden Geschäftsjahres tatsächlich Aufwendungen bzw. Erträge verursacht werden.

Antizipative Rechnungsabgrenzungen werden buchtechnisch wie Forderungen bzw. Verbindlichkeiten behandelt.

BEISPIEL: Eine Unternehmung hat für fünf Jahre eine Werkshalle **vermietet**. Im Mietvertrag, der im Februar des Jahres 01 abgeschlossen wurde, ist vereinbart, dass die Mietzahlungen in Höhe von 36.000 EUR jeweils am 31.03. eines Geschäftsjahres **rückwirkend** für 12 Monate, also für die letzten neun Monate der Vorperiode und die ersten drei Monate des laufenden Geschäftsjahres, zu leisten sind.

Würden bei Dauerschuldverhältnissen Buchungen nur durch die Zahlungsvorgänge ausgelöst werden, so würde im Geschäftsjahr 01 keine Buchung erfolgen, obwohl der Mieter in den Monaten April bis Dezember 01 die Werkshalle genutzt hat und dadurch aus Sicht der vermietenden Unternehmung ein Mietertrag entstanden ist. Um diesen Mietertrag bereits in der Erfolgsrechnung des Geschäftsjahres 01 auszuweisen, den Erfolgsausweis also vom Zahlungstermin unabhängig zu machen, werden die folgenden Buchungen vorgenommen.

Buchungssätze:

- **am Abschlussstichtag des Geschäftsjahres 01:**

Sonstige Forderungen (Sonstige Vermögensgegenstände)	27.000	an	Mieterträge	27.000
Schlussbilanzkonto	27.000	an	Sonstige Forderungen (Sonstige Vermögensgegenstände)	27.000
Mieterträge	27.000	an	GuV-Konto	27.000

- **am Anfang des Geschäftsjahres 02:**

Sonstige Forderungen (Sonstige Vermögensgegenstände)	27.000	an	Eröffnungsbilanzkonto	27.000

- **im Zahlungszeitpunkt (31.03.02):**

Kontokorrentkonto	36.000		Sonstige Forderungen (Sonstige Vermögensgegenstände)	27.000
			Mieterträge	9.000

- **am Abschlussstichtag des Geschäftsjahres 02:**

Mieterträge	9.000	an	GuV-Konto	9.000

Auf die Darstellung der auch an diesem Jahresende (und an den folgenden Jahresenden) vorzunehmenden Abgrenzung wird hier verzichtet, da sie mit der am Ende des Geschäftsjahres 01 übereinstimmt.

Man sieht: Aufgrund der bei einer antizipativen Rechnungsabgrenzung durchgeführten Buchungen ist der Erfolgsausweis unabhängig vom Zahlungstermin; die Erfolgsaufspaltung erfolgt entsprechend den Perioden, für die dem Mieter die Nutzungsmöglichkeit eingeräumt wurde.

Ist die bilanzierende Unternehmung nicht die Vermieterin der Werkshalle, sondern hat sie diese unter den gleichen Vertragsbedingungen **angemietet**, sind folgende Buchungen vorzunehmen.

Buchungssätze:

- **am Abschlussstichtag des Geschäftsjahres 01:**

Mietaufwendungen	27.000	an	Sonstige Verbindlichkeiten	27.000
Sonstige Verbindlichkeiten	27.000	an	Schlussbilanzkonto	27.000
GuV-Konto	27.000	an	Mietaufwendungen	27.000

► **am Anfang des Geschäftsjahres 02:**

Eröffnungsbilanzkonto	27.000	an	Sonstige Verbindlichkeiten	27.000

► **im Zahlungszeitpunkt (31.03.02):**

Sonstige Verbindlichkeiten	27.000		Kontokorrentkonto	36.000
Mietaufwendungen	9.000			

► **am Abschlussstichtag des Geschäftsjahres 02:**

GuV-Konto	9.000	an	Mietaufwendungen	9.000

Auch hier wird auf die Darstellung der erneut am Jahresende vorzunehmenden Abgrenzung verzichtet.

2.5.3.2 Die Rückstellungen

Wie die transitorische und die antizipative Rechnungsabgrenzung dienen auch Rückstellungen der **periodenrichtigen Erfolgsabgrenzung**. Sie werden für ungewisse Verpflichtungen angesetzt, d. h. für Aufwendungen, deren wirtschaftliche Ursachen zwar in der laufenden Periode liegen, bei denen aber noch nicht feststeht, ob, in welchem Betrag und in welchem zukünftigen Zeitpunkt sie zu Auszahlungen oder Mindereinzahlungen führen werden.

Rückstellungen behandeln also Aufwendungen, die im betrachteten Geschäftsjahr noch nicht zu Auszahlungen oder Mindereinzahlungen geführt haben, und ähneln insoweit den antizipativen passiven Rechnungsabgrenzungen. Der Unterschied besteht jedoch darin, dass bei Letzteren – im Gegensatz zu den Rückstellungen – stets Grund, Betrag und Fälligkeitstermin der späteren Auszahlung genau bekannt sind.

Eine Rückstellungsbildung ist gerechtfertigt, wenn eine der drei folgenden Situationen vorliegt[28]:

1. Die Unternehmung erwartet, dass in zukünftigen Perioden **Ansprüche von Seiten Dritter** an sie herangetragen werden, deren **wirtschaftliche Ursachen im gegenwärtigen Geschäftsjahr** liegen. Hierbei sind **vier Fälle** möglich:

   a) Die **Verpflichtung** der Unternehmung **gegenüber einem Dritten** ist **bereits rechtswirksam entstanden**, jedoch steht die Höhe (eventuell auch der Zeitpunkt) der späteren Auszahlungen noch nicht fest.

BEISPIEL: ► Rückstellungen für ein vertragliches Versprechen der Unternehmung zur Leistung von Alters-, Hinterbliebenen- oder Invalidenunterstützung an einzelne Beschäftigte (Pensionsrückstellungen).

   b) Die **Verpflichtung gegenüber einem Dritten** ist **bereits verursacht und erkennbar**, sie ist aber **noch nicht rechtswirksam** festgesetzt worden.

BEISPIEL: ► Rückstellungen für Steuern, Rückstellungen für bereits eingetretene Bergschäden.

   c) Aufgrund bisheriger Erfahrungen ist es **hinreichend wahrscheinlich, dass in Zukunft eine Schuld gegenüber einem Dritten entstehen wird**, die in der betrachteten Abrechnungsperiode begründet wurde. **Höhe und Fälligkeitstermin** sind **noch ungewiss**.

28 Vgl. *Wöhe, Günter*: Bilanzierung und Bilanzpolitik, 9. Aufl., München 1997, S. 532–534.

BEISPIEL: Rückstellungen für schwebende Prozesse, Rückstellungen für Eventualverbindlichkeiten (Garantie, Bürgschaft, Wechselobligo), Rückstellungen für Bergschäden, die bereits verursacht, aber noch nicht erkennbar sind.

d) In der Zukunft werden zwar keine rechtlichen Verpflichtungen entstehen, es ist aber mit **freiwilligen Leistungen gegenüber Dritten** zu rechnen, die aus Kulanzüberlegungen erbracht werden; die wirtschaftliche Begründung liegt im abgelaufenen Geschäftsjahr (vgl. § 249 Abs. 1 Satz 2 Nr. 2 HGB).

BEISPIEL: „Kulanzrückstellungen" für freiwillige Garantieleistungen.

2. Am Abschlussstichtag ist bereits erkennbar, dass der Unternehmung aus einem rechtswirksamen, aber noch von keinem der Vertragspartner erfüllten Vertrag **(schwebendes Geschäft)** ein **Verlust droht** (vgl. § 249 Abs. 1 Satz 1 HGB).

BEISPIEL: Der Verkäufer hat wegen über den vereinbarten Verkaufspreis gestiegener Anschaffungs- oder Herstellungskosten eines Vermögensgegenstandes „Rückstellungen für drohende Verluste aus schwebenden Geschäften" zu bilden, wenn der verkaufte Gegenstand noch beschafft oder hergestellt werden muss.

3. Die Unternehmung rechnet zwar nicht mit der Inanspruchnahme durch einen Dritten, aber es ist eine Wertminderung eingetreten, die den **Charakter einer wirtschaftlichen Verpflichtung des Betriebs gegen sich selbst** trägt und erst später innerhalb bestimmter Fristen (vgl. § 249 Abs. 1 Satz 2 Nr. 1 HGB) zu Auszahlungen führen wird.

BEISPIEL: Rückstellungen für unterlassene Instandhaltung (Nachholung innerhalb der ersten drei Monate des folgenden Geschäftsjahres) und für Abraumbeseitigung (Nachholung innerhalb des folgenden Geschäftsjahres).

Mit der Bildung von Rückstellungen werden Aufwendungen erfasst, die wirtschaftlich der laufenden Periode zuzurechnen sind, aber erst in der Zukunft konkret zutage treten werden. Würde man auf diese Maßnahme der zeitgerechten Erfolgsabgrenzung verzichten, dann würde der Erfolg der Periode, in der die wirtschaftliche Begründung für die zukünftigen Auszahlungen bzw. Mindereinzahlungen liegt, zu hoch ausgewiesen; dafür stiege in den kommenden Jahren der Anteil periodenfremder Aufwendungen ganz beträchtlich. Durch den Ansatz von Rückstellungen wird dies – soweit möglich – verhindert. In der Periode ihrer Bildung vermindern Rückstellungen den Gewinn; soweit dadurch Ertragsteuern und Gewinnausschüttungen an die Anteilseigner reduziert werden, kommt es nicht zu einer Verminderung der Liquidität der Unternehmung.

BEISPIEL: Für die Möbelhandlung „Otto Wurm" wurde die vierteljährliche Gewerbesteuervorauszahlung für das Geschäftsjahr 01 auf 10.000 EUR festgesetzt. Man rechnet aufgrund der Gewerbesteuererklärung für das zu Ende gegangene Geschäftsjahr 01 mit einer Gewerbesteuer in Höhe von insgesamt 48.000 EUR.

Während des Geschäftsjahres 01 führten die **vier vierteljährlich zu leistenden Vorauszahlungen** jeweils zu der folgenden Buchung.

Buchungssatz zu jedem der vier Vorauszahlungstermine:

Gewerbesteueraufwendungen	10.000	an	Kontokorrentkonto	10.000

Würde man am Jahresende das Konto „Gewerbesteueraufwand" über das GuV-Konto abschließen, so würde der Erfolg des Geschäftsjahres 01 nur um die Gewerbesteuerzahlungen in Höhe von 40.000 EUR gemindert. Tatsächlich wird jedoch mit einer Gewerbesteuerbelastung für das

Jahr 01 in Höhe von 48.000 EUR gerechnet. Zu diesem Zweck bildet man am Geschäftsjahresende eine Gewerbesteuerrückstellung in Höhe von 8.000 EUR. Wie bei jeder Rückstellung erfolgt die Gegenbuchung zur Rückstellungsbildung auf einem Aufwandskonto.

Buchungssätze:

► **bei Rückstellungsbildung:**

Gewerbesteueraufwendungen	8.000	an	Gewerbesteuerrückstellungen	8.000

► **am Abschlussstichtag des Geschäftsjahres 01:**

Gewerbesteuerrückstellungen	8.000	an	Schlussbilanzkonto	8.000
GuV-Konto	48.000	an	Gewerbesteueraufwendungen	48.000

Die Bildung der Gewerbesteuerrückstellungen erlaubt hier die erfolgswirksame Buchung eines Gewerbesteueraufwands, obwohl eine entsprechende Zahlung noch nicht zu leisten ist.

Der Gewerbesteueraufwand wird – wie grundsätzlich jede andere Aufwandsart – am Abschlussstichtag über das GuV-Konto abgeschlossen. Bei den Gewerbesteuerrückstellungen handelt es sich um ein Bestandskonto, das auf der Passivseite der Bilanz unter der Sammelposition „Steuerrückstellungen" auszuweisen ist (vgl. auch § 266 Abs. 3 Nr. B 2 HGB).

Wenn in der folgenden Periode bzw. in den folgenden Perioden die entsprechenden Auszahlungen anfallen, sind die Rückstellungen wieder aufzulösen. Hierbei sind **drei Fälle** zu unterscheiden:

1. Der Aufwand war in der Vergangenheit richtig eingeschätzt worden, die Höhe der Rückstellung entspricht der tatsächlichen Inanspruchnahme.

BEISPIEL: Aufgrund des Gewerbesteuerbescheids, der im Jahr 02 zugeht, beträgt die Gewerbesteuer für das Geschäftsjahr 01 48.000 EUR. Da bereits 40.000 EUR durch Vorauszahlungen entrichtet wurden, werden nur noch die bei Erstellung des letzten Jahresabschlusses prognostizierten 8.000 EUR überwiesen.

Buchungssatz:

Gewerbesteuerrückstellungen	8.000	an	Kontokorrentkonto	8.000

Damit verhindert die Gewerbesteuerrückstellung die erfolgswirksame Buchung der Zahlung im Jahr 02. Da die Gewerbesteuer erfolgsrechnerisch bereits dem Geschäftsjahr 01 angelastet wurde, wird der Erfolg des Geschäftsjahres 02 durch die Zahlung nicht beeinflusst. Es ist allerdings ein Irrtum anzunehmen, die Zahlung könne „aus der Rückstellung" erfolgen. Die Rückstellung dient lediglich als Gegenkonto zur Buchung des Zahlungsvorgangs. Die erforderlichen Zahlungsmittel müssen im Jahr 02 von der Unternehmung bereitgestellt werden.

2. Die Verpflichtung ist größer als ursprünglich erwartet. Zwar wird auch hier die Rückstellung erfolgsneutral mit der Auszahlung verrechnet, darüber hinaus entsteht aber in dieser Periode noch ein zusätzlicher neutraler – genauer: periodenfremder – Aufwand, der in dem Konto „Sonstige betriebliche Aufwendungen" erfasst wird.

BEISPIEL: Die Gewerbesteuer für das Geschäftsjahr 01 beträgt 57.000 EUR. 17.000 EUR werden überwiesen.

Buchungssatz:

Gewerbesteuerrückstellungen	8.000	Kontokorrentkonto	17.000
Sonstige betriebliche Aufwendungen	9.000		

3. Die Rückstellung wurde – wie sich nun herausstellt – zu hoch angesetzt. Sie ist in voller Höhe aufzulösen. In Höhe der Differenz zwischen Rückstellungsbetrag und geringerer Auszahlung muss der im vorangegangenen Jahr verrechnete Aufwand rückgängig gemacht werden. Man bucht in der laufenden Periode einen neutralen – genauer: periodenfremden – Ertrag, der in dem Konto „Sonstige betriebliche Erträge" erfasst wird.

BEISPIEL: Die Gewerbesteuer für das Geschäftsjahr 01 beträgt 43.000 EUR. Man überweist 3.000 EUR.

Buchungssatz:

Gewerbesteuerrückstellungen	8.000	Kontokorrentkonto	3.000
		Sonstige betriebliche Erträge	5.000

Wie an diesen Beispielen zu erkennen ist, sind Rückstellungen – solange sie in der Bilanz ausgewiesen sind – nicht eindeutig dem Fremdkapital zuzurechnen, da sie z. B. im Fall 3 teilweise – nämlich in Höhe des nach Ertragsteuern verbleibenden Rests des periodenfremden Ertrages – wieder zu Eigenkapital werden.

Nach den Grundsätzen ordnungsmäßiger Buchführung sind Rückstellungen stets gemäß vernünftiger kaufmännischer Beurteilung zu bilden. Diese Regel ist notwendigerweise allgemein gehalten; was nach kaufmännischen Kriterien als „vernünftig" anzusehen ist, hängt in hohem Maße vom jeweiligen Einzelfall ab. Rückstellungsbildungen entziehen sich damit pauschalen Quantifizierungsversuchen durch objektivierende Vorschriften. Bei der Festlegung ihrer Beträge besteht für die buchführende Unternehmung oftmals ein – allerdings begrenzter – Freiraum, der anhand subjektiver Einschätzungen auszufüllen ist.

AUFGABE 11

Das Geschäftsjahr 01 der „Mondlicht Akkumulatoren AG" endet am 31.12.01. Der Umsatzsteuersatz beträgt 20 %. Formulieren Sie die Buchungssätze folgender Geschäftsvorfälle:

1. Anfang Dezember zahlt die „Mondlicht Akkumulatoren AG" 6.000 EUR Versicherungsbeiträge für das kommende Jahr im Voraus durch Überweisung vom Kontokorrentkonto.
2. Am 01.12.01 vergibt die Gesellschaft einen Kredit über 200.000 EUR (Laufzeit zwei Monate) an eine Tochterunternehmung. Die Zinsen von insgesamt 4.000 EUR werden direkt einbehalten, der Rest wird über das Kontokorrentkonto ausbezahlt.
3. Der Kunde X der „Mondlicht Akkumulatoren AG" ist in Zahlungsschwierigkeiten. Die Gesellschaft rechnet damit, dass in den kommenden Jahren nur noch 20 % der gegenüber dem Kunden X ausstehenden Nettoforderungen eingehen werden. Die Forderungen gegenüber dem Kunden X belaufen sich auf 60.000 EUR (inklusive Umsatzsteuer).
4. Eine Bürgerinitiative verklagt den Akkumulatoren-Hersteller wegen Umweltschädigung durch angeblich zu hohe Emissionswerte an Blei und Cadmium. Der Ausgang des Prozesses ist am 31.12.01 noch offen. Die „Mondlicht Akkumulatoren AG" erwartet, dass hieraus noch Auszahlungen in Höhe von 1 Mio. EUR auf sie zukommen werden.

5. Eine an sich im November 01 durchzuführende Überholung des Fabrikschornsteins (Aufwand ca. 30.000 EUR) muss wegen Terminschwierigkeiten auf Januar 02 verschoben werden.
6. Nach Einschätzung der Geschäftsleitung wurden im Jahre 01 ca. 100.000 EUR zu viel an Steuern gezahlt, die man vermutlich in 02 vom Finanzamt wieder zurückerhalten wird.
7. Mit einer südafrikanischen Bergwerksunternehmung wurde 01 ein bis ins nächste Jahr laufendes Warentermingeschäft (Kauf von Kupfer für 500.000 EUR) abgeschlossen. Am 31.12.01 ist der Kupferpreis gefallen, so dass die gleiche Menge nunmehr für 450.000 EUR beschafft werden könnte.
8. Um das Weihnachtsgeld an ihre Belegschaft auszahlen zu können, nimmt die „Mondlicht Akkumulatoren AG" am 15.12.01 bei ihrer Hausbank einen 1-Monats-Kredit in Höhe von 600.000 EUR auf. Die Zinsen von 1 % pro Monat werden von der Bank vorschüssig berechnet und von der in bar auszuzahlenden Kreditsumme abgezogen.
9. Am 31.12.01 ereignet sich auf dem Werksgelände ein Unfall, bei dem geringe Mengen Säure und andere gesundheitsgefährdende Stoffe auslaufen. Das verseuchte Erdreich wird sofort von einer Spezialunternehmung abgetragen; Auszahlungen für die „Mondlicht Akkumulatoren AG": 40.000 EUR in bar. Der Transport und die anschließende Vernichtung des Sondermülls (ca. 60.000 EUR) kann jedoch erst am 02.01.02 durchgeführt werden.
10. Die „Mondlicht Akkumulatoren AG" zahlt vierteljährlich nachträglich Lizenzgebühren in Höhe von 30.000 EUR. Die nächste Zahlung ist am 31.01.02 fällig.
11. Im zu Ende gehenden Jahr 01 wurde ab dem 01.04. eine Lagerhalle für 12 Monate vermietet. Die Jahresmiete (12.000 EUR) ist nachschüssig am 31.03.02 abzurechnen und zu begleichen.

Vergleichen Sie Ihre Lösung mit der auf S. 263 abgedruckten Musterlösung!

2.5.4 Die rechtsformabhängigen Erfolgsbuchungen

2.5.4.1 Erfolgsbuchungen bei Einzelunternehmungen und Personenhandelsgesellschaften

2.5.4.1.1 Gesetzliche Regelungen zum Ausweis des Eigenkapitals

Für Einzelunternehmungen und Personenhandelsgesellschaften bestehen keine speziellen Regelungen zum Ausweis des Eigenkapitals. Lediglich § 247 Abs. 1 HGB schreibt einen gesonderten Ausweis und eine „hinreichende" Aufgliederung des Eigenkapitals vor. Die Verteilung des Jahresergebnisses auf die einzelnen Gesellschafter von Unternehmungen dieser Rechtsformen wird zwar prinzipiell durch handelsrechtliche Vorschriften geregelt. Diese stellen jedoch kein zwingendes Recht dar, sondern können durch individuelle Vereinbarungen im Gesellschaftsvertrag abbedungen werden. Die nachfolgenden Betrachtungen zur Erfolgsverteilung und zu den daran anknüpfenden Erfolgsbuchungen gehen in erster Linie von den gesetzlichen Regelungen aus. Es sei jedoch darauf hingewiesen, dass entsprechende Vereinbarungen im Gesellschaftsvertrag durchaus zu anderen Ergebnissen führen können, die sich jedoch in erster Linie auf die Erfolgsverteilung und weniger auf die anschließenden Erfolgsbuchungen auswirken.

2.5.4.1.2 Erfolgsbuchungen bei Einzelunternehmungen

Eine Einzelunternehmung ist dadurch charakterisiert, dass sich das Gesellschafts- und Privatvermögen des Kaufmanns in einer Hand vereinigen. Die Haftung des Einzelunternehmers erstreckt sich nicht allein auf den in seinen Betrieb eingelegten Teil seines Vermögens, sondern auch auf sein sonstiges gesamtes Privatvermögen. Der Unternehmer haftet für die Verbindlichkeiten seiner Unternehmung allein und unbeschränkt. Da der Einzelkaufmann das unternehmerische Risiko und potenzielle Verluste allein trägt, steht ihm auch der erwirtschaftete Gewinn in voller Höhe zu. Die enge Verflechtung zwischen Unternehmungs- und Privatsphäre führt naturgemäß zu zahlreichen Transaktionen zwischen dem Betriebs- und Privatvermögen, sodass über das **Eigenkapitalkonto des Einzelunternehmers** nicht nur die **realisierten Erfolge**, sondern auch **alle Entnahmen und Einlagen** gebucht werden. Das Eigenkapitalkonto wird deshalb regelmäßig als **variables Konto** geführt[29]. Um das Eigenkapitalkonto jedoch nicht durch zahlreiche Entnahmen- und Einlagenbuchungen zu überlasten, wird – wie bereits erörtert (vgl. Abschnitt 2.4.1.1.5) – dem Eigenkapitalkonto vielfach ein **Unterkonto („Privatkonto")** vorgeschaltet, das diese Buchungen aufnimmt und über das Eigenkapitalkonto abgeschlossen wird.

BEISPIEL: Das Eigenkapitalkonto des Einzelunternehmers Handelsfix weist zu Beginn des Geschäftsjahres einen Anfangsbestand von 280.000 EUR aus. Während des Geschäftsjahres tätigt Handelsfix Barentnahmen in Höhe von 60.000 EUR und Warenentnahmen in Höhe von 10.000 EUR (netto; auf die buchhalterische Berücksichtigung der Umsatzsteuer wird hier verzichtet). Eine Überweisung in Höhe von 20.000 EUR, die dem Privatbereich des Unternehmers zuzurechnen ist, wurde irrtümlicherweise dem Firmenkonto gutgeschrieben. Handelsfix belässt den Betrag als Einlage in der Unternehmung. Dem Eigenkapitalkonto wird ein Privatkonto vorgeschaltet. Die Gesamterträge (einschließlich der Umsatzerlöse, auch aus Warenentnahmen durch den Eigentümer) während des Geschäftsjahres belaufen sich auf 400.000 EUR; ihnen stehen Gesamtaufwendungen in Höhe von 300.000 EUR gegenüber.

Buchungssätze:

► **während des Geschäftsjahres:**

1.	Privatkonto	60.000	an	Kasse	60.000
2.	Privatkonto	10.000	an	Eigenverbrauch	10.000
3.	Kontokorrentkonto	20.000	an	Privatkonto	20.000

► **am Abschlussstichtag:**

4.	Eigenkapital	50.000	an	Privatkonto	50.000
5.	Eigenverbrauch	10.000	an	GuV-Konto	10.000
6.	GuV-Konto	100.000	an	Eigenkapital	100.000
7.	Eigenkapital	330.000	an	Schlussbilanzkonto	330.000

29 Vgl. *Eisele, Wolfgang/Knobloch, Alois Paul*: Technik des betrieblichen Rechnungswesens, 8. Aufl., München 2011, S. 590.

Kontenbild:

S	Eigenkapital		H
(4)	50.000	AB	280.000
(7) SB	330.000	(6)	100.000
	380.000		380.000

S	Privatkonto		H
(1)	60.000	(3)	20.000
(2)	10.000	(4)	50.000
	70.000		70.000

S	Kasse		H
		(1)	60.000

S	Eigenverbrauch		H
(5)	10.000	(2)	10.000
	10.000		10.000

S	Kontokorrentkonto		H
(3)	20.000		

S	GuV-Konto		H
Aufwendungen	300.000	(5)	10.000
(6)	100.000	Erträge	390.000
	400.000		400.000

S	Schlussbilanzkonto		H
		(7) EK	330.000

2.5.4.1.3 Erfolgsbuchungen bei der Offenen Handelsgesellschaft (OHG) und der Kommanditgesellschaft (KG)

Die **Offene Handelsgesellschaft** (geregelt in den §§ 105–160 HGB) stellt einen Zusammenschluss von mindestens zwei Personen zum Zweck des Betriebs eines Handelsgewerbes unter gemeinsamer Firma dar. Die Gesellschafter der OHG haften wie der Einzelunternehmer den Gläubigern unmittelbar sowie unbeschränkt mit ihrem gesamten Gesellschafts- und Privatvermögen.

Die Gewinn- und Verlustverteilung richtet sich i. d. R. nach den Vereinbarungen des Gesellschaftsvertrages. Lediglich in den Fällen, in denen hierüber keine besonderen Vereinbarungen getroffen wurden, greifen die gesetzlichen Bestimmungen gemäß § 121 HGB[30]. Gewöhnlich beinhalten die Gesellschaftsverträge Vereinbarungen, nach denen zunächst die mitarbeitenden Gesellschafter ein Arbeitsentgelt erhalten, das den zur Verteilung verbleibenden Gewinn kürzt. Der Restgewinn wird nach einem Schlüssel verteilt, der das Risiko des einzelnen Gesellschafters entsprechend seinem haftenden Gesellschafts- und Privatvermögen berücksichtigt.

Sind mangels im Gesellschaftsvertrag getroffener Vereinbarungen die gesetzlichen Vorschriften des § 121 HGB anzuwenden, so wird die Erfolgsverteilung nach folgender Regelung vorgenommen: Zunächst ist die Kapitaleinlage jedes Gesellschafters mit 4 % zu verzinsen; sofern der Jahresgewinn hierzu nicht ausreicht, ist eine Verzinsung mit einem entsprechend niedrigeren Satz vorzunehmen. Während des Geschäftsjahres getätigte Einlagen und Entnahmen werden dabei zeitanteilig berücksichtigt. Der verbleibende Restgewinn wird auf die Gesellschafter nach Köp-

30 Vgl. dazu *Bieg, Hartmut/Kußmaul, Heinz/Waschbusch, Gerd*: Finanzierung in Übungen, 4. Aufl., München 2017, S. 12 f.

fen verteilt. Während eines Geschäftsjahres erwirtschaftete Verluste werden ohne Berücksichtigung der Kapitalanteilshöhe ebenfalls nach Köpfen verrechnet.

Die buchungstechnische Erfolgsverrechnung erfolgt analog der Buchung bei der Einzelunternehmung, wobei allerdings für jeden Gesellschafter ein eigenes Kapitalkonto eingerichtet wird. Auch hier wird den einzelnen Kapitalkonten üblicherweise jeweils ein Privatkonto zur Aufnahme der Einlagen und Entnahmen während des Geschäftsjahres vorgeschaltet.

Für die **Kommanditgesellschaft** gelten grundsätzlich die gleichen gesetzlichen Vorschriften (§§ 105–160 HGB), die für die OHG Anwendung finden, sofern die §§ 161–177a HGB, die speziellen Regelungen für die KG beinhalten, nichts anderes vorschreiben (vgl. § 161 Abs. 2 HGB). Die KG unterscheidet sich von der OHG dadurch, dass sie hinsichtlich der Haftungsverhältnisse **zwei Arten von Gesellschaftern** kennt. Die **Komplementäre** haften wie die Gesellschafter der OHG unbeschränkt mit ihrem gesamten Gesellschafts- und Privatvermögen. Demgegenüber ist die Haftung der **Kommanditisten** auf die Höhe der im Gesellschaftsvertrag vereinbarten und im Handelsregister eingetragenen Kapitaleinlage beschränkt. Sofern ein Kommanditist diese Einlage noch nicht vollständig erbracht hat, haftet auch er mit seinem Privatvermögen für die Resteinzahlung.

Die Verteilung des Erfolgs auf die einzelnen Komplementäre und Kommanditisten ist in den §§ 167 Abs. 3, 168 und 121 HGB geregelt, wobei diese Vorschriften allerdings wie bei der OHG durch individuelle Vereinbarungen im Gesellschaftsvertrag abbedungen werden können. Die gesetzliche Erfolgsverteilung sieht zunächst für alle Gesellschafter, unabhängig von den Haftungsverhältnissen, ebenfalls eine Kapitalverzinsung von 4 % bzw. bei nicht ausreichendem Jahresgewinn einen entsprechend niedrigeren Satz vor. Der Restgewinn sowie ein Verlust sind in „angemessenem“ Verhältnis auf die Gesellschafter zu verteilen, wobei eine Verlustzuweisung für die Kommanditisten jeweils nur bis zur Höhe ihres Kapitalanteils und der noch rückständigen Einlage erfolgt (vgl. §§ 168 Abs. 2 und 167 Abs. 3 HGB). Die wenig präzise gesetzliche Formulierung „in angemessenem Verhältnis“ erfordert zwangsläufig eine nähere Konkretisierung der Gewinn- und Verlustverteilung im Gesellschaftsvertrag. In der Praxis wird die gesetzliche Vorschrift der „angemessenen Verlustverteilung“ für die Kommanditisten durch gesellschaftsvertragliche Regelungen meistens dahingehend abbedungen, dass ihnen Verlustanteile nicht zugewiesen werden[31].

Im Hinblick auf die Buchung der Erfolgsverteilung ergeben sich bei den **Komplementären** der KG keine Unterschiede zu den Erfolgsbuchungen bei der OHG. Die Buchung der Erfolgsanteile der **Kommanditisten** weist hingegen einige Besonderheiten auf[32]. Ist bei der KG in der Abrechnungsperiode ein **Gewinn** entstanden und hat der Kommanditist die im Gesellschaftsvertrag vereinbarte **Einlage voll erbracht**, so wird der ihm zufallende Gewinnanteil, sofern er ihn in der Unternehmung belässt, nicht seinem Kapitalkonto, sondern einem besonderen **Gewinnanteilskonto** gutgeschrieben. In Höhe der nicht entnommenen Gewinne ist ein Kommanditist **Gläubiger** der KG. Die nicht entnommenen Gewinnanteile der Kommanditisten werden in der Bilanz dementsprechend als „Sonstige Verbindlichkeiten“ ausgewiesen.

31 Vgl. *Eisele, Wolfgang/Knobloch, Alois Paul*: Technik des betrieblichen Rechnungswesens, 8. Aufl., München 2011, S. 604.

32 Vgl. hierzu *Eisele, Wolfgang/Knobloch, Alois Paul*: Technik des betrieblichen Rechnungswesens, 8. Aufl., München 2011, S. 604 ff.

Hat der Kommanditist seine **Einlage noch nicht voll erbracht**, werden die ihm zustehenden **Gewinnanteile** auf dem **Konto „Ausstehende Einlagen"** gebucht. Die auf diesem Konto erfassten Beträge stellen damit einen Korrekturposten zu dem Kapitalkonto des Kommanditisten dar, das den Haftsummenbetrag in voller Höhe ausweist. Gewinngutschriften vermindern damit die von dem Kommanditisten noch zu erbringende Einlage. In der Bilanz sind eingeforderte Einlagen entweder auf der Aktivseite der Bilanz als solche gesondert auszuweisen oder auf der Passivseite von den Kapitalanteilen offen abzusetzen. Nicht eingeforderte Einlagen, die bilanziert werden, sind als solche gesondert kenntlich zu machen.

Den Kommanditisten zugewiesene **Verlustanteile** werden über ein **Verlustanteilskonto** verrechnet. Ist die gesellschaftsvertraglich festgeschriebene Kommanditeinlage durch Verlustzuweisungen früherer Perioden vermindert, so darf der Kommanditist etwaige Gewinnanteile so lange nicht entnehmen, bis die Einlage ihre ursprüngliche Höhe wieder erreicht hat (vgl. § 169 Abs. 1 HGB). Die Gewinnanteile werden so lange dem Verlustanteilskonto gutgeschrieben, bis dieses ausgeglichen ist.

BEISPIEL: zur Erfolgsverteilung bei Personengesellschaften:

Erfolgsverteilung bei einer OHG

Die Kapitalanteile der Gesellschafter A, B und C einer OHG belaufen sich auf 100.000 EUR, 300.000 EUR und 600.000 EUR. A bezieht als kaufmännischer Direktor ein Arbeitsentgelt (Unternehmerlohn) von 80.000 EUR, B als technischer Direktor ein solches von 60.000 EUR, C arbeitet nicht im Betrieb mit. Das Privatvermögen von A beträgt 400.000 EUR, das von B 700.000 EUR und das von C 2.900.000 EUR. Der Gewinn des Jahres vor Abzug der Arbeitsentgelte für A und B beläuft sich bei Erträgen von 7.490.000 EUR und Aufwendungen von 7.120.000 EUR auf 370.000 EUR. Der durchschnittliche Basiszinssatz des Jahres wird mit 8 % errechnet.

FALL 1

Im Gesellschaftsvertrag ist vereinbart: „Aus dem Ergebnis ist zunächst der Unternehmerlohn zu speisen, sodann ist eine Eigenkapitalverzinsung in Höhe des durchschnittlichen Basiszinssatzes vorzunehmen, ein verbleibender Rest ist zur Abdeckung des unterschiedlichen Risikos im Verhältnis des Gesamtvermögens (Eigenkapital + Privatvermögen) zu verteilen."

Die Gewinnverteilung (in EUR) zwischen den Gesellschaftern A, B und C zeigt folgende Tabelle:

	A	B	C	Summe
Unternehmerlohn	80.000	60.000	–	140.000
Verzinsung der Kapitaleinlage	8.000	24.000	48.000	80.000
Verteilung im Verhältnis des Gesamtvermögens	15.000	30.000	105.000	150.000
Gesamt	103.000	114.000	153.000	370.000

FALL 2

Im Gesellschaftsvertrag sind keine Bestimmungen über die Gewinnverteilung vorhanden; es gelten die gesetzlichen Regelungen.

Gewinnverteilung (in EUR) zwischen den Gesellschaftern A, B und C:

	A	B	C	Summe
Verzinsung der Kapitaleinlage	4.000	12.000	24.000	40.000
Verteilung nach Köpfen	110.000	110.000	110.000	330.000
Gesamt	114.000	122.000	134.000	370.000

Die Buchungssätze und das Kontenbild brauchen lediglich für den ersten Fall gezeigt zu werden. Für Fall 2 ergeben sie sich analog. Zur Wahrung der Übersichtlichkeit wurde in den Beispielfällen auf die Vorschaltung eines Privatkontos zur Buchung der Einlagen und Entnahmen während des Geschäftsjahres verzichtet.

Buchungssätze:

- **Abschluss des GuV-Kontos:**

1.	GuV-Konto	370.000		Eigenkapital A	103.000
				Eigenkapital B	114.000
				Eigenkapital C	153.000

- **Abschluss der Eigenkapitalkonten:**

2.	Eigenkapital A	203.000	an	Schlussbilanzkonto	203.000
3.	Eigenkapital B	414.000	an	Schlussbilanzkonto	414.000
4.	Eigenkapital C	753.000	an	Schlussbilanzkonto	753.000

Kontenbild:

S	GuV-Konto		H
Aufwendungen	7.120.000	Erträge	7.490.000
(1)	370.000		
	7.490.000		7.490.000

S	Eigenkapital A		H
(2)	203.000	AB	100.000
		(1)	103.000
	203.000		203.000

S	Eigenkapital B		H
(3)	414.000	AB	300.000
		(1)	114.000
	414.000		414.000

S	Eigenkapital C		H
(4)	753.000	AB	600.000
		(1)	153.000
	753.000		753.000

S	Schlussbilanzkonto		H
		(2)	203.000
		(3)	414.000
		(4)	753.000

A	Bilanz zum ...		P
		EK A	203.000
		EK B	414.000
		EK C	753.000

Erfolgsverteilung bei einer KG

FALL 1

Die Ausgangsdaten sind die gleichen wie im Beispiel der Erfolgsverteilung bei der OHG (vgl. S. 165). Abweichend hiervon wird jedoch angenommen, dass es sich statt um eine OHG um eine KG mit dem Komplementär A und den Kommanditisten B und C handelt, dass es sich bei den Kapitalanteilen von B und C um voll eingezahlte, vereinbarte Einlagen handelt und dass im Gesellschaftsvertrag Folgendes vereinbart ist: „Aus dem Ergebnis ist zunächst der Unternehmerlohn zu speisen, sodann ist eine Eigenkapitalverzinsung in Höhe des gesetzlichen Satzes vorzunehmen, ein verbleibender Rest ist zur Abdeckung des unterschiedlichen Risikos im Verhältnis des gesamten haftenden Vermögens (Eigenkapital + haftendes Privatvermögen) zu verteilen."

Die Gewinnverteilung (in EUR) zwischen dem Komplementär A und den Kommanditisten B und C zeigt folgende Tabelle:

	A	B	C	Summe
Unternehmerlohn	80.000	60.000	–	140.000
Verzinsung der Kapitaleinlage	4.000	12.000	24.000	40.000
Verteilung im Verhältnis der Risiken	(500.000)* 67.857	(300.000) 40.714	(600.000) 81.429	(1.400.000) 190.000
Gesamt	151.857	112.714	105.429	370.000

* gesamtes haftendes Vermögen

Buchungssätze:

► **Abschluss des GuV-Kontos:**

1.	GuV-Konto	370.000		Eigenkapital A	151.857
				Gewinnanteilskonto B	112.714
				Gewinnanteilskonto C	105.429

► **Abschluss der Kapital- und Erfolgsverteilungskonten:**

2.	Eigenkapital A	251.857	an	Schlussbilanzkonto	251.857
3.	Kommanditeinlage B	300.000	an	Schlussbilanzkonto	300.000
4.	Kommanditeinlage C	600.000	an	Schlussbilanzkonto	600.000
5.	Gewinnanteilskonto B	112.714	an	Schlussbilanzkonto	112.714
6.	Gewinnanteilskonto C	105.429	an	Schlussbilanzkonto	105.429

Kontenbild:

S	GuV-Konto		H
Aufwendungen	7.120.000	Erträge	7.490.000
(1)	370.000		
	7.490.000		7.490.000

S	Eigenkapital A		H
(2)	251.857	AB	100.000
		(1)	151.857
	251.857		251.857

S	Kommanditeinlage B		H
(3)	300.000	AB	300.000
	300.000		300.000

S	Gewinnanteilskonto B		H
(5)	112.714	(1)	112.714
	112.714		112.714

S	Kommanditeinlage C		H
(4)	600.000	AB	600.000
	600.000		600.000

S	Gewinnanteilskonto C		H
(6)	105.429	(1)	105.429
	105.429		105.429

S	Schlussbilanzkonto		H
		(2)	251.857
		(3)	300.000
		(4)	600.000
		(5)	112.714
		(6)	105.429

A	Bilanz zum ...		P
		EK A	251.857
		Kommanditeinlage B	300.000
		Kommanditeinlage C	600.000
		Sonstige Verbindlichkeiten	218.143

FALL 2

Abweichend von Fall 1 wird angenommen, dass Kommanditist C eine Kommanditeinlage von 600.000 EUR übernommen, hierauf jedoch bisher lediglich 300.000 EUR eingezahlt hat. Im Gesellschaftsvertrag ist zusätzlich vereinbart, dass die Eigenkapitalverzinsung auf die am Jahresanfang eingezahlten Kapitalanteile vorzunehmen ist. Die sich hieraus ergebende Gewinnverteilung (in EUR) zeigt folgende Tabelle:

	A	B	C	Summe
Unternehmerlohn	80.000	60.000	–	140.000
Verzinsung der Kapitaleinlage	4.000	12.000	12.000	28.000
Verteilung im Verhältnis der Risiken	(500.000)* 72.143	(300.000) 43.286	(600.000) 86.571	(1.400.000) 202.000
Gesamt	156.143	115.286	98.571	370.000

* gesamtes haftendes Vermögen

Buchungssätze:

► **Abschluss des GuV-Kontos:**

1.	GuV-Konto	370.000		Eigenkapital A	156.143
				Gewinnanteilskonto B	115.286
				Ausstehende Einlagen C	98.571

► **Abschluss der Kapital- und Erfolgsverteilungskonten:**

2.	Eigenkapital A	256.143	an	Schlussbilanzkonto	256.143
3.	Kommanditeinlage B	300.000	an	Schlussbilanzkonto	300.000
4.	Kommanditeinlage C	600.000	an	Schlussbilanzkonto	600.000
5.	Gewinnanteilskonto B	115.286	an	Schlussbilanzkonto	115.286
6.	Schlussbilanzkonto	201.429	an	Ausstehende Einlagen C	201.429

Kontenbild:

S	GuV-Konto		H
Aufwendungen	7.120.000	Erträge	7.490.000
(1)	370.000		
	7.490.000		7.490.000

S	Eigenkapital A		H
(2)	256.143	AB	100.000
		(1)	156.143
	256.143		256.143

S	Kommanditeinlage B		H
(3)	300.000	AB	300.000
	300.000		300.000

S	Gewinnanteilskonto B		H
(5)	115.286	(1)	115.286
	115.286		115.286

S	Kommanditeinlage C		H
(4)	600.000	AB	600.000
	600.000		600.000

S	Ausstehende Einlagen C		H
AB	300.000	(1)	98.571
		(6)	201.429
	300.000		300.000

S	Schlussbilanzkonto		H
(6)	201.429	(2)	256.143
		(3)	300.000
		(4)	600.000
		(5)	115.286

A	Bilanz zum ...		P
Ausstehende Einlagen C	201.429	EK A	256.143
		Kommanditeinlage B	300.000
		Kommanditeinlage C	600.000
		Sonstige Verbindlichkeiten	115.286

FALL 3

Analog Fall 1 wird angenommen, dass die Kapitalanteile der Kommanditisten B und C voll eingezahlt sind, das Verlustanteilskonto des Kommanditisten B aus einer früheren Periode jedoch noch einen Stand von 200.000 EUR ausweist. Auch der in einer früheren Periode zugewiesene Verlust vermindert den zu verzinsenden Eigenkapitalanteil. Die sich hieraus ergebende Gewinnverteilung (in EUR) zeigt folgende Tabelle:

	A	B	C	Summe
Unternehmerlohn	80.000	60.000	–	140.000
Verzinsung der Kapitaleinlage	4.000	4.000	24.000	32.000
Verteilung im Verhältnis der Risiken	(500.000)* 70.714	(300.000) 42.429	(600.000) 84.857	(1.400.000) 198.000
Gesamt	154.714	106.429	108.857	370.000

* gesamtes haftendes Vermögen

Buchungssätze:

► **Abschluss des GuV-Kontos:**

1.	GuV-Konto	370.000		Eigenkapital A	154.714
				Verlustanteilskonto B	106.429
				Gewinnanteilskonto C	108.857

► **Abschluss der Kapital- und Erfolgsverteilungskonten:**

2.	Eigenkapital A	254.714	an	Schlussbilanzkonto	254.714
3.	Kommanditeinlage B	300.000	an	Schlussbilanzkonto	300.000
4.	Kommanditeinlage C	600.000	an	Schlussbilanzkonto	600.000
5.	Schlussbilanzkonto	93.571	an	Verlustanteilskonto B	93.571
6.	Gewinnanteilskonto C	108.857	an	Schlussbilanzkonto	108.857

Kontenbild:

S GuV-Konto H

S			H
Aufwendungen	7.120.000	Erträge	7.490.000
(1)	370.000		
	7.490.000		7.490.000

S Eigenkapital A H

S			H
(2)	254.714	AB	100.000
		(1)	154.714
	254.714		254.714

S Kommanditeinlage B H

S			H
(3)	300.000	AB	300.000
	300.000		300.000

S Verlustanteilskonto B H

S			H
AB	200.000	(1)	106.429
		(5)	93.571
	200.000		200.000

S	Kommanditeinlage C		H
(4)	600.000	AB	600.000
	600.000		600.000

S	Gewinnanteilskonto C		H
(6)	108.857	(1)	108.857
	108.857		108.857

S	Schlussbilanzkonto		H
(5)	93.571	(2)	254.714
		(3)	300.000
		(4)	600.000
		(6)	108.857

A	Bilanz zum ...		P
Verlustanteil B	93.571	EK A	254.714
		Kommandit-einlage B	300.000
		Kommandit-einlage C	600.000
		Sonstige Verbindlich-keiten	108.857

2.5.4.2 Erfolgsbuchungen bei Kapitalgesellschaften am Beispiel der Aktiengesellschaft

2.5.4.2.1 Gesetzliche Regelungen zum Eigenkapital der Aktiengesellschaft

Im Gegensatz zu den Personenunternehmungen ist die AG eine Gesellschaft mit eigener Rechtspersönlichkeit, deren Haftung gegenüber den Gläubigern allein auf das Gesellschaftsvermögen beschränkt ist (vgl. § 1 Abs. 1 AktG). Die AG hat ein im Gesellschaftsvertrag bestimmtes, **nominell festgelegtes Grundkapital** von mindestens 50.000 EUR (vgl. § 7 AktG). Die Aktien können entweder als Nennbetragsaktien oder als Stückaktien begründet werden (vgl. § 8 Abs. 1 AktG). Dabei müssen Nennbetragsaktien mindestens auf 1 EUR lauten; höhere Aktiennennbeträge müssen auf volle EUR lauten (vgl. § 8 Abs. 2 Satz 1 und Satz 4 AktG). Dagegen lauten Stückaktien nicht auf einen Nennbetrag. Alle Stückaktien sind aber am Grundkapital einer Gesellschaft in gleichem Umfang beteiligt (vgl. § 8 Abs. 3 Satz 1 und Satz 2 AktG); insofern lässt sich bei ihnen ein rechnerischer Nennwert (Emissionskapital geteilt durch die Stückzahl der ausgegebenen Aktien) bestimmen.

Da das Grundkapital zumindest bis zu einer gesellschaftsvertraglichen Änderung durch die Hauptversammlung, die mindestens einer Dreiviertelmehrheit bedarf (vgl. §§ 182, 193, 202, 207 AktG), eine feste Größe darstellt, berühren laufende Veränderungen des Eigenkapitals nicht das Grundkapital als konstanten Eigenkapitalbestandteil. Die laufenden Kapitalveränderungen werden als **Rücklagen** erfasst und auch als solche in eigenständigen Bilanzpositionen ausgewiesen. Das Eigenkapital einer AG setzt sich also im Regelfall aus dem Grundkapital – in dem Bilanzgliederungsschema nach § 266 Abs. 3 HGB als **gezeichnetes Kapital** benannt, das nach § 272 Abs. 1 Satz 1 HGB stets mit dem Nennbetrag anzusetzen ist – und den Rücklagen, als variable Eigenkapitalbestandteile, zusammen.

Nach § 266 Abs. 3 HGB umfasst das Eigenkapital einer Aktiengesellschaft folgende Einzelpositionen:

A. Eigenkapital:
  - I. Gezeichnetes Kapital;
  - II. Kapitalrücklage;
  - III. Gewinnrücklagen:
    1. gesetzliche Rücklage;
    2. Rücklage für Anteile an einem herrschenden oder mehrheitlich beteiligten Unternehmen;
    3. satzungsmäßige Rücklagen;
    4. andere Gewinnrücklagen;
  - IV. Gewinnvortrag/Verlustvortrag;
  - V. Jahresüberschuss/Jahresfehlbetrag.

Zu der **Kapitalrücklage** zählen alle Einlagen, die der Gesellschaft von außen zugeflossen sind und kein gezeichnetes Kapital darstellen. Im Einzelnen sind nach § 272 Abs. 2 HGB in die Kapitalrücklage einzustellen:

1. Beträge, die bei der Ausgabe von Anteilen einschließlich von Bezugsanteilen über den Nennbetrag oder, falls ein Nennbetrag nicht vorhanden ist, über den rechnerischen Wert hinaus erzielt wurden (Agio);
2. Beträge, die bei der Ausgabe von Wandelschuldverschreibungen und Optionsschuldverschreibungen über den Rückzahlungsbetrag hinaus erzielt wurden;
3. Zuzahlungen, die Gesellschafter gegen Gewährung eines Vorzugs für ihre Anteile leisten;
4. sonstige Zuzahlungen, die Gesellschafter in das Eigenkapital leisten.

In die **Gewinnrücklagen** sind die Beträge einzustellen, die im laufenden Geschäftsjahr oder in einem früheren Geschäftsjahr aus dem Ergebnis gebildet worden sind (vgl. § 272 Abs. 3 HGB).

Unternehmungen in der Rechtsform einer AG und KGaA werden nach § 150 Abs. 1 AktG zur Bildung einer **gesetzlichen Rücklage** verpflichtet. (Kapitalgesellschaften anderer Rechtsformen brauchen keine gesetzliche Rücklage zu bilden.) In diese gesetzliche Rücklage sind 5 % des um einen Verlustvortrag aus dem Vorjahr geminderten Jahresüberschusses einzustellen, bis die gesetzliche Rücklage **und** die Kapitalrücklage zusammen 10 % oder den in der Satzung festgeschriebenen höheren Teil des Grundkapitals erreichen (vgl. § 150 Abs. 2 AktG). Die gesetzliche Rücklage darf ausschließlich in den von § 150 Abs. 3 und Abs. 4 AktG explizit genannten Fällen (Ausgleich eines Jahresfehlbetrags bzw. Verlustvortrags aus dem Vorjahr) aufgelöst, keinesfalls jedoch zur Gewinnausschüttung herangezogen werden.

Für **Anteile an einem herrschenden oder mehrheitlich beteiligten Unternehmen** ist eine Rücklage zu bilden. Dabei ist in die Rücklage ein Betrag einzustellen, welcher dem auf der Aktivseite der Bilanz für die Anteile an dem herrschenden oder mit Mehrheit beteiligten Unternehmen angesetzten Betrag entspricht (vgl. § 272 Abs. 4 Satz 1 und Satz 2 HGB).

Dieser mit dem Bilanzrechtsmodernisierungsgesetz neu eingeführte Posten löst die frühere Position der Rücklage für eigene Anteile ab. Die eigenen Anteile werden nunmehr gemäß § 272 Abs. 1a Satz 1 HGB offen vom gezeichneten Kapital abgesetzt. Dabei ist der Nennbetrag bzw. der rechnerische Wert in einer Vorspalte vom gezeichneten Kapital abzuziehen, was zu einer Kürzung des gezeichneten Kapitals führt. Die Differenz zwischen dem Nennbetrag oder dem rechnerischen Wert der eigenen Anteile und den regelmäßig hiervon abweichenden Anschaffungskosten der eigenen Anteile ist mit den frei verfügbaren Rücklagen (= Gewinnrücklagen zuzüglich der frei verfügbaren Kapitalrücklagen) zu verrechnen (vgl. § 272 Abs. 1a Satz 2 HGB).

In die **satzungsmäßigen Rücklagen** sind diejenigen Beträge einzustellen, zu deren Bildung eine Unternehmung aufgrund ihres Gesellschaftsvertrages, ihrer Satzung oder ihres Statuts verpflichtet ist.

Über die Zuführung zu den gesetzlich oder satzungsmäßig zu bildenden Rücklagen hinaus können Vorstand und Aufsichtsrat einer AG weitere Beträge in die **anderen Gewinnrücklagen** einstellen. Stellen Vorstand und Aufsichtsrat den Jahresabschluss fest (vgl. § 58 Abs. 2 AktG), so können sie einen Teil, höchstens jedoch die Hälfte des um einen Verlustvortrag und die Zuführung zu den gesetzlichen Rücklagen verminderten Jahresüberschusses in die anderen Gewinnrücklagen einstellen, soweit die Satzung nicht ausdrücklich eine höhere Zuführung gestattet. Diese höheren Einstellungen sind jedoch nur insoweit zulässig, als die gesamten anderen Gewinnrücklagen die Hälfte des Grundkapitals nicht übersteigen. Die Hauptversammlung kann durch einen Beschluss über die Verwendung des Bilanzgewinns weitere Beträge den anderen Gewinnrücklagen zuführen bzw. als Gewinn vortragen (vgl. § 58 Abs. 3 Satz 1 AktG). Die anderen Gewinnrücklagen können in späteren Geschäftsjahren im Gegensatz zu den vorher erörterten Rücklagen zur Ausschüttung von Gewinnen (Dividendenzahlungen) herangezogen werden.

Die Position **Gewinn-/Verlustvortrag** weist aufgrund eines Gewinnverwendungsbeschlusses der Hauptversammlung in der Unternehmung belassene Gewinne bzw. entstandene Verluste aus der **Vorjahresrechnung** aus. Demgegenüber ist unter dem Posten **Jahresüberschuss/Jahresfehlbetrag** das Ergebnis des Berichtsjahres (Jahresergebnis) zu erfassen. Das Bilanzgliederungsschema nach § 266 Abs. 3 HGB geht mit dem Ausweis des Jahresüberschusses bzw. Jahresfehlbetrags von der Aufstellung der Bilanz vor der Verwendung des Jahresergebnisses, d. h. ohne beispielsweise die Einstellungen in bzw. Entnahmen aus den Rücklagen zu berücksichtigen, aus.

Die Bilanz kann nach § 268 Abs. 1 Satz 1 HGB allerdings auch unter Berücksichtigung der **teilweisen** oder **vollständigen** Verwendung des Jahresergebnisses aufgestellt werden. Die Berücksichtigung der Einstellungen eines Teils des Jahresüberschusses in die anderen Gewinnrücklagen führt zu einer entsprechenden Erhöhung der jeweiligen Positionen. Dementsprechend wird in der Bilanz nicht mehr der Posten Jahresüberschuss aufgeführt; vielmehr wird bei einer Berücksichtigung von Rücklagenveränderungen und einer Verrechnung des Jahresergebnisses mit einem Gewinn- bzw. Verlustvortrag der Posten **„Jahresüberschuss/Jahresfehlbetrag"** unter Einbeziehung des Postens **„Gewinn-/Verlustvortrag"** durch den Posten **„Bilanzgewinn/Bilanzverlust"** ersetzt (vgl. § 268 Abs. 1 Satz 2 HGB).

Sowohl ein Verlust des Geschäftsjahres als auch ein Verlustvortrag sind damit auf der Passivseite der Bilanz (mit einem negativen Vorzeichen) auszuweisen. Ist das Eigenkapital jedoch durch Verluste aufgezehrt und ergibt sich als Folge ein Überschuss der Schulden über die Vermögensgegenstände, so ist dieser Betrag nach § 268 Abs. 3 HGB am Schluss der Bilanz auf der Aktivseite gesondert unter der Bezeichnung **„nicht durch Eigenkapital gedeckter Fehlbetrag“** auszuweisen.

BEISPIEL: zur Verwendung des Jahresergebnisses einer Aktiengesellschaft

Die Passivseite der Bilanz einer Aktiengesellschaft enthält ohne Berücksichtigung der Gewinnverwendungsbeschlüsse zum Abschlussstichtag u. a. folgende Positionen:

I.	Gezeichnetes Kapital	10.000.000 EUR
II.	Kapitalrücklage	500.000 EUR
III.	Gewinnrücklagen	
	1. gesetzliche Rücklage	300.000 EUR
IV.	Verlustvortrag	50.000 EUR

Der Jahresüberschuss beträgt bei Erträgen von 5.250.000 EUR und Aufwendungen von 5.000.000 EUR 250.000 EUR.[33]

Gezeigt werden soll der bilanzielle Eigenkapitalausweis der Unternehmung unter Berücksichtigung der Beschlüsse von Vorstand und Aufsichtsrat über die Verwendung des Jahresergebnisses. Es wird angenommen, dass beide Gremien von ihren Rechten nach § 58 AktG Gebrauch machen und den ihnen zur Verwendung verbleibenden Teil des Jahresüberschusses in die anderen Gewinnrücklagen einstellen.

Zunächst ist festzustellen, ob die Kapitalrücklage und die gesetzliche Rücklage zusammen noch nicht 10 % des gezeichneten Kapitals erreicht haben, so dass weitere Beträge der gesetzlichen Rücklage zuzuführen sind.

Insgesamt wurden in die Kapitalrücklage und die gesetzliche Rücklage bisher 800.000 EUR, also erst 8 % des gezeichneten Kapitals, eingestellt. Nach § 150 Abs. 2 AktG sind damit 5 % des um einen Verlustvortrag verminderten Jahresüberschusses der gesetzlichen Rücklage zuzuführen.

	Jahresüberschuss		250.000 EUR	
./.	Verlustvortrag		50.000 EUR	
			200.000 EUR	
	davon 5 %	=	10.000 EUR	Zuführung zur gesetzlichen Rücklage

Vorstand und Aufsichtsrat können nun maximal die Hälfte des um den Verlustvortrag und die erforderlichen Zuführungen zur gesetzlichen Rücklage verminderten Jahresüberschusses in die anderen Gewinnrücklagen einstellen, also

	Jahresüberschuss		250.000 EUR	
./.	Verlustvortrag		50.000 EUR	
./.	Einstellungen in die gesetzliche Rücklage		10.000 EUR	
			190.000 EUR	
	davon 50 %	=	95.000 EUR	Zuführung zu den anderen Gewinnrücklagen

33 Es wird angenommen, dass der Jahresüberschuss alle ergebnisabhängigen Aufwendungen bereits berücksichtigt, so dass von den ansonsten hierbei auftretenden Interdependenzproblemen abstrahiert wird. Die Schwierigkeiten resultieren daraus, dass die ergebnisabhängigen Aufwendungen – Tantiemen und gewinnabhängige Steuern (Körperschaft- und Gewerbeertragsteuer) – einerseits den Jahresüberschuss mindern, andererseits der Jahresüberschuss die Bemessungsgrundlage für die ergebnisabhängigen Aufwendungen darstellt.

Hieraus leitet sich für die Aktiengesellschaft folgender bilanzieller Eigenkapitalausweis ab:

I.	Gezeichnetes Kapital	10.000.000 EUR
II.	Kapitalrücklage	500.000 EUR
III.	Gewinnrücklagen	
	1. gesetzliche Rücklage	310.000 EUR
	2. andere Gewinnrücklagen	95.000 EUR
IV.	Bilanzgewinn	95.000 EUR

Das Jahresergebnis und dessen Verwendung berührt jedoch nicht nur die Eigenkapitalpositionen der Bilanz. Aktiengesellschaften müssen nach § 158 Abs. 1 Satz 1 AktG in Fortführung der Gewinn- und Verlustrechnung die Entwicklung vom Jahresüberschuss/Jahresfehlbetrag bis hin zum Bilanzgewinn/Bilanzverlust im Einzelnen aufführen, wobei diese Angaben gemäß § 158 Abs. 1 Satz 2 AktG auch im Anhang gemacht werden können.

Die Entwicklung vom Jahresergebnis zum Bilanzgewinn bzw. Bilanzverlust ist nach folgendem Schema zu dokumentieren:

	Jahresüberschuss bzw. Jahresfehlbetrag
+/./.	Gewinnvortrag bzw. Verlustvortrag aus dem Vorjahr
+	Entnahmen aus der Kapitalrücklage
+	Entnahmen aus Gewinnrücklagen
	a) aus der gesetzlichen Rücklage
	b) aus der Rücklage für Anteile an einem herrschenden oder mehrheitlich beteiligten Unternehmen
	c) aus satzungsmäßigen Rücklagen
	d) aus anderen Gewinnrücklagen
./.	Einstellungen in Gewinnrücklagen
	a) in die gesetzliche Rücklage
	b) in die Rücklage für Anteile an einem herrschenden oder mehrheitlich beteiligten Unternehmen
	c) in satzungsmäßige Rücklagen
	d) in andere Gewinnrücklagen
=	Bilanzgewinn bzw. Bilanzverlust

Übertragen auf das Beispiel (vgl. S. 174) ergibt sich hieraus folgende (verkürzte) **Ergebnisverwendungsrechnung**:

	Jahresüberschuss	250.000 EUR
./.	Verlustvortrag aus dem Vorjahr	50.000 EUR
./.	Einstellungen in Gewinnrücklagen	
	a) in die gesetzliche Rücklage	10.000 EUR
	b) in andere Gewinnrücklagen	95.000 EUR
=	Bilanzgewinn	95.000 EUR

2.5.4.2.2 Buchung der Einstellungen in und der Entnahmen aus offenen Rücklagen sowie der Verwendung des Jahresergebnisses

Bei der Aktiengesellschaft – und dies gilt generell für Kapitalgesellschaften – ist es zweckmäßig, das „Jahresergebnis" (GuV-Konto) und das „Bilanzergebnis" buchmäßig zu trennen. Die kontenmäßige Trennung von Jahres- und Bilanzergebnis ist jedoch nur angebracht, wenn die Bilanz unter Berücksichtigung der vollständigen oder teilweisen Verwendung des Jahresergebnisses aufgestellt wird. Wird die Bilanz ohne Berücksichtigung der Verwendung des Jahresergebnisses aufgestellt, so kann das Konto „Jahresergebnis" (GuV-Konto) unmittelbar über das Schlussbilanzkonto (SBK) abgeschlossen werden.

Das Konto „Jahresergebnis" (GuV-Konto), über das alle Aufwands- und Ertragskonten abgeschlossen werden, weist als Saldo den Jahresüberschuss bzw. Jahresfehlbetrag aus. Dieser Saldo wird bei der Bilanzerstellung unter Berücksichtigung der vollständigen oder teilweisen Verwendung des Jahresergebnisses auf das Bilanzergebniskonto übertragen. Das Jahresergebniskonto ist damit abgeschlossen. Der Buchungssatz lautet:

- **bei einem Jahresüberschuss:**

Jahresergebnis (GuV-Konto)	an	Bilanzergebnis

- **bei einem Jahresfehlbetrag:**

Bilanzergebnis	an	Jahresergebnis (GuV-Konto)

Weiterhin ist über das Konto „Bilanzergebnis", das als Saldo den Bilanzgewinn bzw. Bilanzverlust ausweist, ein Gewinn- bzw. Verlustvortrag aus dem Vorjahr zu verrechnen. Der Abschluss der Konten Gewinnvortrag bzw. Verlustvortrag erfolgt durch folgende Buchungen:

- **bei einem Gewinnvortrag:**

Gewinnvortrag	an	Bilanzergebnis

- **bei einem Verlustvortrag:**

Bilanzergebnis	an	Verlustvortrag

In einem nächsten Schritt sind nun die Einstellungen in die Rücklagen und die Entnahmen aus den Rücklagen zu buchen. Dies erfolgt allerdings nicht unmittelbar über das Bilanzergebniskonto, sondern über ein zwischengeschaltetes Konto „Veränderungen der Gewinnrücklagen vor Bilanzergebnis". Die **Einstellungen in die Gewinnrücklagen** werden durch die Buchung

Veränderungen der Gewinnrücklagen vor Bilanzergebnis	Gesetzliche Rücklage
	Rücklage für Anteile an einem herrschenden oder mehrheitlich beteiligten Unternehmen
	Satzungsmäßige Rücklagen
	Andere Gewinnrücklagen

vorgenommen.

Entnahmen aus Gewinnrücklagen lösen folgende Buchungen aus (hierbei sind jedoch die Vorschriften des § 150 Abs. 3 und Abs. 4 AktG zur Auflösung der gesetzlichen Rücklage und der Kapitalrücklage zu beachten):

Gesetzliche Rücklage Rücklage für Anteile an einem herrschenden oder mehrheitlich beteiligten Unternehmen Satzungsmäßige Rücklagen Andere Gewinnrücklagen		Veränderungen der Gewinnrücklagen vor Bilanzergebnis

und/oder

Kapitalrücklage	an	Entnahmen aus der Kapitalrücklage

Die Entnahmen aus den Gewinnrücklagen und aus der Kapitalrücklage werden auf getrennten Konten gebucht. Beide Konten („Veränderungen der Gewinnrücklagen vor Bilanzergebnis" und „Entnahmen aus der Kapitalrücklage") werden über das Bilanzergebniskonto abgeschlossen. Hieraus leiten sich folgende Buchungen ab:

Bilanzergebnis	an	Veränderungen der Gewinnrücklagen vor Bilanzergebnis

(Die insgesamt vorgenommenen Einstellungen in die Gewinnrücklagen übersteigen die entnommenen Beträge.)

Veränderungen der Gewinnrücklagen vor Bilanzergebnis	an	Bilanzergebnis

(Die insgesamt vorgenommenen Entnahmen aus den Gewinnrücklagen übersteigen die eingestellten Beträge.)

Entnahmen aus der Kapitalrücklage	an	Bilanzergebnis

Sowohl das Bilanzergebniskonto, das den Bilanzgewinn bzw. Bilanzverlust ausweist, als auch die einzelnen Rücklagenkonten werden schließlich über das Schlussbilanzkonto (SBK) abgeschlossen.

In Fortführung des Beispiels zur Verwendung des Jahresergebnisses einer Aktiengesellschaft (vgl. S. 174) werden von der Unternehmung folgende Buchungen vorgenommen:

Buchungssätze:

1. Übertragung des Jahresüberschusses auf das Bilanzergebniskonto:

Jahresergebnis (GuV-Konto)	250.000	an	Bilanzergebnis	250.000

2. Übertragung des Verlustvortrages auf das Bilanzergebniskonto:

Bilanzergebnis	50.000	an	Verlustvortrag	50.000

3. Einstellung der Beträge in die gesetzliche Rücklage und die anderen Gewinnrücklagen:

Veränderungen der Gewinnrücklagen vor Bilanzergebnis	105.000		gesetzliche Rücklage	10.000
			andere Gewinnrücklagen	95.000

4. Abschluss des Kontos „Veränderungen der Gewinnrücklagen vor Bilanzergebnis“:

Bilanzergebnis	105.000	an	Veränderungen der Gewinnrücklagen vor Bilanzergebnis	105.000

5. Abschluss des Kontos „Bilanzergebnis“:

Bilanzergebnis	95.000	an	Schlussbilanzkonto	95.000

6. Abschluss der Rücklagenkonten und des Kontos „gezeichnetes Kapital“:

a)	gezeichnetes Kapital	10.000.000	an	Schlussbilanzkonto	10.000.000
b)	Kapitalrücklage	500.000	an	Schlussbilanzkonto	500.000
c)	gesetzliche Rücklage	310.000	an	Schlussbilanzkonto	310.000
d)	andere Gewinnrücklagen	95.000	an	Schlussbilanzkonto	95.000

Kontenbild:

S Jahresergebnis (GuV-Konto) H

S		H	
Aufwendungen	5.000.000	Erträge	5.250.000
(1)	250.000		
	5.250.000		5.250.000

S Bilanzergebnis H

S		H	
(2)	50.000	(1)	250.000
(4)	105.000		
(5)	95.000		
	250.000		250.000

S Veränderungen der Gewinnrücklagen vor Bilanzergebnis H

S		H	
(3)	105.000	(4)	105.000
	105.000		105.000

S Verlustvortrag H

S		H	
AB	50.000	(2)	50.000
	50.000		50.000

S Gesetzliche Rücklage H

S		H	
(6c)	310.000	AB	300.000
		(3)	10.000
	310.000		310.000

S Andere Gewinnrücklagen H

S		H	
(6d)	95.000	(3)	95.000
	95.000		95.000

S Kapitalrücklage H

S		H	
(6b)	500.000	AB	500.000
	500.000		500.000

S Gezeichnetes Kapital H

S		H	
(6a)	10.000.000	AB	10.000.000
	10.000.000		10.000.000

S Schlussbilanzkonto H

S		H	
		(5)	95.000
		(6a)	10.000.000
		(6b)	500.000
		(6c)	310.000
		(6d)	95.000

Aktiva	**Bilanz zum ...**		Passiva
	I.	Gezeichnetes Kapital	10.000.000
	II.	Kapitalrücklage	500.000
	III.	Gewinnrücklagen	
		1. gesetzliche Rücklage	310.000
		2. andere Gewinnrücklagen	95.000
	IV.	Bilanzgewinn	95.000

2.5.5 Die Abschlussübersicht (vorläufiger Jahresabschluss)

An die Buchung aller Geschäftsvorfälle einer Abrechnungsperiode auf den Bestands- und Erfolgskonten schließt sich als letzter Schritt zur Jahresabschlusserstellung die Überführung der Kontensalden auf die Schlussbilanz und die Erfolgsrechnung an. Vor dem endgültigen Abschluss der Einzelkonten wird jedoch üblicherweise zunächst ein Probeabschluss (vorläufiger Abschluss) in Form einer **Abschlussübersicht** – auch als **Hauptabschlussbericht, Abschlusstabelle** oder **Betriebsübersicht** bezeichnet – erstellt. Für die Erstellung einer solchen Abschlussübersicht sprechen vor allem folgende **Gründe**[34]:

1. In Anbetracht der großen Anzahl von Buchungen während der Abrechnungsperiode und der Abschlussbuchungen der Bestands- und Erfolgskonten sind **Fehler bei den Buchungen** nicht auszuschließen. Die Abschlussübersicht hat somit eine dem eigentlichen Kontenabschluss vorgelagerte **Kontroll- und Korrekturaufgabe**, da die nachträgliche Korrektur bereits abgeschlossener Konten – insbesondere, wenn sich Buchungsfehler auf mehreren Konten niederschlagen – erhebliche Schwierigkeiten bereitet.

2. Im Gegensatz zu der routinemäßigen Buchung der laufenden Geschäftsvorfälle erfordern die vorbereitenden Abschlussbuchungen Entscheidungen der Unternehmungsleitung. Dadurch, dass sich der externe Jahresabschluss an unterschiedliche Gruppen von Jahresabschlussadressaten mit vielfach differierenden Informations- und Vermögensinteressen wendet (vgl. Abschnitt 1.2.4), kommt dem **Einsatz des jahresabschlusspolitischen Instrumentariums** eine erhebliche Bedeutung zu. Beispielhaft seien hier die Festlegung der Abschreibungsbeträge, die Forderungsbewertung sowie die Rückstellungsbemessung genannt. Deshalb ist es zweckmäßig, die Abschlussbuchungen zunächst probeweise, außerhalb der Buchführung, vorzunehmen und der Unternehmungsleitung zur Entscheidung vorzulegen.

3. Die Abschlussübersicht zeigt neben den Endbeständen der **Bestands- und Erfolgskonten** auch deren **Veränderungen während der Abrechnungsperiode**. Mit der Darstellung dieser Kontenbewegungen verbindet sich eine zusätzliche **Informationsfunktion für die Unternehmungsleitung** bei der Erfüllung ihrer Dispositionsaufgaben.

Der Aufbau der Abschlussübersicht erfolgt in Form einer Tabelle nach folgendem Schema:

34 Vgl. hierzu *Wöhe, Günter*: Bilanzierung und Bilanzpolitik, 9. Aufl., München 1997, S. 129 f. sowie *Eisele, Wolfgang/Knobloch, Alois Paul:* Technik des betrieblichen Rechnungswesens, 8. Aufl., München 2011, S. 575.

ABB. 46: Schema einer Abschlussübersicht

Konten	Summenbilanz		Saldenbilanz I		Korrektur- und vorbereitende Abschlussbuchungen		Saldenbilanz II		Abschlussbilanz		Erfolgsübersicht	
	S	H	S	H	S	H	S	H	S	H	S	H
Summe	S = H		S = H		S = H		S = H		+ = Verlust	+ = Gewinn	+ = Gewinn	+ = Verlust
									S = H		S = H	

In die Spalte **Konten** werden **sämtliche Bestands- und Erfolgskonten**, die im Verlauf der Abrechnungsperiode angesprochen wurden, aufgenommen.

In die Spalte **Summenbilanz** werden die sich nach Durchführung aller Verkehrsbuchungen auf den Konten ergebenden **unsaldierten Summen beider Kontenseiten** übernommen. Hierbei muss sich auf beiden Bilanzseiten Wertgleichheit ergeben, da die Anfangsbestände der Aktivseite in der Summe denjenigen auf der Passivseite entsprechen und da bei der Buchung der Geschäftsvorfälle mit jeder Sollbuchung eine gleich hohe Habenbuchung einhergeht und umgekehrt. Dadurch erfüllt die Summenbilanz eine erste Kontrollaufgabe, indem durch die Überprüfung der Übereinstimmung beider Kontenseiten Verletzungen des Grundsatzes Sollbuchung = Habenbuchung und Fehler bei der Aufsummierung erkannt werden. Unterlassene Buchungen und Mehrfachbuchungen sowie sachliche Fehler werden durch die Summenbilanz jedoch nicht aufgedeckt.

Die Spalte **Saldenbilanz I** ergibt sich aus der Saldierung der Soll- und Habenseiten aller Konten. Für jede einzelne Position wird die Differenz in die Soll- bzw. Habenseite der Saldenbilanz I eingesetzt. Im Gegensatz zur Buchung der Kontensalden, die zum Zweck des Kontenabschlusses auf der kleineren Kontenseite erfolgt, werden die Salden in die Saldenbilanz I jeweils auf der Seite eingetragen, die in der Summenbilanz den höheren Betrag ausweist. Ein Soll-Bestand in der Summenbilanz von 50.000 EUR und ein entsprechender Haben-Bestand von 30.000 EUR auf dem gleichen Konto führen in der Saldenbilanz I also zu einem Soll-Eintrag von 20.000 EUR. Die reinen Buchbestände der Saldenbilanz I werden mit den Inventurbeständen abgeglichen. Stimmen diese überein, so können die Bestände unmittelbar auf die Spalten der Abschlussbilanz übertragen werden.

In der Spalte **Korrektur- und vorbereitende Abschlussbuchungen** werden entsprechend den jahresabschlusspolitischen Zielsetzungen die Abschreibungen, die Rückstellungsbildung und sonstige Wertkorrekturen sowie die periodenrichtige Erfolgsabgrenzung berücksichtigt. Ebenso erfolgt die Umbuchung auf den Warenkonten beim Nettoabschluss sowie der Abschluss der Privatkonten über die Eigenkapitalkonten. Auch hier ergibt sich aus dem System der doppelten Buchführung die Wertgleichheit zwischen Soll- und Habenseite.

Die zwischen vorgeschaltetem und endgültigem Abschluss eingefügte Spalte **Saldenbilanz II** erfasst die um die Korrektur- und vorbereitenden Abschlussbuchungen bereinigten Beträge der Saldenbilanz I. Als letzter Schritt erfolgt nun der eigentliche Abschluss. Die Soll- und Haben-Bestände der Saldenbilanz II werden, sofern sie Aktiv- bzw. Passivkonten betreffen, auf die **Abschlussbilanzspalte** übertragen. Die Saldenbilanz II entspricht materiell der Schlussbilanz mit Ausnahme des Eigenkapitalkontos, das den Periodenerfolg noch unberücksichtigt lässt.

Die letzte Spalte **Erfolgsübersicht** leitet aus der Saldenbilanz II die berichtigten Erfolgskontensalden ab. Als Saldo der Soll- und Habenseite ergibt sich der Erfolg, den auch die Schlussbilanz übernimmt.

Nachfolgendes **Beispiel** verdeutlicht nochmals die erörterten Zusammenhänge.

Grundlage der Betrachtung bildet die **vorgegebene** Summenbilanz, aus der durch Saldierung die Saldenbilanz I abgeleitet wird. Im Rahmen der Korrektur- und vorbereitenden Abschlussbuchungen sind noch folgende Sachverhalte zu berücksichtigen (von der Umsatzsteuer wird in dem Beispiel abgesehen).

1. Auf die Gebäude wird eine Abschreibung von 5.000 EUR, auf die Betriebs- und Geschäftsausstattung von 3.000 EUR vorgenommen. In beiden Fällen wird direkt abgeschrieben.

   Buchungssatz:

Abschreibungen auf Anlagevermögen	8.000		Grundstücke und Gebäude	5.000
			Betriebs- und Geschäftsausstattung	3.000

2. Eine Forderung in Höhe von 4.000 EUR wird aufgrund eines eingeleiteten Insolvenzverfahrens gegen den Schuldner voraussichtlich nur noch zu 30 % bedient. Es erfolgt eine indirekte Buchung der Abschreibung.

   Buchungssatz:

a) Dubiose Forderungen	4.000	an	Kundenforderungen	4.000
b) Abschreibungen auf Forderungen	2.800	an	Delkredere	2.800

3. Die Unternehmung rechnet damit, dass sich für in den folgenden Perioden zu erbringende Garantieleistungen Auszahlungen von 1.500 EUR ergeben werden.

   Buchungssatz:

Aufwendungen für Garantieleistungen	1.500	an	Rückstellungen (für Garantieleistungen)	1.500

4. Von den auf dem Kontokorrentkonto eingegangenen Mieten in Höhe von 400 EUR entfallen 100 EUR auf das folgende Geschäftsjahr.

   Buchungssatz:

Mieterträge	100	an	Passive RAP	100

5. Der Warenbestand nach Inventur beträgt 20.000 EUR. Hieraus ergibt sich ein Wareneinsatz von (230.000 EUR ./. 20.000 EUR =) 210.000 EUR. Die Buchung erfolgt nach der Nettomethode.

   Buchungssatz:

Warenverkauf	210.000	an	Waren(-einkauf)	210.000

6. Die Aufnahme des Kassenbestands zeigt einen Fehlbetrag von 100 EUR.

   Buchungssatz:

Aufwendungen aus Inventurdifferenzen	100	an	Kasse	100

Unter Berücksichtigung dieser Korrektur- und vorbereitenden Abschlussbuchungen ergibt sich die auf S. 184–185 abgedruckte **Abschlussübersicht**:

Konten	Summenbilanz		Saldenbilanz I	
	S	H	S	H
Grundstücke und Gebäude	150.000		150.000	
Betriebs- und Geschäftsausstattung	32.000	11.000	21.000	
Waren(-einkauf)	230.000		230.000	
Kundenforderungen	120.000	60.000	60.000	
Dubiose Forderungen	4.000	3.000	1.000	
Kontokorrentkonto	38.000	14.000	24.000	
Kasse	7.000	4.000	3.000	
Aktive RAP	1.000	800	200	
Eigenkapital A		80.000		80.000
Eigenkapital B	7.000	48.000		41.000
Rückstellungen	6.000	13.000		7.000
Delkredere	1.000	1.000		
Lieferantenverbindlichkeiten	40.000	140.000		100.000
Passive RAP	700	1.300		600
Löhne und Gehälter	15.000		15.000	
Sozialaufwendungen	2.000		2.000	
Abschreibungen auf Forderungen	3.000		3.000	
Abschreibungen auf Anlagevermögen				
Garantieleistungen				
Aufwendungen aus Inventurdifferenzen				
Zinsaufwendungen	800		800	
Warenverkauf		280.000		280.000
Skontoerträge		1.000		1.000
Mieterträge		400		400
	657.500	657.500	510.000	510.000

Korrektur- und vorbereitende Abschlussbuchungen		Saldenbilanz II		Abschlussbilanz		Erfolgsübersicht	
S	H	S	H	S	H	S	H
	5.000[1]	145.000		145.000			
	3.000[1]	18.000		18.000			
	210.000[5]	20.000		20.000			
	4.000[2]	56.000		56.000			
4.000[2]		5.000		5.000			
		24.000		24.000			
	100[6]	2.900		2.900			
		200		200			
			80.000		80.000		
			41.000		41.000		
	1.500[3]		8.500		8.500		
	2.800[2]		2.800		2.800		
			100.000		100.000		
	100[4]		700		700		
		15.000				15.000	
		2.000				2.000	
2.800[2]		5.800				5.800	
8.000[1]		8.000				8.000	
1.500[3]		1.500				1.500	
100[6]		100				100	
		800				800	
210.000[5]			70.000				70.000
			1.000				1.000
100[4]			300				300
226.500	226.500	304.300	304.300	271.100	233.000	33.200	71.300
					38.100	38.100	
				271.100	271.100	71.300	71.300

1–6: Die Zahlenangaben betreffen die auf S. 183 genannten Sachverhalte (Nr. 1–6).

AUFGABE 12

Abschlussaufgabe

Ausgangspunkt der unten stehenden Geschäftsvorfälle ist die Schlussbilanz 01 der Weinhandlung Strahlemann & Söhne OHG.

Aktiva	Weinhandlung Strahlemann & Söhne OHG Bilanz zum 31.12.01		Passiva
	EUR		EUR
I. Anlagevermögen		I. Eigenkapital	
Grundstücke und Gebäude	697.934	Gesellschafter A	214.900
Maschinen und maschinelle Anlagen	57.366	Gesellschafter B	74.600
Fuhrpark	65.034	Gesellschafter C	258.000
II. Umlaufvermögen		II. Fremdkapital	
Waren	212.000	Darlehensschulden, durch	
Kundenforderungen	30.000	Grundpfandrechte gesichert	512.666
Kontokorrentkonto	41.332	Lieferantenverbindlichkeiten	13.500
		Schuldwechsel	30.000
	1.103.666		1.103.666

Geschäftsvorfälle 02:

Der Umsatzsteuersatz beträgt 20 %. Die OHG verwendet das inventurabhängige Buchungsverfahren.

1. Verkauf von Waren zum Preis von 70.000 EUR (ohne Umsatzsteuer). Der Buchwert betrug 49.000 EUR. Auf den Verkaufspreis gewährt Strahlemann 5 % Rabatt. Der Kunde hat die Möglichkeit, bei Bezahlung innerhalb von 10 Tagen 2 % Skonto abzuziehen.
2. 30.066 EUR werden als Rate für ein durch Grundpfandrechte gesichertes Darlehen für das erste Halbjahr 02 über das Kontokorrentkonto bezahlt. Der Zinsanteil am Ratenbetrag beläuft sich auf 21.500 EUR.
3. Der Kunde aus Geschäftsvorfall Nr. 1 zahlt nach drei Monaten in bar.
4. Die Kaufhauskette WALDI GmbH & Co. KG kauft Rotwein für 75.000 EUR (zzgl. Umsatzsteuer). Die Zahlung geht jedoch erst drei Wochen nach Lieferung auf dem Kontokorrentkonto ein.
5. 14.400 EUR Aufwand (einschließlich Umsatzsteuer) für eine Werbekampagne in einer Fachzeitschrift. Die Überweisung erfolgt nach einer Woche vom Kontokorrentkonto.
6. Strahlemann jun. schließt mit einer amerikanischen Getränkevertriebsgesellschaft einen langfristigen Liefervertrag über 10.000 Liter Wein pro Jahr à 3,50 EUR je Liter.
7. Die Gesellschaft kauft eine neue Flaschenabfüllanlage für 60.000 EUR (ohne Umsatzsteuer). Der Hersteller gewährt auf den Kaufpreis 5 % Rabatt. Für Transport und Montage berechnet er jedoch zusätzlich 3.600 EUR (einschließlich Umsatzsteuer). Die Bezahlung erfolgt nach zehn Tagen über das Kontokorrentkonto.
8. Die Weinhandlung betätigt sich als „Getränkeveredler": Flüssigzucker und Konservierungsstoffe für 2.600 EUR (zzgl. Umsatzsteuer) werden eingekauft und nach drei Tagen in bar bezahlt. Lediglich die Hälfte davon verbraucht man bereits im laufenden Geschäftsjahr.
9. Die Bank räumt einen (nicht durch Grundpfandrechte gesicherten) langfristigen Kredit über 43.500 EUR ein. Die Weinhandlung Strahlemann begleicht damit zwei Tage später alle offenen Lieferantenverbindlichkeiten und löst alle Schuldwechsel ein.

10. Lieferung von Waren für 40.000 EUR (ohne Umsatzsteuer) an einen Kunden. Man einigt sich auf einen Rabatt von 5 % auf die Kaufpreissumme. Der Rechnungsbetrag (einschließlich Umsatzsteuer) muss erst im kommenden Geschäftsjahr beglichen werden. Für Fracht und Transportversicherung fallen beim Käufer 2.000 EUR Kosten an.
11. Strahlemann sen. hat dem Kunden Trinkfix Waren im Wert von 2.000 EUR (ohne Umsatzsteuer) geliefert. Trotz erheblicher Zweifel an dessen Bonität ist Strahlemann sen. mit einer Stundung des Kaufpreises für drei Monate einverstanden.
12. Strahlemann hat eine von ihm selbst nicht mehr benötigte Korkmaschine vermietet. Die Miete in Höhe von 2.000 EUR (zzgl. Umsatzsteuer) geht auf dem Bankkonto ein.

    Als Korrektur- und vorbereitende Abschlussbuchungen sind zu berücksichtigen:
13. Eine Verpackungsmaschine (Restbuchwert: 3.000 EUR) erweist sich als irreparabel defekt.
14. Die neue Flaschenabfüllanlage (vgl. Geschäftsvorfall Nr. 7) wurde Anfang August des Jahres 02 angeschafft und soll nun – am 31.12.02 – linear pro rata temporis abgeschrieben werden. Die Gesamtnutzungsdauer der Anlage schätzt man auf 10 Jahre.
15. Wertverlust des Fuhrparks 02 (errechnet nach Maßgabe der Leistungsinanspruchnahme): 8.634 EUR.
16. Die Forderung gegen Trinkfix (vgl. Geschäftsvorfall Nr. 11) erweist sich als uneinbringlich; sie wird ausgebucht.
17. Aus den Erfahrungen zurückliegender Geschäftsperioden weiß Strahlemann sen., dass ein Teil der offenen Kundenforderungen uneinbringlich sein wird. Er schreibt daher 5 % der Kundenforderungen als Pauschalwertberichtigung ab. (Beachten Sie aber Geschäftsvorfall Nr. 16!)
18. Von den Mieteinnahmen (vgl. Geschäftsvorfall Nr. 12) entfallen 480 EUR auf das Jahr 03.
19. Bei der Inventur ergibt sich ein Kassenbestand von 76.577 EUR.
20. Die Umsatzsteuer-Konten sind abzuschließen.
21. Die Warenkonten sind nach der Bruttomethode abzuschließen.

a) Die Konten sind zu eröffnen und die Buchungen für das Jahr 02 sollen vorgenommen werden. Erstellen Sie hieraus die Abschlussübersicht (ohne Berücksichtigung der Gewinnverwendung) und schließen Sie die Konten ab. Die Bestandsaufnahme der Waren am 31.12.02 ergab einen Wert von 110.000 EUR.

b) Erstellen Sie die Schlussbilanz und GuV-Rechnung des Jahres 02. Die Verteilung des in der GuV-Rechnung errechneten Gewinns bzw. Verlusts erfolgt nach den Vorschriften der §§ 120 f. HGB. Vom Gewinn werden also den Gesellschaftern zunächst 4 % ihres Kapitalanteils (oder – falls der Gewinn dazu nicht ausreicht – ein entsprechend niedrigerer Prozentsatz) zugewiesen. Den Rest des Gewinns verteilt man nach Köpfen. Ein eventueller Verlust geht ausschließlich in gleichen Beträgen zu Lasten der Gesellschafter.

c) Nehmen Sie an, bei der Unternehmung handele es sich nicht um eine OHG, sondern um eine AG mit fünf Gesellschaftern. Die Schlussbilanz des Jahres 01 weist die Eigenkapitalpositionen in folgender Höhe aus (für die sonstigen Bilanzpositionen und die Geschäftsvorfälle gelten die Ausgangsdaten der Teilaufgabe a).

Gezeichnetes Kapital	520.000 EUR
Kapitalrücklage	20.000 EUR
Gewinnrücklagen – gesetzliche Rücklage	10.000 EUR
Verlustvortrag	2.500 EUR

Der Jahresüberschuss entspreche dem in Teilaufgabe b) ermittelten Gewinn der OHG in Höhe von 26.283 EUR.

Die Verwendung des Jahresüberschusses erfolgt nach den gesetzlichen Regelungen. Es wird angenommen, Vorstand und Aufsichtsrat machen von ihren Rechten nach § 58 AktG Gebrauch und stellen den ihnen zur Verwendung verbleibenden Teil des Jahresüberschusses in die anderen Gewinnrücklagen ein. Nehmen Sie die Buchungen zur Verwendung des Jahresergebnisses und zu den Einstellungen in die Rücklagen vor. Eröffnen Sie die entsprechenden Konten und schließen Sie diese ab. Erstellen Sie die Schlussbilanz der Strahlemann AG zum 31.12.02. Hierbei sollten Sie das für Kapitalgesellschaften gesetzlich vorgeschriebene Bilanzgliederungsschema nach § 266 HGB beachten. Die Positionen des Schlussbilanzkontos sind auf das gesetzliche Bilanzgliederungsschema abzustimmen.

Vergleichen Sie Ihre Lösung mit der auf S. 264 ff. abgedruckten Musterlösung!

2.6 Kontenrahmen und Kontenplan

2.6.1 Bedeutung und Begriffsabgrenzung

Der im historischen Ablauf stetig wachsende Geschäftsumfang der Unternehmungen und die damit verbundene Zunahme des Buchungsstoffes erforderten eine rationellere Gestaltung des betrieblichen Rechnungswesens. Ein erster Schritt zur effizienteren Gestaltung der Buchführung besteht darin, die einzelnen Konten nicht mit ihrer Bezeichnung anzusprechen, sondern hierfür **Ziffern** zu verwenden. Während im Rahmen dieses Lehrbuchs die Konten aus didaktischen Gründen mit ihrem jeweiligen Namen angesprochen werden, ordnet die Praxis den einzelnen Konten Ziffern zu.

Allein diese Ziffernbenennung der Konten trägt jedoch noch nicht zur notwendigen Übersichtlichkeit des Kontensystems bei. Man könnte es zwar jeder Unternehmung selbst überlassen, ihr eigenes Gliederungs- und Ordnungsprinzip aufzubauen; die Vorteile einer **Vereinheitlichung von Kontenbezeichnung und -systematik** sind jedoch unübersehbar. Da in der Praxis die Kontensysteme vieler Unternehmungen vom Aufbau her eine ähnliche Struktur aufweisen, wurden bereits Ende des 19. Jahrhunderts Überlegungen angestellt, die Kontensystematik zu vereinheitlichen.[35]

35 Als Vorreiter einer Vereinheitlichung der Kontensystematik ist im deutschsprachigen Raum insbesondere *Johann Friedrich Schär* (Versuch einer wissenschaftlichen Behandlung der Buchhaltung, 1890, und Buchhaltung und Bilanz, Berlin 1914) zu nennen. *Eugen Schmalenbach* griff mit seinem Werk „Der Kontenrahmen" (Leipzig 1927) die Gedanken *Schärs* wieder auf und erarbeitete damit auch die Grundlage für den sog. Erlasskontenrahmen (Reichskontenrahmen) von 1937.

Diese Vereinheitlichung der Kontensystematik wird als **Kontenrahmen** bezeichnet, wobei die doch differierenden Anforderungen der einzelnen Branchen an das Kontensystem einer alle Wirtschaftsgruppen umschließenden Harmonisierung des Kontensystems entgegenstehen. Deshalb wurden auf die speziellen Anforderungen der einzelnen Wirtschaftszweige abgestimmte **Branchenkontenrahmen** entwickelt.

Ein **Kontenrahmen** lässt sich als **systematischer Organisations- und Gliederungsplan der Konten** beschreiben, der entsprechend den spezifischen Bedürfnissen der einzelnen Branchen als überbetrieblicher Rahmenplan die Grundkonzeption für die Buchführung der Unternehmungen dieses Wirtschaftszweiges bildet. Wie die Bezeichnung „Kontenrahmen" schon zum Ausdruck bringt, beinhaltet er eine doch recht weit gefasste Systematisierung und Ordnung der Konten, um seine Anwendbarkeit für möglichst viele Unternehmungen einer Branche zu gewährleisten. Ein Kontenrahmen kann nur insoweit zu einer Vereinheitlichung des Rechnungswesens führen, als er den individuellen Anforderungen der einzelnen Unternehmungen an die Buchführung noch genügend Spielraum lässt.

Die einzelne Unternehmung entwickelt aus dem Kontenrahmen einen auf ihre spezifischen Bedürfnisse abgestimmten **Kontenplan**, der die **unternehmungsspezifische Ausgestaltung** des jeweiligen überbetrieblichen Kontenrahmens darstellt. In diesem unternehmungsindividuellen Kontenplan entfallen zum einen diejenigen Konten, die der Kontenrahmen zwar vorsieht, die in der Buchführung der betreffenden Unternehmung jedoch nicht benötigt werden; zum anderen wird der Kontenrahmen dort erweitert oder ergänzt, wo es die speziellen Verhältnisse der Unternehmung erforderlich machen[36]. Der Kontenplan stellt damit die systematische Gliederung und Organisation aller Konten dar, die in dem Buchführungssystem einer **bestimmten Unternehmung** geführt werden.

Die nachfolgend noch im Einzelnen darzustellenden Kontenrahmen sind jedoch lediglich als Empfehlungen für die einzelne Unternehmung im Hinblick auf die Gestaltung ihrer individuellen Kontensystematik zu betrachten. Es besteht keine zwingende Verpflichtung, den Kontenplan nach dem vorgegebenen Kontenrahmen aufzubauen. Die Grundsätze ordnungsmäßiger Buchführung fordern zwar eine Kontensystematik, die konkrete Ausgestaltung bleibt der einzelnen Unternehmung aber freigestellt.

2.6.2 Die Gliederungsprinzipien

2.6.2.1 Die formalen Gliederungsprinzipien

Die Kontenrahmen, und damit auch die Kontenpläne, können **formal** auf dem **dekadischen Prinzip** (nummerische Gliederung) oder dem **alphabetischen Prinzip** (literale Gliederung) aufgebaut werden[37]. Denkbar sind auch gemischte, d. h. **alphanummerische** Gliederungen. Insbesondere der Einsatz der elektronischen Datenverarbeitung im Rechnungswesen der Unternehmungen hat jedoch dazu geführt, dass in der Praxis die Kontensysteme i. d. R. auf der Grundlage des dekadischen Prinzips gegliedert werden.

36 Vgl. *Eisele, Wolfgang/Knobloch, Alois Paul*: Technik des betrieblichen Rechnungswesens, 8. Aufl., München 2011, S. 717.

37 Vgl. *Eisele, Wolfgang/Knobloch, Alois Paul*: Technik des betrieblichen Rechnungswesens, 8. Aufl., München 2011, S. 718 f.

Bei dem auf dem dekadischen Prinzip aufbauenden Kontenrahmen werden zunächst **Kontenklassen** (von 0 bis 9) gebildet, die wiederum in **Kontengruppen** (ebenfalls von 0 bis 9) gegliedert werden. Während die Kontenklassen mit einer Ziffer gekennzeichnet werden, erhalten die Kontengruppen Doppelziffern, wobei die erste Ziffer die Zugehörigkeit zu einer bestimmten Kontenklasse dokumentiert. Die **Konten** selbst leiten sich aus einer weiteren Untergliederung der Kontengruppen ab. Auch die Konten lassen sich wiederum in einzelne **Unterkonten** aufspalten.

Die auf diese Weise formal zu strukturierende Kontensystematisierung kann nach den verschiedensten Kriterien erfolgen. Zweckmäßigerweise werden die Konten jedoch zunächst zu Kontengruppen und diese dann weitergehend zu Kontenklassen zusammengefasst, die jeweils wesensmäßig miteinander verbunden sind und einen ähnlichen Buchungsstoff aufnehmen. Eine solche mögliche Kontensystematisierung, die die einzelnen Konten sachlogisch zu Kontengruppen – wobei wiederum die Bildung von Kontenuntergruppen möglich ist – zusammenfasst und den jeweiligen Kontenklassen zuordnet, zeigt folgendes Beispiel[38]:

Kontenklasse:	4	Kostenarten
Kontengruppe:	46	Steuern, Gebühren, Beiträge, Versicherungen
Kontenuntergruppe:	460	Steuern
	4600	Grundsteuer
	4601	Gewerbesteuer
	4602	Umsatzsteuer
	4603	Andere Steuern
Kontenuntergruppe:	462	Abgaben, Gebühren und dergleichen
	4620	Gebühren für den gewerblichen Rechtsschutz
	4621	Gebühren für Prüfungen
Kontenuntergruppe:	468	Versicherungsprämien
	4680	Feuerversicherung
	4681	Diebstahlversicherung
	4682	Kraftfahrzeugversicherung

Mit dieser Systematisierung lässt sich die Stellung eines jeden einzelnen Kontos im Gesamtsystem von Kontenrahmen und Kontenplan exakt beschreiben.

2.6.2.2 Die funktionalen Gliederungsprinzipien

Während sich bei den formalen Gliederungsprinzipien eher das Problem der praktikabelsten Anwendung – insbesondere unter dem Aspekt einer rationellen elektronischen Verarbeitung des Buchungsstoffes – stellt, geht es bei den **funktionalen Gliederungsprinzipien** um die grundlegende Problematik der theoretischen Konzeption von Kontenrahmen und Kontenplan. Es geht hier um die Frage, nach welchen übergeordneten Kriterien die einzelnen Konten zu Kontengruppen bzw. diese wiederum zu Kontenklassen zusammengefasst werden. Hierbei wird üblicherweise zwischen zwei möglichen Ansätzen, dem **Prozessgliederungsprinzip** (Prinzip der Abrechnungsfolge) sowie dem **Abschlussgliederungsprinzip**, unterschieden.

38 Entnommen aus *Wöhe, Günter*: Bilanzierung und Bilanzpolitik, 9. Aufl., München 1997, S. 78.

Das **Prozessgliederungsprinzip** als der ältere der beiden möglichen Ansätze geht auf die Vorschläge *Eugen Schmalenbachs* zurück, die ihren Niederschlag im Reichskontenrahmen (Erlasskontenrahmen) sowie im **Gemeinschaftskontenrahmen der Industrie** (GKR) gefunden haben. Ein nach diesem Prinzip aufgebauter Kontenrahmen orientiert sich am gewöhnlichen Betriebsablauf und der hierzu parallel verlaufenden Reihenfolge der Abrechnung des Güter- und Geldkreislaufs einer Unternehmung.

Dementsprechend erfassen die ersten Kontenklassen die Vorgänge im Rahmen der **Vorbereitung der betrieblichen Leistungserstellung**, denen sich die Konten des **Produktionsablaufs** (der innerbetrieblichen Leistungsverrechnung) anschließen. Mit dieser starken Orientierung am innerbetrieblichen Prozessablauf verbindet sich i. d. R. eine weitgehende Integration der Konten der Betriebsbuchführung und der Geschäftsbuchführung in einem gemeinsamen Kontenrahmen bzw. Kontenplan; es besteht somit eine enge organisatorische Verbindung zwischen Betriebs- und Finanzbuchführung. Dieser Zusammenhang bedingt auch, dass die Kontengliederung, die den Produktionsablauf beschreibt, sehr stark von der Betriebsabrechnung geprägt wird. Demzufolge orientiert sich die Kontensystematisierung in diesem Bereich an der Kostenarten- und Kostenstellenrechnung.

Am Ende des betrieblichen Leistungsprozesses steht die **Verwertung bzw. der Absatz der erstellten Leistung**. In diesem Abschnitt erfolgt die Zurechnung der einzelnen Kosten auf die Kostenträger sowie die Verrechnung der Erträge aus der am Markt abgesetzten betrieblichen Leistung. Als letzte Rubrik der Kontensystematisierung schließen sich üblicherweise noch die Abschlusskonten an.

Grob schematisiert liegt der **Kontensystematik nach dem Prozessgliederungsprinzip** folgendes Schema zugrunde (die Zusammenhänge werden im Einzelnen bei der Darstellung des Gemeinschaftskontenrahmens der Industrie als Beispiel für einen nach dem Prozessgliederungsprinzip aufgebauten Kontenrahmen nochmals verdeutlicht):

ABB. 47: Kontensystematik nach dem Prozessgliederungsprinzip

0	1	2	3	4	5	6	7	8	9
Anlage-, Umlaufvermögen Eigen-, Fremdkapital Neutrale Aufwendungen und Erträge				Kostenarten Kostenstellen			Kostenträger		Abschlusskonten

Das **Abschlussgliederungsprinzip** legt hingegen der Kontensystematisierung die Bilanz sowie die Gewinn- und Verlustrechnung zugrunde. Die Klassenbildung und die Strukturierung der Konten orientiert sich damit am Aufbau der Jahresbilanz und der Erfolgsrechnung. Ein nach diesem Prinzip gestalteter Kontenrahmen erfasst in den ersten Kontenklassen zunächst die Aktivkonten, wobei eine weitere Aufsplittung in Konten des Anlage- und Umlaufvermögens oder auch eine Trennung nach Sach- und Finanzvermögen möglich ist, gefolgt von den Passivkonten, bei denen wiederum eine kontenklassenmäßige Differenzierung nach Eigen- und Fremdkapital vorgenommen werden kann. Die weiteren Kontenklassen erfassen die Aufwands- und Ertragskonten, wobei auch hier eine weitergehende Trennung nach der Entstehungsursache der Aufwendungen und Erträge erfolgen kann. Denkbar ist beispielsweise eine klassenmäßige Differenzierung zwischen denjenigen Aufwendungen und Erträgen, die der eigentlichen betrieblichen Leistungserstellung zuzurechnen sind, und solchen, die außerhalb des eigentlichen Betriebsprozesses anfallen. Auch bei diesem Gliederungsprinzip wird eine Kontenklasse zur Aufnahme der Abschlusskonten benötigt.

Das Abschlussgliederungsprinzip unterscheidet sich über den methodischen Ansatz, der der Kontensystematik zugrunde liegt, hinaus in einem weiteren wesentlichen Punkt von dem Prozessgliederungsprinzip. Während Letzteres die Betriebsbuchführung, also die Konten der Kosten- und Leistungsrechnung, in den Kontenplan integriert, finden diese Konten bei dem Abschlussgliederungsprinzip, das sich in erster Linie an der Finanzbuchführung orientiert, keine spezielle Berücksichtigung. Üblicherweise werden daher die Konten der Betriebsbuchführung in einer eigenen Kontenklasse denjenigen der Finanzbuchführung nachgeschaltet. Die Betriebsabrechnung und die Geschäftsbuchführung erfolgen somit in zwei getrennten Systemen. Aus diesem Grunde spricht man üblicherweise im Zusammenhang mit dem **Abschlussgliederungsprinzip** von einem **Zweikreissystem**, während bei dem **Prozessgliederungsprinzip** aufgrund der Verflechtung von Finanz- und Betriebsbuchführung von einem **Einkreissystem** gesprochen wird.

Bei der **Kontensystematik nach dem Abschlussgliederungsprinzip** kann von folgendem Grundschema ausgegangen werden, das bei der Erörterung des Industrie-Kontenrahmens (IKR) noch detaillierter dargestellt wird:

ABB. 48: Kontensystematik nach dem Abschlussgliederungsprinzip

<table>
<tr><td colspan="5">Klassen
Finanzbuchhaltung</td><td>Betriebsbuch-
haltung</td></tr>
<tr><td>0 1 2</td><td>3 4</td><td>5</td><td>6 7</td><td>8</td><td>9</td></tr>
<tr><td colspan="2">Bestandskonten</td><td colspan="2">Erfolgskonten</td><td>Ab-
schluss-
konten</td><td rowspan="2"></td></tr>
<tr><td>Aktivkonten</td><td>Passivkonten</td><td>Ertrags-
konten</td><td>Aufwandskonten</td><td></td></tr>
</table>

2.6.3 Der Gemeinschaftskontenrahmen der Industrie (GKR)

Der Gemeinschaftskontenrahmen wurde vom Bundesverband der Deutschen Industrie entwickelt und im Jahr 1951 den Mitgliedsunternehmungen des industriellen Bereichs zur Kontensystematisierung empfohlen. Er sollte den „Erlasskontenrahmen" ablösen und die Organisation der Buchführung den geänderten Verhältnissen anpassen[39].

Der Gemeinschaftskontenrahmen orientiert sich, wie bereits dargestellt, am **Prozessgliederungsprinzip** und versucht damit, bei der Kontenordnung und Kontenklassenbildung die Parallelität zwischen dem betrieblichen Güterkreislauf und dessen wertmäßiger Erfassung im betrieblichen Rechnungswesen zu berücksichtigen.

Den Zusammenhang zwischen dem betrieblichen Güterdurchlauf und der daran anknüpfenden Kontensystematisierung entsprechend der Abrechnungsfolge verdeutlichen nochmals nachfolgende Schemata (vgl. *Abb. 49*, S. 193 und *Abb. 50*, S. 194–195).

39 Vgl. *Eisele, Wolfgang/Knobloch, Alois Paul*: Technik des betrieblichen Rechnungswesens, 8. Aufl., München 2011, S. 720.

ABB. 49: Kontenabrechnung nach dem Prozessgliederungsprinzip im GKR
(modifiziert entnommen aus: *Flasse, Gunther et al.*: Buchhaltung 1 – System der doppelten Buchhaltung. Wiesbaden 1977, unveränderter Nachdruck 1984, S. 173)

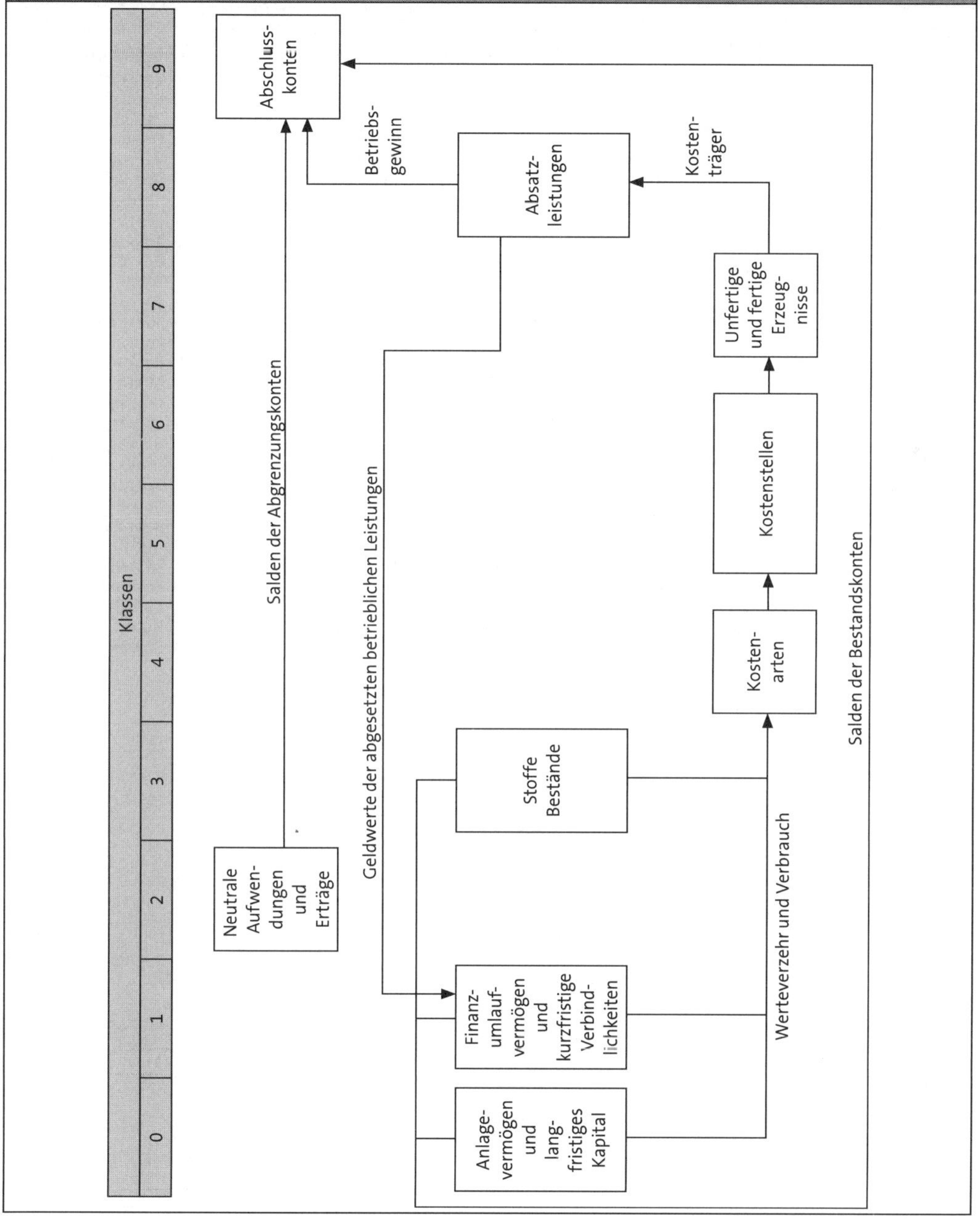

ABB. 50: Gemeinschaftskontenrahmen der Industrie (GKR) (verkürzt auf die Kontengruppen)

Klasse 0	Klasse 1	Klasse 2	Klasse 3	Klasse 4
Anlage- und Kapitalkonten	Finanzkonten	Abgrenzungskonten	Bestände an Roh-, Hilfs- und Betriebsstoffen und bezogenen Leistungen	Primäre Kosten
00 Grund und Boden 01 Gebäude 02 Maschinen und maschinelle Anlagen 03 Fahrzeuge 04 Betriebs- und Geschäftsausstattung 05 Immaterielle Vermögensgegenstände des Anlagevermögens 06 Langfristige Forderungen und Wertpapiere des Anlagevermögens 07 Langfristige Verbindlichkeiten 08 Eigenkapital 09 Rückstellungen und Rechnungsabgrenzung	10 Kasse 11 Bank 12 Schecks und Wechsel 13 Wertpapiere des Umlaufvermögens 14 Forderungen aus Lieferungen und Leistungen 15 Andere Forderungen 150 Sonstige Forderungen 151 Geleistete Anzahlungen 152 Vorsteuer 16 Verbindlichkeiten aus Lieferungen und Leistungen 17 Andere Verbindlichkeiten 170 Sonstige Verbindlichkeiten 171 Erhaltene Anzahlungen 172 Berechnete Umsatzsteuer 18 Schuldwechsel und kurzfristige Verbindlichkeiten gegenüber Kreditinstituten 19 Privatkonten	20 Betriebsfremde Aufwendungen und Erträge 21 Außerordentliche Aufwendungen und Erträge 22 Periodenfremde Aufwendungen und Erträge 23 Sonstige betriebliche Aufwendungen und Erträge 24 Zinsaufwendungen und -erträge 25 Lieferantenskonti 26 Bilanzielle Abschreibungen 27 Einstellungen in Sonderposten mit Rücklageanteil und Erträge aus der Auflösung von Sonderposten mit Rücklageanteil 28 Verrechnete kalkulatorische Kosten 29 Steuern vom Einkommen und Ertrag	30 Rohstoffe 31 Hilfsstoffe 32 Betriebsstoffe 33 Bezogene Fertigteile 34 Bezogene unfertige Erzeugnisse 35 Bezogene fertige Erzeugnisse 36 Handelswaren 37 Bezugs- und Nebenkosten 38 frei 39 frei	40 Verbrauch an Rohstoffen, bezogenen Fertigteilen und Handelswaren 41 Verbrauch an Hilfs- und Betriebsstoffen 42 Bezogene Leistungen und auswärtige Bearbeitung 43 Löhne und Gehälter 44 Sozialkosten und sonstige Personalkosten 45 Raumkosten, Mieten, Pachten, Leasing 46 Steuern, Gebühren, Beiträge, Versicherungsprämien 47 Fahrzeugkosten, Verkehrskosten, Repräsentations- und Bewirtungskosten, Werbekosten 48 Kalkulatorische Kosten 49 Sondereinzelkosten

ABB. 50: Gemeinschaftskontenrahmen der Industrie (GKR) (verkürzt auf die Kontengruppen) (Fortsetzung)

Klasse 5	Klasse 6	Klasse 7	Klasse 8	Klasse 9
Kostenstellenrechnung	Sekundäre Kosten	Bestände an unfertigen und fertigen Erzeugnissen	Erlöse	Abschlusskonten
50 Vorkostenstellen 51 Hauptkostenstellen 52 Innerbetriebliche Leistungsverrechnung 53 frei 54 frei 55 frei 56 frei 57 frei 58 frei 59 frei	60 Forschungs- und Entwicklungskosten 61 Instandhaltungskosten 62 frei 63 frei 64 frei 65 frei 66 frei 67 Herstellungskosten 68 Verwaltungskosten 69 Vertriebskosten	70 Bestände an unfertigen Erzeugnissen 71 frei 72 frei 73 frei 74 frei 75 Bestände an fertigen Erzeugnissen 76 frei 77 frei 78 frei 79 frei	80 Umsatzerlöse für eigene Erzeugnisse Inland 81 Umsatzerlöse für eigene Erzeugnisse Absatzsegment 1 82 Umsatzerlöse für eigene Erzeugnisse Absatzsegment 2 83 Umsatzerlöse für eigene Erzeugnisse Absatzsegment 3 84 Entnahme von Gegenständen durch den Unternehmer 85 Umsatzerlöse für Handelswaren 86 Erlöse für sonstige Leistungen 87 Aktivierte Eigenleistungen 88 Erlösschmälerungen 880 Skonti 881 Boni 89 Bestandsänderungen fertiger und unfertiger Erzeugnisse	98 Ergebniskonten 980 Betriebsergebnis 985 Neutrales Ergebnis 989 Gewinn- und Verlustkonto 99 Bilanzkonten 989 Eröffnungsbilanzkonto 999 Schlussbilanzkonto

Die Kontenklassen 0 bis 3 erfassen die Vorbereitung der betrieblichen Leistungserstellung, die Kontenklassen 4 bis 7 den Produktionsablauf, dem sich die in Kontenklasse 8 erfasste Verwertung der Betriebsleistung anschließt; Kontenklasse 9 dient dem Abschluss.

Die **Kontenklasse 0** erfasst zunächst – entsprechend dem Gedanken der Prozessgliederung – diejenigen Produktionsfaktoren, die der Unternehmung zur Erstellung der betrieblichen Leistung längerfristig dienen. Diese Faktoren unterliegen bei der betrieblichen Produktion zwar einem Werteverzehr, sie gehen jedoch nicht unmittelbar in das Produkt ein. Neben den längerfristigen Vermögenspositionen wird in dieser Kontenklasse auch das langfristig zur Verfügung stehende Kapital (Eigen- wie Fremdkapital) berücksichtigt. Die **Kontenklasse 1** erfasst das Finanzumlaufvermögen sowie die kurzfristigen Verbindlichkeiten. In dieser Kontenklasse werden außerdem die Privatkonten geführt.

Mit der **Kontenklasse 2** wird der Trennung zwischen Finanzbuchführung und der hieraus abzuleitenden Bilanz sowie Gewinn- und Verlustrechnung einerseits und der Betriebsbuchführung andererseits entsprochen. Diese Klasse „grenzt die Aufwendungen von den Kosten und die neutralen Erträge von den Betriebserträgen in sachlicher und zeitlicher Hinsicht ab“[40].

40 *Wöhe, Günter*: Bilanzierung und Bilanzpolitik, 9. Aufl., München 1997, S. 79.

Die **Kontenklasse 3** erfasst die Waren und Stoffe, die unmittelbar in die betriebliche Leistungserstellung einfließen. Sobald die Stoffe in die Produktion eingehen, werden sie in die **Kontenklasse 4** umgebucht. Neben dem Stoffverbrauch enthält diese Klasse auch die sonstigen Konten der Kostenarten. In dieser Abrechnungsphase werden damit die gesamten betrieblich verursachten Kosten wertmäßig erfasst.

Die **Kontenklassen 5 und 6** dienen der innerbetrieblichen Leistungsverrechnung und Kalkulation. Da die einzelnen Unternehmungen in diesen Bereichen unterschiedliche Anforderungen an ihre Kostenrechnungssysteme stellen und deshalb bei der individuellen Ausgestaltung nicht eingeengt werden sollen, lässt der Gemeinschaftskontenrahmen diese beiden Klassen bewusst frei. Es obliegt jeder Unternehmung selbst, diese Kontenklassen nach ihrem individuellen Bedarf zu gestalten.

Die **Kontenklasse 7**, die zum Bereich der Kostenträger zählt, erfasst die Verteilung der Kosten auf die absatzfähigen Betriebsleistungen (fertige Erzeugnisse) sowie auf diejenigen Leistungen, die bereits erbracht wurden, aber noch einer weiteren Bearbeitung innerhalb des betrieblichen Produktionsprozesses bedürfen (unfertige Erzeugnisse). Die ebenfalls dem Kostenträgerbereich zuzurechnende **Kontenklasse 8** nimmt die Erträge aus der betrieblichen Tätigkeit auf. Diese resultieren zum einen aus der Verwertung der betrieblichen Leistung durch die Absatztätigkeit sowie aus der Bestandserhöhung absatzfähiger Leistungen, zum anderen aber auch aus Erzeugnissen, die wiederum in den Produktionsprozess einfließen.

In der **Kontenklasse 9** schließlich erfolgt der Abschluss der Geschäftsbuchführung; hier werden auch die Abstimmungsbuchungen mit der Betriebsbuchführung vorgenommen.

Von den neun Kontenklassen des Gemeinschaftskontenrahmens der Industrie sind damit die Kontenklassen 0 und 1 sowie 9 dem Bereich der Finanzbuchführung, die Kontenklassen 3 bis 8 hingegen der Betriebsbuchführung zuzurechnen. Die Kontenklasse 2 als Abgrenzungsklasse tangiert beide Bereiche.

Mit dieser auf dem Prozessgliederungsprinzip beruhenden Integration von Konten der Finanz- und Betriebsbuchführung in einen einzigen Kontenrahmen verbindet sich jedoch ein erheblicher Umbuchungsaufwand, wenn die Unternehmung gesetzlich geregelten Anforderungen an das Gliederungsschema von Bilanz sowie Gewinn- und Verlustrechnung entsprechen muss. Dieses Problem stellte sich aber nicht erst mit der Kodifizierung eines Gliederungsschemas für Kapitalgesellschaften nach § 266 HGB; auch das AktG 1965 sah für Unternehmungen, die nach diesem Gesetz Rechnung zu legen hatten, ein festgeschriebenes Gliederungsschema vor. Zudem ist der Gemeinschaftskontenrahmen für eine Kostenrechnung auf der Basis von Vollkosten konzipiert und kann damit den Anforderungen moderner Kostenrechnungssysteme nur noch sehr eingeschränkt entsprechen[41]. Diese Unzulänglichkeiten des Kontenrahmens auf der Grundlage des Prozessgliederungsprinzips bedingten einen allmählichen Übergang zu abschlussorientierten Kontenrahmen.

41 Vgl. *Wöhe, Günter:* Bilanzierung und Bilanzpolitik, 9. Aufl., München 1997, S. 80.

2.6.4 Der DATEV-Kontenrahmen SKR 03 (2017)

Auch der historisch gewachsene, von der Mehrheit der DATEV-Anwender benutzte DATEV-Kontenrahmen SKR 03 entspricht dem **Prozessgliederungsprinzip**. Er weist die folgenden Kontenklassen auf:

ABB. 51: DATEV-Kontenrahmen SKR 03 (2017)

Kontenklasse	Kontengruppen *DATEV SKR 03 (2017)*
0	**Anlage- und Kapitalkonten** Immaterielle Vermögensgegenstände; Sachanlagen; Finanzanlagen; Verbindlichkeiten; Kapital Kapitalgesellschaft; Kapitalrücklage; Gewinnrücklagen; Eigenkapital Vollhafter/Einzelunternehmer; Fremdkapital Vollhafter; Eigenkapital Teilhafter; Fremdkapital Teilhafter; Sonderposten mit Rücklageanteil; Rückstellungen; Abgrenzungsposten.
1	**Finanz- und Privatkonten** Kassenbestand, Bundesbank- und Postbankguthaben, Guthaben bei Kreditinstituten und Schecks; Wertpapiere; Forderungen und sonstige Vermögensgegenstände; Verbindlichkeiten; Privat (Eigenkapital) Vollhafter/Einzelunternehmer; Privat (Fremdkapital) Teilhafter.
2	**Abgrenzungskonten** Sonstige betriebliche Aufwendungen; Betriebsfremde und periodenfremde Aufwendungen; Aufwendungen aus der Anwendung von Übergangsvorschriften i. S. d. BilMoG; Zinsen und ähnliche Aufwendungen; Steuern vom Einkommen und Ertrag; Sonstige Aufwendungen; Sonstige betriebliche Erträge; Betriebsfremde und periodenfremde Erträge; Erträge aus der Anwendung von Übergangsvorschriften i. S. d. BilMoG; Zinserträge; Sonstige Erträge; Verrechnete kalkulatorische Kosten.
3	**Wareneingangs- und Bestandskonten** Materialaufwand; Umsätze, für die als Leistungsempfänger die Steuer nach § 13b UStG geschuldet wird; Bestand an Vorräten; Verrechnete Stoffkosten.
4	**Betriebliche Aufwendungen** Material- und Stoffverbrauch; Personalaufwendungen; Sonstige betriebliche Aufwendungen und Abschreibungen; Kalkulatorische Kosten; Kosten bei Anwendung des Umsatzkostenverfahrens.
5	**Frei**
6	**Frei**
7	**Bestände an Erzeugnissen**
8	**Erlöskonten** Umsatzerlöse; Konten für die Verbuchung von Sonderbetriebseinnahmen; Statistische Konten EÜR.

9	**Vortrags-, Kapital-, Korrektur- und statistische Konten** Vortragskonten; Statistische Konten für Betriebswirtschaftliche Auswertungen (BWA); Variables Kapital Teilhafter; Kapitaländerungen durch Übertragung einer § 6b EStG Rücklage; Andere Kapitalkontenanpassungen: Vollhafter; Andere Kapitalkontenanpassungen: Teilhafter; Umbuchungen auf andere Kapitalkonten: Vollhafter; Umbuchungen auf andere Kapitalkonten: Teilhafter; Gegenkonten zu Statistischen Konten für Betriebswirtschaftliche Auswertungen; Statistische Konten für den Kennzifferteil der Bilanz; Statistische Konten zur informativen Angabe des gezeichneten Kapitals in anderer Währung; Statistische Konten für die Kapitalflussrechnung; Aufgliederung der Rückstellungen; Statistische Konten für in der Bilanz auszuweisende Haftungsverhältnisse; Statistische Konten für die im Anhang anzugebenden sonstigen finanziellen Verpflichtungen; Unterschiedsbetrag aus der Abzinsung von Altersversorgungsverpflichtungen nach § 253 Abs. 6 HGB; Statistische Konten für § 4 Abs. 3 EStG; Privat Teilhafter (Eigenkapital, für Verrechnung mit Kapitalkonto III – Konto 9840-9849); Statistische Konten für die Kapitalkontenentwicklung; Rücklagen, Gewinn-, Verlustvortrag; Statistische Anteile an den Posten Jahresüberschuss/-fehlbetrag bzw. Bilanzgewinn/-verlust; Kapital Personenhandelsgesellschaft Vollhafter; Kapital Personenhandelsgesellschaft Teilhafter; Einzahlungsverpflichtungen im Bereich der Forderungen; Ausgleichsposten für aktivierte eigene Anteile und Bilanzierungshilfen; Nicht durch Vermögenseinlagen gedeckte Entnahmen; Verrechnungskonto für nicht durch Vermögenseinlagen gedeckte Entnahmen; Steueraufwand der Gesellschafter; Statistische Konten für Gewinnzuschlag; Veränderung der gesamthänderisch gebundenen Rücklagen (Einlagen/Entnahmen); Vorsteuer-/Umsatzsteuerkonten zur Korrektur der Forderungen/Verbindlichkeiten (EÜR); Statistische Konten zu § 4 (4a) EStG; Statistische Konten für den außerhalb der Bilanz zu berücksichtigenden Investitionsabzugsbetrag nach § 7g EStG; Ausstehende Einlagen; Konten zu Bewertungskorrekturen; Statistische Konten für den außerhalb der Bilanz zu berücksichtigenden Investitionsabzugsbetrag nach § 7g EStG; Statistische Konten für die Zinsschranke § 4h EStG/§ 8a KStG; Statistische Konten für den GuV-Ausweis in „Gutschrift bzw. Belastung auf Verbindlichkeitskonten" bei den Zuordnungstabellen für PersHG nach KapCoRiLiG; Statistische Konten für die Gewinnkorrektur nach § 60 Abs. 2 EStDV; Statistische Konten für Korrekturbuchungen in der Überleitungsrechnung; Statistische Konten für außergewöhnliche und aperiodische Geschäftsvorfälle für Anhangsangabe nach § 285 Nr. 31 und Nr. 32 HGB; Personenkonten.

2.6.5 Der Industrie-Kontenrahmen (IKR)

Der Industrie-Kontenrahmen – 1971 erstmals veröffentlicht und 1986 an die Gliederungsanforderungen der Jahresbilanz (§ 266 HGB) sowie der Gewinn- und Verlustrechnung (§ 275 HGB) angepasst – versucht die oben (vgl. Abschnitt 2.6.3) beschriebenen Mängel des Prozessgliederungsprinzips durch eine strenge Trennung zwischen Finanz- und Betriebsbuchführung **(Zwei-**

kreissystem) zu beseitigen. Er baut ebenfalls auf dem dekadischen System mit 10 Kontenklassen auf. Dabei sind die Kontenklassen 0 bis 8 dem Bereich der Finanzbuchführung, die Kontenklasse 9 hingegen der Betriebsbuchführung zugeordnet, womit zwei voneinander vollständig unabhängige Rechnungskreise geschaffen wurden (vgl. *Abb. 53*, S. 201–202).

Die Kontenklassen der Finanzbuchführung – erster Rechnungskreis – orientieren sich strikt am Abschlussgliederungsprinzip, d. h., es werden die handelsrechtlichen Gliederungskriterien für die Bilanz sowie Gewinn- und Verlustrechnung zugrunde gelegt. Für die Kosten- und Leistungsrechnung – zweiter Rechnungskreis – sieht der Industrie-Kontenrahmen keine expliziten Regelungen vor. Damit soll den Unternehmungen in diesem Bereich ein weitgehender Freiraum für die individuelle betriebsbezogene Ausgestaltung des internen Rechnungswesens eingeräumt werden. In der Regel wird es hierbei zweckgerechter sein, die Betriebsbuchführung nicht kontenmäßig zu führen, sondern die Daten in tabellarischer Form darzustellen. Eine solche Darstellung ist ebenso möglich wie die Anwendung des den Anforderungen der Betriebsbuchführung eher entsprechenden Prozessgliederungsprinzips für diesen zweiten Rechnungskreis.

Die Kontenklasse 9, als Abgrenzung zwischen Finanz- und Betriebsbuchführung und speziell für die Betriebsabrechnung vorgesehen, ist deshalb auch lediglich als „Vorschlag bzw. Demonstrationsbeispiel“[42] auf der Grundlage einer Vollkostenrechnung zu verstehen.

Die enge Anbindung der Gliederung der Kontenklassen 0 bis 8 an die handelsrechtlichen Gliederungsschemata der Bilanz sowie der Gewinn- und Verlustrechnung zeigt *Abb. 52* (S. 200), die die Verbindung zwischen den Konten der einzelnen Klassen und den Positionen der Gliederungsschemata herstellt.

42 *Wöhe, Günter*: Bilanzierung und Bilanzpolitik, 9. Aufl., München 1997, S. 86.

ABB. 52: Gliederung der Kontenklassen für die Finanzbuchführung

Bilanzkonten (Beständerechnung)					Ergebniskonten (Erfolgsrechnung)			Konten für Eröffnung und Abschluss (Abschlussrechnung)
Aktivkonten			Passivkonten		Ertragskonten	Aufwandskonten		
0	1	2	3	4	5	6	7	8
Immaterielle Vermögensgegenstände und Sachanlagen	Finanzanlagen	Umlaufvermögen und aktive Rechnungsabgrenzung	Eigenkapital und Rückstellungen	Verbindlichkeiten und passive Rechnungsabgrenzung	Erträge	Betriebliche Aufwendungen	Weitere Aufwendungen	Ergebnisrechnungen (Eröffnung/Abschluss, kurzfristige Erfolgsrechnung)
§ 266 Abs. 2 HGB			§ 266 Abs. 3 HGB		§ 275 Abs. 2 (Gesamtkostenverfahren)			
A.I–II	A.III	B.I–IV u. C.	A.I–V u. B.	C. u. D.	Nr. 1–4, 9–11	Nr. 5–8	Nr. 12–14, 16	Nr. 17
					§ 275 Abs. 3 (Umsatzkostenverfahren)			
					Nr. 1, 6, 8–10		Nr. 11–13, 15	Nr. 2, 4–5, 7, 16

Die Kontenklasse 9 ist frei für die Kosten- und Leistungsrechnung einschließlich der Abgrenzungsrechnung; sie wird hier vernachlässigt, findet sich jedoch in *Abb. 53*.

ABB. 53: Industrie-Kontenrahmen (IKR) (verkürzt auf die Kontengruppen)

Kontenklasse	Kontengruppe
0	**Immaterielle Vermögensgegenstände und Sachanlagen** Konzessionen, gewerbliche Schutzrechte und ähnliche Rechte und Werte sowie Lizenzen an solchen Rechten und Werten; Geschäfts- oder Firmenwert; Grundstücke, grundstücksgleiche Rechte und Bauten einschließlich der Bauten auf fremden Grundstücken; Technische Anlagen und Maschinen; Andere Anlagen, Betriebs- und Geschäftsausstattung; Geleistete Anzahlungen und Anlagen im Bau.
1	**Finanzanlagen** Beteiligungen; Wertpapiere des Anlagevermögens; Sonstige Finanzanlagen.
2	**Umlaufvermögen und aktive Rechnungsabgrenzung** Roh-, Hilfs- und Betriebsstoffe; Unfertige Erzeugnisse, unfertige Leistungen; Fertige Erzeugnisse und Waren; Geleistete Anzahlungen auf Vorräte; Forderungen aus Lieferungen und Leistungen; Innergemeinschaftliche(r) Erwerb/Einfuhr; Sonstige Vermögensgegenstände; Wertpapiere des Umlaufvermögens; Flüssige Mittel; Aktive Rechnungsabgrenzung (und Bilanzfehlbetrag).
3	**Eigenkapital und Rückstellungen** Eigenkapital/Gezeichnetes Kapital; Kapitalrücklage; Gewinnrücklagen; Ergebnisverwendung; Jahresüberschuss/Jahresfehlbetrag; Sonderposten mit Rücklageanteil; Wertberichtigungen; Rückstellungen für Pensionen und ähnliche Verpflichtungen; Steuerrückstellungen; Sonstige Rückstellungen.
4	**Verbindlichkeiten und passive Rechnungsabgrenzung** Anleihen; Verbindlichkeiten gegenüber Kreditinstituten; Erhaltene Anzahlungen auf Bestellungen; Verbindlichkeiten aus Lieferungen und Leistungen; Sonstige Verbindlichkeiten; Passive Rechnungsabgrenzung.
5	**Erträge** Umsatzerlöse für eigene Erzeugnisse und eigene Leistungen; Umsatzerlöse für Waren und sonstige Umsatzerlöse; Erhöhung oder Verminderung des Bestandes an unfertigen und fertigen Erzeugnissen; Andere aktivierte Eigenleistungen; Sonstige betriebliche Erträge; Erträge aus Beteiligungen; Erträge aus anderen Wertpapieren und Ausleihungen des Finanzanlagevermögens; Sonstige Zinsen und ähnliche Erträge.

ABB. 53:	Industrie-Kontenrahmen (IKR) (verkürzt auf die Kontengruppen) (Fortsetzung)
Kontenklasse	**Kontengruppe**
6	**Betriebliche Aufwendungen** Aufwendungen für Roh-, Hilfs- und Betriebsstoffe und für bezogene Waren; Aufwendungen für bezogene Leistungen; Löhne; Gehälter; Soziale Abgaben und Aufwendungen für Altersversorgung und für Unterstützung; Abschreibungen; Sonstige Personalaufwendungen; Aufwendungen für die Inanspruchnahme von Rechten und Diensten; Aufwendungen für Kommunikation (Dokumentation, Information, Reisen, Werbung); Aufwendungen für Beiträge und Sonstiges sowie Wertkorrekturen und periodenfremde Aufwendungen.
7	**Weitere Aufwendungen** Betriebliche Steuern; Abschreibungen auf Finanzanlagen und auf Wertpapiere des Umlaufvermögens und Verluste aus entsprechenden Abgängen; Zinsen und ähnliche Aufwendungen; Steuern vom Einkommen und Ertrag; Diverse Aufwendungen.
8	**Ergebnisrechnungen** Eröffnung/Abschluss; Herstellungskosten; Vertriebskosten; Allgemeine Verwaltungskosten; Sonstige betriebliche Aufwendungen; Korrekturkonten zu den Erträgen der Kontenklasse 5; Korrekturkonten zu den Aufwendungen der Kontenklasse 6; Korrekturkonten zu den Aufwendungen der Kontenklasse 7; Kurzfristige Erfolgsrechnung (KER); Innerjährige Rechnungsabgrenzung.
9	**Kosten- und Leistungsrechnung (KLR)** Unternehmensbezogene Abgrenzungen; Kostenrechnerische Korrekturen; Kostenarten und Leistungsarten; Kostenstellen; Kostenträger; Fertige Erzeugnisse; Interne Lieferungen und Leistungen sowie deren Kosten; Umsatzkosten; Umsatzleistungen; Ergebnisausweise.

3. Die Grundsätze ordnungsmäßiger Buchführung[43]

3.1 Die Buchführungspflichten

3.1.1 Eindeutige handels- und steuerrechtliche Regelungen

Die **Pflicht zur Buchführung** ist im Interesse der Rechtssicherheit und der Gleichmäßigkeit der Besteuerung **handelsrechtlich** (vgl. §§ 238 ff. HGB) und **steuerrechtlich** (vgl. §§ 140 ff. AO sowie diverse Sondervorschriften) **eindeutig geregelt**.

3.1.2 Die handelsrechtliche Buchführungspflicht

Nach § 238 Abs. 1 Satz 1 HGB ist **jeder Kaufmann** verpflichtet, „Bücher zu führen und in diesen seine Handelsgeschäfte und die Lage seines Vermögens nach den Grundsätzen ordnungsmäßiger Buchführung ersichtlich zu machen". Von dieser Verpflichtung sind lediglich diejenigen **Einzelkaufleute** ausgenommen, die die Voraussetzungen des § 241a HGB erfüllen. Die auf dem Handelsgesetzbuch beruhende Verpflichtung zur Buchführung ist also mit der Kaufmannseigenschaft eng verknüpft. Kaufmann i. S. d. § 1 Abs. 1 HGB ist, wer ein **Handelsgewerbe** betreibt. Als Handelsgewerbe definiert § 1 Abs. 2 HGB jeden Gewerbebetrieb[44], es sei denn, die Unternehmung erfordert keinen in kaufmännischer Weise eingerichteten Geschäftsbetrieb. Letztere, die sogenannten **Kleingewerbetreibenden**, sind demnach keine Kaufleute i. S. d. HGB und unterliegen somit grundsätzlich keiner handelsrechtlichen Buchführungspflicht.

Keine Gewerbetreibenden – und somit auch keine Kaufleute – sind **Freiberufler** wie Rechtsanwälte, Notare, Steuerberater, Wirtschaftsprüfer und Ärzte. Bei der Frage, ob ein „in kaufmännischer Weise eingerichteter Geschäftsbetrieb" erforderlich ist, wird man sich am Umsatz, der Zahl der Kontakte zu Lieferanten und Kunden, an der Zahl der Mitarbeiter und an der Organisation des Geschäftsbetriebes orientieren.

Buchführungspflichtig sind allerdings grundsätzlich **alle in das Handelsregister eingetragenen Gewerbetreibenden**, unabhängig davon, ob ihre Unternehmung einen in kaufmännischer Weise eingerichteten Geschäftsbetrieb erfordert oder nicht. Somit sind auch Kleingewerbetreibende, die die Option der Eintragung in das Handelsregister (vgl. § 2 Satz 1 HGB) zum Erwerb der Kaufmannseigenschaft ausgeübt haben, buchführungspflichtig.

Buchführungspflichtig sind demnach:

- der **Istkaufmann**, der ein Handelsgewerbe gemäß § 1 Abs. 2 HGB ausübt, mit Beginn seiner Tätigkeit (unabhängig von der Eintragung ins Handelsregister; deklaratorische Wirkung der Eintragung);

---

43 Vgl. hierzu *Bieg, Hartmut/Waschbusch, Gerd*: Aufbewahrungsvorschriften, in: Beck'sches Handbuch der Rechnungslegung, hrsg. von Hans-Joachim Böcking et al., 32. Ergänzungslieferung, München 2010, Ordnungsnummer A 110 sowie *Bieg, Hartmut/Waschbusch, Gerd*: Buchführungspflichten, in: Beck'sches Handbuch der Rechnungslegung, hrsg. von Hans-Joachim Böcking et al., 32. Ergänzungslieferung, München 2010, Ordnungsnummer A 100.

44 Vgl. zum Begriff Bundesregierung: Entwurf eines Gesetzes zur Neuregelung des Kaufmanns- und Firmenrechts und zur Änderung anderer handels- und gesellschaftsrechtlicher Vorschriften (Handelsrechtsreformgesetz – HRefG), BT-Drucksache 13/8444 vom 29. 08. 1997, S. 24 m. w. N.

- der **Kannkaufmann** (vgl. § 2 HGB), dessen Gewerbebetrieb keinen in kaufmännischer Weise eingerichteten Geschäftsbetrieb erfordert, sofern er die Eintragung der Unternehmung in das Handelsregister vornimmt (ab dem Zeitpunkt der Eintragung in das Handelsregister; konstitutive Wirkung der Eintragung);
- der **Kannkaufmann in der Land- und Forstwirtschaft** (vgl. § 3 HGB), der eine – grundsätzlich von den handelsrechtlichen Buchführungspflichten ausgenommene (vgl. § 3 Abs. 1 HGB) – land- und forstwirtschaftliche Unternehmung bzw. ein mit ihr verbundenes Nebengewerbe betreibt, sofern die Unternehmung bzw. das Nebengewerbe einen nach Art und Umfang eingerichteten kaufmännischen Geschäftsbetrieb erfordert und er von seinem Recht, die Eintragung des Haupt- bzw. Nebenbetriebs in das Handelsregister herbeizuführen, Gebrauch gemacht hat (ab dem Zeitpunkt der Eintragung ins Handelsregister; konstitutive Wirkung der Eintragung);
- der **Formkaufmann**, wozu alle Personenhandels- und Kapitalgesellschaften („Handelsgesellschaften"; vgl. § 6 Abs. 1 HGB), also die OHG, KG, AG, KGaA und GmbH, sowie die eingetragenen Genossenschaften (vgl. § 17 Abs. 2 GenG) zählen.

Befreit von dieser handelsrechtlichen Buchführungspflicht sind nicht kapitalmarktorientierte Einzelkaufleute mit einem Umsatz von nicht mehr als 600.000 EUR sowie einem Jahresüberschuss von nicht mehr als 60.000 EUR (vgl. § 241a HGB).

Bei der **OHG** sind alle Gesellschafter, jedoch nicht die von der Geschäftsführung und Vertretung der Gesellschaft ausgeschlossenen Gesellschafter, buchführungspflichtig, bei der **KG** nur die persönlich haftenden Gesellschafter. Bei den Kapitalgesellschaften liegt die Buchführungspflicht beim Vorstand der **AG** (vgl. § 91 AktG), bei den persönlich haftenden Gesellschaftern der **KGaA** (vgl. § 283 AktG) bzw. den Geschäftsführern der **GmbH** (vgl. § 41 GmbHG), bei der **Genossenschaft** beim Vorstand (vgl. § 33 Abs. 1 GenG). Dabei sind sämtliche Mitglieder des Vorstands bzw. der Geschäftsführung für die ordnungsgemäße Buchführung verantwortlich; eine Befreiung von dieser Verpflichtung durch Satzung, Aufsichtsrats- oder Hauptversammlungsbeschluss ist nicht möglich.

Einzelunternehmungen und Personenhandelsgesellschaften, die ein Handelsgewerbe betreiben, unterliegen der Buchführungspflicht ab dem Zeitpunkt, in dem die Geschäftstätigkeit unter einer (gemeinschaftlichen) Unternehmung aufgenommen wird. Handelt es sich um einen gewerblichen Betrieb nach § 2 HGB oder um eine land- und forstwirtschaftliche Unternehmung nach § 3 Abs. 2 HGB bzw. um einen mit ihr verbundenen nebengewerblichen Betrieb nach § 3 Abs. 3 HGB, so entsteht die Buchführungspflicht mit der Eintragung in das Handelsregister[45]. Bei einer **AG, KGaA** und **GmbH** beginnt die Buchführungspflicht stets mit ihrer Entstehung, also mit ihrer Eintragung in das Handelsregister (vgl. §§ 41 Abs. 1, 278 Abs. 3 AktG, § 11 GmbHG), unabhängig davon, ob der Gegenstand ihrer Unternehmung in dem Betrieb eines Handelsgewerbes besteht oder nicht. Dasselbe gilt für die nicht zu den Handelsgesellschaften zählenden **eingetragenen Genossenschaften**. Da sie gemäß § 17 Abs. 2 GenG als Kaufleute i. S. d. HGB gelten, finden die §§ 238–261 HGB ebenfalls Anwendung.

45 Vgl. *Schaefer, Erich*: Das Handelsrechtsreformgesetz nach dem Abschluß des parlamentarischen Verfahrens, in: Der Betrieb 1998, S. 1271.

In Gründung befindliche Kapitalgesellschaften (sog. **Vor- oder Gründungsgesellschaften**) sind schon vor der Eintragung der Unternehmung in das Handelsregister buchführungspflichtig, sobald sie eine Geschäftstätigkeit aufgenommen haben, die nach § 1 Abs. 2 HGB als Handelsgewerbe zu qualifizieren ist. Die **sonstigen juristischen Personen des Privatrechts** (z. B. Stiftungen, eingetragene Vereine) unterliegen den Vorschriften über die Handelsbücher, soweit sie unter den Voraussetzungen der §§ 1, 2 HGB als Kaufleute angesehen werden.

Die Verpflichtung zur Buchführung **endet**, wenn die Kaufmannseigenschaft aufhört. Bei Einzelunternehmungen ist dies insbesondere dann der Fall, wenn der Geschäftsbetrieb aufgegeben wird. Bei Kannkaufleuten nach den §§ 2, 3 HGB endet die Kaufmannseigenschaft mit der Löschung im Handelsregister.

Sämtliche Handelsgesellschaften sowie eingetragene Genossenschaften werden mit der Auflösung nicht beendet, sondern zur Abwicklung ihrer Beziehungen zu Dritten in **Liquidationsgesellschaften** überführt (vgl. §§ 145, 161 Abs. 2 HGB; §§ 264, 289 AktG; §§ 65 f. GmbHG; § 83 GenG), die das ihnen verbleibende Vermögen auseinandersetzen müssen (vgl. §§ 155, 161 HGB; §§ 271, 289 AktG; § 72 GmbHG; §§ 91, 92 GenG). Da die Liquidationsgesellschaften bis zur vollständigen Verteilung des Gesellschaftsvermögens in ihrer bisherigen Rechtsform bestehen bleiben, unterliegen die Handelsgesellschaften sowie die eingetragenen Genossenschaften für die Dauer der Liquidation der Buchführungspflicht unter der Verantwortung der Liquidatoren. Auch während des Insolvenzverfahrens bleiben die Buchführungspflichten unter der Aufsicht des Insolvenzverwalters bestehen.

Nach § 238 Abs. 2 HGB umfasst die Buchführungspflicht auch die Verpflichtung des Kaufmanns, „eine mit der Urschrift übereinstimmende Wiedergabe der abgesandten Handelsbriefe (Kopie, Abdruck, Abschrift oder sonstige Wiedergabe des Wortlauts auf einem Schrift-, Bild- oder anderen Datenträger) zurückzubehalten“.

3.1.3 Befreiungsmöglichkeit von der handelsrechtlichen Buchführungspflicht

Durch den – im Zuge des BilMoG – neu in das Handelsgesetzbuch eingefügten § 241a HGB wird die bestehende formale Anknüpfung der handelsrechtlichen **Buchführungspflicht** an die Kaufmannseigenschaft **eingeschränkt.** § 241a Satz 1 HGB legt für **Einzelkaufleute** Größenmerkmale fest, bei deren Unterschreiten auf die Buchführung sowie die Erstellung eines Inventars verzichtet werden kann. Macht der Einzelkaufmann von dem Wahlrecht des § 241a Satz 1 HGB Gebrauch, so entfällt außerdem gemäß dem durch das BilMoG ebenfalls neu in das Handelsgesetzbuch eingefügten § 242 Abs. 4 Satz 1 HGB die Pflicht zur Aufstellung einer Bilanz zu Beginn des Handelsgewerbes und für den Schluss eines jeden Geschäftsjahrs (vgl. § 242 Abs. 1 Satz 1 HGB) sowie die Pflicht zur Aufstellung einer Gewinn- und Verlustrechnung für den Schluss eines jeden Geschäftsjahrs (vgl. § 242 Abs. 2 HGB). Im Ergebnis besteht somit für Einzelkaufleute mit einem **Umsatz von nicht mehr als 600.000 EUR** sowie einem **Jahresüberschuss von nicht mehr als 60.000 EUR** die Möglichkeit der Befreiung von der Pflicht zur handelsrechtlichen Buchführung, zur Erstellung eines Inventars, einer Bilanz sowie einer Gewinn- und Verlustrechnung (vgl. §§ 241a Satz 1, 242 Abs. 4 Satz 1 HGB). Beide **Größenkriterien** müssen für die

Inanspruchnahme dieser Befreiungsmöglichkeiten **kumulativ erfüllt** werden. Das alleinige Über- bzw. Unterschreiten eines der genannten Kriterien löst keine Rechtsfolgen aus[46].

Für die Inanspruchnahme der Befreiungsmöglichkeiten der §§ 241a Satz 1, 242 Abs. 4 Satz 1 HGB ist es allerdings notwendig, dass die genannten **Schwellenwerte an den Abschlussstichtagen von zwei aufeinanderfolgenden Geschäftsjahren nicht überschritten** werden. Diese Bedingung soll eine gewisse Kontinuität in der Rechnungslegung sicherstellen[47]. Eine **Erleichterung** ist diesbezüglich **für Neugründungen** vorgesehen. Im Fall einer Neugründung treten die Rechtsfolgen von § 241a Satz 1 HGB (Befreiung von der Pflicht zur handelsrechtlichen Buchführung und zur Erstellung eines Inventars) und § 242 Abs. 4 Satz 1 HGB (Befreiung von der Pflicht zur Erstellung einer Bilanz sowie einer Gewinn- und Verlustrechnung) bereits dann ein, wenn die Schwellenwerte des § 241a Satz 1 HGB am ersten Abschlussstichtag nach der Neugründung nicht überschritten werden (vgl. §§ 241a Satz 2, 242 Abs. 4 Satz 2 HGB).

Das Handelsrecht schweigt sich aus, welche Rechnungslegung an die Stelle einer handelsrechtlichen Buchführung treten soll, wenn der Einzelkaufmann von der Möglichkeit der Befreiung von der Buchführungspflicht Gebrauch macht. Zur Ausfüllung dieser Regelungslücke kann die Gesetzesbegründung zum BilMoG herangezogen werden, wonach es denjenigen Unternehmungen, die die größenabhängige Befreiung des § 241a HGB in Anspruch nehmen, gestattet ist, ihre Rechnungslegung auf eine **Einnahmenüberschussrechnung** nach § 4 Abs. 3 Satz 1 EStG zu beschränken[48].

§ 241a HGB ist ebenso wie § 242 Abs. 4 HGB erstmals auf Jahresabschlüsse von Geschäftsjahren anzuwenden, die nach dem 31. 12. 2007 beginnen (vgl. Art. 66 Abs. 1 EGHGB).

46 Vgl. *Bieg, Hartmut/Kußmaul, Heinz/Petersen, Karl/Waschbusch, Gerd/Zwirner, Christian*: Bilanzrechtsmodernisierungsgesetz – Bilanzierung, Berichterstattung und Prüfung nach dem BilMoG, München 2009, S. 20.

47 Vgl. *Bundesregierung*: Entwurf eines Gesetzes zur Modernisierung des Bilanzrechts (Bilanzrechtsmodernisierungsgesetz – BilMoG) vom 21. 05. 2008, BT-Drucksache 16/10067 vom 30. 07. 2008, S. 46.

48 Vgl. *ebd.*

Die *Abb. 54* fasst die vorstehenden Ausführungen überblicksweise zusammen.

ABB. 54:	Befreiung von der Pflicht zur handelsrechtlichen Buchführung, zur Erstellung eines Inventars, einer Bilanz sowie einer Gewinn- und Verlustrechnung
Begünstigte	**Einzelkaufleute**
Befreiungswahlrechte	**(1) Nichtanwendung der §§ 238–241 HGB** Somit entfallen: ► die Buchführungspflicht (§ 238 HGB), ► die Verpflichtung zur Führung der Handelsbücher unter Befolgung der Formvorschriften (§ 239 HGB), ► die Pflicht zur Aufstellung von Inventaren einschl. der Möglichkeit der Inanspruchnahme von Inventurvereinfachungsverfahren (§§ 240, 241 HGB). **(2) Nichtanwendung des § 242 Abs. 1–3 HGB** Somit entfallen: ► die Pflicht zur Aufstellung einer Bilanz des Handelsgewerbes und für den Schluss eines jeden Geschäftsjahrs (§ 242 Abs. 1 HGB), ► die Pflicht zur Aufstellung einer Gewinn- und Verlustrechnung für den Schluss eines jeden Geschäftsjahrs (§ 242 Abs. 2 HGB).
Voraussetzung zur Inanspruchnahme der Befreiungswahlrechte	Am Abschlussstichtag von zwei aufeinanderfolgenden Geschäftsjahren müssen die beiden folgenden Kriterien kumulativ erfüllt sein: ► Umsatzerlöse ≤ 600.000 EUR und ► Jahresüberschuss ≤ 60.000 EUR Bei einer Neugründung treten die Befreiungsmöglichkeiten bereits dann ein, wenn die Größenmerkmale am ersten Abschlussstichtag nach der Neugründung eingehalten werden.
Folge der Inanspruchnahme der Befreiungswahlrechte	Es erfolgt eine Beschränkung der Rechnungslegung auf eine Einnahmeüberschussrechnung (§ 4 Abs. 3 Satz 1 EStG).
Erstmalige Anwendung der Befreiungswahlrechte	Jahresabschlüsse von Geschäftsjahren, die nach dem 31. 12. 2007 beginnen (Art. 66 Abs. 1 EGHGB)

3.1.4 Die steuerrechtliche Buchführungspflicht

Nach § 140 AO hat **jeder**, der nach anderen Gesetzen als den Steuergesetzen Bücher und Aufzeichnungen zu führen hat, die für die Besteuerung von Bedeutung sind, die Verpflichtungen, die ihm nach den anderen Gesetzen obliegen, auch für die Besteuerung zu erfüllen **(abgeleitete steuerrechtliche Buchführungspflicht)**. Zu diesen „anderen Gesetzen" zählen insbesondere die §§ 238 ff. HGB. Die dabei zu treffende Abgrenzung zwischen buchführungspflichtigen Kaufleuten und den nicht der Buchführung unterliegenden Nicht-Kaufleuten ist allerdings aufgrund des unbestimmten Rechtsbegriffs des nach Art und Umfang in kaufmännischer Weise eingerichteten Geschäftsbetriebs nicht immer eindeutig durchführbar. Eine scharfe Grenze zwischen buchführungspflichtigen und nicht buchführungspflichtigen Betrieben muss aber im Steuerrecht gezogen werden, um dem Ziel der **Gleichmäßigkeit der Besteuerung** möglichst nahezukommen. Deswegen nennt § 141 Abs. 1 AO exakt nachprüfbare Kriterien für die steuerliche Buchführungspflicht **(originäre steuerrechtliche Buchführungspflicht)**: die Höhe des Umsatzes, den Wirtschaftswert selbst bewirtschafteter land- und forstwirtschaftlicher Flächen, die Höhe des Gewinns aus Gewerbebetrieb bzw. Land- und Forstwirtschaft. Beginn und Ende der originären steuerrechtlichen Buchführungspflicht regelt § 141 Abs. 2 AO. Durch die Bestimmungen des § 141 AO werden vor allem die **handelsrechtlich nicht buchführungspflichtigen Kannkaufleute der §§ 2, 3 HGB** erfasst, die die Option zur Eintragung in das Handelsregister nicht ausgeübt haben. Sie sind bei Erfüllung der Tatbestände des § 141 Abs. 1 AO **steuerrechtlich buchführungspflichtig**.

Weitere steuerrechtliche Aufzeichnungspflichten ergeben sich für die einzelnen Betriebe aus dem Umsatzsteuergesetz und den Verbrauchsteuergesetzen sowie aus der Lohn- und Kapitalertragsteuer[49].

Die §§ 143, 144 AO enthalten für gewerbliche Unternehmer zusätzliche Aufzeichnungspflichten über den Wareneingang bzw. den Warenausgang.

Die einschlägigen Anwendungsvoraussetzungen der originären steuerrechtlichen Buchführungspflicht fasst *Abb. 55* (S. 209) zusammen.

49 Vgl. *Wöhe, Günter*: Bilanzierung und Bilanzpolitik, 9. Aufl., München 1997, S. 154 ff.

ABB. 55:	Originäre steuerrechtliche Buchführungspflicht nach § 141 AO
Beziehung des § 141 AO zu § 140 AO	§ 141 AO kommt nur dann zur Anwendung, wenn sich die steuerrechtliche Buchführungspflicht nicht bereits aus § 140 AO ergibt.
Kreis der Buchführungspflichtigen nach § 141 AO	Alle Gewerbetreibende sowie Land- und Forstwirte, deren steuerrechtliche Buchführungspflicht sich nicht aus § 140 AO ergibt.
Feststellung und Bekanntgabe der Buchführungspflicht nach § 141 AO	Von der Finanzbehörde wird die Feststellung der Buchführungspflicht nach § 141 AIO getroffen: ► durch einen Steuer- oder Feststellungsbescheid oder ► durch einen selbstständigen feststellenden Verwaltungsakt oder ► im Zuge der Mitteilung über den Beginn der Buchführungspflicht.
Größenmerkmale für das Eintreten der Buchführungspflicht nach § 141 AO	Es sind die folgenden Größenmerkmale zu prüfen: ► die Umsätze einschließlich der steuerfreien Umsätze – ausgenommen sind die Umsätze nach § 4 Nr. 8–10 UStG – betragen mehr als 600.000 EUR im Kalenderjahr, ► die selbst bewirtschafteten land- und forstwirtschaftlichen Flächen besitzen einen Wirtschaftswert (§ 46 BewG) von mehr als 25.000 EUR, ► der Gewinn aus Gewerbebetrieb beträgt mehr als 60.000 EUR im Wirtschaftsjahr, ► der Gewinn aus Land- und Forstwirtschaft beträgt mehr als 60.000 EUR im Kalenderjahr.
Rechtsfolge der Erfüllung eines Größenmerkmals nach § 141 AO	Es besteht eine originäre steuerrechtliche Buchführungspflicht für alle Gewerbetreibenden sowie Land- und Forstwirte, die nach den Feststellungen der Finanzbehörde wenigstens eines der vorgenannten Größenmerkmale erfüllen.

3.1.5 Befreiungsmöglichkeit von der steuerrechtlichen Buchführungspflicht

Die steuerrechtliche Buchführungspflicht knüpft über § 140 AO an die handelsrechtliche Buchführungspflicht gemäß den §§ 238 ff. HGB an (sogenannte abgeleitete steuerrechtliche Buchführungspflicht). Von daher ist auch der durch das BilMoG neu in das Handelsgesetzbuch eingefügte § 241a HGB für die Besteuerung maßgeblich. Für bestimmte Einzelkaufleute besteht über die Maßgeblichkeit des § 241a HGB die Befreiungsmöglichkeit von der abgeleiteten steuerrechtlichen Buchführungspflicht des § 140 AO (vgl. Abschnitt 3.1.3).

Der vorstehend angesprochene Befreiungstatbestand kann zum Tragen kommen, wenn an den Abschlussstichtagen von zwei aufeinanderfolgenden Geschäftsjahren (bei einer Neugründung am ersten Abschlussstichtag nach der Neugründung) die Größenmerkmale des § 241a HGB eingehalten werden (vgl. Abschnitt 3.1.3). Sobald eines dieser Größenmerkmale an einem folgenden Abschlussstichtag überschritten wird, setzt die Buchführungspflicht (wieder) ein. Die aus dem Handelsrecht abgeleitete steuerrechtliche Buchführungspflicht nach § 140 AO bleibt allerdings bestehen, sofern der Einzelkaufmann – das Einhalten der Größenmerkmale des § 241a HGB vorausgesetzt – die Befreiungsmöglichkeit von der handelsrechtlichen Buchführungspflicht nicht in Anspruch nimmt.

Grundsätzlich schließt die aus § 140 AO abgeleitete steuerrechtliche Buchführungspflicht die originäre steuerrechtliche Buchführungspflicht des § 141 AO aus. Aufgrund des § 241a HGB kann jedoch die Buchführungspflicht nach dem Handelsrecht und damit gleichzeitig die abgeleitete steuerrechtliche Buchführungspflicht entfallen und somit die originäre steuerrechtliche Buchführungspflicht nach § 141 AO (wieder) aufleben.

Im Zuge des BilMoG wurde auch § 141 Abs. 1 Satz 2 AO durch den Gesetzgeber angepasst. Es musste sichergestellt werden, dass § 241a HGB nicht über § 141 Abs. 1 Satz 2 AO zur Anwendung gelangen konnte. Die Konsequenz wäre das Wegfallen der originären steuerrechtlichen Buchführungspflicht gewesen. Da eine gänzliche Befreiung von der steuerrechtlichen Buchführungspflicht nicht im Sinne des Gesetzgebers lag, wurde die bisherige Angabe in § 141 Abs. 1 Satz 2 AO, der eine sinngemäße Anwendung der §§ 238, 240 bis 242 Abs. 1 HGB vorsah, gestrichen und durch die Angabe der sinngemäßen Anwendung der §§ 238, 240, 241, 242 Abs. 1 HGB und der §§ 243–256 HGB ersetzt. Durch diese Anpassung bleibt die originäre steuerrechtliche Buchführungspflicht – unabhängig von der Befreiungsmöglichkeit des § 241a HGB – bestehen.

3.1.6 Abgrenzung der Anwendungsbereiche der §§ 241a HGB und 141 AO

Die handels- und steuerrechtlichen Größenmerkmale scheinen auf den ersten Blick identisch, tatsächlich unterscheiden sie sich in den Randbereichen und sind nicht völlig deckungsgleich. Außerdem bestehen noch weitere Unterschiede im Anwendungsbereich der beiden Vorschriften, welche in *Abb. 56* dargestellt sind[50].

ABB. 56: Vergleich der Bestimmungen der §§ 241a HGB und 141 AO

	§ 241a HGB	§ 141 AO
Größenmerkmale	► höchstens 600.000 EUR Umsatzerlöse im Geschäftsjahr und ► höchstens 60.000 EUR Jahresüberschuss im Geschäftsjahr	► mehr als 600.000 EUR Umsätze im Kalenderjahr einschließlich der steuerfreien Umsätze – ausgenommen sind die Umsätze nach § 4 Nr. 8–10 UStG – oder ► mehr als 25.000 EUR Wirtschaftswert an selbst bewirtschafteten land- und forstwirtschaftlichen Flächen oder ► mehr als 60.000 EUR Gewinn aus Gewerbebetrieb im Wirtschaftsjahr oder ► mehr als 60.000 EUR Gewinn aus Land- und Forstwirtschaft im Kalenderjahr

50 Vgl. *Schmidt, Karsten*: Münchener Kommentar zum Handelsgesetzbuch, bearbeitet von Wolfgang Ballwieser, München 2008, S. 540 f.

ABB. 56: Vergleich der Bestimmungen der §§ 241a HGB und 141 AO (Fortsetzung)		
	§ 241a HGB	**§ 141 AO**
Befreiungskriterien	Der Tatbestand der Befreiung von der Buchführungspflicht ist gegeben, sofern die beiden Größenmerkmale des § 241a HGB kumulativ an den Abschlussstichtagen von zwei aufeinanderfolgenden Geschäftsjahren eingehalten werden. Im Falle einer Neugründung genügt die Einhaltung der beiden Größenmerkmale des § 241a HGB am ersten Abschlussstichtag nach der Neugründung.	Der Tatbestand der Befreiung von der Buchführungspflicht ist gegeben, sofern keine Buchführungspflicht nach § 140 AO vorliegt und keines der Größenmerkmale des § 141 Abs. 1 Satz 1 AO erfüllt wird.
Befreiungsbeginn	Inanspruchnahme des Wahlrechts zur Buchführungsbefreiung durch den Kaufmann	► Es lag bisher *keine* originäre steuerrechtliche Buchführungspflicht vor: Befreiung von der Buchführungspflicht, solange keines der Größenmerkmale des § 141 Abs. 1 Satz 1 AO erfüllt wird ► Es lag bisher *eine* originäre steuerrechtliche Buchführungspflicht vor: Befreiung von der Buchführungspflicht mit dem Ablauf des Wirtschaftsjahrs, das auf das Wirtschaftsjahr folgt, in dem die Finanzbehörde feststellt, dass die Voraussetzungen nach § 141 Abs. 1 AO nicht mehr vorliegen (§ 141 Abs. 2 Satz 2 AO)
Befreiungsende	Zeitpunkt, in dem eines der beiden Größenmerkmale des § 241a HGB überschritten wird	Beginn des Wirtschaftsjahrs, das auf das Wirtschaftsjahr der Bekanntgabe der Mitteilung folgt, durch die die Finanzbehörde auf den Beginn der originären steuerrechtlichen Buchführungspflicht hingewiesen hat (§ 141 Abs. 2 Satz 1 AO)

3.1.7 Die Folgen der Verletzung der Buchführungspflichten

Der Nichterfüllung der handelsrechtlichen Buchführungspflichten kann, außer im Fall einer Verweigerung des Bestätigungsvermerks bei prüfungspflichtigen Unternehmungen, nicht ohne Weiteres durch unmittelbaren Zwang oder Strafe begegnet werden. **Mittelbare Folgen** enthalten die Strafvorschriften bei einer Verletzung der allgemeinen handelsrechtlichen Buchführungs- und Bilanzierungsvorschriften in den §§ 283 ff. StGB **(Insolvenzstraftaten)**. Mit Freiheitsstrafe oder mit Geldstrafe wird hiernach bestraft, wer **in einer Krisensituation**, d. h. bei Überschuldung oder bei drohender oder eingetretener Zahlungsunfähigkeit (bzw. bei Herbeiführung dieser Tatbestände), gegen die im Einzelnen genau umschriebenen handelsrechtlichen Buchführungspflichten (vgl. § 283 Abs. 1 Nr. 5 und Nr. 7 StGB) verstößt, wenn „der Täter seine Zahlungen eingestellt hat oder über sein Vermögen das Insolvenzverfahren eröffnet oder der Eröffnungsantrag mangels Masse abgewiesen worden ist" (§ 283 Abs. 6 StGB). § 283a StGB beschreibt den besonders schweren Fall des **Bankrotts**.

Durch § 283b StGB i.V.m. § 283 Abs. 6 StGB wird die Verletzung bestimmter Buchführungspflichten auch dann unter Strafe gestellt, wenn der Schuldner sich vorher **nicht** in einer Krisensituation befand. Fahrlässiges Handeln außerhalb der Krise wird hiernach nur als Vergehen geahndet.

Der Kaufmann muss also zur Vermeidung der Bestrafung nach den §§ 283 ff. StGB immer und regelmäßig seinen sich aus den §§ 238 ff. HGB ergebenden Pflichten nachkommen. Grundsätzlich trifft die Bestrafung wegen Verletzung einer Buchführungspflicht nur Buchführungspflichtige, d. h. im Wesentlichen Kaufleute und sonstige Gewerbetreibende, die von § 141 AO erfasst werden.

Wer als Kaufmann, persönlich haftender Gesellschafter oder als Vorstand bzw. Geschäftsführer einer Kapitalgesellschaft oder juristischen Person buchführungspflichtig ist, kann sich hierzu auch der Hilfe anderer, z. B. Angestellter, bedienen. Für die ordnungsmäßige Buchführung bleibt er trotzdem nach bürgerlichem Recht wie nach Strafrecht verantwortlich. Er haftet für den von ihm bestellten Vertreter, insbesondere wenn er nicht die nötige Sorgfalt bei der Auswahl und Überwachung der Angestellten angewandt hat.

Die Einhaltung steuerrechtlicher Buchführungspflichten liegt im besonderen Interesse des Steuergesetzgebers[51]. Die Vornahme falscher Eintragungen in den Büchern bzw. eine später vorgenommene Änderung dieser Eintragungen stellt eine Urkundenfälschung dar (vgl. §§ 267, 268 StGB), wenn derartige Bücher Grundlage der Steuererklärung sind oder als Beweismittel bei Gericht vorgelegt werden.

Für die Einhaltung der Buchführungsvorschriften sind die **Steuerpflichtigen**, also die Einzelunternehmer und die Gesellschafter der Personenhandelsgesellschaften (vgl. § 33 Abs. 1 AO) sowie die gesetzlichen Vertreter der Kapitalgesellschaften, Genossenschaften und anderer juristischer Personen (vgl. § 34 AO) haftbar. Zusätzlich haften **alle Bevollmächtigten** (z. B. Rechtsanwälte, Steuerberater) wie gesetzliche Vertreter (vgl. § 80 AO i.V.m. §§ 191 Abs. 2 AO und § 69 AO), also persönlich neben dem Steuerpflichtigen, wenn infolge vorsätzlicher oder grob fahrlässiger Verletzung der ihnen auferlegten Pflichten Steueransprüche verkürzt oder Erstattungen oder Vergütungen zu Unrecht gewährt worden sind.

Entsprechen die Buchführung und die Aufzeichnungen des Steuerpflichtigen den Vorschriften der §§ 140 bis 148 AO, so sind sie der Besteuerung zugrunde zu legen, soweit nach den Umständen des Einzelfalles kein Anlass besteht, ihre sachliche Richtigkeit zu beanstanden (**Vermutung ordnungsmäßiger Führung** nach § 158 AO).

Können die Finanzbehörden aufgrund von **Mängeln** der ordnungsmäßigen Buchführung die Besteuerungsgrundlagen aus den Büchern nicht ermitteln oder berechnen, so erfolgt eine **Schätzung**. Dabei sind alle Umstände zu berücksichtigen, die für die Schätzung von Bedeutung sind (vgl. § 162 Abs. 1 AO).

Unter bestimmten Voraussetzungen tritt eine **strafrechtliche Verfolgung** wegen der Verletzung der steuerrechtlichen Buchführungspflichten ein. Ordnungswidrig handelt nach § 379 Abs. 1 Satz 1 AO, „wer vorsätzlich oder leichtfertig

51 Vgl. *Wöhe, Günter*: Betriebswirtschaftliche Steuerlehre, Band I/2, 7. Aufl., München 1992, S. 113.

1. Belege ausstellt, die in tatsächlicher Hinsicht unrichtig sind,
2. Belege gegen Entgelt in Verkehr bringt,
3. nach Gesetz buchungs- oder aufzeichnungspflichtige Geschäftsvorfälle oder Betriebsvorgänge nicht oder in tatsächlicher Hinsicht unrichtig aufzeichnet oder aufzeichnen lässt, verbucht oder verbuchen lässt (...)

und dadurch ermöglicht, Steuern zu verkürzen oder nicht gerechtfertigte Steuervorteile zu erlangen."

Diese Ordnungswidrigkeit kann mit einer Geldstrafe bis zu 5.000 EUR geahndet werden. Eine Verletzung der steuerrechtlichen Buchführungspflichten kann auch nach § 378 Abs. 2 AO als leichtfertige Steuerverkürzung mit einer Geldstrafe bis zu 50.000 EUR geahndet werden.

Verstöße gegen Buchführungspflichten können auch die Anwendung von Zwangsmitteln (vgl. § 328 AO) zur Folge haben.

3.2 Die Buchführungsvorschriften

3.2.1 Die Abgrenzung des Begriffs der Grundsätze ordnungsmäßiger Buchführung

Unter (kaufmännischer) **Buchführung** versteht man allgemein die planmäßige und lückenlose, inhalts- und wertmäßige Aufzeichnung aller Geschäftsvorfälle einer Unternehmung, aus der in regelmäßigen zeitlichen Abständen ein Abschluss erstellt wird. Die kaufmännische Buchführung bildet somit als Modellsystem zur Abbildung bestimmter Vorgänge der Wirklichkeit die Grundlage des Rechnungswesens einer Unternehmung. Die Buchführung muss dem Buchführungspflichtigen und einem sachverständigen Dritten innerhalb angemessener Zeit einen Überblick über die Geschäftsvorfälle und über die Lage der Unternehmung vermitteln können. Die Geschäftsvorfälle müssen sich in ihrer Entstehung und Abwicklung verfolgen lassen (vgl. § 238 Abs. 1 HGB, § 145 Abs. 1 AO; vgl. auch Abschnitt 3.2.5.8). Die **Hauptzwecke der Buchführung** sind somit die **Dokumentation** und die **Rechenschaftslegung**[52]. Die Buchführung hat dabei die gesetzlichen Vorschriften und die im Einzelnen nicht kodifizierten Grundsätze ordnungsmäßiger Buchführung (GoB) zu beachten. Die **GoB** stellen Regeln bzw. Normen dar, nach denen – zur Sicherung eines gesetzentsprechenden Rechnungswesens – die wirtschaftlichen Tatbestände einer Unternehmung in Buchführung und Jahresabschluss abgebildet werden. Dabei handelt es sich nicht um zweckfreie voneinander unabhängige Normen, sondern um Regeln, die aus den Zwecken der Buchführung und des Jahresabschlusses abzuleiten sind.

Der Begriff „Grundsätze ordnungsmäßiger Buchführung" wird zwar mehrfach vom Gesetzgeber verwendet, aber an keiner Gesetzesstelle eingehend definiert. Neben einigen gesetzlich formulierten überwiegend formalen Buchführungs- und Bilanzierungsgrundsätzen (u. a. im HGB und im AktG) existiert eine Vielzahl nicht kodifizierter Grundsätze. Der Gesetzgeber schafft somit ein gesetzlich kaum definiertes und über die gesetzlichen Einzelregelungen hinausgehendes **Ordnungssystem** (Leitfaden), mit dem erreicht werden soll, dass die Einzelnen wissen, wie sie

52 Vgl. *Leffson, Ulrich*: Die Grundsätze ordnungsmäßiger Buchführung, 7. Aufl., Düsseldorf 1987, S. 150.

eine aussagefähige und beweiskräftige Buchführung und Bilanz erhalten und welches Verhalten sie von anderen bezüglich deren Jahresabschlüsse erwarten können[53].

Leffson versteht in Übereinstimmung mit den §§ 238, 243 HGB i.V.m. § 264 Abs. 2 HGB unter den GoB sowohl die Grundsätze der Dokumentation wie der kaufmännischen Rechenschaft[54], ohne methodisch und rechtlich zwischen den Grundsätzen ordnungsmäßiger Buchführung und den Grundsätzen ordnungsmäßiger Bilanzierung zu trennen. Nach **herrschender Auffassung** lassen sich die **GoB** in Anlehnung an *Kuno Barth*[55] **gliedern** in

- die Grundsätze ordnungsmäßiger Buchführung i. e. S.,
- die Grundsätze ordnungsmäßiger Inventur und
- die Grundsätze ordnungsmäßiger Bilanzierung.

Heute erfolgt die Buchführung in nahezu allen Unternehmungen EDV-gestützt, wobei die Grundsätze ordnungsmäßiger Buchführung auch bei der EDV-Buchführung weiterhin einzuhalten sind. Da die EDV-Buchführung zumeist ein Teil des **EDV-gestützten Informationssystems** einer Unternehmung ist, umfasst das Buchführungssystem neben der Buchhaltung selbst auch alle ihr vorgelagerten EDV-Anwendungen, die Buchungsdaten an die eigentliche EDV-Buchführung liefern (z. B. Daten aus dem Einkauf in Industrieunternehmungen oder aus Kreditsystemen in Banken). Die Vollständigkeit und Richtigkeit der Buchungen entscheidet sich folglich schon in den sie erstellenden und liefernden EDV-Anwendungen. Somit sind die Grundsätze ordnungsmäßiger Buchführung auch bei diesen vorgelagerten EDV-Anwendungen zu beachten. Wesentliches Kriterium für die Einhaltung der GoB bei EDV-gestützten Informationssystemen ist ein wirksam installiertes internes Kontrollsystem (IKS). Zur Konkretisierung der GoB bei DV-gestützten Buchführungssystemen hat das Bundesministerium der Finanzen mit einem Schreiben vom 14. 11. 2014 **Grundsätze** herausgegeben, **die der ordnungsmäßigen Führung und Aufbewahrung von Büchern, Aufzeichnungen und Unterlagen in elektronischer Form sowie dem Datenzugriff dienen (GoBD)**. Die GoBD stellen keinen Ersatz der GoB dar, sondern sollen ihre Einhaltung sicherstellen und sie hinsichtlich der DV-Buchführung präzisieren.

Im Folgenden werden im Wesentlichen die Grundsätze ordnungsmäßiger Buchführung i. e. S. („laufende Buchführung") dargestellt.

3.2.2 Wesen und Rechtsnatur der GoB

Die **GoB** sind rechtlich betrachtet **Rechtsnormen in der Form unbestimmter Rechtsbegriffe**, die im Einzelfall bei der Rechtsanwendung einer Fixierung bedürfen[56]. Sie werden damit zu gesetzesergänzenden Rechtssätzen und zwingendem Recht. Die Nichtbeachtung von GoB führt u. U.

---

53 Vgl. *Leffson, Ulrich*: Bedeutung und Ermittlung der Grundsätze ordnungsmäßiger Buchführung, in: Handbuch des Jahresabschlusses in Einzeldarstellungen, hrsg. von Klaus von Wysocki/Joachim Schulze-Osterloh, 12. Ergänzungslieferung, Köln 1992, Abteilung I/2, Rz. 2.

54 Vgl. *Leffson, Ulrich*: Die Grundsätze ordnungsmäßiger Buchführung, 7. Aufl., Düsseldorf 1987, S. 18.

55 Vgl. *Barth, Kuno:* Die Grundsätze ordnungsmäßiger Buchführung, betriebswirtschaftlich, handelsrechtlich und steuerlich – Ein geschichtlicher Aufriß, in: Zeitschrift für betriebswirtschaftliche Forschung 1963, S. 384–397.

56 Vgl. *Kruse, Heinrich Wilhelm*: Grundsätze ordnungsmäßiger Buchführung, 3. Aufl., Köln 1978, S. 104 ff.

sogar zu Strafsanktionen. Die **GoB** stellen daher auch eine **Rechtsquelle mit abgeleiteter Rechtssatzwirkung** dar[57].

Mit dem Verweis auf die GoB hat der Gesetzgeber bewusst ein Stück der Gesetzgebung offen gelassen, welches von der Buchführungs- und Bilanzierungspraxis, vom betriebswirtschaftlichen Schrifttum, letztlich aber von der Rechtsprechung durch Gesetzesauslegung und Rechtsfortbildung auszufüllen ist, wobei der Richter nach *Kruse* den Handelsbrauch, die Verkehrsanschauung und das Argument aus der Natur der Sache heranzuziehen hat[58].

Teilweise sind mit Rechtsgeltung für alle Kaufleute GoB – mehr oder weniger zufällig ausgewählt – kodifiziert worden, um bestimmte Grundsätze, die der Gesetzgeber für besonders wichtig hielt oder die in der Vergangenheit nicht genügend beachtet wurden, eindeutig festzulegen; diese Regeln haben Rechtswirkung als Gesetzesnorm und nicht als GoB. Sie bleiben daneben aber weiterhin unverändert zugleich GoB.

Entsprechend der Rechtsnatur der GoB ergibt sich folgende **Rangfolge**, in der Rechtsnormen bei Buchführung und Jahresabschluss anzuwenden sind[59]:

1. Gesetzesnormen gehen den GoB vor, sofern sie den vorliegenden Sachverhalt eindeutig regeln.
2. Die GoB können herangezogen werden, soweit relevante Gesetze auszulegen sind.
3. Bei Fehlen eindeutiger Gesetzesnormen sind die GoB zur Rechtsergänzung zwingend heranzuziehen.

Die GoB gelten für alle Unternehmungen, unabhängig von ihrer Rechtsform[60]. Verdeutlicht wird dies u. a. durch die Aufnahme kodifizierter rechtsformunabhängiger Regelungen für Buchführung und Jahresabschluss in den **Ersten Abschnitt des Dritten Buches des HGB**. In die Spezialgesetze (AktG, GmbHG) wurden lediglich rechtsformspezifische Ergänzungen aufgenommen. Ziel dieser Vorgehensweise ist die Vereinheitlichung des Handelsrechts, die Verbesserung der Übersichtlichkeit und Lesbarkeit der gesetzlichen Regelungen und die Vermeidung von Mehrfachregelungen in verschiedenen Gesetzen.

Der **Erste Abschnitt** des Dritten Buches des HGB (vgl. §§ 238–263 HGB) enthält die für alle Kaufleute geltenden Vorschriften. Hierzu zählen die grundlegenden Vorschriften über die Führung der Handelsbücher, die Aufbewahrung und Vorlage von Aufzeichnungen, das Inventar, die Bilanz und die GuV-Rechnung sowie über die Ansatz- und Bewertungsvorschriften. Sie regeln für Einzelkaufleute und Personenhandelsgesellschaften unterhalb der Größenmerkmale des Publizitätsgesetzes (vgl. § 1 Abs. 1 PublG) die Rechnungslegungsvorschriften abschließend.

Der **Zweite Abschnitt** des Dritten Buches des HGB (insbesondere die §§ 264 bis 289a HGB) enthält ergänzende Vorschriften für Kapitalgesellschaften sowie für Personenhandelsgesellschaf-

---

57 Vgl. *Biener, Herbert*: Auswirkungen der Vierten Richtlinie der EG auf den Informationsgehalt der Rechnungslegung deutscher Unternehmen, in: Betriebswirtschaftliche Forschung und Praxis 1979, S. 5.

58 Vgl. *Kruse, Heinrich Wilhelm*: Bilanzierungswahlrechte und Grundsätze ordnungsmäßiger Buchführung, in: Bilanzfragen – Festschrift zum 65. Geburtstag von Prof. Dr. Ulrich Leffson, hrsg. von Jörg Baetge/Adolf Moxter/Dieter Schneider, Düsseldorf 1976, S. 72 ff.

59 Vgl. *Leffson, Ulrich*: Die Grundsätze ordnungsmäßiger Buchführung, 7. Aufl., Düsseldorf 1987, S. 25 f.

60 Vgl. *Moxter, Adolf*: Die handelsrechtlichen Grundsätze ordnungsmäßiger Buchführung und das neue Bilanzrecht, in: Zeitschrift für Unternehmens- und Gesellschaftsrecht 1980, S. 265 f. und S. 275.

ten, die diesen gleichgestellt sind. Er wird zudem auf Unternehmungen mit vergleichbaren Anforderungen (wie z. B. auf Genossenschaften, Unternehmungen, die der Pflicht zur Rechnungslegung nach dem Publizitätsgesetz unterliegen, Kreditinstitute und Versicherungsunternehmen) grundsätzlich entsprechend angewendet. Der Erste Abschnitt gilt für diese Unternehmungen unmittelbar, weil sie Kaufleute sind oder – wie die Genossenschaften (vgl. § 17 Abs. 2 GenG) – als Kaufleute gelten.

Es bleibt jedoch festzustellen, dass trotz der umfangreichen Kodifizierung wichtiger GoB im HGB bewusst Gesetzeslücken bestehen. In Anbetracht der vielgestaltigen wirtschaftlichen Tatbestände und ihrer Veränderungen (z. B. Datenverarbeitung) ermöglichen diese Lücken eine Interpretation und eine „freie" Weiterentwicklung bestehender bzw. eine Entwicklung „neuer" GoB. Eine Anpassung der GoB an neue Erkenntnisse und veränderte wirtschaftliche Verhältnisse ist somit möglich.

3.2.3 Ermittlung und Quellen der GoB

Bei der **induktiven Gewinnung** sieht man als GoB an, was ordentliche und ehrenwerte Kaufleute für richtig halten[61]. Bei der **deduktiven Gewinnung** der GoB geht es um hypothetische Gebote, die eingehalten werden müssen. Entscheidend ist, wie der Kaufmann verfahren muss, um einen bestimmten Zweck zu erreichen. Die GoB werden hierbei in erster Linie durch **Nachdenken** aus den Hauptzwecken der Buchführung und des Jahresabschlusses, d. h. aus der Dokumentation und der Rechenschaftslegung, mithilfe der teleologischen Methode abgeleitet, nicht jedoch durch statistische Erhebungen ermittelt[62]. Aus den so erarbeiteten oberen Grundsätzen ordnungsmäßiger Buchführung werden wiederum Untersätze abgeleitet, bis hin zu den Regelungen für Einzelfälle. Die deduktive Gewinnungsmethode für die GoB versucht also, aus der Menge möglicher Buchführungs- und Bilanzierungsarten durch Nachdenken diejenigen zu finden, mit denen die Zwecke von Buchführung und Jahresabschluss erreicht werden. Da jedoch – aufgrund der unterschiedlichen Interessen der Jahresabschlussadressaten – die handelsrechtlichen Jahresabschlusszwecke selbst nicht widerspruchsfrei sind (Informationsfunktion einerseits und Ausschüttungsbemessungsfunktion andererseits), bedürfen auch sie im Rahmen der GoB-Ermittlung einer Konkretisierung. In Erweiterung der deduktiven Methode erfolgt daher bei der **hermeneutischen Gewinnung** der GoB (Hermeneutik = die Kunst des Interpretierens, Erklärens und Auslegens) die Entwicklung eines GoB-Systems simultan mit der Konkretisierung handelsrechtlicher Jahresabschlusszwecke[63].

Nach heute **vorherrschender Meinung** können geeignete GoB überwiegend allein durch **Deduktion** gewonnen werden. Die Möglichkeit der Gewinnung von GoB durch die Induktion aus der Übung der Praxis wird allgemein abgelehnt. Jedoch sollte man grundsätzlich von einem kom-

61 Vgl. *Schmalenbach, Eugen*: Grundsätze ordnungsmäßiger Bilanzierung, in: Zeitschrift für handelswissenschaftliche Forschung 1933, S. 225 und S. 232.

62 Vgl. *Döllerer, Georg*: Grundsätze ordnungsmäßiger Bilanzierung, deren Entstehung und Ermittlung, in: Betriebs-Berater 1959, S. 1217 ff.; *Leffson, Ulrich*: Die Grundsätze ordnungsmäßiger Buchführung, 7. Aufl., Düsseldorf 1987, S. 28 ff. und S. 112 ff.

63 Vgl. *Baetge, Jörg/Zülch, Henning*: Rechnungslegungsgrundsätze nach HGB und IFRS, in: Handbuch des Jahresabschlusses, hrsg. von Joachim Schulze-Osterloh/Joachim Hennrichs/Sonja Wüstemann, 50. Ergänzungslieferung, Köln 2010, Abteilung I/2, Rz. 23 ff.

plementären Verhältnis der induktiven und deduktiven Ermittlung von GoB ausgehen. Betriebswirtschaftslehre und Rechtsprechung fallen hierbei die Aufgabe zu, als sachkundige und neutrale Instanzen darüber zu entscheiden, was im Einzelnen GoB sind. Es entsteht hierbei immer wieder ein Spannungszustand zwischen der Praxis der Buchführung einerseits und dem Gesetzeswortlaut sowie der herrschenden Meinung über seine Auslegung andererseits. Da jedoch die Voraussetzung für die Deduktion, nämlich das Vorliegen eines eindeutigen dominanten Jahresabschlusszwecks, nicht erfüllt ist, erscheint die **hermeneutische Methode** – die zunehmend Akzeptanz findet – als die sinnvollere Vorgehensweise, da sie unterschiedliche Sichtweisen in die Betrachtung einbezieht und miteinander verknüpft[64].

Insgesamt herrscht kein Zweifel, dass die Rechtsprechung über den Inhalt der GoB entscheidet[65]. Der Richter kann hierbei zur Orientierung auf eine Vielzahl von unterschiedlichen Erkenntnisquellen zurückgreifen:

- handels- und steuerrechtliche Vorschriften,
- Buchführungsrichtlinien vom 11. 11. 1937,
- bisherige Rechtsprechung der Gerichte, insbesondere des BFH und RFH,
- Gutachten der Industrie- und Handelskammern,
- Stellungnahmen von Verbänden der wirtschaftsprüfenden und steuerberatenden Berufe,
- wirtschaftswissenschaftliche Forschungsarbeiten,
- Gepflogenheiten der ordentlichen und ehrenwerten Kaufleute,
- Richtlinienkompetenz der Europäischen Union über den Zwang zur Anpassung der nationalen Gesetzgebung an den Richtlinieninhalt,
- von internationalen Organisationen, wie z. B. International Accounting Standards Board, Union Européenne des Experts Comptables Economiques et Financiers, International Federation of Accountants, erarbeitete Rechnungslegungsgrundsätze.

Letztlich muss die Rechtsprechung „durch Nachdenken“ (im Sinne *Döllerers*) unter Ausschöpfung der oben aufgezählten Quellen Umfang und Inhalt der GoB aus dem Sinn und Zweck von Buchführung und Jahresabschluss ermitteln; diese Anerkennung der deduktiven Vorgehensweise prägt auch die Entscheidungen des BFH. Sein Großer Senat stellte 1969 fest, dass die GoB Regeln seien, nach denen der Kaufmann zu verfahren habe, um zu einer dem gesetzlichen Zweck entsprechenden Bilanz zu gelangen[66]. Der BFH ist bis heute dieser Interpretation treu geblieben.

3.2.4 Zweck und Aufgaben der „laufenden Buchführung“

Wie bereits in Abschnitt 3.2.1 ausgeführt, erfolgt eine strenge **sachliche Trennung** vom periodischen Jahresabschluss. Deswegen werden hier im Wesentlichen die **Grundsätze ordnungsmäßiger Buchführung i. e. S.** („laufende Buchführung“) dargestellt. Diese Eingrenzung ergibt sich aus

64 Vgl. *Adler, Hans/Düring, Walther/Schmaltz, Kurt*: Rechnungslegung und Prüfung der Unternehmen, Teilband 6, 6. Aufl., Stuttgart 1998, § 243 HGB, Rz. 18–20.

65 Vgl. *Leffson, Ulrich*: Zur Gemeinsamkeit juristischer und ökonomischer Ermittlung der Grundsätze ordnungsmäßiger Buchführung, in: Die Wirtschaftsprüfung 1973, S. 582 ff.

66 Vgl. *Bundesfinanzhof*: Beschluss vom 03. 02. 1969, BStBl. 1969 II, S. 291.

dem eigenständigen **Hauptzweck der Buchführung**, der primär **periodenbezogenen Dokumentation** von täglichen Geschäftsvorfällen auf Nominalwertbasis (einschließlich der **rein dokumentationsspezifischen Rechenschaft**), also der planmäßigen Erfassung und systematischen Ordnung der durch die Geschäftstätigkeit ausgelösten Geld- und Güterbewegungen, wobei die Richtigkeit und Vollständigkeit gewährleistet sein müssen[67].

Aufgaben jeder Dokumentation sind:

- Sammlung, Sichtung und Aufbereitung von Material,
- zugriffsbereite Archivierung des Materials,
- zweckgerichtete, d. h. adressatenorientierte systematische Aufzeichnung und inhaltliche Darstellung des Materials i. V. m. dessen Archivierung,
- Schaffung eines Sicherungssystems für Dokumentation und Material und
- Ablieferung der Dokumentationsergebnisse für einen bestimmten Zweck, zu dessen Erreichung die Dokumentationsergebnisse vom Adressaten herangezogen bzw. ausgewertet werden,

woraus sich der dienende Charakter der Dokumentation ergibt[68].

Die Dokumentation muss **wertungsneutral** sein, d. h., sie soll möglichst umfassende, fachgerechte, wahre und objektiv überprüfbare Dokumentationsergebnisse liefern. Weiterhin soll sie Möglichkeiten für die Auswertung der Dokumentationsdaten durch den Adressaten aufzeigen, wobei sie sich eigener Wertungen und eigener Ergebnisermittlung zu enthalten hat[69].

Die Buchführung liefert mit der Dokumentation der Geschäftsvorfälle eine klare und sichere Grundlage für alle weiteren Zwecke des Rechnungswesens, insbesondere für die Erstellung des Jahresabschlusses, in dem Rechenschaft über Stand und Veränderungen von Vermögen und Kapital sowie über den Erfolg der vergangenen Periode gegeben wird[70].

Auch der Gesetzgeber unterscheidet eindeutig zwischen laufender Buchführung und periodischem Abschluss. § 238 Abs. 1 HGB verpflichtet jeden Kaufmann, Bücher zu führen und in diesen die Lage seines Vermögens ersichtlich zu machen (zur Befreiungsmöglichkeit von Einzelunternehmungen vgl. Abschnitt 3.1.3). Erst in den §§ 240, 242 HGB findet sich die Pflicht zur Aufstellung eines Inventars und eines Jahresabschlusses für den Schluss eines jeden Geschäftsjahres. Die permanente Ersichtlichmachung der Vermögenslage nach § 238 Abs. 1 HGB kann also nur bedeuten, dass der Kaufmann verpflichtet ist, seine Handelsgeschäfte laufend derart zu dokumentieren, dass hieraus ein permanenter buchführungsspezifischer Vermögensstatus unmittelbar ersichtlich wird. Neben diesem ersten Zweck wird mit der laufenden Aufzeichnung der Geschäftsvorfälle ein weiterer eigenständiger Zweck verfolgt, nämlich die Ableitung des periodisch zu erstellenden Jahresabschlusses[71].

---

67 Vgl. *Brunnmeier, Alfred J.*: Laufende Buchführung und Buchführungstätigkeit nach den Grundsätzen ordnungsmäßiger Buchführung, in: Der Betrieb 1977, Beilage Nr. 12/77 zu Heft 32, S. 3 ff.

68 Vgl. *Brunnmeier, Alfred J.*: Laufende Buchführung und Buchführungstätigkeit nach den Grundsätzen ordnungsmäßiger Buchführung, in: Der Betrieb 1977, Beilage Nr. 12/77 zu Heft 32, S. 3.

69 Vgl. *ebd.*

70 Vgl. *Leffson, Ulrich*: Die Grundsätze ordnungsmäßiger Buchführung, 7. Aufl., Düsseldorf 1987, S. 157.

71 Vgl. *Brunnmeier, Alfred J.*: Laufende Buchführung und Buchführungstätigkeit nach den Grundsätzen ordnungsmäßiger Buchführung, in: Der Betrieb 1977, Beilage Nr. 12/77 zu Heft 32, S. 4.

Zur Ableitung der Grundsätze ordnungsmäßiger Buchführung i. e. S. und der Grundsätze ordnungsmäßiger Inventur und Bilanzierung ist die mit der Dokumentation durch die laufende Buchführung verbundene einfache Rechenschaft **(buchführungsspezifische Rechenschaft nach den Grundsätzen der Dokumentation)** zu trennen von der qualifizierten und eigentlichen Rechenschaft durch periodische Abschlüsse **(bilanzspezifische Rechenschaft nach den Grundsätzen der Rechenschaft)**. Ebenso ist die mit dem periodischen Abschluss verbundene (sekundäre) Dokumentation **(abschlussspezifische Dokumentation)** von der (primären) **reinen Dokumentation durch die laufende Buchführung** zu unterscheiden[72].

Die laufende Buchführung liefert also mit ihren Dokumentationsergebnissen die zahlenmäßige Ausgangsbasis für den periodischen Abschluss. Weiterhin soll sie durch eine entsprechende Dokumentation die Zurückverfolgung auf die ihren Buchungen zugrunde liegenden und von ihr archivierten Belege ermöglichen. Darüber hinaus hat die laufende Buchführung keine Aufgaben im Bereich der Rechenschaft zu erfüllen, insbesondere braucht sie keine materiellen und formellen Fragen der Rechenschaft zu beantworten und Rechenschaftsprobleme zu lösen[73].

Aus dem „primären" Hauptzweck der Buchführung, der Dokumentation im beschriebenen Sinne, lassen sich die Buchführungsvorschriften und die eigenständigen Grundsätze ordnungsmäßiger Buchführung i. e. S. ableiten.

3.2.5 Inhalt und Umfang der Buchführungsvorschriften und Grundsätze ordnungsmäßiger Buchführung i. e. S.

3.2.5.1 Grundsätzliches

Die **Buchführungsvorschriften** regeln die Art der Erfassung und Darstellung der buchführungspflichtigen Geschäftsvorfälle sowie deren Sicherung gegen Verlust und Verfälschung; sie finden sich in erster Linie in den §§ 238 ff. HGB und in den §§ 140 bis 148 AO. **Ergänzt** werden die gesetzlichen Buchführungsvorschriften **durch die GoB i. e. S.** (Dokumentationsgrundsätze). Deren Beachtung führt zu einer zuverlässigen und vollständigen Aufzeichnung und zu einer geeigneten Darstellung der Geschäftsvorfälle, so dass alle Vermögensgegenstände, das Eigenkapital, die Schulden der Unternehmung sowie die Veränderung dieser Größen in den Büchern der Unternehmung festgehalten werden. Die zahlreichen allgemeinen und speziellen Regeln der Dokumentationsgrundsätze verfolgen sämtlich das Ziel, eine vollständige, nicht verfälschbare Erfassung der buchungspflichtigen Geschäftsvorfälle zu erreichen, um als Grundlage für die Periodenabschlüsse und zur Beweissicherung im Rechtsstreit zu dienen[74].

72 Vgl. *ebd.*

73 Vgl. *ebd.*

74 Vgl. *Leffson, Ulrich*: Bedeutung und Ermittlung der Grundsätze ordnungsmäßiger Buchführung, in: Handbuch des Jahresabschlusses in Einzeldarstellungen, hrsg. von Klaus von Wysocki/Joachim Schulze-Osterloh, 12. Ergänzungslieferung, Köln 1992, Abteilung I/2, Rz. 12.

Die von ADS[75], *Baetge*[76] und in R 5.2 EStR 2012 genannten Bedingungen für die Ordnungsmäßigkeit einer Buchführung decken sich inhaltlich im Wesentlichen mit den von *Leffson* teleologisch ermittelten **oberen Grundsätzen** ordnungsmäßiger Buchführung, von denen jedoch für die Dokumentation überwiegend nur die „Rahmengrundsätze" benötigt werden. Sie sind die Bedingungen jeder Vermittlung nützlicher Informationen[77]. Zu den Rahmengrundsätzen zählen der Grundsatz der Richtigkeit und Willkürfreiheit, der Grundsatz der Klarheit und Übersichtlichkeit sowie der Grundsatz der Vollständigkeit; ergänzend tritt der Grundsatz der Stetigkeit hinzu.

Aus diesen oberen Grundsätzen der Buchführung i. e. S. lassen sich **untere Grundsätze** bis hin zu Regeln für einzelne Fälle ableiten, so dass ein geschlossenes System der GoB i. e. S. entsteht, das sich seinerseits eingliedert in das umfassende einheitliche System aller GoB i. w. S., die neben den Grundsätzen ordnungsmäßiger Buchführung i. e. S. auch die Grundsätze ordnungsmäßiger Inventur und Bilanzierung umfassen.

Die Grundsätze ordnungsmäßiger Bilanzierung decken sich **inhaltlich nicht** mit den gleich lautenden Grundsätzen ordnungsmäßiger Buchführung i. e. S. Es gibt also im Rahmen der einheitlichen GoB i. w. S. **zwei Arten der Richtigkeit, Klarheit, Vollständigkeit und Stetigkeit**, nämlich z. B. sowohl die dokumentationsspezifische Vollständigkeit der Buchführung i. e. S. als auch die rechenschaftsspezifische Vollständigkeit des Periodenabschlusses. Die Buchführung i. e. S. kennt aber **nicht** die von *Leffson* weiterentwickelten Grundsätze der Abgrenzung der Sache und der Zeit nach, das Realisations- und Imparitätsprinzip sowie den Grundsatz der Vorsicht[78].

Für die Buchführung wird sowohl eine formelle als auch eine materielle (sachliche) Ordnungsmäßigkeit gefordert. Die **formelle Ordnungsmäßigkeit (Grundsatz der Klarheit)** ist gegeben, wenn die Führung der Bücher so übersichtlich ist, dass ein sachverständiger Dritter die Buchführung ohne Schwierigkeiten nachvollziehen und nachprüfen kann, während die **materielle Ordnungsmäßigkeit (Grundsatz der Wahrheit)** bedeutet, dass sämtliche Geschäftsvorfälle richtig und vollständig aufgezeichnet werden müssen. Formelle wie materielle GoB konkretisieren die Anforderungen, die an die buchungstechnische Erfassung der durch die Unternehmungstätigkeit ausgelösten Geld- und Güterbewegungen gestellt werden. Sie dienen der Sicherung einer zutreffenden Abbildung der buchungspflichtigen Geschäftsvorfälle in der Buchführung, also ihrer planmäßigen Erfassung sowie ihrer richtigen, vollständigen und systematischen Ordnung. Die formellen GoB sind Teil der Dokumentationsgrundsätze, die materiellen GoB regeln hingegen die sachliche Richtigkeit des Dokumentierten[79]. Während die materiellen GoB weitgehend auf zweckmäßigen Konventionen beruhen, liegt die Schwierigkeit bei der Kodifizierung formeller GoB in der Formulierung der Anforderungen, die vom Zweck der Buchführung her gesehen

75 Vgl. *Adler, Hans/Düring, Walter/Schmaltz, Kurt*: Rechnungslegung und Prüfung der Unternehmen, Teilband 6, 6. Aufl., Stuttgart 1998, § 239 HGB, Rz. 12.

76 Vgl. *Baetge, Jörg*: Grundsätze ordnungsmäßiger Buchführung und Bilanzierung, in: Handwörterbuch des Rechnungswesens, Enzyklopädie der Betriebswirtschaftslehre, Band III, hrsg. von Klaus Chmielewicz/Marcell Schweitzer, 3. Aufl., Stuttgart 1993, Spalte 863–867.

77 Vgl. *Leffson, Ulrich*: Bedeutung und Ermittlung der Grundsätze ordnungsmäßiger Buchführung, in: Handbuch des Jahresabschlusses in Einzeldarstellungen, hrsg. von Klaus von Wysocki/Joachim Schulze-Osterloh, 12. Ergänzungslieferung, Köln 1992, Abteilung I/2, Rz. 20 ff.

78 Vgl. *Brunnmeier, Alfred J.*: Laufende Buchführung und Buchführungstätigkeit nach den Grundsätzen ordnungsmäßiger Buchführung, in: Der Betrieb 1977, Beilage Nr. 12/77 zu Heft 32, S. 6 ff.

79 Vgl. *Leffson, Ulrich*: Bedeutung und Ermittlung der Grundsätze ordnungsmäßiger Buchführung, in: Handbuch des Jahresabschlusses in Einzeldarstellungen, hrsg. von Klaus von Wysocki/Joachim Schulze-Osterloh, 12. Ergänzungslieferung, Köln 1992, Abteilung I/2, Rz. 23.

logisch notwendig sind. Logisch notwendig für jede Informationsvermittlung ist alles, was zu einer Vermittlung nützlicher Informationen beiträgt[80].

Die **GoB i. e. S.** bilden ein **geschlossenes System**. Die einzelnen Grundsätze widersprechen sich nicht, sondern sie ergänzen sich. Dadurch sind auch Überschneidungen nicht vollständig auszuschließen. Im Mittelpunkt der anschließenden Erörterungen stehen überwiegend die formalen Regeln für die organisatorische Gestaltung (verfahrenstechnische Seite) der Buchführung sowie die entsprechenden Buchführungsvorschriften des HGB.

Als **GoB i. e. S.** sind anzusehen[81]:

- der Grundsatz der Richtigkeit und Willkürfreiheit (vgl. Abschnitt 3.2.5.2),
- der Grundsatz der Klarheit und Übersichtlichkeit (vgl. Abschnitt 3.2.5.3),
- der Grundsatz der Vollständigkeit (vgl. Abschnitt 3.2.5.4),
- der Grundsatz der Stetigkeit (vgl. Abschnitt 3.2.5.5),
- der Grundsatz der Sicherung von Richtigkeit, Klarheit, Vollständigkeit und Stetigkeit (Sicherungsgrundsatz)
  - der Grundsatz der zeitgerechten Buchung (vgl. Abschnitt 3.2.5.6.1),
  - der Grundsatz der Feststellbarkeit des Inhalts und des Zeitpunkts nachträglicher Änderungen (vgl. Abschnitt 3.2.5.6.2),
  - der Grundsatz der Verwendung einer „lebenden Sprache“ (vgl. Abschnitt 3.2.5.6.3),
- der Grundsatz der Belegbarkeit (Belegprinzip; vgl. Abschnitt 3.2.5.7),
- die „Generalklausel“ der Prüfbarkeit (vgl. Abschnitt 3.2.5.8),
- der Grundsatz der Wirtschaftlichkeit (vgl. Abschnitt 3.2.5.9).

3.2.5.2 Der Grundsatz der Richtigkeit und Willkürfreiheit

Nach dem in § 239 Abs. 2 HGB kodifizierten **Grundsatz der Richtigkeit** (vgl. auch § 146 Abs. 1 AO) müssen die Eintragungen in den Büchern und die sonst erforderlichen Aufzeichnungen richtig vorgenommen werden, d. h., es dürfen **keine unwahren Angaben** gemacht werden. Richtigkeit bezieht sich hierbei insbesondere auf die richtige Buchung der Geschäftsvorfälle.

Nach *Käfer*[82] bezieht sich der Grundsatz der Richtigkeit und Willkürfreiheit vor allem auf:

- die Verwendung der Darstellungsregeln und Symbole,
- die Deckung der Aussagen mit den Angaben der ihnen zugrunde liegenden Dokumente (z. B. Belege, Konten), die man auch als formelle Richtigkeit bezeichnet, und

80 Vgl. *Wanik, Otto*: Die Buchführungsvorschriften des Handelsgesetzbuches in der Diskussion, in: Die Aktiengesellschaft 1975, S. 29.

81 Vgl. *Leffson, Ulrich*: Bedeutung und Ermittlung der Grundsätze ordnungsmäßiger Buchführung, in: Handbuch des Jahresabschlusses in Einzeldarstellungen, hrsg. von Klaus von Wysocki/Joachim Schulze-Osterloh, 12. Ergänzungslieferung, Köln 1992, Abteilung I/2, Rz. 21; *Wanik, Otto*: Die Buchführungsvorschriften des Handelsgesetzbuches in der Diskussion, in: Die Aktiengesellschaft 1975, S. 35; *Körner, Werner*: Wesen und Funktion der Grundsätze ordnungsmäßiger Buchführung, in: Die Wirtschaftsprüfung 1973, S. 311.

82 Vgl. *Käfer, Karl*: Berner Kommentar, Kommentar zum schweizerischen Privatrecht, Schweizerisches Zivilgesetzbuch, Das Obligationenrecht, Band VIII, 2. Abteilung, Die kaufmännische Buchführung, 2. Teilband, hrsg. von Arthur Meier-Hayoz, Bern 1981, Art. 959 OR, Rz. 262.

- die Übereinstimmung der in diesen Unterlagen und den Jahresabschlüssen enthaltenen Aussagen mit der Realität insofern, als aus der Darstellung einzelner Gruppen eine richtige Darstellung der Unternehmung entsteht.

Der Grundsatz der Richtigkeit bedeutet für die Buchführung, dass diese auf **richtigen Grundaufzeichnungen** aufgebaut sein muss. Es wird also eine notwendige Übereinstimmung zwischen Aussage und zugrunde liegendem Tatbestand gefordert. Diese ist erfüllt, wenn die Beschreibung der Geschäftsvorfälle aus dem Urmaterial der Buchführung und den daraus folgenden Belegen und Buchungen dem zugrunde liegenden Tatbestand der Sache wie der Höhe nach entspricht. Es geht insbesondere um die Richtigkeit jener Zahlen, die keiner unternehmerischen Bewertung unterliegen. Ferner handelt es sich um die korrekte Übernahme der durch Bewertung entstandenen Zahlen in das Rechenwerk der Unternehmung[83].

Der **Grundsatz der Willkürfreiheit** als notwendiger Bestandteil des Grundsatzes der Richtigkeit verlangt für die laufende Buchführung, dass der Buchführungspflichtige selbst überzeugt ist und nach außen hin auch die Ansicht vertritt, dass mit den Buchführungsaufzeichnungen eine **getreue Dokumentation** nach den gesetzlichen Buchführungsvorschriften und nach den GoB i. e. S. erfolgt[84]. Bei einem unklaren Sachverhalt muss gemäß dem Grundsatz der Willkürfreiheit der Geschäftsvorfall als „ungeklärter" Posten systematisch und logisch richtig dokumentiert werden, um einen Verstoß gegen den Grundsatz der Richtigkeit zu vermeiden[85].

3.2.5.3 Der Grundsatz der Klarheit und Übersichtlichkeit

Nach dem ebenfalls in § 239 Abs. 2 HGB kodifizierten Grundsatz der Klarheit und Übersichtlichkeit (vgl. auch § 146 Abs. 1 AO) müssen die Eintragungen in den Büchern und die sonst erforderlichen **Aufzeichnungen geordnet**, d. h. klar und übersichtlich, nach einem festgelegten und nachvollziehbaren System vorgenommen werden, wobei jede sinnvolle Ordnung diesen Ansprüchen genügt. Diese Formulierung ermöglicht i.V. m. § 239 Abs. 4 HGB (vgl. § 146 Abs. 5 AO) die **Speicherbuchführung**.

Die Buchführung muss hierzu so ausgestaltet sein, dass sie einem sachverständigen Dritten (z. B. Steuerberater, Wirtschaftsprüfer, Außenprüfer) und dem Kaufmann selbst innerhalb angemessener Zeit einen Überblick über die Geschäftsvorfälle und über die Lage (des Vermögens) der Unternehmung vermitteln kann, wobei die Geschäftsvorfälle sich in ihrer Entstehung und Entwicklung verfolgen lassen müssen (vgl. § 238 Abs. 1 Satz 2 und Satz 3 HGB; § 145 Abs. 1 AO).

Soll eine Buchführung dem Grundsatz der Klarheit und Übersichtlichkeit gerecht werden, so muss sie folgende **Anforderungen** erfüllen[86]:

- sachgerechte Kontierung, d. h., der Kontenplan muss ausreichend tief gegliedert sein,
- eindeutige die Inhalte kennzeichnende Bezeichnung der einzelnen Geschäftsvorfälle,

83 Vgl. *Leffson, Ulrich*: Die Grundsätze ordnungsmäßiger Buchführung, 7. Aufl., Düsseldorf 1987, S. 201.

84 Vgl. *Leffson, Ulrich:* Die Grundsätze ordnungsmäßiger Buchführung, 7. Aufl., Düsseldorf 1987, S. 202 ff.

85 Vgl. *Brunnmeier, Alfred J.*: Laufende Buchführung und Buchführungstätigkeit nach den Grundsätzen ordnungsmäßiger Buchführung, in: Der Betrieb 1977, Beilage Nr. 12/77 zu Heft 32, S. 7.

86 Vgl. *Leffson, Ulrich*: Bedeutung und Ermittlung der Grundsätze ordnungsmäßiger Buchführung, in: Handbuch des Jahresabschlusses in Einzeldarstellungen, hrsg. von Klaus von Wysocki/Joachim Schulze-Osterloh, 12. Ergänzungslieferung, Köln 1992, Abteilung I/2, Rz. 38.

- die Aufzeichnungen müssen lesbar sein,
- klare Kennzeichnung von Umbuchungskorrekturen unter Beschränkung auf das unbedingt erforderliche Mindestmaß,
- klare Darstellung des Zusammenhangs zwischen den einzelnen Buchungen nach den Gesetzen der Doppik (die Buchungen müssen mit Datum versehen sein; das Gegenkonto muss aus den Buchungen ersichtlich sein),
- eindeutige Verweisungen auf die den Buchungen zugrunde liegenden Belege (z. B. Belegnummern).

Eine **kontenmäßige Differenzierung** kann aus den Gliederungsvorschriften der §§ 265, 266, 275 HGB abgeleitet werden. In der laufenden Buchführung muss zur Erfüllung der vom Gesetzgeber vorgeschriebenen Gliederungen der Bilanz und Gewinn- und Verlustrechnung zwangsläufig eine entsprechende Mindestzahl an Sachkonten (Bestandskonten) und Erfolgskonten geführt werden. Eine zahlenmäßige Beschränkung kann sich jedoch auch mit dem Grundsatz der Übersichtlichkeit decken. Die Geschäftsvorfälle müssen somit dem Kontenplan entsprechend in eine systematische Ordnung gebracht werden **(Kontenfunktion)**[87]. Diese Kontenfunktion ist nur dann erfüllt, wenn „sichergestellt ist, dass die Kette Beleg – Journal – Konto für die aufgezeichneten Vorgänge in beiden Richtungen beweiskräftig sowohl insgesamt als auch selektiv für jeden einzelnen Vorgang intersubjektiv nachvollzogen werden kann“[88].

Der Grundsatz der Klarheit und Übersichtlichkeit erfordert weiter eine fachgerechte **Dokumentation von sachlich und rechtlich ungeklärten Geschäftsvorfällen und Positionen** auf separaten Bestands- und Erfolgskonten an den richtigen Stellen des Kontensystems sowie die notwendigen Informationen über diese Konten innerhalb des Kontenplans[89]. Zu näheren Erläuterungen des Kontenrahmens vgl. Abschnitt 2.6.

Um die Übersichtlichkeit der Buchführung zu gewährleisten, müssen die **Buchungen räumlich fortlaufend** erfolgen, „d. h., sie dürfen nicht über mehrere gleichartige Bücher, Listen oder Karteien derart verteilt werden, dass es zu einer Beeinträchtigung der Übersichtlichkeit der Buchführung kommt“[90].

Einflüsse auf die Klarheit und Übersichtlichkeit der Buchführung entstehen durch den verstärkten Einsatz der **elektronischen Datenverarbeitung** zur Verarbeitung des Buchungsstoffes. Vor allem das mühelos überblickbare Konto geht verloren. Generell gelten jedoch auch hier weiterhin die allgemein gültigen GoB i. e. S. Bei der Dokumentation mithilfe von EDV-Anlagen wird ein Kompromiss gesucht zwischen der Einhaltung der Buchführungsfunktionen einerseits und der möglichst rationellen Verarbeitung und Archivierung großer Mengen von Buchungsstoff andererseits. Die Buchführungsfunktion wird bei der EDV erfüllt, wenn die Zuordnung der Geschäftsvorfälle zu den Sachkonten erfolgt ist, ohne dass sie bereits vollzogen sein müsste, denn bei der Erfassung sämtlicher Kontenangaben durch die Datenverarbeitung ist der gesamte Buchungs-

87 Vgl. *Baetge, Jörg/Kirsch, Hans-Jürgen/Thiele, Stefan*: Bilanzrecht, bearbeitet von Reiner Quick und Matthias Wolz, Bonn 2009, § 239 HGB Rz. 51.

88 *Adler, Hans/Düring, Walther/Schmaltz, Kurt*: Rechnungslegung und Prüfung der Unternehmen, Teilband 6, 6. Aufl., Stuttgart 1998, § 239 HGB, Rz. 8.

89 Vgl. *Brunnmeier, Alfred J.*: Laufende Buchführung und Buchführungstätigkeit nach den Grundsätzen ordnungsmäßiger Buchführung, in: Der Betrieb 1977, Beilage Nr. 12/77 zu Heft 32, S. 8.

90 *Wöhe, Günter*: Bilanzierung und Bilanzpolitik, 9. Aufl., München 1997, S. 191.

stoff innerhalb kürzester Zeit sachlich gruppierbar. Für die EDV gilt daher, dass das Konto erhalten bleibt (jedoch nicht unbedingt in herkömmlicher Kontenform), wobei es sich in seine einzelnen Beträge zerlegen lassen muss. Weiterhin genügt der Ausdruck verdichteter Posten, um einen möglichst sicheren Einblick in die Vermögens- und Ertragslage der Unternehmung zu gewährleisten[91].

3.2.5.4 Der Grundsatz der Vollständigkeit

Der in § 239 Abs. 2 HGB (vgl. auch § 146 Abs. 1 AO) festgelegte Grundsatz der Vollständigkeit besagt, dass alle Geschäftsvorfälle **lückenlos mit allen Angaben** erfasst werden müssen, die für die Beurteilung und Verfolgbarkeit der Geschäftsvorfälle von Bedeutung sind. Der Grundsatz betrifft die Buchung aller Geschäftsvorfälle wie die Buchung des einzelnen Vorfalls in seiner Gesamtheit, d. h. Datum, Belegnummer, Buchungssatz und Buchungstext. Vollständigkeit der Buchführung bedeutet ganz allgemein, dass alle ihrer Art nach buchungspflichtigen externen wie internen Geschäftsvorfälle (unverzüglich) ausnahmslos in der Buchführung erfasst werden müssen. Dies sind alle Vorgänge, die das Vermögen und/oder den Erfolg der Unternehmung wertmäßig und/oder strukturell beeinflussen, also[92]:

- alle Änderungen und Umschichtungen des Vermögens unabhängig davon, ob sie Aufwendungen und Erträge auslösen oder nicht, auch soweit sie durch Einlagen, Entnahmen und Eigenverbrauch hervorgerufen werden,
- alle Aufwendungen und Erträge,
- alle Posten, die nach anderen GoB, insbesondere den Grundsätzen der Bilanzierung (wie etwa Realisations- und Imparitätsprinzip) in den Jahresabschluss einzustellen sind, um zu erwartende Vermögensänderungen zu antizipieren oder für diese Vorsorgeposten zu bilden,
- alle notwendigen rein bilanztechnischen Aktiva und Passiva wie Wertberichtigungen und andere Korrekturposten.

Der Nachweis über die vollständige, zeitgerechte und formal richtige Erfassung der Geschäftsvorfälle kann durch eine **Protokollierung** erbracht werden; diese **Journalfunktion** dient auch dazu, eine ordnungsgemäße Buchführung nachzuweisen[93]. Voraussetzung für die korrekte Darstellung der Journalfunktion ist dabei, dass für jeden aufzeichnungspflichtigen Geschäftsvorfall die **Belegfunktion** erfüllt ist[94].

Aus einer solchermaßen vollständigen Buchführung, die auch keine fingierten Vorfälle und Positionen enthält (gemäß § 154 Abs. 1 AO darf niemand auf einen falschen oder erdichteten Namen für sich oder einen Dritten ein Konto errichten oder Buchungen vornehmen lassen), kann ohne Schwierigkeiten ein vollständiger und richtiger Jahresabschluss abgeleitet werden. Auch

91 Vgl. *Leffson, Ulrich*: Die Grundsätze ordnungsmäßiger Buchführung, 7. Aufl., Düsseldorf 1987, S. 161 ff.

92 Vgl. *Leffson, Ulrich*: Die Grundsätze ordnungsmäßiger Buchführung, 7. Aufl., Düsseldorf 1987, S. 159.

93 Vgl. *Baetge, Jörg/Kirsch, Hans-Jürgen/Thiele, Stefan*: Bilanzrecht, bearbeitet von Reiner Quick und Matthias Wolz, Bonn 2009, § 239 HGB, Rz. 50.

94 Vgl. *Adler, Hans/Düring, Walther/Schmaltz, Kurt*: Rechnungslegung und Prüfung der Unternehmen, Teilband 6, 6. Aufl., Stuttgart 1998, § 239 HGB, Rz. 6.

die erst unmittelbar aus der Aufstellung des Jahresabschlusses entstehenden Buchungen gehen in diesen nur über die Buchführung ein. Unter Umgehung der Buchführung können keine Posten in den Jahresabschluss aufgenommen oder aus ihm herausgenommen werden, da die Buchführung sonst unvollständig wäre[95].

3.2.5.5 Der Grundsatz der Stetigkeit

Der **Grundsatz der formellen, äußeren Stetigkeit** folgt aus § 265 Abs. 1 HGB. Er findet seinen Ausdruck vor allem im Kontenrahmen bzw. Kontenplan in Form gleicher Kontengliederung und gleicher Konteninhalte, so dass es bei den periodischen Abschlüssen mühelos möglich ist, die nach Gesetz bzw. GoB geltenden Gliederungsschemata für Bilanz und Gewinn- und Verlustrechnung stetig zu erfüllen. Innerhalb des einmal gewählten Kontenrahmens sind Ergänzungen, Zusammenfassungen, Differenzierungen und Streichungen von Konten u. Ä. ohne Verstoß gegen den Grundsatz der formellen Stetigkeit nur möglich, wenn gleichzeitig über die Unstetigkeit informiert wird. Dies kann in der Kontenübersicht oder direkt auf den einzelnen Konten durch Beschriftung und Vermerke geschehen[96].

3.2.5.6 Der Grundsatz der Sicherung von Richtigkeit, Klarheit, Vollständigkeit und Stetigkeit (Sicherungsgrundsatz)

3.2.5.6.1 Der Grundsatz der zeitgerechten Buchung

Die Forderung nach zeitgerechter Buchung als erste Komponente des Sicherungsgrundsatzes ergibt sich aus § 239 Abs. 2 HGB (vgl. auch § 146 Abs. 1 AO). Hiernach sind die Geschäftsvorfälle **innerhalb der üblich gewordenen Fristen** zu buchen. Die **Kassenbewegungen** sollen allerdings **täglich** festgehalten werden[97].

Alle Geschäftsvorfälle sind zeitnah (möglichst täglich) und geordnet in den Grundbüchern zu erfassen (vgl. H 5.2 EStR 2012). Der Grundsatz der zeitgerechten Buchung ist jedoch auch erfüllt, wenn zwischen den Geschäftsvorfällen und ihrer buchmäßigen Erfassung ein **zeitlicher Zusammenhang** besteht[98]. Ziel der Verpflichtung zur zeitgerechten (fortlaufenden) Buchung ist zum einen, (nachträgliche) Manipulationsmöglichkeiten zu reduzieren, und zum anderen die Minimierung der Gefahr des Verlusts der Dokumentationsunterlagen[99].

Die Rationalisierung der Buchführungsarbeiten und der wirtschaftliche Einsatz von leistungsfähigen EDV-Anlagen bei der Erstellung der Buchführung können erfordern, dass die Geschäftsvorfälle nicht laufend, sondern nur **periodenweise** in bestimmten Zeitabständen gebucht werden, wobei allerdings grundsätzlich sicherzustellen ist, dass Buchungsunterlagen bis zur Bu-

95 Vgl. *Leffson, Ulrich*: Die Grundsätze ordnungsmäßiger Buchführung, 7. Aufl., Düsseldorf 1987, S. 160.

96 Vgl. *Brunnmeier, Alfred J.*: Laufende Buchführung und Buchführungstätigkeit nach den Grundsätzen ordnungsmäßiger Buchführung, in: Der Betrieb 1977, Beilage Nr. 12/77 zu Heft 32, S. 8.

97 Vgl. § 146 Abs. 1 Satz 2 AO; zu Ausnahmen vgl. *Bundesfinanzhof*: Urteil vom 12. 05. 1966, BStBl. 1966, Teil III, S. 371 und *Bundesfinanzhof*: Urteil vom 31. 07. 1974, BStBl. 1975, Teil II, S. 96.

98 Vgl. *Bundesfinanzhof*: Urteil vom 25. 03. 1992, BStBl. 1992, Teil II, S. 1010.

99 Vgl. *Görke, Roger*: § 146, in: Kommentar zur Abgabenordnung und Finanzgerichtsordnung, hrsg. von Walter Hübschmann/Ernst Hepp/Armin Spitaler, 233. Ergänzungslieferung, Köln 2015, Rz. 21.

chung nicht verloren gehen[100]. So wird es, um diese Rationalisierungsbestrebungen nicht zu beeinträchtigen, von der Finanzverwaltung nicht beanstandet, „wenn die Erfassung der Kreditgeschäfte eines Monats im Grundbuch bis zum Ablauf des folgenden Monats erfolgt, sofern durch organisatorische Vorkehrungen sichergestellt ist, dass Buchführungsunterlagen bis zu ihrer Erfassung im Grundbuch nicht verloren gehen, z. B. durch laufende Nummerierung der eingehenden und ausgehenden Rechnungen oder durch ihre Ablage in besonderen Mappen oder Ordnern“ (R 5.2 Abs. 1 Satz 4 EStR 2012).

Die Zeit zwischen dem einzutragenden Vorgang und der Eintragung in den Büchern bzw. den sonst erforderlichen Aufzeichnungen richtet sich nach den Verhältnissen der Unternehmung und nach der Art des Geschäftsvorfalls. Allerdings soll eine bewusste Verzögerung der Eintragung verhindert werden.

Die Funktion der Grundbuchaufzeichnungen wird auf Dauer auch durch eine **geordnete und übersichtliche Belegablage (Offene Posten-Buchhaltung)** erfüllt (vgl. § 239 Abs. 4 HGB; § 146 Abs. 5 AO). Eine zeitgerechte Buchung dürfte auch vorliegen, wenn eine zeitgerechte Speicherung einzelner Daten auf Speichermedien erfolgt **(Speicherbuchführung)**, sofern die Daten auf Verlangen der Finanzverwaltung jederzeit lesbar gemacht werden können und die einzelnen Geschäftsvorfälle sich von ihrer Entstehung bis zur Abwicklung nachverfolgen lassen[101].

Der Grundsatz der zeitgerechten Eintragung erfordert neben der **zeitlichen Nähe der Eintragungen** zu den ihnen zugrunde liegenden Geschäftsvorfällen auch die **Einhaltung der zeitlichen Reihenfolge der Eintragungen**. Dies bedeutet jedoch nicht, dass alle in einer Buchführung vorzunehmenden Aufzeichnungen in einer einzigen Reihenfolge vorzunehmen sind. Vielmehr soll darauf hingewiesen werden, dass neben der chronologischen Buchführung noch andere Formen der geordneten Dokumentation möglich sind. So besteht bei der Speicherbuchführung die Möglichkeit, die Geschäftsvorfälle einzeln und geordnet nach Konten und Bilanzpositionen darzustellen[102].

3.2.5.6.2 Der Grundsatz der Feststellbarkeit des Inhalts und des Zeitpunkts nachträglicher Änderungen

Die zweite Komponente des Sicherungsgrundsatzes enthält § 239 Abs. 3 Satz 1 HGB (vgl. auch § 146 Abs. 4 Satz 1 AO): „Eine Eintragung oder eine Aufzeichnung darf nicht in einer Weise verändert werden, dass der ursprüngliche Inhalt nicht mehr feststellbar ist.“ Es dürfen auch keine solchen Veränderungen vorgenommen werden, „deren Beschaffenheit es ungewiss lässt, ob sie ursprünglich oder erst später gemacht worden sind“ (§ 239 Abs. 3 Satz 2 HGB; vgl. auch § 146 Abs. 4 Satz 2 AO).

Somit ist sowohl ein Radieren und Überkleben als auch ein Löschen von Daten verboten. Beim Überspielen der Daten auf andere Datenträger muss der ursprüngliche Inhalt erkennbar blei-

100 Vgl. *Görke, Roger*: § 146, in: Kommentar zur Abgabenordnung und Finanzgerichtsordnung, hrsg. von Walter Hübschmann/Ernst Hepp/Armin Spitaler, 233. Ergänzungslieferung, Köln 2015, Rz. 23.

101 Vgl. *Görke, Roger*: § 146, in: Kommentar zur Abgabenordnung und Finanzgerichtsordnung, hrsg. von Walter Hübschmann/Ernst Hepp/Armin Spitaler, 233. Ergänzungslieferung, Köln 2015, Rz. 20; ferner § 146 Abs. 5 Satz 2 AO.

102 Vgl. *Görke, Roger*: § 146, in: Kommentar zur Abgabenordnung und Finanzgerichtsordnung, hrsg. von Walter Hübschmann/Ernst Hepp/Armin Spitaler, 233. Ergänzungslieferung, Köln 2015, Rz. 20.

ben. Weitere Daten dürfen nicht „eingefügt“ werden; auch bei elektronischen Speichermedien ist dies durch entsprechende Vorkehrungen zu verhindern.

Der Zeitpunkt der Veränderung einer Eintragung muss festgehalten werden, z. B. bei der EDV durch Protokolle über durchgeführte Änderungen. Da eine Eintragung erst vorliegt, wenn der Geschäftsvorfall gebucht wurde, sind bei Bildschirmeingaben bis zu diesem Zeitpunkt Änderungen uneingeschränkt zulässig. Notwendige Berichtigungen in Form von Umbuchungen oder Stornierungen dürfen unter Beachtung des § 239 Abs. 3 HGB vorgenommen werden und sind für die Einhaltung der Ordnungsmäßigkeit der Durchführung sogar geboten. Verstöße gegen diese Ordnungsvorschriften können zur Verwerfung der Buchführung führen[103].

Die formelle Ordnungsmäßigkeit der Buchführung verbietet unnötige unbeschriebene Zwischenräume zwischen den Aufzeichnungen. Eintragungen sollen mit Tinte erfolgen, wobei jedoch die Verwendung von Kugelschreibern, Tintenstift oder Maschinenschrift zulässig ist. Bleistifte dürfen nicht benutzt werden, da hier eine nachträgliche Änderung von Eintragungen nicht feststellbar ist.

3.2.5.6.3 Der Grundsatz der Verwendung einer „lebenden Sprache“

Der Kaufmann muss sich gemäß § 239 Abs. 1 Satz 1 HGB (vgl. § 146 Abs. 3 Satz 1 AO) bei der Führung der Handelsbücher und bei den sonst erforderlichen Aufzeichnungen einer lebenden Sprache bedienen. Die Forderung nach einer **lebenden Sprache** verhindert die Verwendung von Kunstsprachen sowie der lateinischen oder altgriechischen Sprache.

Aus § 239 Abs. 1 HGB ist allerdings nicht zu folgern, dass der Buchführungspflichtige Bücher und Aufzeichnungen in deutscher Sprache führen muss. Für einen buchführungspflichtigen deutschsprachigen Kaufmann dürfte es jedoch keinen sachlich gerechtfertigten Grund geben, eine andere als die deutsche Sprache zu verwenden. Nur ein im Inland tätiger fremdsprachiger Kaufmann darf eine andere lebende Sprache wählen, sofern seine Buchführung jederzeit übersetzt werden kann; dies kann die Finanzbehörde verlangen (vgl. § 146 Abs. 3 Satz 2 AO). Nur so ist die von § 238 HGB geforderte Beurteilung der Lage der Unternehmung innerhalb angemessener Zeit möglich. Da jedoch ein im Inland aufzustellender Jahresabschluss in deutscher Sprache zu erstellen ist (vgl. § 244 HGB), werden i. d. R. auch hier die Bücher in deutscher Sprache geführt.

Bei Verwendung von **Abkürzungen, Ziffern, Buchstaben und Symbolen** muss im Einzelfall deren Bedeutung eindeutig festliegen (vgl. § 239 Abs. 1 Satz 2 HGB, § 146 Abs. 3 Satz 3 AO). Diese Regelung ermöglicht erst die Zulassung der Datenspeicherung bei EDV-Buchführung, da hier nicht die Schriftzeichen einer lebenden Sprache verwendet werden. Da die spezielle Bedeutung der einzelnen Schriftzeichen nur „im Einzelfall“ eindeutig festliegen muss, kann über die Verwendung allgemein anerkannter oder allgemein verbindlicher Zeichen (DIN-Zeichen) hinausgegangen werden, wenn dafür ein sachlicher Grund besteht. Es ist also möglich, Zeichen und Symbole zu verwenden, die nur in einem einzelnen Betrieb gebräuchlich sind. Durch Schlüsselverzeichnisse oder andere funktionsgleiche Unterlagen müssen sie jedoch lesbar gemacht werden können, um einem sachverständigen Dritten innerhalb angemessener Zeit einen Überblick über die Lage der Unternehmung zu ermöglichen.

---

103 Vgl. *Schuppenhauer, Rainer*: Grundsätze für eine ordnungsmäßige Datenverarbeitung (GoDV), 6. Aufl., München 2007, S. 258–259.

3.2.5.7 Der Grundsatz der Belegbarkeit (Belegprinzip)

Einer der wichtigsten Grundsätze für die Beweiskraft der Buchführung ist das sogenannte Belegprinzip. Danach soll **keine Buchung ohne Beleg** (Lieferscheine, Frachtbriefe, Rechnungen, Quittungen, Bankauszüge, Kassenzettel, Lohnlisten, Schriftwechsel, Eigenbelege etc.) erfolgen[104]. Der zu buchende Geschäftsvorfall ergibt sich aus dem Beleg, der somit eine sachgerechte Buchung ermöglicht. Die Belegfunktion ist insbesondere dann erfüllt, wenn aus den geordnet aufzubewahrenden Unterlagen der Inhalt und Ablauf der einzelnen Geschäftsvorfälle und sonstigen Vermögensänderungen erklärt sowie schlüssig nachgewiesen werden kann, dass sie tatsächlich so stattgefunden haben.

Ein Geschäftsvorfall wird mithilfe des Beleges hinsichtlich der Erfassungszeit, seines Wertes und der Verantwortung für die Belegrichtigkeit festgehalten. Auf **konventionellen Klarschriftbelegen** sollten neben dem Belegtext, Buchungsbetrag, Aussteller des Beleges und Ausstellungsdatum auch Buchungsdatum, Kontierung und Belegnummer bzw. ein anderes Ordnungskriterium für die Belegablage angegeben werden[105].

Die Belege müssen systematisch geordnet abgelegt und mit Nummern oder Buchungszeichen versehen werden, um als Beweis für die Richtigkeit der einzelnen Buchungen zu dienen. Bei der Buchung muss auf den Beleg hingewiesen werden, damit von dem gebuchten Geschäftsvorfall jederzeit auf den Beleg zurückgegriffen werden kann. Auch der Beleg soll durch geeignete Hinweise ein schnelles Auffinden der dazugehörigen Buchung ermöglichen[106]. Ist aus dem Beleg der Sachverhalt selbst nicht eindeutig zu erkennen, so ist ein Verweis auf andere Unterlagen notwendig, die den Vorgang eingehender erläutern. Fehlende Verweise bzw. Belege können die formelle Ordnungsmäßigkeit der Buchführung beeinträchtigen[107].

Durch § 239 Abs. 4 HGB wird die **Offene-Posten-Buchführung** als Variante der Belegbuchführung unter den dort genannten Voraussetzungen gesetzlich ausdrücklich anerkannt. Dabei werden die Debitoren- und/oder Kreditoren-Konten durch eine systematische Sammlung der abgesandten und/oder erhaltenen Rechnungen ersetzt. Es werden also keine Konten geführt, sondern die Belege werden als Buchungsträger verwendet. In geordneter Form werden sie als „offene Posten“ getrennt von den ausgeglichenen Belegen gesammelt und bis zu dem Zeitpunkt der Erledigung des im Beleg festgehaltenen Geschäftsvorfalls aufbewahrt. Danach werden die Belege abgeheftet[108]. Zu weiteren Anforderungen an die Ordnungsmäßigkeit der Offene-Posten-Buchführung vgl. Ländererlass vom 10. 06. 1963[109].

Werden statt Klarschriftbelegen **elektronische Datenträger** verwendet bzw. zwischen Unternehmungen getauscht (z. B. Banken), so ist eine visuell lesbare Auflistung der so erfassten Daten nicht mehr notwendig. Wird vom Gesetzgeber jedoch eine bildhafte Wiedergabe der Belege vorgeschrieben, so erfüllt die Speicherung des Beleginhalts auf Datenträgern nur dann die Beleg-

104 Vgl. dazu auch *Institut der Wirtschaftsprüfer in Deutschland e. V.*: WP Handbuch – Wirtschaftsprüfung und Rechnungslegung, 15. Aufl., Düsseldorf 2017, S. 1616.

105 Vgl. *Leffson, Ulrich*: Die Grundsätze ordnungsmäßiger Buchführung, 7. Aufl., Düsseldorf 1987, S. 164.

106 Vgl. *Wöhe, Günter*: Bilanzierung und Bilanzpolitik, 9. Aufl., München 1997, S. 193.

107 Vgl. *ebd.*

108 Vgl. *Wöhe, Günter*: Bilanzierung und Bilanzpolitik, 9. Aufl., München 1997, S. 195.

109 Vgl. *Finanzminister des Landes Nordrhein-Westfalen*: Erlass betr. Ordnungsmäßigkeit der Buchführung; hier: Offene-Posten-Buchführung, BStBl. 1963, Teil II, S. 93 f.

funktion, wenn sie eine bildhafte Wiedergabe auch tatsächlich ermöglicht. Dies ist neben der Mikroverfilmung auch durch die digitale Speicherung von Belegen und anderen Aufzeichnungen möglich. Die Haltbarkeit und der Zugriff auf die Aufzeichnungen sowie die gesetzliche Aufbewahrungsfrist für Belege müssen dabei allerdings jederzeit gewährleistet sein[110].

3.2.5.8 Die „Generalklausel“ der Prüfbarkeit

Nach § 238 Abs. 1 Sätze 2 und 3 HGB bzw. § 145 Abs. 1 AO muss es einem sachverständigen Dritten (Wirtschaftsprüfer, Steuerberater, Außenprüfer) innerhalb angemessener Zeit möglich sein, einen Überblick über die Geschäftsvorfälle und die Lage der Unternehmung zu erhalten, wobei die Geschäftsvorfälle sich in ihrer Entstehung und Abwicklung verfolgen lassen müssen. Die Zeitdauer, für die der Kaufmann die Nachprüfbarkeit der Ordnungsmäßigkeit der Buchführung zu gewährleisten hat, ergibt sich aus den in den handelsrechtlichen Buchführungsvorschriften festgelegten Aufbewahrungsfristen (vgl. Abschnitt 3.3).

3.2.5.9 Der Grundsatz der Wirtschaftlichkeit

Nach diesem Grundsatz muss die Buchführung so gestaltet sein, dass der angestrebte Erfolg und der damit verbundene Aufwand in einem vertretbaren Verhältnis zueinander stehen, d. h., die Anforderungen an die Buchführung dürfen nicht überspannt werden. Dieser Grundsatz zeigt sich vor allem in den Bestimmungen über Inventurerleichterungen[111]. Auf welche Weise der Buchführungspflichtige die sich aus der Buchführung ergebenden Anforderungen aus Gründen der Wirtschaftlichkeit und/oder der Praktikabilität im Einzelnen erfüllt, bleibt im Wesentlichen ihm selbst überlassen. Er muss lediglich aus der Buchführung heraus die entsprechenden Nachweise richtig, vollständig, schlüssig, innerhalb angemessener Zeit und in einer Weise erfüllen, dass der „Generalklausel“ der Prüfbarkeit entsprochen wird.

3.3 Die Aufbewahrungspflichten und Aufbewahrungsvorschriften

3.3.1 Allgemeines zur Aufbewahrungspflicht

Die aus der Pflicht zur Buchführung abgeleitete **Aufbewahrungspflicht** sowie die **Aufbewahrungsvorschriften** sind in den §§ 257 bis 261 HGB und in den §§ 146 Abs. 2 Satz 1, 147 AO geregelt. Sie dienen der **Sicherung der Dokumentation und der Nachprüfbarkeit der Buchführung**, da erst anhand der aufzubewahrenden Unterlagen die Buchführung z. B. auf Richtigkeit und Vollständigkeit überprüft werden kann.

110 Vgl. ausführlich zur EDV-Buchführung *Görke, Roger*: § 146, in: Kommentar zur Abgabenordnung und Finanzgerichtsordnung, hrsg. von Walter Hübschmann/Ernst Hepp/Armin Spitaler, 233. Ergänzungslieferung, Köln 2015, Rz. 130–131.

111 Vgl. *Körner, Werner*: Wesen und Funktion der Grundsätze ordnungsmäßiger Buchführung, in: Die Wirtschaftsprüfung 1973, S. 311 f.

Der handels- und steuerrechtlich zur Buchführung verpflichtete Personenkreis deckt sich mit dem jeweils zur Aufbewahrung verpflichteten Personenkreis. Die Aufbewahrungspflicht endet jedoch nicht mit der Beendigung der Buchführungspflicht (z. B. durch die Auflösung der Gesellschaft); vgl. § 157 Abs. 2 HGB (OHG), § 161 Abs. 2 HGB i.V. m. § 157 Abs. 2 HGB (KG), § 273 Abs. 2 AktG (AG), § 278 Abs. 3 AktG i.V. m. § 273 Abs. 2 AktG (KGaA), § 74 Abs. 2 GmbHG (GmbH), § 93 GenG (eingetragene Genossenschaft).

Verstöße gegen die Aufbewahrungspflicht stellen zugleich Verstöße gegen die Buchführungs- und Aufzeichnungspflichten dar. Sie werden somit auch entsprechend geahndet (vgl. Abschnitt 3.1.7).

3.3.2 Der Umfang der Aufbewahrungspflicht

§ 257 Abs. 1 HGB verpflichtet jeden Kaufmann, die **folgenden Unterlagen** geordnet aufzubewahren:

- Handelsbücher, Inventare, Eröffnungsbilanzen, Jahresabschlüsse, Einzelabschlüsse nach § 325 Abs. 2a HGB, Lageberichte, Konzernabschlüsse, Konzernlageberichte sowie die zu ihrem Verständnis erforderlichen Arbeitsanweisungen und sonstigen Organisationsunterlagen,
- die empfangenen Handelsbriefe,
- Wiedergaben der abgesandten Handelsbriefe,
- Belege für Buchungen in den von ihm nach § 238 Abs. 1 HGB zu führenden Büchern (Buchungsbelege).

§ 147 Abs. 1 AO ergänzt diese Aufzählung um sonstige Unterlagen, soweit sie für die Besteuerung von Bedeutung sind.

Zu den für das Handelsrecht maßgebenden **Handelsbüchern** gemäß § 257 Abs. 1 HGB gehören auch alle im Rahmen der Buchführung geführten Geschäftsbücher sowie alle Nebenbücher wie Fahrtenbücher, Depotbücher, Baubücher, Register aller Art u. Ä.

Datenträger, auf denen Buchungen gespeichert sind (Buchführungsfunktion), müssen als Handelsbücher i. S. d. § 257 Abs. 1 HGB aufbewahrt werden; ebenso sind Datenträger, die Belegfunktion haben (vgl. Offene-Posten-Buchführung, Abschnitt 3.2.5.7), aufzubewahren. Werden die Daten jedoch auf Listen ausgedruckt, so ist es erlaubt, statt des Datenträgers auch nur diese, soweit sie Beleg- oder Buchfunktion haben, aufzubewahren (vgl. § 257 Abs. 3 Satz 2 HGB). § 147 Abs. 2 AO fordert dagegen, dass die Daten nicht nur jederzeit verfügbar sind und unverzüglich lesbar gemacht werden können, sondern auch maschinell auswertbar sein müssen. Daher reicht es steuerrechtlich nicht aus, die maschinell verarbeiteten Daten nur in ausgedruckter Form aufzubewahren[112].

Inventare umfassen die Bestandsaufnahme des Vorratsvermögens, Lagerbücher und Lagerkarteien sowie das Bestandsverzeichnis des beweglichen Anlagevermögens.

112 Vgl. *Görke, Roger*: § 146, in: Kommentar zur Abgabenordnung und Finanzgerichtsordnung, hrsg. von Walter Hübschmann/Ernst Hepp/Armin Spitaler, 233. Ergänzungslieferung, Köln 2015, Rz. 131.

Die **Jahresabschlüsse** beinhalten die Handels- und Steuerbilanzen, die Gewinn- und Verlustrechnungen sowie bei Unternehmungen, die den Vorschriften zur Rechnungslegung von Kapitalgesellschaften unterliegen, die Anhänge.

Zu den **Arbeitsanweisungen** und **sonstigen Organisationsunterlagen**, die zum Verständnis der Handelsbücher, Inventare, Bilanzen, Gewinn- und Verlustrechnungen, der Anhänge sowie der Lageberichte erforderlich sind und deshalb aufbewahrt werden müssen, gehören u. a.:

- Kontenpläne,
- Kostenstellenverzeichnisse,
- Schlüsselverzeichnisse,
- Inventuranweisungen,
- Arbeitsanweisungen für die Führung der Kontokorrente, der Anlagenbuchführung und anderer Nebenbuchführungen,
- Arbeitsanweisungen für das Verfahren der Wiedergabe der auf Datenträgern geführten Unterlagen (z. B. Druckanweisungen, Anweisungen für den Dialogverkehr zur Selektion und Darstellung der auf Speichern geführten Unterlagen auf Sichtgeräten, Programmbeschreibungen und Programmablaufpläne, Datenflusspläne).

Die Bedeutung der Programm- und Systemdokumentation **(Verfahrensdokumentationen)** steigt insbesondere bei Zunahme des Buchungsstoffes und der Komplexität des Buchführungssystems. Die Kenntnis der Arbeitsanweisungen und Organisationsunterlagen ist Voraussetzung für eine Überprüfung der Buchführung.

Handelsbriefe (i. S. v. Geschäftskorrespondenz) sind nach § 257 Abs. 2 HGB nur Schriftstücke mit Außenwirkung, die ein Handelsgeschäft gemäß den §§ 343, 344 HGB betreffen, die also der Vorbereitung, dem Abschluss, der Durchführung oder Rückgängigmachung eines Handelsgeschäfts dienen. Handelsgeschäfte sind dabei alle Geschäfte eines Kaufmanns, die zum Betrieb seines Handelsgewerbes gehören (vgl. § 343 HGB).

Zu den **empfangenen Handelsbriefen** zählen insbesondere folgende Unterlagen: Aufträge einschließlich Ergänzungen, Auftragsbestätigungen, Versandanzeigen, Lieferscheine, Frachtbriefe, Rechnungen, Reklamationen, Lieferantengutschriften, Zahlungsbelege wie Überweisungen, Kontoauszüge und Quittungen, schriftliche Verträge, Urkunden, Wareneingangs- und Warenausgangsbelege[113].

Der buchführungspflichtige Kaufmann muss eine mit der Urschrift übereinstimmende Wiedergabe der **abgesandten Handelsbriefe** in Form einer Kopie, eines Abdrucks, einer Abschrift oder einer sonstigen Wiedergabe des Wortlauts auf einem Schrift-, Bild- oder sonstigen Datenträger zurückbehalten (vgl. § 238 Abs. 2 HGB). Eine Speicherung der abgesandten Handelsbriefe muss also nicht „dauerhaft" erfolgen. Die Verwendung löschbarer Datenträger ist erlaubt. Während der Dauer der Aufbewahrungsfrist muss eine Wiedergabe der abgesandten Handelsbriefe in lesbarer Form ermöglicht werden können (vgl. § 257 Abs. 3 Nr. 2 HGB). Unter dieser Voraussetzung

113 Vgl. *Adler, Hans/Düring, Walter/Schmaltz, Kurt*: Rechnungslegung und Prüfung der Unternehmen, Teilband 1, 6. Aufl., Stuttgart 1995, § 257 HGB, Rz. 35.

genügt auch bei unmittelbar von einem Speichergerät ausgedruckten abgesandten Handelsbriefen die Speicherung im Datenträger; eine andere Urschrift als die, die das Speichergerät enthält, ist nicht vorhanden, ein erneuter Ausdruck kann jederzeit erfolgen.

Zu den Wiedergaben abgesandter Handelsbriefe zählen u. a. erteilte Aufträge oder erteilte Auftragsbestätigungen sowie etwaige Ergänzungen, abgesandte Rechnungen und Gutschriften, Unterlagen über Zahlungsausgänge (Überweisungsdurchschläge, Kassenquittungen etc.), abgesandte Reklamationen[114].

§ 147 Abs. 1 Nr. 2 und Nr. 3 AO erfasst alternativ zu den Handelsbriefen auch die **Geschäftsbriefe**, weil nach den steuerrechtlichen Bestimmungen des § 141 AO (originäre steuerrechtliche Buchführungspflicht) auch Nicht-Kaufleute buchführungspflichtig sein können, bei denen nur Geschäftsbriefe und keine Handelsbriefe anfallen. Weiterhin sind sonstige Unterlagen aufzubewahren, soweit sie für die Besteuerung von Bedeutung sind.

Ein Teil der empfangenen und abgesandten Handelsbriefe (bzw. deren Wiedergaben) zählt zu den **Buchungsbelegen** (externe Belege). Die Verpflichtung zu ihrer Aufbewahrung ergibt sich aus § 257 Abs. 1 Nr. 2 und Nr. 3 HGB. Die nach § 257 Abs. 1 Nr. 4 HGB aufzubewahrenden Belege umfassen daher vorwiegend die sog. **internen Belege**, d. h. interne Buchungsanweisungen, die insbesondere bei der Aufstellung des Jahresabschlusses anfallen (z. B. bei der Vornahme von Abschreibungen, der Bildung von Rückstellungen und Rücklagen und bei Umbuchungen), und solche externen Belege, die nicht gleichzeitig Handelsbriefe sind. Diese Buchungsbelege sind jedoch nur insoweit aufzubewahren, wie sie Unterlagen für Buchungen in den nach § 238 Abs. 1 HGB zu führenden Büchern sind. Wird im Belegtext auf andere Unterlagen verwiesen, weil der Geschäftsvorfall durch den Belegtext ansonsten nur unzureichend erläutert wird, so gehören diese Unterlagen zum Beleg und sind wie dieser aufzubewahren, wenn sie für das Verständnis des Geschäftsvorfalls notwendig sind[115].

3.3.3 Die Form der Aufbewahrung

Eröffnungsbilanzen, Jahresabschlüsse und Konzernabschlüsse sind so aufzuzeichnen (bzw. auszudrucken), dass sie ohne Hilfsmittel lesbar sind und vom buchführungspflichtigen Kaufmann unterzeichnet werden können. Sie sind danach im Original aufzubewahren. Alle übrigen aufzubewahrenden Unterlagen können statt in Urschrift auch als Wiedergabe auf einem Bildträger oder auf anderen Datenträgern (z. B. mit Hilfe des Computer Output von Mikrofilm-(COM-)Verfahren) aufbewahrt werden, wenn dies den GoB entspricht (vgl. § 257 Abs. 3 Satz 1 HGB).

Die Aufbewahrungsvorschriften gehen grundsätzlich davon aus, dass die aufzubewahrenden Unterlagen auf dem Speichermedium aufgezeichnet und aufbewahrt werden, auf dem sie primär angefallen sind. Eine **Übertragung** dieser Unterlagen **auf einen Bild- oder anderen Datenträger**, auf dem sie dann auch aufbewahrt werden, ist jedoch zulässig, wenn folgende drei **Voraussetzungen** erfüllt werden (vgl. § 257 Abs. 3 HGB):

114 Vgl. *Adler, Hans/Düring, Walter/Schmaltz, Kurt*: Rechnungslegung und Prüfung der Unternehmen, Teilband 1, 6. Aufl., Stuttgart 1995, § 257 HGB, Rz. 36.

115 Vgl. *Adler, Hans/Düring, Walther/Schmaltz, Kurt*: Rechnungslegung und Prüfung der Unternehmen, Teilband 1, 6. Aufl., Stuttgart 1995, § 257 HGB, Rz. 40.

1. Das bei der Übertragung angewandte Verfahren und die neue Aufbewahrung müssen den GoB entsprechen, da der Wechsel des Speichermediums und jede Umsetzung wie ein Buchungsvorgang zu beurteilen ist.
2. Die Wiedergaben oder die Daten müssen – wenn sie lesbar gemacht werden – mit der Urschrift der empfangenen Handelsbriefe und der Buchungsbelege wegen deren Beweisfunktion bildlich (und inhaltlich) und mit den anderen Unterlagen inhaltlich vollständig und richtig übereinstimmen. Dies ermöglicht neben der Mikroverfilmung auch die Digitalisierung der Handelsbriefe und Buchungsbelege auf elektronischen Speichermedien. Bei einem Datenträgeraustausch bzw. bei mit Hilfe von EDV-Programmen erzeugten Buchungen fallen Belege in der herkömmlichen Form nicht an. Die geforderte Belegfunktion ist hier z. B. bei der Übermittlung von Handelsbriefen per Datenträgeraustausch zu erfüllen, indem von den empfangenen Datenträgern Sammelbelege oder Protokolle ausgestellt werden. Bei den durch EDV-Programme auf Datenträgern erzeugten Buchungen ist hingegen die Erstellung sogenannter Eingabeprotokolle erforderlich. Diese „Ersatzbelege" sind außerdem jeweils verantwortlich zu unterschreiben und aufzubewahren.
3. Die Daten müssen während der Dauer der Aufbewahrungsfrist verfügbar sein und jederzeit innerhalb angemessener Frist lesbar gemacht, d. h. einzeln oder kumulativ ausgedruckt oder reproduziert werden können (Sicherstellung der Ausdruckbereitschaft).

Sind Unterlagen aufgrund des § 239 Abs. 4 Satz 1 HGB auf Datenträgern hergestellt worden, so können gemäß § 257 Abs. 3 Satz 2, 1. Halbsatz HGB statt des Datenträgers die Daten auch ausgedruckt aufbewahrt werden. Die ausgedruckten Unterlagen können aber auch nach § 257 Abs. 3 Satz 1 HGB aufbewahrt werden (vgl. § 257 Abs. 3 Satz 2, 2. Halbsatz HGB), d. h., sie dürfen wiederum auf andere Datenträger übertragen und in dieser Form aufbewahrt werden. Da die Aufbewahrung der Unterlagen nicht auf dem Datenträger erfolgen muss, auf dem diese ursprünglich entstanden sind, ist es also jederzeit auch mehrfach möglich, die Datenträger während der gesamten Dauer der Aufbewahrungsfrist zu wechseln. Der Kaufmann kann während des Aufbewahrungszeitraums unter Beachtung der GoB und der in § 238 Abs. 1 HGB verlangten Aussagefähigkeit der Handelsbücher jeweils die ihm am zweckmäßigsten erscheinende Form der Aufbewahrung wählen. Bei einem Wechsel des Systems oder des Datenträgers hat der Buchführungspflichtige insbesondere die Überleitbarkeit, Verarbeitungs- und Darstellungsfähigkeit der gespeicherten Daten zu gewährleisten.

Im Steuerrecht ist noch der **Aufbewahrungsort** zu berücksichtigen. So sind die Bücher und die sonst erforderlichen Aufzeichnungen im Geltungsbereich der Abgabenordnung zu führen und aufzubewahren (vgl. § 146 Abs. 2 Satz 1 AO). Ziel dieser Vorschrift ist die jederzeitige Verfügbarkeit der Unterlagen für die Finanzbehörden[116].

116 Vgl. *Mösbauer, Heinz*: Die an die Buchführung und die sonst erforderlichen Aufzeichnungen zu stellenden formellen Anforderungen, in: Der Betrieb 2002, S. 500. Zur europarechtlichen Problematik der Regelung des § 146 Abs. 2 Satz 1 AO vgl. *Droscha, Anatol/Reima, Ekkehart*: Verlagerung der Buchführung in andere EG-Mitgliedstaaten?, in: Der Betrieb 2003, S. 1689; *Münch, Harald*: Strittige Einzelfragen des Betriebsstättenerlasses, in: Der Betrieb 2000, S. 2140 sowie grundlegend EuGH vom 15. 05. 1997, Rs. C-250/95: Futura Participations, SA und Singer, in: Der Betrieb 1997, S. 1211.

3.3.4 Die Aufbewahrungsfristen

Handelsbücher, Inventare, Eröffnungsbilanzen, Jahresabschlüsse, Einzelabschlüsse nach § 325 Abs. 2a HGB, Lageberichte, Konzernabschlüsse, Konzernlageberichte sowie die zu ihrem Verständnis erforderlichen Arbeitsanweisungen und sonstigen Organisationsunterlagen sind von jedem Kaufmann **10 Jahre** aufzubewahren; für empfangene Handelsbriefe und Wiedergaben der abgesandten Handelsbriefe beträgt die Aufbewahrungsfrist **6 Jahre** (vgl. § 257 Abs. 4 HGB). Die Verfahrensdokumentation, die für die Verständlichkeit der Buchführung erforderlich ist, ist **10 Jahre** aufzubewahren. Gleiches gilt gemäß § 257 Abs. 4 HGB für die Aufbewahrungsfrist von Belegen und Buchungen (Buchungsbelege).

Die Aufbewahrungsfrist **beginnt** mit dem Schluss des Kalenderjahres, in dem die letzte Eintragung in das Handelsbuch gemacht, das Inventar aufgestellt, die Bilanz oder der Jahresabschluss festgestellt, der Einzelabschluss gemäß § 325 Abs. 2a HGB oder der Konzernabschluss aufgestellt, der Handelsbrief empfangen oder abgesandt worden oder der Buchungsbeleg entstanden ist (vgl. § 257 Abs. 5 HGB).

Für die **Aufbewahrung nach Steuerrecht** gelten nach § 147 Abs. 3 Satz 1 AO grundsätzlich die gleichen Fristen, sofern nicht in anderen Steuergesetzen kürzere Aufbewahrungsfristen zugelassen sind. Die Aufbewahrungsfrist läuft jedoch nicht ab, soweit und solange die aufzubewahrenden Unterlagen für Steuern von Bedeutung sind, für die die Festsetzungsfrist noch nicht abgelaufen ist (vgl. § 147 Abs. 3 Satz 3 AO). Die Festsetzungsfrist beträgt je nach Steuerart ein oder vier Jahre (vgl. § 169 Abs. 2 Satz 1 AO). Da die Festsetzungsfrist nach § 170 AO in bestimmten Fällen später beginnt als die Aufbewahrungsfrist und da nach § 171 AO eine Ablaufhemmung aus den verschiedensten Gründen möglich ist, können sich im Einzelfall erhebliche Fristverlängerungen ergeben. Diese steuerliche Fristverlängerung betrifft allerdings nur diejenigen Unterlagen, die für die jeweilige Steuerfestsetzung von Bedeutung sind.

Hat der Kaufmann seine aufzubewahrenden Unterlagen entsprechend den vorgesehenen Fristen aufbewahrt, so steht es ihm nach **Ablauf** dieser Frist frei, die Unterlagen zu vernichten, ohne strafrechtlich nach den §§ 283 ff. StGB belangt werden zu können.

3.3.5 Die Vorlegung von aufzubewahrenden Unterlagen

§ 261 HGB schreibt implizit, aber eindeutig vor, dass derjenige, der zur Vorlage handelsrechtlich aufzubewahrender Unterlagen verpflichtet ist, stets die jeweilige Urschrift vorzulegen hat, solange diese noch vorhanden ist. Ist diese nicht ohne Hilfsmittel oder erst nach Ausdruck lesbar oder wird sie nach Übertragung auf andere Datenträger und nachfolgender Vernichtung als Wiedergabe auf einem Bildträger oder auf anderen Datenträgern i. S. d. § 257 Abs. 3 HGB aufbewahrt, so hat der Aufbewahrungspflichtige auf seine Kosten diejenigen Hilfsmittel zur Verfügung zu stellen, die erforderlich sind, um die Unterlagen lesbar zu machen. Soweit erforderlich, hat er die aufzubewahrenden Unterlagen auf seine Kosten auszudrucken oder ohne Hilfsmittel lesbare Reproduktionen beizubringen (vgl. § 261 HGB). Die aufzubewahrenden Unterlagen müssen in einer lebenden Sprache mit deren Schriftzeichen lesbar gemacht werden.

Die entsprechenden steuerrechtlichen Regelungen finden sich in § 147 Abs. 5 AO. Sie sind insoweit erweitert, als der Aufbewahrungspflichtige auf Verlangen der Finanzbehörde auf seine Kosten die Unterlagen unverzüglich, d. h. ohne schuldhaftes Zögern, ganz oder teilweise auszudrucken oder ohne Hilfsmittel lesbare Reproduktionen beizubringen hat.

4. Musterlösungen

LÖSUNG ZU AUFGABE 1

Maschinenbau KATAL-OHG
Bilanz zum 30.06.01

Aktiva	EUR	Passiva		EUR
I. Anlagevermögen		I. Eigenkapital		
Grundstücke und Gebäude	431.830	Karl Tal	452.010	
Maschinen und Werkzeuge	114.210	Tadeus Karst	150.670	602.680
Betriebs- und Geschäftsausstattung	58.790	II. Fremdkapital		
Fuhrpark	74.670	Darlehensschulden, durch		
Anlagen im Bau	206.740	Grundpfandrechte gesichert		378.000
II. Umlaufvermögen		Darlehensschulden, sonstige		145.950
Roh-, Hilfs- und Betriebsstoffe	33.090	Lieferantenverbindlichkeiten		21.920
Unfertige Erzeugnisse	62.740	Schuldwechsel		37.800
Fertigerzeugnisse	64.300			
Kundenforderungen	46.610			
Besitzwechsel	19.820			
Wertpapiere	22.000			
Schecks	12.710			
Bankguthaben	36.430			
Kasse	2.410			
	1.186.350			1.186.350

Begriff Besitzwechsel und Schuldwechsel

Werden aufgrund eines Kaufvertrags vom Lieferanten Waren an seinen Kunden geliefert, so stehen die Beteiligten in einem Gegenseitigkeitsverhältnis: Der Lieferant ist Gläubiger des Kaufpreises, der belieferte Kunde ist Schuldner des Kaufpreises. Vereinbaren die Vertragspartner eine Zahlungsfrist, so kann zudem vereinbart werden, dass der Gläubiger (aus dem Warengeschäft) einen Wechsel ausstellt, durch den die Wechselforderung dokumentiert wird. Der Aussteller des Wechsels (in diesem Fall der Lieferant der Maschinenbau KATAL-OHG) legt diesen dem Schuldner (aus dem Warengeschäft; in diesem Fall die Maschinenbau KATAL-OHG) zur Unterschrift vor. Durch seine Unterschrift akzeptiert dieser den Wechsel und schuldet damit als Bezogener die Bezahlung der Wechselsumme am Verfalltag.

Da der Aussteller den akzeptierten Wechsel an sich nimmt, um ihn am Verfalltag dem Bezogenen vorlegen zu können, spricht man aus seiner Sicht von einem **Besitzwechsel**. Es handelt sich bei ihm um eine Forderung, also um einen Vermögensgegenstand. Da der Wechselbezogene dem Besitzer des Wechsels bei Vorlage am Verfalltag die Wechselsumme zu zahlen hat, wird **derselbe Wechsel** aus Sicht des Bezogenen **Schuldwechsel** genannt. Für den Bezogenen stellt er eine Verbindlichkeit dar. Der Wechsel dient ihm also zur Finanzierung seines Wareneinkaufs.

LÖSUNG ZU AUFGABE 2

Bilanzposition	Anfangsbestand	Geschäftsvorfälle 1	2	3	4	5	6	7	8	9	10	Zw. Σ
A.1 Grundstücke und Gebäude	287.000											287.000
A.2 Maschinen und Werkzeuge	104.670					–4.380						100.290
A.3 Betriebs- und Geschäftsausstattung	48.420											48.420
A.4 Fuhrpark	83.740	–4.000								+60.000 –30.310	–60.000	49.430
A.5 Rohstoffe und unfertige Erzeugnisse	27.350		+14.000									41.350
A.6 Fertigerzeugnisse	22.710				–20.500							2.210
A.7 Kundenforderungen	81.500				+20.500			–20.500				81.500
A.8 Kontokorrentkonto	10.500						–7.460			–29.690	+60.000	33.350
A.9 Kasse	3.000	+4.000				+4.380		+20.500				31.880
P.1 Eigenkapital	365.450								+145.000			510.450
P.2 Darlehensschulden	259.000			+21.510					–145.000			135.510
P.3 Lieferantenverbindlichkeiten	36.980		+14.000	–21.510								29.470
P.4 Schuldwechsel	7.460						–7.460					0
Bei diesem Geschäftsvorfall handelt es sich um eine(n)												
Bilanzverlängerung			x							x[1]		
Bilanzverkürzung							x				x[2]	
Aktivtausch		x			x	x		x				
Passivtausch				x					x			

1 A.4: +60.000; –30.310; A.8: 10.500 – 7.460 = 3.040; 3.040 – 29.690 = –26.650 vgl. auch S. 240 f.
2 A.4: –60.000; A.8: –26.650 + 60.000 = +33.350 vgl. auch S. 240 f.

Vergleichen Sie zur Verdeutlichung der Fußnoten 1 und 2 die auf den Seiten 240 und 241 abgedruckten Zwischenbilanzen nach dem 8., 9. und 10. Geschäftsvorfall.

Bilanzposition	Zwischen-summe	Geschäftsvorfälle										Schluss-be-stand
		11	12	13	14	15	16	17	18	19	20	
A.1 Grundstücke und Gebäude	287.000						+52.000	+126.480				465.480
A.2 Maschinen und Werkzeuge	100.290		+15.890									116.180
A.3 Betriebs- und Geschäfts-ausstattung	48.420											48.420
A.4 Fuhrpark	49.430											49.430
A.5 Rohstoffe und unfertige Erzeugnisse	41.350											41.350
A.6 Fertigerzeugnisse	2.210											2.210
A.7 Kundenforderungen	81.500				–81.500							0
A.8 Kontokorrentkonto	33.350			+40.000	+81.500		–52.000		–80.000			22.850
A.9 Kasse	31.880					–15.890				–15.000		990
P.1 Eigenkapital	510.450	–120.000		+40.000						–15.000		415.450
P.2 Darlehensschulden	135.510	+120.000						+126.480	–80.000		+29.470	331.460
P.3 Lieferantenverbindlichkeiten	29.470										–29.470	0
P.4 Schuldwechsel	0		+15.890			–15.890						0
Bei diesem Geschäftsvorfall handelt es sich um eine(n)												
Bilanzverlängerung			x	x				x				
Bilanzverkürzung						x			x	x		
Aktivtausch					x		x					
Passivtausch		x									x	

Die entsprechende Schlussbilanz zum 31. 12. 02 finden Sie auf S. 241.

Weitere Erläuterungen:

Zum besseren Verständnis der Lösung zu den Geschäftsvorfällen 9 und 10 werden im Folgenden die Zwischenbilanzen nach dem achten, neunten und zehnten Geschäftsvorfall angegeben. Die jeweils veränderten Bilanzpositionen sind durch Fettdruck hervorgehoben.

Möbelfabrik Schulz & Schulze OHG
Zwischenbilanz nach dem 8. Geschäftsvorfall

Aktiva	EUR	Passiva	EUR
I. Anlagevermögen		I. Eigenkapital	510.450
Grundstücke und Gebäude	287.000	II. Fremdkapital	
Maschinen und Werkzeuge	100.290	Darlehensschulden	135.510
Betriebs- und Geschäftsausstattung	48.420	Lieferantenverbindlichkeiten	29.470
Fuhrpark	79.740	Schuldwechsel	0
II. Umlaufvermögen			
Rohstoffe und unfertige Erzeugnisse	41.350		
Fertigerzeugnisse	2.210		
Kundenforderungen	81.500		
Kontokorrentkonto	3.040		
Kasse	31.880		
	675.430		675.430

Möbelfabrik Schulz & Schulze OHG
Zwischenbilanz nach dem 9. Geschäftsvorfall

Aktiva	EUR	Passiva	EUR
I. Anlagevermögen		I. Eigenkapital	510.450
Grundstücke und Gebäude	287.000	II. Fremdkapital	
Maschinen und Werkzeuge	100.290	Darlehensschulden	135.510
Betriebs- und Geschäftsausstattung	48.420	Lieferantenverbindlichkeiten	29.470
Fuhrpark	**109.430**	Schuldwechsel	0
II. Umlaufvermögen		**Kontokorrentkonto**	**26.650**
Rohstoffe und unfertige Erzeugnisse	41.350		
Fertigerzeugnisse	2.210		
Kundenforderungen	81.500		
Kasse	31.880		
	702.080		702.080

Aktiva	Möbelfabrik Schulz & Schulze OHG Zwischenbilanz nach dem 10. Geschäftsvorfall		Passiva
	EUR		EUR
I. Anlagevermögen		I. Eigenkapital	510.450
Grundstücke und Gebäude	287.000	II. Fremdkapital	
Maschinen und Werkzeuge	100.290	Darlehensschulden	135.510
Betriebs- und Geschäftsausstattung	48.420	Lieferantenverbindlichkeiten	29.470
Fuhrpark	**49.430**	Schuldwechsel	0
II. Umlaufvermögen			
Rohstoffe und unfertige Erzeugnisse	41.350		
Fertigerzeugnisse	2.210		
Kundenforderungen	81.500		
Kontokorrentkonto	**33.350**		
Kasse	31.880		
	675.430		675.430

Aktiva	Möbelfabrik Schulz & Schulze OHG Schlussbilanz zum 31.12.02		Passiva
	EUR		EUR
I. Anlagevermögen		I. Eigenkapital	415.450
Grundstücke und Gebäude	465.480	II. Fremdkapital	
Maschinen und Werkzeuge	116.180	Darlehensschulden	331.460
Betriebs- und Geschäftsausstattung	48.420	Lieferantenverbindlichkeiten	0
Fuhrpark	49.430	Schuldwechsel	0
II. Umlaufvermögen			
Rohstoffe und unfertige Erzeugnisse	41.350		
Fertigerzeugnisse	2.210		
Kundenforderungen	0		
Kontokorrentkonto	22.850		
Kasse	990		
	746.910		746.910

LÖSUNGEN ZU AUFGABE 3

a) Buchungen aus Sicht der Unternehmung XY

S	Kontokorrentkonto Bank Z		H
	EUR		EUR
01.01. Anfangsbestand	10.000	08.01. Überweisung an Lieferanten	21.400
02.01. Kundeneinzahlung	43.700	15.01. Lohnzahlungen	45.712
14.01. Scheckeinreichung	30.480	25.01. Gehaltszahlungen	20.103
19.01. Zinsgutschrift	5.760	26.01. Sozialversicherungsbeiträge	23.415
31.01. Schlussbestand	20.690		
	110.630		110.630

Während das Kontokorrentkonto am 01.01.02 noch ein Guthaben in Höhe von 10.000 EUR aufwies, führten die Geschäftsvorfälle im Januar 02 dazu, dass das Kontokorrentkonto am 31.01.02 mit 20.690 EUR „überzogen" ist, somit also eine Verbindlichkeit gegenüber der Bank Z in Höhe von 20.690 EUR besteht.

Der Saldo stellt den Überhang der größeren Summe der Haben-Umsätze (110.630 EUR) über die kleinere Summe der Soll-Umsätze (89.940 EUR) dar. Man bezeichnet ihn als Haben-Saldo.

b) Buchungen aus Sicht der Bank Z

Der Vertragspartner der Unternehmung XY, Bank Z, bei der die XY am 01. 01. 02 ein Guthaben in Höhe von 10.000 EUR hält, ist in diesem Moment Schuldner der Unternehmung XY. Wenn die Bank Z ein Passivkonto mit einem Anfangsbestand auf der Haben-Seite in Höhe von 10.000 EUR eröffnet, so verfährt sie nach den gleichen Buchungsregeln wie XY, sieht allerdings die Ausgangssituation am 01. 01. 02 wie auch alle späteren Geschäftsvorfälle des Monats Januar 02 aus ihrer Sicht. (Dies geschieht aber bei einem Lieferanten und seinem Kunden in gleicher Weise.)

S	**Kontokorrentkonto Kunde XY**		H
	EUR		EUR
08.01. Überweisung an Lieferanten	21.400	01.01. Anfangsbestand	10.000
15.01. Lohnzahlungen	45.712	02.01. Kundeneinzahlung	43.700
25.01. Gehaltszahlungen	20.103	14.01. Scheckeinreichung	30.480
26.01. Sozialversicherungsbeiträge	23.415	19.01. Zinsgutschrift	5.760
		31.01. Schlussbestand	20.690
	110.630		110.630

Die Bank Z hat am 31. 01. 02 eine Forderung an die Unternehmung XY in Höhe von 20.690 EUR. Sie nennt den Saldo, da er bei ihr dem Überhang der größeren Summe der Soll-Umsätze über die kleinere Summe der Haben-Umsätze entspricht, einen Soll-Saldo.

Lassen Sie sich nicht verwirren, wenn Sie einen Bankauszug betrachten. Er stellt einen Auszug aus der Buchführung der Bank dar, die – selbstverständlich – das Geschehen aus ihrer eigenen Sicht, also aus Sicht der Bank, abbildet.

LÖSUNGEN ZU AUFGABE 4

1. Lieferantenverbindlichkeiten 2.300 an Kontokorrentkonto Bank Y 2.300

S	Lieferantenverbindlichkeiten	H
	2.300	

S	Kontokorrentkonto Bank Y	H
		2.300

2. Besitzwechsel 6.350 an Kundenforderungen 6.350

S	Besitzwechsel	H
	6.350	

S	Kundenforderungen	H
		6.350

3. a) Fuhrpark 21.400 an Lieferantenverbindlichkeiten 21.400
   b) Lieferantenverbindlichkeiten 21.400 an Kasse 21.400

S	Fuhrpark		H
a)	21.400		

S	Lieferantenverbindlichkeiten		H
b)	21.400	a)	21.400

S	Kasse		H
		b)	21.400

4\. Lieferantenverbindlichkeiten 12.000 an Darlehensschulden 12.000

S	Lieferantenverbindlichkeiten		H
	12.000		

S	Darlehensschulden		H
			12.000

5\. a) Kundenforderungen 6.700 an Waren 6.700
b) Schecks 6.700 an Kundenforderungen 6.700

S	Kundenforderungen		H
a)	6.700	b)	6.700

S	Schecks		H
b)	6.700		

S	Waren		H
		a)	6.700

6\. a) Kundenforderungen 690 an Betriebs- und Geschäftsausstattung 690
b) Kasse 690 an Kundenforderungen 690

S	Kundenforderungen		H
a)	690	b)	690

S	Kasse		H
b)	690		

S	Betriebs- und Geschäftsausstattung		H
		a)	690

7\. Darlehensschulden Sparkasse Z 24.600 an Kontokorrentkonto Bank X 24.600

S	Darlehensschulden Sparkasse Z		H
	24.600		

S	Kontokorrentkonto Bank X		H
			24.600

8\. a) Eigenkapital A 20.000 an Kasse 20.000
b) Wertpapiere 20.000 an Eigenkapital A 20.000

S	Eigenkapital A		H
a)	20.000	b)	20.000

S	Wertpapiere		H
b)	20.000		

S	Kasse		H
		a)	20.000

9\. Kasse 4.700 an Besitzwechsel 4.700

S	Kasse		H
	4.700		

S	Besitzwechsel		H
			4.700

10\. Rohstoffe 4.310 an Lieferantenverbindlichkeiten 4.310

S	Rohstoffe		H
	4.310		

S	Lieferantenverbindlichkeiten		H
			4.310

11\. a) Kundenforderungen 54.620 an Waren 54.620
b) Kasse 54.620 an Kundenforderungen 54.620

S	Kundenforderungen		H
a)	54.620	b)	54.620

S	Kasse		H
b)	54.620		

S	Waren		H
		a)	54.620

12. a) Sonstige Forderungen 56.000 an Grundstücke und Gebäude 56.000
b) Kontokorrentkonto Bank Y 56.000 an Sonstige Forderungen 56.000

S	Sonstige Forderungen		H
a)	56.000	b)	56.000

S	Grundstücke und Gebäude		H
		a)	56.000

S	Kontokorrentkonto Bank Y		H
b)	56.000		

13. Schuldwechsel 156.000 an Kontokorrentkonto Bank Y 156.000

S	Schuldwechsel		H
	156.000		

S	Kontokorrentkonto Bank Y		H
			156.000

14. Eigenkapital B 13.000 an Kontokorrentkonto Bank X 13.000

S	Eigenkapital B		H
	13.000		

S	Kontokorrentkonto Bank X		H
			13.000

15. Eigenkapital A 416.000 an Grundstücke und Gebäude 416.000

S	Eigenkapital A		H
	416.000		

S	Grundstücke und Gebäude		H
			416.000

16. Darlehensschulden Bank Y 180.000 an Wertpapiere 180.000

S	Darlehensschulden Bank Y		H
	180.000		

S	Wertpapiere		H
			180.000

17. Kontokorrentkonto Bank X 53.462 an Kontokorrentkonto Bank Y 53.462

S	Kontokorrentkonto Bank X		H
	53.462		

S	Kontokorrentkonto Bank Y		H
			53.462

18. a) Maschinen und Werkzeuge 63.000 an Lieferantenverbindlichkeiten 63.000
b) Lieferantenverbindlichkeiten 63.000 an Kontokorrentkonto Bank X 63.000

S	Maschinen und Werkzeuge		H
a)	63.000		

S	Kontokorrentkonto Bank X		H
		b)	63.000

S	Lieferantenverbindlichkeiten		H
b)	63.000	a)	63.000

19. Darlehensschulden 56.000 an Eigenkapital C 56.000

S	Darlehensschulden		H
	56.000		

S	Eigenkapital C		H
			56.000

20. Darlehensforderungen 22.700 an Kundenforderungen 22.700

S	Darlehensforderungen		H
	22.700		

S	Kundenforderungen		H
			22.700

LÖSUNGEN ZU AUFGABE 5

1.	a) Roh-, Hilfs- und Betriebsstoffe	4.100	an	Lieferantenverbindlichkeiten	4.100
	b) Lieferantenverbindlichkeiten	1.500	an	Kasse	1.500

S	Roh-, Hilfs- und Betriebsstoffe		H
a)	4.100		

S	Kasse		H
		b)	1.500

S	Lieferantenverbindlichkeiten		H
b)	1.500	a)	4.100

2.	Schecks	1.600		Kundenforderungen	6.350
	Besitzwechsel	4.750			

S	Schecks		H
	1.600		

S	Besitzwechsel		H
	4.750		

S	Kundenforderungen		H
			6.350

3.	Lieferantenverbindlichkeiten	2.600	an	Kasse	2.600

S	Lieferantenverbindlichkeiten		H
	2.600		

S	Kasse		H
			2.600

4.	a) Fuhrpark	80.000		Fuhrpark	9.500
				Lieferantenverbindlichkeiten	70.500
	b) Lieferantenverbindlichkeiten	70.500	an	Kontokorrentkonto	70.500

S	Fuhrpark		H
a)	80.000	a)	9.500

S	Kontokorrentkonto		H
		b)	70.500

S	Lieferantenverbindlichkeiten		H
b)	70.500	a)	70.500

5.	a) Maschinen und Werkzeuge	13.000		Lieferantenverbindlichkeiten	43.000
	Unfertige Erzeugnisse	30.000			
	b) Lieferantenverbindlichkeiten	43.000		Schuldwechsel	23.000
				Kasse	20.000

S	Maschinen und Werkzeuge		H
a)	13.000		

S	Unfertige Erzeugnisse		H
a)	30.000		

S	Lieferantenverbindlichkeiten		H
b)	43.000	a)	43.000

S	Schuldwechsel		H
		b)	23.000

S	Kasse		H
		b)	20.000

6.	Schuldwechsel	7.600		Kontokorrentkonto Bank X	5.600
				Kontokorrentkonto Bank Y	1.300
				Kasse	700

S	Schuldwechsel		H
	7.600		

S	Kontokorrentkonto Bank X		H
			5.600

S	Kontokorrentkonto Bank Y		H
			1.300

S	Kasse		H
			700

7. Booking entry:

Eigenkapital A	16.500		Fuhrpark	12.500
			Kasse	4.000

S	Eigenkapital A		H
	16.500		

S	Fuhrpark		H
			12.500

S	Kasse		H
			4.000

8. Booking entries:

a) Sonstige Forderungen	58.700		Fuhrpark	45.000
			Waren	13.700
b) Kontokorrentkonto Bank X	58.700	an	Sonstige Forderungen	58.700

S	Sonstige Forderungen		H
a)	58.700	b)	58.700

S	Fuhrpark		H
		a)	45.000

S	Kontokorrentkonto Bank X		H
b)	58.700		

S	Waren		H
		a)	13.700

9. Booking entry:

Kontokorrentkonto Bank X	600.000		Eigenkapital B	1.000.000
Darlehensschulden, durch Grundpfandrechte gesichert	400.000			

S	Darlehensschulden, durch Grundpfandrechte gesichert		H
	400.000		

S	Kontokorrentkonto Bank X		H
	600.000		

S	Eigenkapital B		H
			1.000.000

10. Booking entries:

a) Sonstige Forderungen	3.000	an	Roh-, Hilfs- und Betriebsstoffe	3.000
b) Schecks	3.000	an	Sonstige Forderungen	3.000

S	Sonstige Forderungen		H
a)	3.000	b)	3.000

S	Roh-, Hilfs- und Betriebsstoffe		H
		a)	3.000

S	Schecks		H
b)	3.000		

11. Booking entries:

a) Sonstige Forderungen	450	an	Betriebs- und Geschäftsausstattung	450
b) Schecks	350		Sonstige Forderungen	450
Kasse	100			
c) Kontokorrentkonto Bank X	350	an	Schecks	350

S	Sonstige Forderungen		H
a)	450	b)	450

S	Betriebs- und Geschäftsausstattung		H
		a)	450

S	Schecks		H
b)	350	c)	350

S	Kasse		H
b)	100		

S	Kontokorrentkonto Bank X		H
c)	350		

LÖSUNGEN ZU AUFGABE 6

A. Buchungssätze der Eröffnungsbuchungen (ausgehend von der Schlussbilanz zum 31.12.01, Abb. 26, S. 60)

Grundstücke und Gebäude	630.000	an	Eröffnungsbilanzkonto	630.000
Maschinen und Werkzeuge	276.300	an	Eröffnungsbilanzkonto	276.300
Betriebs- und Geschäftsausstattung	74.000	an	Eröffnungsbilanzkonto	74.000
Fuhrpark	96.500	an	Eröffnungsbilanzkonto	96.500
Beteiligungen	201.000	an	Eröffnungsbilanzkonto	201.000
Roh-, Hilfs- und Betriebsstoffe	33.490	an	Eröffnungsbilanzkonto	33.490
Unfertige Erzeugnisse	76.200	an	Eröffnungsbilanzkonto	76.200
Fertigerzeugnisse	18.900	an	Eröffnungsbilanzkonto	18.900
Besitzwechsel	20.000	an	Eröffnungsbilanzkonto	20.000
Kundenforderungen	64.700	an	Eröffnungsbilanzkonto	64.700
Kasse	53.700	an	Eröffnungsbilanzkonto	53.700
Eröffnungsbilanzkonto	434.500	an	Eigenkapital A	434.500
Eröffnungsbilanzkonto	130.000	an	Eigenkapital B	130.000
Eröffnungsbilanzkonto	145.900	an	Eigenkapital C	145.900
Eröffnungsbilanzkonto	280.000	an	Darlehensschulden, durch Grundpfandrechte gesichert	280.000
Eröffnungsbilanzkonto	492.000	an	Darlehensschulden, sonstige	492.000
Eröffnungsbilanzkonto	22.550	an	Lieferantenverbindlichkeiten	22.550
Eröffnungsbilanzkonto	10.790	an	Schuldwechsel	10.790
Eröffnungsbilanzkonto	29.050	an	Kontokorrentkonto	29.050

B. Buchungssätze laufender Geschäftsvorfälle

1.	Kontokorrentkonto	44.200	an	Kundenforderungen	44.200
2.	Fuhrpark	4.500		Kasse	35.000
	Eigenkapital A	30.500			
	oder				
	a) Eigenkapital A	35.000	an	Kasse	35.000
	b) Fuhrpark	4.500	an	Eigenkapital A	4.500
3.	a) Betriebs- und Geschäftsausstattung	28.460	an	Lieferantenverbindlichkeiten	28.460
	b) Lieferantenverbindlichkeiten	28.460		Betriebs- und Geschäftsausstattung	1.220
				Kasse	18.700
				Kontokorrentkonto	8.540
4.	Schuldwechsel	10.790	an	Darlehensschulden, sonstige	10.790
	oder (bei Gutschrift des Darlehensbetrags auf dem Kontokorrentkonto)				
	a) Kontokorrentkonto	10.790	an	Darlehensschulden, sonstige	10.790
	b) Schuldwechsel	10.790	an	Kontokorrentkonto	10.790
5.	Lieferantenverbindlichkeiten	22.550	an	Eigenkapital B	22.550
6.	Darlehensschulden, sonstige	200.000	an	Eigenkapital (Bank)	200.000
7.	Kasse	20.000	an	Besitzwechsel	20.000
8.	a) Maschinen und Werkzeuge	175.000	an	Lieferantenverbindlichkeiten	175.000
	b) Kontokorrentkonto	201.000	an	Beteiligungen	201.000
	c) Lieferantenverbindlichkeiten	175.000	an	Kontokorrentkonto	175.000

9.	a) Grundstücke und Gebäude	83.900	an	Sonstige Verbindlichkeiten	83.900
	b) Sonstige Verbindlichkeiten	20.000	an	Kontokorrentkonto	20.000
	c) Kontokorrentkonto	63.900		Darlehensschulden, sonstige	63.900
	Sonstige Verbindlichkeiten	63.900		Kontokorrentkonto	63.900
10.	a) Grundstücke und Gebäude	83.000	an	Sonstige Verbindlichkeiten	83.000
	b) Kontokorrentkonto	83.000		Eigenkapital C	18.000
				Darlehensschulden, durch Grundpfandrechte gesichert	25.000
				Darlehensschulden, sonstige	40.000
	c) Sonstige Verbindlichkeiten	83.000	an	Kontokorrentkonto	83.000

C. Kontenbild

Eröffnungsbilanzkonto

S			H
Eigenkapital A	434.500	Grundstücke und Gebäude	630.000
Eigenkapital B	130.000	Maschinen und Werkzeuge	276.300
Eigenkapital C	145.900	Betriebs- und Geschäftsausstattung	74.000
Darlehensschulden, durch Grundpfandrechte gesichert	280.000	Fuhrpark	96.500
		Beteiligungen	201.000
Darlehensschulden, sonstige	492.000	Roh-, Hilfs- und Betriebsstoffe	33.490
Lieferantenverbindlichkeiten	22.550	Unfertige Erzeugnisse	76.200
Schuldwechsel	10.790	Fertigerzeugnisse	18.900
Kontokorrentkonto	29.050	Besitzwechsel	20.000
		Kundenforderungen	64.700
		Kasse	53.700
	1.544.790		1.544.790

Aktivkonten:

Grundstücke und Gebäude

S			H
AB	630.000	SB	796.900
(9a)	83.900		
(10a)	83.000		
	796.900		796.900

Maschinen und Werkzeuge

S			H
AB	276.300	SB	451.300
(8a)	175.000		
	451.300		451.300

Betriebs- und Geschäftsausstattung

S			H
AB	74.000	(3b)	1.220
(3a)	28.460	SB	101.240
	102.460		102.460

Fuhrpark

S			H
AB	96.500	SB	101.000
(2)	4.500		
	101.000		101.000

Beteiligungen

S			H
AB	201.000	(8b)	201.000
	201.000		201.000

Roh-, Hilfs- und Betriebsstoffe

S			H
AB	33.490	SB	33.490
	33.490		33.490

Unfertige Erzeugnisse

S			H
AB	76.200	SB	76.200
	76.200		76.200

Fertigerzeugnisse

S			H
AB	18.900	SB	18.900
	18.900		18.900

Besitzwechsel

S			H
AB	20.000	(7)	20.000
	20.000		20.000

Kundenforderungen

S			H
AB	64.700	(1)	44.200
		SB	20.500
	64.700		64.700

Kasse

S			H
AB	53.700	(2)	35.000
(7)	20.000	(3b)	18.700
		SB	20.000
	73.700		73.700

Passivkonten:

Eigenkapital A

S			H
(2)	30.500	AB	434.500
SB	404.000		
	434.500		434.500

Eigenkapital B

S			H
SB	152.550	AB	130.000
		(5)	22.550
	152.550		152.550

Eigenkapital C

S			H
SB	163.900	AB	145.900
		(10b)	18.000
	163.900		163.900

Eigenkapital (Bank)

S			H
SB	200.000	(6)	200.000
	200.000		200.000

Darlehensschulden, durch Grundpfandrechte gesichert

S			H
SB	305.000	AB	280.000
		(10b)	25.000
	305.000		305.000

Darlehensschulden, sonstige

S			H
(6)	200.000	AB	492.000
SB	406.690	(4)	10.790
		(9c)	63.900
		(10b)	40.000
	606.690		606.690

Lieferantenverbindlichkeiten

S			H
(3b)	28.460	AB	22.550
(5)	22.550	(3a)	28.460
(8c)	175.000	(8a)	175.000
	226.010		226.010

Schuldwechsel

S			H
(4)	10.790	AB	10.790
	10.790		10.790

Kontokorrentkonto

S			H
(1)	44.200	AB	29.050
(8b)	201.000	(3b)	8.540
(9c)	63.900	(8c)	175.000
(10b)	83.000	(9b)	20.000
		(9c)	63.900
		(10c)	83.000
		SB	12.610
	392.100		392.100

Sonstige Verbindlichkeiten

S			H
(9b)	20.000	(9a)	83.900
(9c)	63.900	(10a)	83.000
(10c)	83.000		
	166.900		166.900

Abschlussbuchungen:

Schlussbilanzkonto	796.900	an	Grundstücke und Gebäude	796.900
Schlussbilanzkonto	451.300	an	Maschinen und Werkzeuge	451.300
Schlussbilanzkonto	101.240	an	Betriebs- und Geschäftsausstattung	101.240
Schlussbilanzkonto	101.000	an	Fuhrpark	101.000
Schlussbilanzkonto	*	an	Beteiligungen	0*
Schlussbilanzkonto	33.490	an	Roh-, Hilfs- und Betriebsstoffe	33.490
Schlussbilanzkonto	76.200	an	Unfertige Erzeugnisse	76.200
Schlussbilanzkonto	18.900	an	Fertigerzeugnisse	18.900
Schlussbilanzkonto	*	an	Besitzwechsel	*
Schlussbilanzkonto	20.500	an	Kundenforderungen	20.500
Schlussbilanzkonto	20.000	an	Kasse	20.000
Schlussbilanzkonto	12.610	an	Kontokorrentkonto	12.610
Eigenkapital A	404.000	an	Schlussbilanzkonto	404.000
Eigenkapital B	152.550	an	Schlussbilanzkonto	152.550
Eigenkapital C	163.900	an	Schlussbilanzkonto	163.900
Eigenkapital (Bank)	200.000	an	Schlussbilanzkonto	200.000
Darlehensschulden, durch Grundpfandrechte gesichert	305.000	an	Schlussbilanzkonto	305.000
Darlehensschulden, sonstige	406.690	an	Schlussbilanzkonto	406.690
Lieferantenverbindlichkeiten	*	an	Schlussbilanzkonto	*
Schuldwechsel	*	an	Schlussbilanzkonto	*
Sonstige Verbindlichkeiten	*	an	Schlussbilanzkonto	*

* Der Wert eines solchen „leeren" Kontos braucht nicht – bzw. nicht in jedem Fall – in die Schlussbilanz übernommen zu werden. Um den Kontenabschluss kenntlich zu machen, reicht es hier auch aus, die beiden Kontenseiten aufzuaddieren.

Soll **Schlussbilanzkonto** Haben

Soll		Haben	
Grundstücke und Gebäude	796.900	Eigenkapital A	404.000
Maschinen und Werkzeuge	451.300	Eigenkapital B	152.550
Betriebs- und Geschäftsausstattung	101.240	Eigenkapital C	163.900
Fuhrpark	101.000	Eigenkapital (Bank)	200.000
Roh-, Hilfs- und Betriebsstoffe	33.490	Darlehensschulden, durch Grundpfandrechte gesichert	305.000
Unfertige Erzeugnisse	76.200	Darlehensschulden, sonstige	406.690
Fertigerzeugnisse	18.900		
Kundenforderungen	20.500		
Kasse	20.000		
Kontokorrentkonto	12.610		
	1.632.140		1.632.140

D. Schlussbilanz

Landmaschinenfabrik BULLDOG & Söhne OHG
Bilanz zum 31.12.02

Aktiva	EUR	Passiva	EUR
I. Anlagevermögen		I. Eigenkapital	
Grundstücke und Gebäude	796.900	Gesellschafter A	404.000
Maschinen und Werkzeuge	451.300	Gesellschafter B	152.550
Betriebs- und Geschäftsausstattung	101.240	Gesellschafter C	163.900
Fuhrpark	101.000	Gesellschafter D (Bank)	200.000
II. Umlaufvermögen		II. Fremdkapital	
Roh-, Hilfs- und Betriebsstoffe	33.490	Darlehensschulden, durch Grundpfandrechte gesichert	305.000
Unfertige Erzeugnisse	76.200	Darlehensschulden, sonstige	406.690
Fertigerzeugnisse	18.900		
Kundenforderungen	20.500		
Kontokorrentkonto	12.610		
Kasse	20.000		
	1.632.140		1.632.140

LÖSUNG ZU AUFGABE 7

1.	**Zahlungsmittelbestand**	–	**Geldvermögen**	–	**Reinvermögen**
a)	Zahlungsmittelbestands-veränderung	=	Kassenbestands-veränderung	+	Sichtguthaben-veränderung
	±0	=	+ 1.000 EUR	–	1.000 EUR

Wenn die 1.000 EUR abgehoben – und nicht gleichzeitig verbraucht – werden, ändert sich der Zahlungsmittelbestand nicht.

Das Geldvermögen ändert sich nicht, wenn das Sichtguthaben – wie in diesem Fall – auch nach der Transaktion einen Bestand von größer gleich null besitzt (Aktivtausch).

Auch das Reinvermögen (= Vermögen – Schulden) ändert sich nicht.

Fasst man die Frage 1.a) dagegen so auf, dass ein Eigentümer einer Unternehmung die 1.000 EUR vom Sichtguthaben der Unternehmung abhebt und in seinen Privatbereich transferiert, so verringert sich in dem angegebenen Fall für die Unternehmung

- der Zahlungsmittelbestand,
- das Geldvermögen und
- das Reinvermögen.

b) Sparguthaben sind für den Inhaber nicht jederzeit und unbeschränkt verfügbar. Für sie bestehen i. d. R. Kündigungsfristen. Aus diesem Grunde zählen sie nicht zu den Sichtguthaben, sondern gelten als sonstige Forderungen gegenüber Kreditinstituten.

Im Unterschied zu 1.a) **erhöht** sich durch eine Barabhebung also stets der Zahlungsmittelbestand (vorausgesetzt, das Bargeld bleibt in der Unternehmung).

Dagegen ändert sich die Höhe des Geldvermögens nicht, da der Erhöhung des Zahlungsmittelbestandes um 1.000 EUR eine gleich hohe Verminderung der sonstigen Geldforderungen gegenübersteht. Auch das Reinvermögen bleibt in seiner Höhe unverändert.

c) Welche der folgenden Aussagen sind richtig?

- ☐ Der Zahlungsmittelbestand setzt sich ausschließlich aus derzeit gültigen Münzen und Banknoten zusammen.
- ☒ Das Geldvermögen wird nicht in jedem Falle durch Auszahlungen vermindert.
- ☐ Das Geldvermögen wird nicht in jedem Falle durch Einnahmen erhöht.
- ☐ Geldvermögen und Nettovermögen sind identisch.
- ☒ Reinvermögen und Nettovermögen sind identisch.
- ☒ Das Reinvermögen wird durch Abschreibungen vom Buchwert eines PKWs vermindert.

2. Einzahlung – Einnahme – Ertrag

Ein Kunde begleicht eine offene Rechnung durch Überweisung auf unser Girokonto, das ein Guthaben aufweist. Für den Betrieb handelt es sich um

- ☒ eine Einzahlung;
- ☐ eine Einnahme;
- ☐ einen Ertrag;
- ☒ eine Erhöhung des Zahlungsmittelbestandes;
- ☐ eine Erhöhung des Geldvermögens;
- ☐ eine Erhöhung der Verbindlichkeiten.

3. Auszahlung – Ausgabe – Aufwand

Beim Einkauf von Rohstoffen auf Ziel handelt es sich um

- ☐ einen Aufwand, dem keine Auszahlung gegenübersteht;
- ☐ eine Auszahlung, der kein Aufwand entspricht;
- ☐ eine Erhöhung des Sachvermögens im Rahmen des übrigen Vermögens ohne Änderung des Geldvermögens;
- ☒ eine Erhöhung des Sachvermögens im Rahmen des übrigen Vermögens ohne Änderung des Zahlungsmittelbestandes;
- ☐ eine Auszahlung, der ein Aufwand entspricht.

4. Ausgabe – Aufwand

Einem Aufwand stehen keine Ausgaben gegenüber, wenn sich folgender Geschäftsvorfall ereignet hat:

- ☐ Verbrauch von Rohstoffen, die in der laufenden Periode beschafft wurden, zur Produktion von Fertigfabrikaten;
- ☐ eine Kundenforderung wird uneinbringlich;
- ☒ Totalabschreibung eines verunglückten LKWs, der in der Vorperiode angeschafft wurde.

LÖSUNG ZU AUFGABE 8

A. Buchungssätze der Eröffnungsbuchungen

Grundstücke und Gebäude	872.000	an	Eröffnungsbilanzkonto	872.000
Betriebs- und Geschäftsausstattung	73.500	an	Eröffnungsbilanzkonto	73.500
Fuhrpark	48.260	an	Eröffnungsbilanzkonto	48.260
Beteiligungen	20.000	an	Eröffnungsbilanzkonto	20.000
Waren	124.600	an	Eröffnungsbilanzkonto	124.600
Kundenforderungen	17.350	an	Eröffnungsbilanzkonto	17.350
Kontokorrentkonto	29.471	an	Eröffnungsbilanzkonto	29.471
Kasse	12.540	an	Eröffnungsbilanzkonto	12.540
Eröffnungsbilanzkonto	827.831	an	Eigenkapital	827.831
Eröffnungsbilanzkonto	312.260	an	Darlehensschulden	312.260
Eröffnungsbilanzkonto	57.630	an	Lieferantenverbindlichkeiten	57.630

B. Buchungssätze der laufenden Geschäftsvorfälle

1.	Gewerbesteueraufwendungen	7.960	an	Kontokorrentkonto	7.960
2.	Kontokorrentkonto	7.200	|	Beteiligungen	5.000
			|	Sonstige betriebliche Erträge	2.200
3.	Aufwendungen aus Kassenfehlbeständen	650	an	Kasse	650
4.	Aufwendungen für sonstige Abgaben und Gebühren	130	an	Kontokorrentkonto	130
5.	Kasse	650	an	Aufwendungen aus Kassenfehlbeständen	650
6.	Versicherungsaufwendungen	1.920	an	Kasse	1.920
7.	Provisionsaufwendungen	900	an	Kasse	900
8.	Kontokorrentkonto	740	an	Beteiligungserträge	740
9.	Kontokorrentkonto	45	an	Versicherungsaufwendungen	45
10.	Aufwendungen für Geschäftsreisen und Spesen	3.620	an	Kontokorrentkonto	3.620

11. Sonstige betriebliche Aufwendungen	18.900		Betriebs- und Geschäftsausstattung	15.000
			Waren	3.900
12. Leasingaufwendungen	960	an	Kontokorrentkonto	960
13. Kontokorrentkonto	65	an	Zinserträge	65
14. Kontokorrentkonto	3.900	an	Sonstige betriebliche Aufwendungen	3.900
15. Kontokorrentkonto	12.000	an	Mieterträge	12.000

C. Kontenbild

Auf den Abdruck des Eröffnungsbilanzkontos wird verzichtet.

Bestandskonten:

S Grundstücke und Gebäude H

S		H	
AB	872.000	SB	872.000
	872.000		872.000

S Betriebs- und Geschäftsausstattung H

S		H	
AB	73.500	(11)	15.000
		SB	58.500
	73.500		73.500

S Fuhrpark H

S		H	
AB	48.260	SB	48.260
	48.260		48.260

S Beteiligungen H

S		H	
AB	20.000	(2)	5.000
		SB	15.000
	20.000		20.000

S Waren H

S		H	
AB	124.600	(11)	3.900
		SB	120.700
	124.600		124.600

S Kundenforderungen H

S		H	
AB	17.350	SB	17.350
	17.350		17.350

S Kontokorrentkonto H

S		H	
AB	29.471	(1)	7.960
(2)	7.200	(4)	130
(8)	740	(10)	3.620
(9)	45	(12)	960
(13)	65	SB	40.751
(14)	3.900		
(15)	12.000		
	53.421		53.421

S Kasse H

S		H	
AB	12.540	(3)	650
(5)	650	(6)	1.920
		(7)	900
		SB	9.720
	13.190		13.190

S Eigenkapital H

S		H	
Verlust	15.440	AB	827.831
SB	812.391		
	827.831		827.831

S Darlehensschulden H

S		H	
SB	312.260	AB	312.260
	312.260		312.260

S	Lieferantenverbindlichkeiten		H
SB	57.630	AB	57.630
	57.630		57.630

Erfolgskonten:

S	Gewerbesteueraufwendungen		H
(1)	7.960	GuV	7.960
	7.960		7.960

S	Sonstige betriebliche Aufwendungen		H
(11)	18.900	(14)	3.900
		GuV	15.000
	18.900		18.900

S	Aufwendungen für sonstige Abgaben und Gebühren		H
(4)	130	GuV	130
	130		130

S	Versicherungsaufwendungen		H
(6)	1.920	(9)	45
		GuV	1.875
	1.920		1.920

S	Provisionsaufwendungen		H
(7)	900	GuV	900
	900		900

S	Aufwendungen für Geschäftsreisen und Spesen		H
(10)	3.620	GuV	3.620
	3.620		3.620

S	Leasingaufwendungen		H
(12)	960	GuV	960
	960		960

S	Aufwendungen aus Kassenfehlbeständen		H
(3)	650	(5)	650
	650		650

S	Sonstige betriebliche Erträge		H
GuV	2.200	(2)	2.200
	2.200		2.200

S	Beteiligungserträge		H
GuV	740	(8)	740
	740		740

S	Zinserträge		H
GuV	65	(13)	65
	65		65

S	Mieterträge		H
GuV	12.000	(15)	12.000
	12.000		12.000

Vorbereitende Abschlussbuchungen:

GuV-Konto	7.960	an	Gewerbesteueraufwendungen	7.960
GuV-Konto	15.000	an	Sonstige betriebliche Aufwendungen	15.000
GuV-Konto	130	an	Aufwendungen für sonstige Abgaben und Gebühren	130
GuV-Konto	1.875	an	Versicherungsaufwendungen	1.875
GuV-Konto	900	an	Provisionsaufwendungen	900

GuV-Konto	3.620	an	Aufwendungen für Geschäftsreisen und Spesen	3.620
GuV-Konto	960	an	Leasingaufwendungen	960
Sonstige betriebliche Erträge	2.200	an	GuV-Konto	2.200
Beteiligungserträge	740	an	GuV-Konto	740
Zinserträge	65	an	GuV-Konto	65
Mieterträge	12.000	an	GuV-Konto	12.000

S	**Gewinn- und Verlustkonto**		H
Gewerbesteueraufwendungen	7.960	Sonstige betriebliche Erträge	2.200
Sonstige betriebliche Aufwendungen	15.000	Beteiligungserträge	740
Aufwendungen für sonstige Abgaben und Gebühren	130	Zinserträge	65
		Mieterträge	12.000
Versicherungsaufwendungen	1.875	Verlust	15.440
Provisionsaufwendungen	900		
Aufwendungen für Geschäftsreisen und Spesen	3.620		
Leasingaufwendungen	960		
	30.445		30.445

Eigenkapital	15.440	an	GuV-Konto	15.440

Schlussbilanzkonto aufgrund der nicht abgedruckten Abschlussbuchungen:

S	**Schlussbilanzkonto**		H
Grundstücke und Gebäude	872.000	Eigenkapital	812.391
Betriebs- und Geschäftsausstattung	58.500	Darlehensschulden	312.260
Fuhrpark	48.260	Lieferantenverbindlichkeiten	57.630
Beteiligungen	15.000		
Waren	120.700		
Kundenforderungen	17.350		
Kontokorrentkonto	40.751		
Kasse	9.720		
	1.182.281		1.182.281

Schlussbilanz:

Aktiva	EUR	Textilgroßhandel Jakob Pelz Bilanz zum 31.12.03	EUR Passiva
I. Anlagevermögen		I. Eigenkapital	812.391
Grundstücke und Gebäude	872.000	II. Fremdkapital	
Betriebs- und Geschäftsausstattung	58.500	Darlehensschulden	312.260
Fuhrpark	48.260	Lieferantenverbindlichkeiten	57.630
Beteiligungen	15.000		
II. Umlaufvermögen			
Waren	120.700		
Kundenforderungen	17.350		
Kontokorrentkonto	40.751		
Kasse	9.720		
	1.182.281		1.182.281

LÖSUNG ZU AUFGABE 9

A. Buchungssätze (ohne Eröffnungsbuchungen):

1.	a) Kundenforderungen	31.900	an	Warenverkaufskonto	31.900
	b) Kasse	31.900	an	Kundenforderungen	31.900
2.	Kasse	372	an	Kundenforderungen	372
3.	a) Warenverkaufskonto	9.960	an	Sonstige Verbindlichkeiten	9.960
	b) Sonstige Verbindlichkeiten	9.960	an	Kasse	9.960
4.	Zinsaufwendungen	24.500		Kasse	10.500
				Wertpapiere	10.000
				Sonstige betriebliche Erträge	4.000
5.	Kundenforderungen	52.300	an	Warenverkaufskonto	52.300
6.	Kontokorrentkonto	51.254		Kundenforderungen	52.300
	Skontoaufwendungen	1.046			
7.	Wareneinkaufskonto	62.320	an	Lieferantenverbindlichkeiten	62.320
8.	Betriebs- und Geschäftsausstattung	340	an	Warenverkaufskonto	340
9.	a) Kundenforderungen	59.900	an	Warenverkaufskonto	59.900
	b) Kasse	59.900	an	Kundenforderungen	59.900
10.	Lieferantenverbindlichkeiten	62.320	an	Kontokorrentkonto	62.320
11.	Schuldwechsel	16.000		Kasse	63.760
	Lieferantenverbindlichkeiten	22.760			
	Kontokorrentkonto	25.000			
12.	Kundenforderungen	11.700	an	Warenverkaufskonto	11.700
13.	Kontokorrentkonto	11.349		Kundenforderungen	11.700
	Skontoaufwendungen	351			
14.	Warenverkaufskonto	735	an	Sonstige Verbindlichkeiten	735

B. Kontenbild:

S	Grundstücke und Gebäude		H
AB	760.000	SB	760.000
	760.000		760.000

S	Betriebs- und Geschäftsausstattung		H
AB	73.650	SB	73.990
(8)	340		
	73.990		73.990

S	Fuhrpark		H
AB	44.900	SB	44.900
	44.900		44.900

S	Wareneinkaufskonto		H
AB	150.540	SB	111.551
(7)	62.320	GuV	101.309
	212.860		212.860

S	Kundenforderungen		H
AB	372	(1b)	31.900
(1a)	31.900	(2)	372
(5)	52.300	(6)	52.300
(9a)	59.900	(9b)	59.900
(12)	11.700	(13)	11.700
	156.172		156.172

S	Wertpapiere		H
AB	10.000	(4)	10.000
	10.000		10.000

S	Kontokorrentkonto		H
AB	3.897	(10)	62.320
(6)	51.254	SB	29.180
(11)	25.000		
(13)	11.349		
	91.500		91.500

S	Kasse		H
AB	2.427	(3b)	9.960
(1b)	31.900	(4)	10.500
(2)	372	(11)	63.760
(9b)	59.900	SB	10.379
	94.599		94.599

S	Eigenkapital		H
SB	723.265	AB	701.026
		Gewinn	22.239
	723.265		723.265

S	Darlehensschulden		H
SB	286.000	AB	286.000
	286.000		286.000

S	Lieferantenverbindlichkeiten		H
(10)	62.320	AB	42.760
(11)	22.760	(7)	62.320
SB	20.000		
	105.080		105.080

S	Schuldwechsel		H
(11)	16.000	AB	16.000
	16.000		16.000

S	Sonstige Verbindlichkeiten		H
(3b)	9.960	(3a)	9.960
SB	735	(14)	735
	10.695		10.695

Erfolgskonten:

S	Zinsaufwendungen		H
(4)	24.500	GuV	24.500
	24.500		24.500

S	Sonstige betriebliche Erträge		H
GuV	4.000	(4)	4.000
	4.000		4.000

S	Warenverkaufskonto		H
(3a)	9.960	(1a)	31.900
(14)	735	(5)	52.300
Skontoaufw.	1.397	(8)	340
GuV	144.048	(9a)	59.900
		(12)	11.700
	156.140		156.140

S	Skontoaufwendungen		H
(6)	1.046	WVK	1.397
(13)	351		
	1.397		1.397

Vorbereitende Abschlussbuchungen:

Warenverkaufskonto	1.397	an	Skontoaufwendungen	1.397
GuV-Konto	24.500	an	Zinsaufwendungen	24.500
GuV-Konto	101.309	an	Wareneinkaufskonto	101.309
Warenverkaufskonto	144.048	an	GuV-Konto	144.048
Sonstige betriebliche Erträge	4.000	an	GuV-Konto	4.000
GuV-Konto	22.239	an	Eigenkapital	22.239

S	**Gewinn- und Verlustkonto**		H
Zinsaufwendungen	24.500	Warenverkaufskonto	144.048
Wareneinkaufskonto	101.309	Sonstige betriebliche Erträge	4.000
Gewinn (Eigenkapital)	22.239		
	148.048		148.048

Aufgrund der nicht abgedruckten Abschlussbuchungen ergibt sich das folgende Schlussbilanzkonto:

S	**Schlussbilanzkonto**		H
Grundstücke und Gebäude	760.000	Eigenkapital	723.265
Betriebs- und Geschäftsausstattung	73.990	Darlehensschulden	286.000
Fuhrpark	44.900	Lieferantenverbindlichkeiten	20.000
Wareneinkaufskonto	111.551	Sonstige Verbindlichkeiten	735
Kontokorrentkonto	29.180		
Kasse	10.379		
	1.030.000		1.030.000

Schlussbilanz:

Aktiva	EUR	Otto Wurm – Möbelhandlung Bilanz zum 31.12.03	Passiva EUR
I. Anlagevermögen		I. Eigenkapital	723.265
Grundstücke und Gebäude	760.000	II. Fremdkapital	
Betriebs- und Geschäftsausstattung	73.990	Darlehensschulden	286.000
Fuhrpark	44.900	Lieferantenverbindlichkeiten	20.000
II. Umlaufvermögen		Sonstige Verbindlichkeiten	735
Waren	111.551		
Kontokorrentkonto	29.180		
Kasse	10.379		
	1.030.000		1.030.000

LÖSUNG ZU AUFGABE 10

Buchungssätze (ohne Eröffnungsbuchungen):

	Soll	Betrag		Haben	Betrag
1.	a) Kundenforderungen	42.000		Warenverkaufskonto	35.000
				Umsatzsteuer	7.000
	b) Kasse	42.000	an	Kundenforderungen	42.000
2.	Privatkonto	780		Entnahmen durch den Unternehmer	650
				Umsatzsteuer	130
3.	Lieferantenverbindlichkeiten	17.650	an	Kasse	17.650
4.	a) Wareneinkaufskonto	10.450		Lieferantenverbindlichkeiten	12.540
	Vorsteuer	2.090			
	b) Lieferantenverbindlichkeiten	12.540	an	Kontokorrentkonto	12.540
5.	a) Kundenforderungen	2.040		Warenverkaufskonto	1.700
				Umsatzsteuer	340
	b) Kasse	500	an	Kundenforderungen	500
6.	a) Warenverkaufskonto	450		Sonstige Verbindlichkeiten	540
	Umsatzsteuer	90			
	b) Sonstige Verbindlichkeiten	540	an	Kasse	540
7.	a) Umsatzsteuer	2.090	an	Vorsteuer	2.090
	b) Umsatzsteuer	5.290	an	Kontokorrentkonto	5.290

Kontenbild:

S	Grundstücke und Gebäude		H
AB	410.000	SB	410.000
	410.000		410.000

S	Betriebs- und Geschäftsausstattung		H
AB	62.141	SB	62.141
	62.141		62.141

S	Wareneinkaufskonto		H
AB	109.600	SB	99.150
(4a)	10.450	GuV	20.900
	120.050		120.050

S	Kontokorrentkonto		H
AB	43.450	(4b)	12.540
		(7b)	5.290
		SB	25.620
	43.450		43.450

S	Kasse		H
AB	8.200	(3)	17.650
(1b)	42.000	(6b)	540
(5b)	500	SB	32.510
	50.700		50.700

S	Kundenforderungen		H
(1a)	42.000	(1b)	42.000
(5a)	2.040	(5b)	500
		SB	1.540
	44.040		44.040

S	Eigenkapital		H
Privatkonto	780	AB	480.600
SB	495.820	GuV	16.000
	496.600		496.600

S	Privatkonto		H
(2)	780	EK	780
	780		780

S	Lieferantenverbindlichkeiten		H
(3)	17.650	AB	32.650
(4b)	12.540	(4a)	12.540
SB	15.000		
	45.190		45.190

S	Darlehensschulden		H
SB	120.141	AB	120.141
	120.141		120.141

S	Vorsteuer		H
(4a)	2.090	(7a)	2.090
	2.090		2.090

S	Umsatzsteuer		H
(6a)	90	(1a)	7.000
(7a)	2.090	(2)	130
(7b)	5.290	(5a)	340
	7.470		7.470

S	Warenverkaufskonto		H
(6a)	450	(1a)	35.000
GuV	36.250	(5a)	1.700
	36.700		36.700

S	Entnahmen durch den Unternehmer		H
GuV	650	(2)	650
	650		650

S	Sonstige Verbindlichkeiten		H
(6b)	540	(6a)	540
	540		540

Vorbereitende Abschlussbuchungen:

GuV-Konto	20.900	an	Wareneinkaufskonto	20.900
Warenverkaufskonto	36.250	an	GuV-Konto	36.250
Entnahmen durch den Unternehmer	650	an	GuV-Konto	650

S	Gewinn- und Verlustkonto		H
WEK	20.900	WVK	36.250
Rohgewinn	16.000	Entnahmen durch den Unternehmer	650
	36.900		36.900

Eigenkapital	780	an	Privatkonto	780
GuV-Konto	16.000	an	Eigenkapital	16.000

Aufgrund der nicht abgedruckten Abschlussbuchungen ergibt sich das folgende Schlussbilanzkonto:

S	Schlussbilanzkonto		H
Grundstücke und Gebäude	410.000	Eigenkapital	495.820
Betriebs- und Geschäftsausstattung	62.141	Darlehensschulden	120.141
Waren	99.150	Lieferantenverbindlichkeiten	15.000
Kundenforderungen	1.540		
Kontokorrentkonto	25.620		
Kasse	32.510		
	630.961		630.961

Schlussbilanz:

Elektroeinzelhandel Karl Watt Bilanz zum 31.12.02			
Aktiva			Passiva
	EUR		EUR
I. Anlagevermögen		I. Eigenkapital	495.820
Grundstücke und Gebäude	410.000	II. Fremdkapital	
Betriebs- und Geschäftsausstattung	62.141	Darlehensschulden	120.141
II. Umlaufvermögen		Lieferantenverbindlichkeiten	15.000
Waren	99.150		
Kundenforderungen	1.540		
Kontokorrentkonto	25.620		
Kasse	32.510		
	630.961		630.961

LÖSUNG ZU AUFGABE 11

Buchungssätze:

1.	a) bei Zahlung:				
	Versicherungsaufwendungen	6.000	an	Kontokorrentkonto	6.000
	b) am Geschäftsjahresende:				
	Aktive Rechnungsabgrenzungsposten	6.000	an	Versicherungsaufwendungen	6.000
2.	a) bei Auszahlung der Kreditsumme:				
	Forderungen an verbundene Unternehmen	200.000		Kontokorrentkonto	196.000
				Zinserträge	4.000
	b) am Geschäftsjahresende:				
	Zinserträge	2.000	an	Passive Rechnungsabgrenzungsposten	2.000
3.	a) Dubiose Forderungen	60.000	an	Kundenforderungen	60.000
	b) Abschreibungen auf Forderungen	40.000	an	Dubiose Forderungen	40.000
4.	Sonstige betriebl. Aufwendungen	1.000.000	an	Prozessrückstellungen	1.000.000
5.	Sonstige betriebl. Aufwendungen	30.000	an	Rückstellungen für unterlassene Instandhaltungsmaßnahmen	30.000
6.	Kein buchungsfähiger Vorgang, da ungewisse Forderungen nicht antizipiert werden dürfen.				
7.	Sonstige betriebl. Aufwendungen	50.000	an	Rückstellungen für drohende Verluste aus schwebenden Geschäften	50.000
8.	a) bei Inanspruchnahme der Kreditsumme:				
	Kasse	594.000		Verbindlichkeiten gegenüber Kreditinstituten	600.000
	Zinsaufwendungen	6.000			
	b) am Geschäftsjahresende:				
	Aktive Rechnungsabgrenzungsposten	3.000	an	Zinsaufwendungen	3.000
9.	a) Sonstige betriebl. Aufwendungen	40.000	an	Kasse	40.000
	b) Sonstige betriebl. Aufwendungen	60.000	an	Sonstige Rückstellungen	60.000
10.	Am Geschäftsjahresende:				
	Sonstige betriebliche Aufwendungen	20.000	an	Sonstige Verbindlichkeiten	20.000
11.	Sonstige Forderungen	9.000	an	Mieterträge	9.000

LÖSUNG ZU AUFGABE 12

Teilaufgabe a)

Eröffnungsbuchungen:

Grundstücke und Gebäude	697.934	an	Eröffnungsbilanzkonto	697.934
Maschinen und maschinelle Anlagen	57.366	an	Eröffnungsbilanzkonto	57.366
Fuhrpark	65.034	an	Eröffnungsbilanzkonto	65.034
Wareneinkaufskonto	212.000	an	Eröffnungsbilanzkonto	212.000
Kundenforderungen	30.000	an	Eröffnungsbilanzkonto	30.000
Kontokorrentkonto	41.332	an	Eröffnungsbilanzkonto	41.332
Eröffnungsbilanzkonto	214.900	an	Eigenkapital A	214.900
Eröffnungsbilanzkonto	74.600	an	Eigenkapital B	74.600
Eröffnungsbilanzkonto	258.000	an	Eigenkapital C	258.000
Eröffnungsbilanzkonto	512.666	an	Darlehensschulden, durch Grundpfandrechte gesichert	512.666
Eröffnungsbilanzkonto	13.500	an	Lieferantenverbindlichkeiten	13.500
Eröffnungsbilanzkonto	30.000	an	Schuldwechsel	30.000

Buchungen der laufenden Geschäftsvorfälle:

1.	Kundenforderungen	79.800	|	Warenverkaufskonto	66.500
			|	Umsatzsteuer	13.300
2.	Darlehensschulden, durch Grundpfandrechte gesichert	8.566	|	Kontokorrentkonto	30.066
	Zinsaufwendungen	21.500	|		
3.	Kasse	79.800	an	Kundenforderungen	79.800
4.	a) Kundenforderungen	90.000	|	Warenverkaufskonto	75.000
			|	Umsatzsteuer	15.000
	b) Kontokorrentkonto	90.000	an	Kundenforderungen	90.000
5.	a) Werbeaufwendungen	12.000	|	Sonstige Verbindlichkeiten	14.400
	Vorsteuer	2.400	|		
	b) Sonstige Verbindlichkeiten	14.400	an	Kontokorrentkonto	14.400
6.	Kein buchungsfähiger Geschäftsvorfall				
7.	a) Maschinen und maschinelle Anlagen	60.000	|	Lieferantenverbindlichkeiten	72.000
	Vorsteuer	12.000	|		
	b) Lieferantenverbindlichkeiten	72.000	an	Kontokorrentkonto	72.000
8.	a) Roh-, Hilfs- und Betriebsstoffe	2.600	|	Lieferantenverbindlichkeiten	3.120
	Vorsteuer	520	|		
	b) Lieferantenverbindlichkeiten	3.120	an	Kasse	3.120
	c) Aufwendungen für Roh-, Hilfs- und Betriebsstoffe	1.300	an	Roh-, Hilfs- und Betriebsstoffe	1.300

9.a) Kontokorrentkonto	43.500	an	Darlehensschulden, sonstige	43.500
b) Lieferantenverbindlichkeiten	13.500		Kontokorrentkonto	43.500
Schuldwechsel	30.000			
10. Kundenforderungen	45.600		Warenverkaufskonto	38.000
			Umsatzsteuer	7.600
11. Kundenforderungen	2.400		Warenverkaufskonto	2.000
			Umsatzsteuer	400
12. Kontokorrentkonto	2.400		Mieterträge	2.000
			Umsatzsteuer	400

Vorbereitende Abschluss- und Korrekturbuchungen:

13. Abschreibungen auf Anlagen	3.000	an	Maschinen und maschinelle Anlagen	3.000
14. Abschreibungen auf Anlagen	2.500	an	Maschinen und maschinelle Anlagen	2.500
15. Abschreibungen auf Fuhrpark	8.634	an	Fuhrpark	8.634
16. Abschreibungen auf Forderungen	2.000		Kundenforderungen	2.400
Umsatzsteuer	400			
17. Abschreibungen auf Forderungen	3.780	an	Kundenforderungen	3.780

Der Forderungsbestand nach Abzug der Abschreibung in Höhe von 2.000 EUR zzgl. USt (vgl. Geschäftsvorfall Nr. 16) beträgt 75.600 EUR.

18. Mieterträge	400	an	Passive Rechnungsabgrenzungsposten	400

(Eine Abgrenzung der Umsatzsteuer findet nicht statt.)

19. Aufwendungen aus Kassenfehlbeträgen	103	an	Kasse	103
20. Umsatzsteuer	14.920	an	Vorsteuer	14.920
21. GuV-Konto (Wareneinsatz)	102.000	an	Wareneinkaufskonto	102.000

Kontenbild (ohne Eröffnungsbilanzkonto):

Bestandskonten:

S Grundstücke und Gebäude H

S		H	
AB	697.934	SB	697.934
	697.934		697.934

S Maschinen und maschinelle Anlagen H

S		H	
AB	57.366	(13)	3.000
(7a)	60.000	(14)	2.500
		SB	111.866
	117.366		117.366

S Fuhrpark H

S		H	
AB	65.034	(15)	8.634
		SB	56.400
	65.034		65.034

S Wareneinkaufskonto H

S		H	
AB	212.000	GuV-Konto	102.000
		SB	110.000
	212.000		212.000

S	Roh-, Hilfs- und Betriebsstoffe		H
(8a)	2.600	(8c)	1.300
		SB	1.300
	2.600		2.600

S	Kundenforderungen		H
AB	30.000	(3)	79.800
(1)	79.800	(4b)	90.000
(4a)	90.000	(16)	2.400
(10)	45.600	(17)	3.780
(11)	2.400	SB	71.820
	247.800		247.800

S	Kontokorrentkonto		H
AB	41.332	(2)	30.066
(4b)	90.000	(5b)	14.400
(9a)	43.500	(7b)	72.000
(12)	2.400	(9b)	43.500
		SB	17.266
	177.232		177.232

S	Kasse		H
(3)	79.800	(8b)	3.120
		(19)	103
		SB	76.577
	79.800		79.800

S	Eigenkapital A		H
SB	224.957	AB	214.900
		GuV	10.057
	224.957		224.957

S	Eigenkapital B		H
SB	79.045	AB	74.600
		GuV	4.445
	79.045		79.045

S	Eigenkapital C		H
SB	269.781	AB	258.000
		GuV	11.781
	269.781		269.781

S	Darlehensschulden, durch Grundpfandrechte gesichert		H
(2)	8.566	AB	512.666
SB	504.100		
	512.666		512.666

S	Darlehensschulden, sonstige		H
SB	43.500	(9a)	43.500
	43.500		43.500

S	Lieferantenverbindlichkeiten		H
(7b)	72.000	AB	13.500
(8b)	3.120	(7a)	72.000
(9b)	13.500	(8a)	3.120
	88.620		88.620

S	Schuldwechsel		H
(9b)	30.000	AB	30.000
	30.000		30.000

S	Passive Rechnungsabgrenzungsposten		H
SB	400	(18)	400
	400		400

S	Vorsteuer		H
(5a)	2.400	(20)	14.920
(7a)	12.000		
(8a)	520		
	14.920		14.920

S	Umsatzsteuer		H
(16)	400	(1)	13.300
(20)	14.920	(4a)	15.000
SB	21.380	(10)	7.600
		(11)	400
		(12)	400
	36.700		36.700

S	Sonstige Verbindlichkeiten		H
(5b)	14.400	(5a)	14.400
	14.400		14.400

Erfolgskonten:

S	Zinsaufwendungen		H
(2)	21.500	GuV	21.500
	21.500		21.500

S	Werbeaufwendungen		H
(5a)	12.000	GuV	12.000
	12.000		12.000

S	Aufwendungen für Roh-, Hilfs- und Betriebsstoffe		H
(8c)	1.300	GuV	1.300
	1.300		1.300

S	Abschreibungen auf Anlagen		H
(13)	3.000	GuV	5.500
(14)	2.500		
	5.500		5.500

S	Abschreibungen auf Fuhrpark		H
(15)	8.634	GuV	8.634
	8.634		8.634

S	Abschreibungen auf Forderungen		H
(16)	2.000	GuV	5.780
(17)	3.780		
	5.780		5.780

S	Aufwendungen aus Kassenfehlbeträgen		H
(19)	103	GuV	103
	103		103

S	Mieterträge		H
(18)	400	(12)	2.000
GuV	1.600		
	2.000		2.000

S	Warenverkaufskonto		H
GuV	181.500	(1)	66.500
		(4a)	75.000
		(10)	38.000
		(11)	2.000
	181.500		181.500

Konten	Summenbilanz		Saldenbilanz	
	S	H	S	H
Grundstücke und Gebäude	697.934		697.934	
Maschinen und maschinelle Anlagen	117.366		117.366	
Fuhrpark	65.034		65.034	
Waren	212.000		212.000	
Roh-, Hilfs- und Betriebsstoffe	2.600	1.300	1.300	
Kundenforderungen	247.800	169.800	78.000	
Kontokorrentkonto	177.232	159.966	17.266	
Kasse	79.800	3.120	76.680	
Vorsteuer	14.920		14.920	
Eigenkapital A		214.900		214.900
Eigenkapital B		74.600		74.600
Eigenkapital C		258.000		258.000
Darlehensschulden, durch Grundpfandrechte gesichert	8.566	512.666		504.100
Darlehensschulden, sonstige		43.500		43.500
Lieferantenverbindlichkeiten	88.620	88.620		
Schuldwechsel	30.000	30.000		
Passive Rechnungsabgrenzungsposten				
Umsatzsteuer		36.700		36.700
Sonstige Verbindlichkeiten	14.400	14.400		
Zinsaufwendungen	21.500		21.500	
Werbeaufwendungen	12.000		12.000	
Aufwendungen für Roh-, Hilfs- und Betriebsstoffe	1.300		1.300	
Abschreibungen auf Anlagen				
Abschreibungen auf Forderungen				
Abschreibungen auf Fuhrpark				
Aufwendungen aus Kassenfehlbeträgen				
Mieterträge		2.000		2.000
Warenverkaufskonto		181.500		181.500
Wareneinsatz				
	1.791.072	1.791.072	1.315.300	1.315.300

Korrektur und vorbereitende Abschlussbuchungen		Saldenbilanz II		Abschlussbilanz		Erfolgsübersicht	
S	H	S	H	S	H	S	H
		697.934		697.934			
	5.500	111.866		111.866			
	8.634	56.400		56.400			
	102.000	110.000		110.000			
		1.300		1.300			
	6.180	71.820		71.820			
		17.266		17.266			
	103	76.577		76.577			
	14.920						
			214.900		214.900		
			74.600		74.600		
			258.000		258.000		
			504.100		504.100		
			43.500		43.500		
	400		400		400		
15.320			21.380		21.380		
		21.500				21.500	
		12.000				12.000	
		1.300				1.300	
5.500		5.500				5.500	
5.780		5.780				5.780	
8.634		8.634				8.634	
103		103				103	
400			1.600				1.600
			181.500				181.500
102.000		102.000				102.000	
137.737	137.737	1.299.980	1.299.980	1.143.163	1.116.880	156.817	183.100
					26.283	26.283	
				1.143.163	1.143.163	183.100	183.100

Teilaufgabe b)

Vorbereitende Abschlussbuchungen:

GuV-Konto	21.500	an	Zinsaufwendungen	21.500
GuV-Konto	12.000	an	Werbeaufwendungen	12.000
GuV-Konto	1.300	an	Aufwendungen für Roh-, Hilfs- und Betriebsstoffe	1.300
GuV-Konto	5.500	an	Abschreibungen auf Anlagen	5.500
GuV-Konto	5.780	an	Abschreibungen auf Forderungen	5.780
GuV-Konto	8.634	an	Abschreibungen auf Fuhrpark	8.634
GuV-Konto	103	an	Aufwendungen aus Kassenfehlbeträgen	103
GuV-Konto	102.000	an	Wareneinkaufskonto	102.000
Mieterträge	1.600	an	GuV-Konto	1.600
Warenverkaufskonto	181.500	an	GuV-Konto	181.500

GuV-Konto

S			H
Zinsaufwendungen	21.500	Mieterträge	1.600
Werbeaufwendungen	12.000	Warenverkaufskonto	181.500
Aufwendungen für Roh-, Hilfs- und Betriebsstoffe	1.300		
Abschreibungen auf Anlagen	5.500		
Abschreibungen auf Forderungen	5.780		
Abschreibungen auf Fuhrpark	8.634		
Aufwendungen aus Kassenfehlbeträgen	103		
Wareneinkaufskonto (Wareneinsatz)	102.000		
Gewinn	26.283		
	183.100		183.100

Gewinnverteilung:

Gesamtgewinn							26.283
./. 4 % Eigenkapital A	=	0,04	×	214.900	=	–	8.596
./. 4 % Eigenkapital B	=	0,04	×	74.600	=	–	2.984
./. 4 % Eigenkapital C	=	0,04	×	258.000	=	–	10.320
= Rest							4.383

Verteilung des Restgewinnbetrags nach Köpfen:

4.383 : 3 = 1.461 (EUR pro Gesellschafter)

Gewinnzuweisung:

GuV-Konto	10.057	an	Eigenkapital A	10.057
GuV-Konto	4.445	an	Eigenkapital B	4.445
GuV-Konto	11.781	an	Eigenkapital C	11.781
				26.283

Aus den nicht abgedruckten Abschlussbuchungen ergibt sich das folgende Schlussbilanzkonto:

S	Schlussbilanzkonto		H
Grundstücke und Gebäude	697.934	Eigenkapital A	224.957
Maschinen und maschinelle Anlagen	111.866	Eigenkapital B	79.045
Fuhrpark	56.400	Eigenkapital C	269.781
Waren	110.000	Darlehensschulden, durch Grundpfandrechte gesichert	504.100
Roh-, Hilfs- und Betriebsstoffe	1.300		
Kundenforderungen	71.820	Darlehensschulden, sonstige	43.500
Kontokorrentkonto	17.266	Umsatzsteuer (Sonstige Verbindlichkeiten)	21.380
Kasse	76.577	Passive Rechnungsabgrenzungsposten	400
	1.143.163		1.143.163

Schlussbilanz:

Weinhandlung Strahlemann & Söhne OHG Aktiva — Bilanz zum 31.12.02	EUR	Passiva	EUR
I. Anlagevermögen		I. Eigenkapital	
Grundstücke und Gebäude	697.934	Gesellschafter A	224.957
Maschinen und maschinelle Anlagen	111.866	Gesellschafter B	79.045
Fuhrpark	56.400	Gesellschafter C	269.781
II. Umlaufvermögen		II. Fremdkapital	
Waren	110.000	Darlehensschulden, durch Grundpfandrechte gesichert	504.100
Roh-, Hilfs- und Betriebsstoffe	1.300		
Kundenforderungen	71.820	Darlehensschulden, sonstige	43.500
Kontokorrentkonto	17.266	Sonstige Verbindlichkeiten	21.380
Kasse	76.577	Passive Rechnungsabgrenzungsposten	400
	1.143.163		1.143.163

Teilaufgabe c)

Verwendung des Jahresüberschusses:

	Jahresüberschuss	26.283	
./.	Verlustvortrag	2.500	
		23.783	
./.	Einstellung in die gesetzliche Rücklage (5 % von 23.783 = 1.189 gerundet)	1.189	
		22.594	
	davon 50 %	= 11.297	Zuführung zu den anderen Gewinnrücklagen

Buchungssätze:

1. Jahresergebnis	26.283	an	Bilanzergebnis	26.283
2. Bilanzergebnis	2.500	an	Verlustvortrag	2.500
3. Veränderungen der Gewinnrücklagen vor Bilanzergebnis	12.486		Gesetzliche Rücklage	1.189
			Andere Gewinnrücklagen	11.297
4. Bilanzergebnis	12.486	an	Veränderungen der Gewinnrücklagen vor Bilanzergebnis	12.486
5. Bilanzergebnis	11.297	an	Schlussbilanzkonto	11.297
6. Gezeichnetes Kapital	520.000	an	Schlussbilanzkonto	520.000
7. Kapitalrücklage	20.000	an	Schlussbilanzkonto	20.000
8. Gesetzliche Rücklage	11.189	an	Schlussbilanzkonto	11.189
9. Andere Gewinnrücklagen	11.297	an	Schlussbilanzkonto	11.297

Kontenbild:

S	Jahresergebnis (GuV-Konto)		H
(1)	26.283		

S	Bilanzergebnis		H
(2)	2.500	(1)	26.283
(4)	12.486		
(5)	11.297		

S	Veränderungen der Gewinnrücklagen vor Bilanzergebnis		H
(3)	12.486	(4)	12.486

S	Verlustvortrag		H
AB	2.500	(2)	2.500

S	Gesetzliche Rücklage		H
(8)	11.189	AB	10.000
		(3)	1.189

S	Andere Gewinnrücklagen		H
(9)	11.297	(3)	11.297

S	Kapitalrücklage		H
(7)	20.000	AB	20.000

S	Gezeichnetes Kapital		H
(6)	520.000	AB	520.000

S	**Schlussbilanzkonto**		H
Grundstücke und Gebäude	697.934	Gezeichnetes Kapital	520.000
Maschinen und maschinelle Anlagen	111.866	Kapitalrücklage	20.000
Fuhrpark	56.400	Gesetzliche Rücklage	11.189
Waren	110.000	Andere Gewinnrücklagen	11.297
Roh-, Hilfs- und Betriebsstoffe	1.300	Bilanzergebnis	11.297
Kundenforderungen	71.820	Darlehensschulden, durch Grundpfandrechte gesichert	504.100
Kontokorrentkonto	17.266	Darlehensschulden, sonstige	43.500
Kasse	76.577	Umsatzsteuer (Sonstige Verbindlichkeiten)	21.380
		Passive Rechnungsabgrenzungsposten	400
	1.143.163		1.143.163

Aktiva		Strahlemann AG **Bilanz zum 31.12.02**	Passiva
	EUR		EUR
A Anlagevermögen		A. Eigenkapital	
Sachanlagen:		Gezeichnetes Kapital	520.000
Grundstücke, grundstücksgleiche Rechte und Bauten einschließlich der Bauten auf fremden Grundstücken	697.934	Kapitalrücklage	20.000
		Gewinnrücklagen:	
		gesetzliche Rücklage	11.189
technische Anlagen und Maschinen	111.866	andere Gewinnrücklagen	11.297
andere Anlagen, Betriebs- und Geschäftsausstattung	56.400	Bilanzgewinn	11.297
B. Umlaufvermögen		B. Verbindlichkeiten	
Vorräte:		Verbindlichkeiten gegenüber Kreditinstituten	547.600
Roh-, Hilfs- und Betriebsstoffe	1.300	sonstige Verbindlichkeiten	21.380
fertige Erzeugnisse und Waren	110.000	C. Rechnungsabgrenzungsposten	400
Forderungen und sonstige Vermögensgegenstände:			
Forderungen aus Lieferungen und Leistungen	71.820		
Kassenbestand, Bundesbankguthaben, Guthaben bei Kreditinstituten und Schecks	93.843		
	1.143.163		1.143.163

LITERATURVERZEICHNIS

A

Adler, Hans/Düring, Walther/Schmaltz, Kurt: Rechnungslegung und Prüfung der Unternehmen, Teilband 1, 6. Aufl., Stuttgart 1995.

Adler, Hans/Düring, Walther/Schmaltz, Kurt: Rechnungslegung und Prüfung der Unternehmen, Teilband 6, 6. Aufl., Stuttgart 1998.

B

Baetge, Jörg: Grundsätze ordnungsmäßiger Buchführung und Bilanzierung, in: Handwörterbuch des Rechnungswesens, Enzyklopädie der Betriebswirtschaftslehre, Band III, hrsg. von Klaus Chmielewicz/Marcell Schweitzer, 3. Aufl., Stuttgart 1993, Spalte 860–870.

Baetge, Jörg/Kirsch, Hans-Jürgen/Thiele, Stefan: Bilanzrecht, bearbeitet von Reiner Quick und Matthias Wolz, Bonn 2009, § 239 HGB.

Baetge, Jörg/Zülch, Henning: Rechnungslegungsgrundsätze nach HGB und IFRS, in: Handbuch des Jahresabschlusses, hrsg. von Joachim Schulze-Osterloh/Joachim Hennrichs/Sonja Wüstemann, 50. Ergänzungslieferung, Köln 2010, Abteilung I/2.

Barth, Kuno: Die Grundsätze ordnungsmäßiger Buchführung, betriebswirtschaftlich, handelsrechtlich und steuerlich – Ein geschichtlicher Aufriß, in: Zeitschrift für handelswissenschaftliche Forschung 1963, S. 384–397.

Bieg, Hartmut: Wider den Ausschließlichkeitsanspruch der Bewertungsvorschriften bei der Bestimmung des Inhalts der Handelsbilanz!, in: Steuer und Wirtschaft 1976, S. 339–350.

Bieg, Hartmut: Schwebende Geschäfte in Handels- und Steuerbilanz, Europäische Hochschulschriften, Reihe V: Volks- und Betriebswirtschaft, Band 151, Frankfurt am Main/Bern 1977.

Bieg, Hartmut: Bankbilanzierung nach HGB und IFRS, 2. Aufl., München 2010.

Bieg, Hartmut/Kußmaul, Heinz/Waschbusch, Gerd: Externes Rechnungswesen, 6. Aufl., München 2012.

Bieg, Hartmut/Kußmaul, Heinz/Petersen, Karl/Waschbusch, Gerd/Zwirner, Christian: Bilanzrechtsmodernisierungsgesetz – Bilanzierung, Berichterstattung und Prüfung nach dem BilMoG, München 2009.

Bieg, Hartmut/Kußmaul, Heinz/Waschbusch, Gerd: Finanzierung in Übungen, 4. Aufl., München 2017.

Bieg, Hartmut/Waschbusch, Gerd: Aufbewahrungsvorschriften, in: Beck'sches Handbuch der Rechnungslegung, hrsg. von Hans-Joachim Böcking et al., 32. Ergänzungslieferung, München 2010, Ordnungsnummer A 110.

Bieg, Hartmut/Waschbusch, Gerd: Buchführungspflichten, in: Beck'sches Handbuch der Rechnungslegung, hrsg. von Hans-Joachim Böcking et al., 32. Ergänzungslieferung, München 2010, Ordnungsnummer A 100.

Biener, Herbert: Auswirkungen der Vierten Richtlinie der EG auf den Informationsgehalt der Rechnungslegung deutscher Unternehmen, in: Betriebswirtschaftliche Forschung und Praxis 1979, S. 1–16.

Brunnmeier, Alfred J.: Laufende Buchführung und Buchführungstätigkeit nach den Grundsätzen ordnungsmäßiger Buchführung, in: Der Betrieb 1977, Beilage Nr. 12/77 zu Heft 32.

Bundesfinanzhof: Urteil vom 12. 05. 1966, BStBl. 1966, Teil III, S. 371–374.

Bundesfinanzhof: Beschluss vom 03. 02. 1969, BStBl. 1969, Teil II, S. 291–294.

Bundesfinanzhof: Urteil vom 31. 07. 1974, BStBl. 1975, Teil II, S. 96–99.

Bundesfinanzhof: Urteil vom 25. 03. 1992, BStBl. 1992, Teil II, S. 1010.

Bundesregierung: Entwurf eines Gesetzes zur Neuregelung des Kaufmanns- und Firmenrechts und zur Änderung anderer handels- und gesellschaftsrechtlicher Vorschriften (Handelsrechtsreformgesetz – HRefG), BT-Drucksache 13/8444 vom 29.08.1997, S. 1–90.

Bundesregierung: Entwurf eines Gesetzes zur Modernisierung des Bilanzrechts (Bilanzrechtsmodernisierungsgesetz – BilMoG) vom 21.05.2008, BT-Drucksache 16/10067 vom 30.07.2008, Anlage 1, S. 5–114.

D

Döllerer, Georg: Grundsätze ordnungsmäßiger Bilanzierung, deren Entstehung und Ermittlung, in: Betriebs-Berater 1959, S. 1217–1221.

Droscha, Anatol/Reima, Ekkehart: Verlagerung der Buchführung in andere EG-Mitgliedsstaaten?, in: Der Betrieb 2003, S. 1689–1694.

E

Egner, Henning: Bilanzen, München 1974.

Eisele, Wolfgang/Knobloch, Alois Paul: Technik des betrieblichen Rechnungswesens, 8. Aufl., München 2011.

Engelhardt, Werner H./Raffée, Hans/Wischermann, Barbara: Grundzüge der doppelten Buchhaltung, 8. Aufl., Wiesbaden 2010.

EuGH vom 15.05.1997, Rs. C-250/95: Futura Participations SA und Singer, in: Der Betrieb 1997, S. 1211–1213.

F

Falterbaum, Hermann/Bolk, Wolfgang/Reiß, Wolfram/Kirchner, Thomas: Buchführung und Bilanz, Grüne Reihe, Band 10, 22. Aufl., Achim 2015.

Finanzminister des Landes Nordrhein-Westfalen: Erlass betr. Ordnungsmäßigkeit der Buchführung; hier: Offene-Posten-Buchhaltung, BStBl. 1963, Teil II, S. 93–94.

Flasse, Gunther et al.: Buchhaltung 1 – System der doppelten Buchhaltung, Wiesbaden 1977, unveränderter Nachdruck 1984.

G

Görke, Roger: § 146, in: Kommentar zur Abgabenordnung und Finanzgerichtsordnung, hrsg. von Walter Hübschmann/Ernst Hepp/Armin Spitaler, 233. Ergänzungslieferung, Köln 2015.

I

Institut der Wirtschaftsprüfer in Deutschland e.V.: WP-Handbuch – Wirtschaftsprüfung und Rechnungslegung, 15. Aufl., Düsseldorf 2017.

K

Käfer, Karl: Berner Kommentar, Kommentar zum schweizerischen Privatrecht, Schweizerisches Zivilgesetzbuch, Das Obligationenrecht, Band VIII, 2. Abteilung, Die kaufmännische Buchführung, 2. Teilband, hrsg. von Arthur Meier-Hayoz, Bern 1981.

Körner, Werner: Wesen und Funktion der Grundsätze ordnungsmäßiger Buchführung, in: Die Wirtschaftsprüfung 1973, S. 309–318.

Kruse, Heinrich Wilhelm: Bilanzierungswahlrechte und Grundsätze ordnungsmäßiger Buchführung, in: Bilanzfragen – Festschrift zum 65. Geburtstag von Prof. Dr. Ulrich Leffson, hrsg. von Jörg Baetge/Adolf Moxter/Dieter Schneider, Düsseldorf 1976, S. 65–85.

Kruse, Heinrich Wilhelm: Grundsätze ordnungsmäßiger Buchführung, 3. Aufl., Köln 1978.

L

Leffson, Ulrich: Zur Gemeinsamkeit juristischer und ökonomischer Ermittlung der Grundsätze ordnungsmäßiger Buchführung, in: Die Wirtschaftsprüfung 1973, S. 582–585.

Leffson, Ulrich: Die Grundsätze ordnungsmäßiger Buchführung, 7. Aufl., Düsseldorf 1987.

Leffson, Ulrich: Bedeutung und Ermittlung der Grundsätze ordnungsmäßiger Buchführung, in: Handbuch des Jahresabschlusses in Einzeldarstellungen, hrsg. von Klaus von Wysocki/Joachim Schulze-Osterloh, 12. Ergänzungslieferung, Köln 1992, Abteilung I/2.

M

Mösbauer, Heinz: Die an die Buchführung und die sonst erforderlichen Aufzeichnungen zu stellenden formellen Anforderungen, in: Der Betrieb 2002, S. 498–502.

Moxter, Adolf: Die handelsrechtlichen Grundsätze ordnungsmäßiger Buchführung und das neue Bilanzrecht, in: Zeitschrift für Unternehmens- und Gesellschaftsrecht 1980, S. 254–276.

Münch, Harald: Strittige Einzelfragen des Betriebsstättenerlasses, in: Der Betrieb 2000, S. 2140.

S

Schaefer, Erich: Das Handelsrechtsreformgesetz nach dem Abschluß des parlamentarischen Verfahrens, in: Der Betrieb 1998, S. 1269–1275.

Schär, Johann Friedrich: Versuch einer wissenschaftlichen Behandlung der Buchhaltung, Basel 1890.

Schär, Johann Friedrich: Buchhaltung und Bilanz, 5. Aufl., Berlin 1932.

Schmalenbach, Eugen: Grundsätze ordnungsmäßiger Bilanzierung, in: Zeitschrift für handelswissenschaftliche Forschung 1933, S. 225–233.

Schmalenbach, Eugen: Der Kontenrahmen, 4. Aufl., Leipzig 1935.

Schmidt, Karsten: Münchener Kommentar zum Handelsgesetzbuch, bearbeitet von Wolfgang Ballwieser, München 2008, § 238 HGB.

Schuppenhauer, Rainer: Grundsätze für eine ordnungsmäßige Datenverarbeitung (GoDV), 6. Aufl., München 2007.

W

Wanik, Otto: Die Buchführungsvorschriften des Handelsgesetzbuches in der Diskussion, in: Die Aktiengesellschaft 1975, S. 29–36 (Teil I), S. 62–67 (Teil II).

Wöhe, Günter: Betriebswirtschaftliche Steuerlehre, Band I/2, 7. Aufl., München 1992.

Wöhe, Günter: Bilanzierung und Bilanzpolitik, 9. Aufl., München 1997.

Wöhe, Günter: Einführung in die Allgemeine Betriebswirtschaftslehre, 21. Aufl., München 2002.

Wöhe, Günter: Einführung in die Allgemeine Betriebswirtschaftslehre, 26. Aufl., München 2016.

Wöhe, Günter/Kußmaul, Heinz: Grundzüge der Buchführung und Bilanztechnik, 9. Aufl., München 2015.

STICHWORTVERZEICHNIS

Z